터널설계기준 해설서

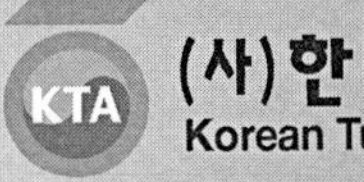

(사)한국터널공학회
Korean Tunnelling Association

이 터널설계기준 해설서는 건설교통부(현 국토해양부)가 제정한 터널설계기준(2007)의 올바른 적용과 이해를 돕기 위하여 (사)한국터널공학회가 작성한 것으로 본 해설서의 해설내용에 대한 집필책임은 (사)한국터널공학회에 있습니다.

발 간 사

터널 설계기준은 1999년에 터널표준시방서와 분리되어 처음으로 제정된 이후에, 8년이라는 세월이 흐른 지난 2007년 12월에서야 터널설계기준이 새롭게 개정되기에 이르렀습니다.

개정된 터널설계기준은 각종 관련법, 기준, 지침과의 연계성이 확보될 수 있도록 작성되었으며 최신의 각종 터널기술들이 반영되었습니다. 특히, 터널공사의 안전성 제고, 내진설계기준의 보완, 최신 터널 기계화시공 기술의 반영 등에 중점을 두어 설계기준이 개선되었습니다.

그러나 구조물기초설계기준, 콘크리트구조설계기준 등과 같은 국내의 타 설계기준들과 일본의 터널표준시방서에서는 별책 형태 또는 합본 형태로 해설서를 제공하고 있으나, 아직까지 터널설계기준에 대한 해설서는 전무한 상황입니다.

이에 각 기준항목들의 제정·개정 근거 및 배경을 기록으로 보관하고 설계기준을 참고하는 터널기술자들의 이해를 돕기 위해 해설서의 시급한 발간이 필요하다고 판단되어, 우리 학회에서는 학회 자체사업으로 해설서 발간을 추진하게 되었습니다.

터널설계기준의 개정작업이 마무리되던 2007년 11월에 터널설계기준 해설서 집필진을 발족하였고, 약 1년 6개월간의 집필기간을 통해 이번 해설서를 발간하기에 이르렀습니다. 집필진 교차검토 1회, 축조검토 2회, 자문검토 2회 등 총 5차의 수정·보완을 통해 본 해설서가 완성되었습니다. 본 해설서는 각 기준항목들의 배경, 의의 및 이해를 돕기 위한 해설과 설명 위주로 작성되었으며, 국토해양부의 터널표준시방서 및 도로설계편람(터널편)과의 중복성을 최소화하는 데도 중점을 두었습니다.

설계기준에 대한 독자들의 실무적인 이해를 도울 수 있도록 해설서 집필에 많은 노력을 기울였지만, 일부 미흡한 부분이 있을 것으로 생각합니다. 향후에도 터널건설 기술의 발전에 밑거름이 되도록 지속적으로 보완할 계획이오니 터널기술자 여러분의 많은 관심과 참여를 부탁드립니다.

끝으로 본 해설서의 집필과 발간을 맡아 수고해주신 집필진의 노고에 깊은 감사의 말씀을 드립니다.

2009년 6월
사단법인 한국터널공학회
회 장 배 규 진

01 총 칙

02 계 획

03 조 사

04 설계일반

05 터널지보재

06 콘크리트라이닝

07 터널안정성 해석

08 배수 및 방수

09 굴착 및 계측

10 갱구부

11 단면확폭부 및 접속부

12 연직갱 및 경사갱

13 TBM 터널

14 환기, 조명, 방재설비

01 총칙

01 총 칙

1.1 적용범위

1.1.1 이 설계기준은 지반을 개착하지 않고 시공하는 터널공사(mined tunnel)의 계획, 조사, 설계에 대한 기준이다.

:: 해설 ::

이 설계기준은 지상공간의 부족 문제로 그 수요와 필요성이 점차 증가하고 있는 터널의 계획, 조사, 설계, 시공 및 유지관리의 전 과정을 포함하는 보편적 설계수준의 길잡이로서 설계의 합리화와 능률화를 목적으로 작성된 것이다.

이 기준이 적용될 수 있는 터널의 분류는 다음과 같이 예시할 수 있다.

① 철도터널 : 철도, 지하철, 모노레일(mono rail) 등 열차통행을 목적으로 한 터널.

② 도로터널 : 차량 또는 보행인 통행을 목적으로 건설된 터널.

③ 수력(양수)발전용 터널 : 취수된 물을 완만한 구배로 수두차가 큰 지점의 발전소까지 운반하는 수로터널.

④ 상하수도 터널 및 배수터널.

⑤ 기타 터널.

  • 채광용 터널 : 수평갱도, 경사갱, 연직갱 등.
  • 공동구 : 통신, 전력, 가스, 수도 등을 수용하는 도시 지하구조물.

1.1.2 설계를 위한 조사의 제한성 및 실제 지반변화의 다양성 등 터널설계의 특성으로 인하여 설계내용을 현장여건에 적합하도록 변경하는 경우에도 본 기준을 적용하여야 한다.

:: 해설 ::

터널설계는 지질구조의 불확실성, 주변여건의 다양성 및 조사의 한계성 등으로 인하여 설계조건과 현장여건이 불일치하여 설계내용을 변경하여야 하는 경우가 빈번하게 발생한다. 당초 설계내용을 현장여건에 따라 변경하고자 하는 경우에도 본 설계기준에 명기된 사항을 포함한 종합적인 검토를 실시하여 판단하여야 한다. 또한 부득이한 설계변경 시에도 이 설계기준을 준용하여야 한다.

> 1.1.3 터널공사와 관련되는 사항으로써 본 기준에서 규정하지 않은 사항은 다른 관련 설계기준에서 정하는 바에 따라야 한다.

❖ 해설 ❖

본 기준은 일반적인 터널설계 조건을 전제로 하여 표준화한 기준이므로 지반특성, 시공여건의 특수성, 타 구조물과의 관계 등을 모두 규정하고 있지는 않다. 일례로 단층파쇄대가 존재하는 지반 또는 일반적인 규모 이상의 큰 용출수를 수반하는 특수지반, 불량지반 또는 팽창성지반 등에서 터널의 안정성 또는 안전성의 저하가 예상되는 경우에는 이들이 갖는 특수성을 충분히 고려하여야 하며 관련 설계기준, 시방서 및 설계편람 등을 충분히 검토하여 설계하여야 한다. 특히 복합조건으로서 본 기준에 규정하지 않은 사항은 1.2절 참조 법규 및 관련기준을 참조하여 해당 내용에 저촉되지 않도록 설계하여야 한다.

1.2 참조 법규 및 관련기준

> 1.2.1 터널건설 시 준수하여야 하는 관련 법규 및 기준을 모두 검토하여 해당 내용에 위배되지 않도록 설계하여야 한다. 조사대상이 되는 주된 법규 및 관련 지침 등은 다음과 같다.
>
> (1) 환경오염 방지 및 환경보전 관계 : 대기환경보전법, 자연환경보전법, 자연공원법, 산림법, 조수보호 및 수렵에 관한 법률, 소음·진동규제법, 수질환경보전법, 해양오염방지법, 수도법, 하수도법, 광업법, 지하수법, 철도건설법, 폐기물관리법, 토양환경보전법, 환경정책기본법, 환경·교통·재해 등에 관한 영향평가법 등.
>
> (2) 재해방지 관계 : 사방사업법, 택지개발촉진법, 농어업재해대책법, 자연재해대책법 등.
>
> (3) 국토개발 관계 : 국토기본법, 국토의 계획 및 이용에 관한 법률 등.
>
> (4) 하천 관계 : 하천법, 공유수면관리법, 지하수법, 온천법 등.
>
> (5) 도시계획 관계 : 도시계획법, 도시공원법 등.
>
> (6) 도로 및 교통 관계 : 도로법, 철도건설법, 도시철도법 등.
>
> (7) 군사 관계 : 군사기밀보호법, 군사시설보호법 등.
>
> (8) 문화재 관계 : 문화재보호법 등.

(9) 안전 관계 : 시설물의 안전관리에 관한 특별법, 건설기술관리법, 산업안전보건법, 철도안전법 등.

(10) 총포·도검·화약류 등 단속법 등.

(11) 관련 기준 및 지침 : 건설공사 비탈면설계기준 및 유지관리지침, 도로설계기준, 도로안전시설 설치 및 관리지침, 도로포장설계 시공지침, 도로터널 방재시설 설치지침, 도로터널 조명시설 설계기준, 도시철도 건설규칙, 시설물 유지관리지침, 철도건설규칙, 철도설계기준, 고속철도설계기준, 철도시설 안전기준에 관한 규칙, 철도시설 안전세부기준, 콘크리트구조설계기준, 토목공사 설계기준, 도로의 구조·시설에 관한 규칙 등.

(12) 관련 시방서 : 가설공사 표준시방서, 건설공사 비탈면 표준시방서, 고속도로공사 전문시방서, 도로공사 표준시방서, 도시철도(지하철)공사 표준시방서, 콘크리트 표준시방서 등.

❖❖ 해설 ❖❖

터널건설 시 제반 관련 법규에 의해서 규제를 받기 때문에 법규 및 기준에 부합되도록 공사에 대한 규제 정도, 행정절차 및 대책방안 등에 관하여 사전에 충분히 검토하여야 하며 해당 관청 등으로부터 허가나 승인을 얻어야 한다. 행정업무상 상당한 기간이 소요될 수 있으므로 이 점을 충분히 고려할 필요가 있다.

1.3 용어의 정의

1.3.1 본 설계기준에서 사용되는 용어의 정의는 다음과 같다.

- **가동률(operation ratio)** : 기계식 굴착장비에서 장비 유지 및 커터 교체 등에 소요되는 시간을 제외한 전체 시간에 대한 장비의 가동시간 비율을 의미한다.
- **강섬유보강 숏크리트(steel fiber reinforced shotcrete)** : 숏크리트의 강도 특성을 보완하기 위하여 강섬유를 혼합하여 타설하는 숏크리트를 말한다.
- **개방형 쉴드 TBM** : 터널굴진면과 맞닿는 커터헤드부의 전부 또는 대부분이 개방되어 있는 쉴드 TBM을 말한다.
- **경사** : 층리면(지층면), 단층면, 절리면 등의 지질 불연속면이 수평면에 대하여 최대로 기울어진 각도를 말하며, 경사방향은 주향과 항상 직교하게 나타나며, 진북을 기준으로 측정한다.
- **계측** : 터널굴착에 따른 주변지반, 주변 구조물 및 각 지보재의 변위 및 응력의 변화를 측정하는 방법 또는 그 행위를 말한다.

1.3 용어의 정의(계속)

- **교통환기력** : 터널을 주행하는 차량의 피스톤효과에 의하여 발생하는 환기력을 말한다.
- **굴진율(advance ratio)** : 기계식 굴착장비의 단위시간당 굴진장을 의미하며, 단위시간의 계산 시 작업시간과 휴식시간을 모두 고려한다.
- **굴진면(또는 막장면)** : 터널굴진방향에 대한 굴착면을 말하며 거의 연직에 가까운 것이 대부분 이다. 또한 굴진면 후방의 20~30m 구간의 굴착작업이 주체적으로 실시되는 영역을 굴착부 (막장부)라고도 한다.

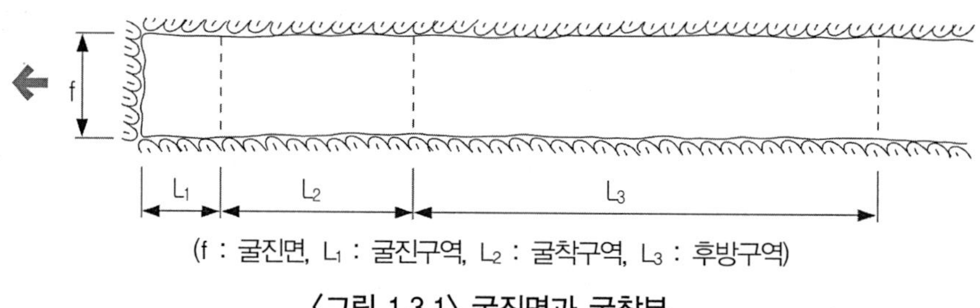

(f : 굴진면, L₁ : 굴진구역, L₂ : 굴착구역, L₃ : 후방구역)

〈그림 1.3.1〉 굴진면과 굴착부

- **굴착공법** : 굴진면 또는 터널굴착방향의 굴착계획을 총칭하는 것으로써 전단면굴착공법, 분할 굴착공법, 선진도갱굴착공법 등이 있다.

〈표 1.3.1〉 굴착공법의 종류

공 법		굴 진 도	
전단면굴착(full face cut)		횡단면	종단면
수평분할굴착	롱벤치 컷 (long bench)		
	숏벤치 컷 (short bench)		
	미니벤치 컷 (mini bench)		
	다단벤치 컷 (multi bench)		
연직분할굴착			
선진도갱굴착			

1.3 용어의 정의(계속)

〈표 1.3.2〉 기계굴착시공법의 분류

쉴드의 유무	지보시스템	반력	명칭 및 종류		
무쉴드	None	지중	로드헤더(road header) (In line cutter, Transverse cutter)		
			디거(digger type) (Backhoe, Ripper, Hydraulic hammer)		
		그리퍼 (gripper)	Open TBM		
			터널확공기(Tunnel Rearming Machine)		
쉴 드	주면지보 (전면개방형)	그리퍼	싱글(single) 쉴드TBM	그리퍼쉴드 TBM	
		추진잭		세그먼탈(segmental)쉴드 TBM	
		그리퍼 + 추진잭	더블(Double)쉴드 TBM		
	주면 및 막장지보 (전면밀폐형)	추진잭	기계식 지보(Mechanical support)쉴드 TBM		
			이수식(Slurry) 쉴드 TBM		
			토압식(Earth pressure balance) 쉴드 TBM		
			혼합식 쉴드 TBM	개방형 + 토압식	
				개방형 + 이수식	
				토압식 + 이수식	

- **굴착방법** : 굴진면의 지반을 굴착하는 수단을 말하며 인력굴착, 기계굴착, 파쇄굴착, 발파굴착 방법 등이 있다.
- **기계굴착** : 브레이커(핸드, 소형, 대형), 굴착기, 전단면 터널굴착기계(TBM) 등을 이용하여 터널을 굴착하는 방식이며, 전단면 터널굴착은 연암 이상의 암반에서 전단면을 굴착하는 open TBM 방식과 연암 이하의 지반에서 전단면을 굴착하는 쉴드(shield) TBM 방식이 있다.
- **기본부조명** : 터널 전체에 걸쳐 원칙적으로 조명기구를 일정 간격으로 배치하여 조명하는 것으로 터널 외부로부터 터널에 진입한 운전자가 입구부 조명구간을 통과하여 정상적 시각 상태에 도달한 후의 조명을 말한다.
- **기본수준면** : 물높이를 측량할 때, 기준이 되는 높이로서 일반적으로 가장 낮은 간조의 평균 수면으로 정한다.
- **내공변위량** : 터널굴착으로 발생하는 터널 내공의 변화량으로 통상 내공단면의 축소량을 양(+) 의 값으로 한다.
- **단층** : 지각의 응력에 의하여 생긴 일정 규모 이상의 전단파괴면에서 양측에 상대적으로 어긋 남을 가지는 선상 또는 대상의 부분을 말한다.

1.3 용어의 정의(계속)

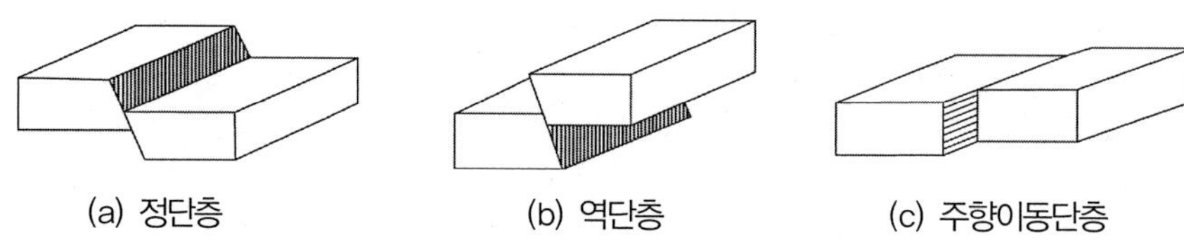

〈그림 1.3.2〉 단층의 종류

- **단면확폭부** : 일반구간보다 단면이 확폭 변화된 단면구간을 말한다.
- **대피로** : 터널 내의 화재 시 안전지역으로 대피자를 탈출시키기 위한 공간으로 터널과 평행한 서비스터널이나 경사갱 및 연직갱 등을 말한다.
- **WGS-84(world geodetic system, 1984)** : 지구중심기준의 지심좌표계(geocenitric coordinate system)로 표현된다. 각 국가 간의 좌표에 관한 정보일치성을 고려하여 현재 범세계적으로 통용되고 있으며, 우리나라에서도 현재 군사용 표준으로 채택하여 1996년 7월 1일 이후부터 사용하고 있다.
- **동상방지층** : 노상의 동결에 따른 동상피해를 억제하기 위하여 동결깊이만큼의 노상을 동상방지 재료로 치환하는 층을 말한다.
- **동적해석법** : 지반 및 구조물의 거동을 동적으로 산정하는 해석법으로 가속도의 시간이력을 사용하는 시간이력 응답해석법과 응답스펙트럼에 기초한 설계 스펙트럼을 사용하는 해석법이 있다.
- **디스크커터** : TBM 등 각종 기계굴착기에 부착되는 원반형의 커터로 회전력과 압축력에 의하여 암반을 압쇄시켜 굴착한다.
- **DGPS(differential global positioning system)** : 기지국이 필요 없는 정밀 위성위치확인시스템으로 이미 알고 있는 기지점 좌표를 이용하여, 기존 GPS의 오차를 보정한 신호를 받는 GPS를 말한다.
- **록볼트(rock bolt)** : 굴착암반면의 안정보강을 위하여 삽입하는 볼트이며, 암반을 일체화함으로써 원지반의 안정을 위하여 설치한다. 록볼트의 정착방식에는 선단정착방식, 전면정착방식 및 병용방식이 있다.
- **록볼트 인발시험** : 록볼트의 인발내력을 평가하기 위한 시험을 말한다.
- **록볼트 축력** : 지반에 설치된 록볼트에 발생하는 축방향 하중을 말한다.
- **마모도(abrasivity)** : 커터의 마모 비율을 의미하며, 일반적으로 단위 절삭부피당 커터의 무게 감소량을 의미한다.

1.3 용어의 정의(계속)

- **물리탐사** : 물리적 수단에 의하여 지질이나 암체의 종류, 성상 및 구조를 조사하는 방법으로서 탄성파탐사, 전기탐사, 중력탐사, 자기탐사, 전자탐사 및 방사능탐사 등이 있다.
- **미기압파(micro pressure wave)** : 열차의 터널 진입으로 인하여 발생된 압축파가 터널을 따라 열차진행방향으로 전파되어 출구에서 급격히 방출 팽창됨으로써 생성되는 큰 음압레벨의 충격파(impulsive wave)를 말한다.
- **밀폐형 쉴드 TBM** : 격벽을 갖고 있으며 굴진면과 격벽 사이의 쳄버(chamber) 내를 토사 또는 이수로 채우고, 토사 또는 이수에 충분한 압력을 유지시켜 굴진면의 안정을 도모하는 구조의 쉴드 TBM을 말한다.
- **바닥부** : 터널단면의 바닥 부분을 말한다.
- **발진터널** : TBM의 초기 굴착 시 TBM 본체의 발진을 위한 터널로서 발파공법에 의하여 굴착하며, 일반적으로 TBM 본체길이 정도의 터널이 필요하다.
- **발파굴착** : 착암기나 점보드릴 등 천공장비에 의하여 천공된 공에 화약을 장약함으로써 그 폭발력을 이용하여 암반을 굴착하는 방법을 말한다.
- **배연(smoke exhaust)** : 화재 시 발생하는 연기 및 열기류를 화재지점으로부터 외부로 배출하는 것을 말한다.
- **변형여유량** : 굴착에 따른 지반변형이 있더라도 계획 내공단면이 확보될 수 있도록 미리 예상되는 지반변형량만큼 여유를 두어 굴착하는 내공 반경방향의 여유량을 말한다.
- **벤치(bench)** : 터널단면을 상·하로 분할하여 굴착하는 경우 분할면을 벤치(bench)라 한다.
- **벤치길이** : 분할굴착 시 상부 굴진면과 하부 굴진면 간의 터널 축방향 이격거리를 말한다.
- **보조지보재** : 굴착 시 지반의 지지능력을 보완해주는 지보재로서 주지보재를 제외한 지보재의 총칭이다.
- **불연속면(discontinuities in rock mass)** : 모든 암반 내에 존재하는 절리, 퇴적암에 존재하는 층리, 변성암에 존재하는 엽리, 대규모 지질구조와 관련된 단층과 파쇄대 등 암반에서 나타나는 모든 연약면을 총괄하여 일컫는 말이다.
- **비상전원** : 상시전원(정상적인 상태에서 외부로부터 전력을 공급받아 사용하고 있는 전력공급원)이 사고나 고장에 의하여 공급되지 못할 경우에 사용하기 위한 전력공급원을 말한다.
- **비상조명** : 화재 등 사고로 인한 갑작스런 정전 시 2차 사고를 방지하고 안전하고 원활한 피난활동을 할 수 있도록 설치하는 예비조명을 말한다.
- **섬유보강 숏크리트(fiber reinforced shotcrete)** : 숏크리트의 역학적인 특성을 보완하기 위하

1.3 용어의 정의(계속)

여 강 또는 기타 재질의 섬유를 혼합하여 타설하는 숏크리트를 말한다.

- **세그먼트(segments)** : 터널, 특히 쉴드터널공법에 사용되는 라이닝을 구성하는 단위조각으로, 재질에 따라 강판을 용접한 강제 세그먼트, 철근콘크리트제의 콘크리트 세그먼트, 주조에 의하여 제조된 주철 세그먼트 및 콘크리트 세그먼트의 단면에 지벨이 붙은 강판을 배치한 합성 세그먼트 등이 있다.
- **숏크리트(shotcrete)** : 굳지 않은 콘크리트를 가압시켜 노즐로부터 뿜어내어 소정의 위치에 부착시켜 시공하는 콘크리트이다.
- **수격압(water hammering pressure)** : 펌프의 급작스러운 가동 및 정지, 밸브의 급작스러운 개·폐 등에 의하여 관내 수류가 급작스러운 변화를 일으켜 발생하는 압력을 말한다.
- **쉴드 TBM(shield TBM)** : 주변지반을 지지할 수 있는 보호강관(shield)이 부착되어 있는 TBM을 말한다.
- **스프링 라인(spring line)** : 터널의 상반 아치의 시작선 또는 터널단면 중 최대폭을 형성하는 점을 종방향으로 연결하는 선을 말한다.
- **스킵(skip)** : 연직갱을 통하여 버력 등을 운반하는 데 사용되는 운반용구를 말한다.
- **습곡(fold)** : 화성암, 변성암, 퇴적암에서 변형 전 평면에 가까운 면들이 변형에 의하여 물결처럼 굽어 있는 구조를 말한다.
- **시설한계** : 터널 이용목적을 원활하게 유지하기 위한 공간적 한계이며, 시설한계 내에는 시설물을 설치할 수 없도록 규제하고 있다.
- **시스템 록볼트(system rock bolt)** : 일정한 간격과 길이로 규칙적으로 배열하는 록볼트 설치형식을 말한다.
- **신호기** : 운행 중인 차량이나 열차에 통행의 우선권 등 포괄적인 지시를 하는 장치를 말한다.
- **안전영역(safety zone)** : 터널의 안전에 영향을 미치는 정도를 규정한 터널 주변의 영역으로서 각 영역별로 터널안전을 위한 대책을 강구하도록 규제하는 영역을 말한다.
- **RMR(rock mass rating) 분류** : Bieniawski가 제안한 정량적인 암반분류방법이며 암석강도, RQD, 불연속면 간격, 불연속면 상태, 지하수 상태, 불연속면의 상대적 방향 등을 반영하여 암반 상태를 분류하는 방법을 말한다.
- **RQD(rock quality designation)** : 시추코아 중 10cm 이상 되는 코아편 길이의 합을 시추길이로 나누어 백분율로 표시한 값으로서 암질의 상태를 나타내는 데 사용한다. 이때 코아의 직경은 NX규격 이상이어야 한다.

1.3 용어의 정의(계속)

- **압입깊이(penetration depth)** : 기계식 굴착장비에서 사용되는 커터가 1회 진행할 때 암석 내부로 압입되는 깊이를 의미하며, 추력과 회전력에 따라 변화하는 값으로 비에너지량을 산정할 때 사용된다.
- **압착성 지반** : 시간의존성 전단변위를 나타내는 성질을 가지는 지반으로 스퀴징 록(squeezing rock)을 의미한다.
- **애추(talus)** : 식생피복이 되어 있지 않은 급한 기울기의 비탈면 아래에 풍화암 부스러기가 풍화작용 및 중력작용에 의하여 낙하함으로써 군집 형성된 돌무더기의 퇴적물을 말한다.
- **어깨(shoulder)** : 터널의 천장과 스프링 라인의 중간점을 말한다.
- **언더피닝(underpinning)** : 기존 구조물이나 기초를 변경 혹은 확대하거나 인접공사 등으로 보완이 필요한 경우 기존 구조물을 보강 또는 지지하는 공법을 말한다.
- **여굴** : 터널굴착공사에서 계획한 굴착면보다 더 넓게 굴착된 것을 말한다.
- **엽리** : 변성암에 나타나는 지질구조로 암석이 재결정 작용을 받아 같은 광물이 판상으로 또는 일정한 띠를 이루며 형성된 지질구조를 말한다.
- **open TBM** : 무지보 상태에서 기기전면에 장착된 커터의 회전과 주변 암반으로부터 추진력을 얻어 터널 전단면을 절삭 또는 파쇄하여 굴진하는 터널굴착기를 말한다.
- **외판(skin plate)** : 쉴드 TBM에서 굴진장치, 세그먼트 조립장치 등을 감싸고 있는 원통형의 판을 말한다.
- **용출수** : 터널의 굴착면으로부터 용출되는 지하수를 말한다.
- **응답변위법** : 표층지반의 전단진동에 따른 변위를 지반 속에 위치한 터널에 입력함에 따라 터널의 변형과 응력을 산정하는 내진설계의 한 방법을 말하며, 지진 시 지층지반의 변위는 일반적으로 수평변위를 대상으로 하고 응답스펙트럼에서 계산식으로 구하는 방법과 유한요소법 등의 진동모델에서 진동파형을 입력하여 구하는 방법이 있다.
- **이렉터(erector)** : 쉴드 TBM의 구성요소로 세그먼트를 들어올려 링으로 조립하는 데 사용하는 장치를 말한다.
- **이완영역** : 터널굴착으로 인하여 터널 주변의 지반응력이 재분배되어 다소 느슨한 상태로 되는 범위를 말한다.
- **이수식(슬러리) 쉴드 TBM** : 이수에 소정의 압력을 가하여 굴진면의 안정을 유지하며, 이수의 순환에 의하여 굴착토의 액상수송을 시행하는 방식의 쉴드 TBM이다. 지반을 굴착하는 굴착기구, 이수를 순환시켜 이수에 일정한 압력을 가하기 위한 설비, 굴착 수송된 이수를 분리하여

1.3 용어의 정의(계속)

이수를 소정의 소성 상태로 조정하기 위한 설비, 이수처리설비 등으로 구성된다.

- **인버트(invert)** : 터널단면의 바닥부분을 통칭하며, 원형터널의 경우 바닥부 90° 구간의 원호부분, 마제형 및 난형 터널의 경우 터널 하반의 바닥부분을 지칭한다. 인버트의 형상에 따라 곡선형 인버트와 직선형 인버트로 분류하며, 인버트 부분의 콘크리트라이닝 타설 유무에 따라 폐합형 콘크리트라이닝과 비폐합형 콘크리트라이닝으로 분류한다.

- **일상계측** : 일상적인 시공관리를 위하여 실시하는 계측으로서 지표침하, 천단침하, 내공변위 측정 등이 포함된 계측이다.

- **입구부조명** : 운전자가 터널 진입 후 터널 내부의 조명에 순응하지 못하여 암흑으로 보이는 일시적인 현상을 경감하기 위하여 터널 입구부에 설치한 조명설비를 말한다.

- **자가발전설비** : 외부 전원의 정전에 대비하여 전기 수용자가 별도로 설치한 발전전원설비를 말한다.

- **잭 스트로크** : 쉴드 TBM의 추진과 세그먼트의 조립을 위한 잭의 유효 길이를 말한다.

- **절리** : 암반에 존재하는 비교적 일정한 방향성을 갖는 불연속면으로서 상대적 변위가 단층에 비하여 크지 않거나 거의 없는 것을 말하며 이 성인은 암석 자체에 의한 것과 외력에 의한 것이 있다.

- **접속부** : 단면의 형태 및 규모가 같거나 다른 터널이 서로 접속되는 구간을 말한다.

- **정밀계측** : 정밀한 지반거동 측정을 위하여 실시하는 계측으로서 계측항목이 일상계측보다 많고 주로 종합적인 지반거동 평가와 설계의 개선 등을 목적으로 수행한다.

- **제연(smoke control)** : 화재 시 연기 및 열기류의 흐름방향을 제어하는 것을 말한다.

- **종류식 환기방식** : 터널의 종방향으로 작용하는 교통환기력 및 자연환기력을 보충하는 환기용 송풍기의 분류효과에 의한 승압력을 발생시켜 소요 환기량을 확보하게 하는 방식을 말한다.

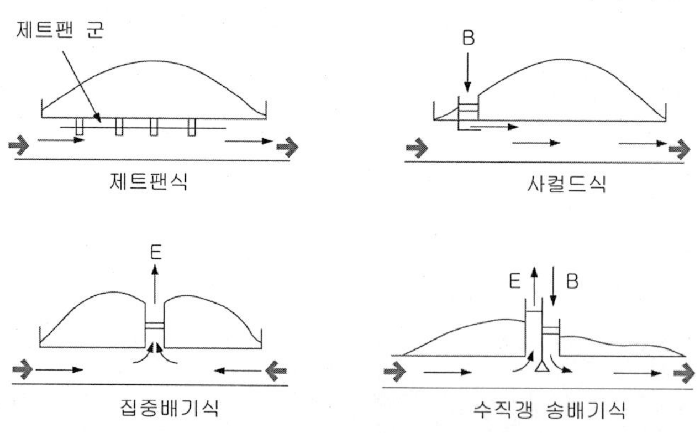

〈그림 1.3.3〉 종류식 환기방식의 종류

1.3 용어의 정의(계속)

- **주지보재** : 굴착 후 시공하는 지보재로서 보조지보재 및 콘크리트라이닝을 제외한 지보재의 총 칭이며 강지보재, 숏크리트 및 록볼트 등으로 구성된다.
- **주향** : 불연속면(층리면, 단층면, 절리면 등)과 수평면의 교선방향을 진북방향 기준으로 측정 한 방위를 말한다.
- **지구물리검층** : 지질단면 또는 시추공에 대하여 조사를 할 때 암석의 지질학적 내용과 물리적 성질을 기록하는 일을 말한다.
- **지반** : 건설공사에 관련한 지구의 표층부분이며, 구조물의 기초나 굴착 등의 대상이 되는 부분 이다.
- **지반조건(ground condition)** : 터널주변 지반의 지형, 지질, 수리·수문 조건 등을 말한다.
- **지보재** : 굴착 시 또는 굴착 후에 터널의 안정 및 시공의 안전을 위하여 지반을 지지, 보강 또 는 피복하는 부재 또는 그 총칭을 말한다.
- **지보패턴** : 터널굴진면의 지반 상태와 터널 천단부 및 그 상부의 지반 상태, 시공성 등을 고려 하여 터널의 안정성이 확보되도록 미리 설정해놓은 지보 형태를 말하며, 터널굴착 후 조기에 설치하여 터널의 안정을 꾀하기 위하여 설치하는 숏크리트, 록볼트, 강지보공과 보조공법 등을 조합한 것이다.
- **지중변위** : 터널굴착으로 인하여 발생하는 굴착면 주변지반의 변위로서 터널반경방향의 변위 를 말한다.
- **지중침하** : 터널을 굴착할 때 인접지반은 침하를 일으키며 터널 천장부를 기점으로 하여 지표 로 갈수록 각 지층의 침하량은 깊이별로 서로 다르게 나타나는데 이때의 깊이별 침하를 말한다.
- **지표침하** : 터널굴착으로 인하여 지표면이 침하되는 형상을 말한다. 지표침하는 터널의 종단 및 횡단방향으로 여러 곳에 침하판을 설치하여 터널굴착 시 변화되지 않는 기준점에 대한 상대 적인 침하량을 측정하여야 한다.
- **지하매설물** : 지표 하부에 묻혀 있는 인공구조물로서 지장물이라고도 말한다.
- **질소산화물(NOx)** : 엔진 내에서 연료의 연소 시 고온에 의하여 공기 중의 질소와 산소가 열반 응하여 생성되는 물질을 말한다.
- **천장부(crown)** : 터널의 천단을 포함한 좌우 어깨 사이의 구간을 말한다.
- **천단침하** : 터널굴착으로 인하여 발생하는 터널 천장의 연직방향 침하를 말하며, 기준점에 대 한 하향방향의 절대 침하량을 양(+)의 천단 침하량으로 정의한다.
- **초기응력** : 굴착 전에 원지반이 가지고 있는 응력을 말한다.

1.3 용어의 정의(계속)

- **추력**(thrust force) : 커터헤드의 굴착면으로의 추진력을 의미한다..

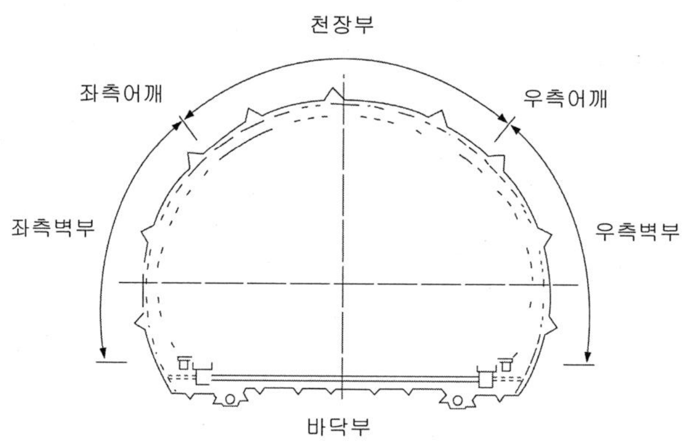

〈그림 1.3.4〉 터널 내 위치별 명칭

- **출구부조명** : 운전자가 주간에 터널 출구부를 보았을 때 출구부가 밝은 배경이 되어 식별이 곤란하므로 출구 부근에 있는 물체를 구분하기 위하여 터널 출구부를 밝게 하는 조명을 말한다.
- **측벽부**(wall) : 터널어깨 하부로부터 바닥부에 이르는 구간을 말한다.
- **측선** : 계측을 위하여 설정한 측점 사이의 최단거리에 해당하는 가상의 선을 말한다.
- **층리** : 퇴적암이 생성될 때 퇴적조건의 변화에 따라 퇴적물 속에 생기는 층을 이루는 구조를 말한다.
- **카피커터**(copy cutter) : 곡선부에서 쉴드 TBM의 원활한 추진을 위하여 내측곡선 부분에서 곡선반경방향으로 확대 굴착하기 위하여 쉴드 TBM 커터헤드의 측면에 설치한 커터를 말한다.
- **커터**(cutter) : TBM의 커터헤드에 토사 또는 암반의 굴착을 위하여 부착하는 금속으로 디스크커터, 커터비트, 카피커터 등이 있다.
- **커터비트**(cutter bit) : 쉴드 TBM의 커터헤드에 부착하는 칼날형의 고정식 비트로 본체와 팁으로 구성되어 있다. 크롬몰리브덴강, 니켈크롬몰리브덴강 등의 내마모강으로 만든 본체의 끝부분에 텅스텐, 코발트, 카본으로 만든 초경합금인 팁을 용접하여 사용한다.
- **커터숍**(cutter shop) : TBM 작업 시, 특히 암반부 굴착 시 다량 소요되는 예비 커터를 보관하고, 커터를 정비하는 창고를 말한다.
- **커터헤드**(cutter head) : TBM의 맨 앞부분에 배열 장착되는 디스크커터 또는 커터비트 등 각종 커터를 부착하여 회전·굴착하는 부분을 말한다.

1.3 용어의 정의(계속)

- **케이지(cage)** : 연직갱을 통하여 버력이나 작업원 등을 운반 시 사용하는 바구니 형상의 운반 용구를 말한다.
- **K형 세그먼트** : 쉴드 TBM 작업에서 세그먼트 조립 시 마지막으로 끼워 넣는 세그먼트를 말한다.
- **콘크리트라이닝** : 터널의 가장 내측에 시공되는 무근 또는 철근 콘크리트의 터널부재를 말한다.
- **Q-시스템** : 바톤(Barton) 등이 제안한 정량적인 암반분류의 하나이며 RQD, 절리군수, 불연속면 거칠기, 불연속면 변화 정도, 지하수에 의한 감소계수, 응력감소계수 등을 반영하여 암반을 분류하는 방법을 말한다.
- **TBM(tunnel boring machine)** : 소규모 굴착장비나 발파방법에 의하지 않고 굴착에서 버력처리까지 기계화·시스템화되어 있는 대규모 굴착기계를 말하며, 일반적으로 open TBM과 쉴드 TBM으로 구분한다.
- **테이퍼링(taper ring)** : 곡선부의 시공 및 선형수정에 사용하는 테이퍼처리한 링을 말한다. 특히, 폭이 좁은 판상은 테이퍼 플레이트링(taper plate ring)이라 한다.
- **테이퍼량** : 테이퍼링에 있어서 최대폭과 최소폭과의 차이를 말한다.
- **테일 보이드(tail void)** : 세그먼트로 형성된 링의 외경과 쉴드 TBM 외판의 바깥 직경 사이의 원통형의 공극을 말한다. 즉, 테일 스킨 플레이트의 두께와 테일 클리어런스의 두께의 합을 말한다.
- **테일 스킨 플레이트(tail skin plate)** : 쉴드 TBM 테일부의 외판(skin plate)을 말하며 일반적으로 외판보다 약간 두껍다.
- **테일 실(tail seal)** : 쉴드 TBM의 외판 내경과 세그먼트 간에 틈이 생기는데 이곳으로 지하수의 유입 또는 뒤채움주입재의 역류를 막기 위하여 쉴드 TBM 후단에 부착하는 것을 말한다.
- **테일 클리어런스(tail clearance)** : 테일 스킨 플레이트의 내면과 세그먼트 외면 사이의 간격을 말한다.
- **토압식 쉴드 TBM** : 회전 커터헤드로 굴착·교반한 토사를 굴진면과 격벽 사이에 충만시켜 쉴드 TBM의 추진력에 의하여 굴착토를 가압함으로써 굴진면 전체에 작용시켜 굴진면의 안정을 유지하면서 스크류컨베이어 등으로 배토하는 쉴드 TBM을 말한다.
- **토피** : 터널 천장으로부터 지표면까지의 연직높이를 말한다.
- **틈새** : 불연속면에 대하여 수직한 방향으로 벌어진 거리를 말한다.
- **TCR(total core recovery)** : 시추길이에 대하여 회수된 코아의 길이 비를 백분율로 표시한 값을 말한다.

1.3 용어의 정의(계속)

- **파쇄굴착** : 유압가스, 팽창성 모르터, 특수저폭속화약 등을 이용하여 암반을 파쇄시켜 굴착하는 방법을 말한다.
- **편압** : 터널의 좌우 또는 전후 방향으로 불균등하게 작용하는 지반압력을 말한다.
- **팽창성지반** : 터널굴착에서 팽창으로 인하여 문제를 일으키기 쉬운 지반으로써, 제3기층의 열수 변질을 받은 화산분출물, 팽창성 이암 및 온천 여토 등을 말한다.
- **표준지보패턴** : 지반의 등급에 따라 미리 표준화한 지보패턴을 지칭한다.
- **PIARC(permanent international association of road congresses)** : 국제상설도로회의의 약칭을 말한다.
- **필러(pillar)** : 굴착면 사이에 남아 있는 기둥이나 벽 모양의 지반을 말한다.
- **함수미고결지반** : 신생대 3기 말부터 제4기에 형성된 퇴적물, 암석의 풍화대, 파쇄대 등의 미고결 또는 물을 포함하고 있어 고결도가 낮은 지반을 말한다.
- **허용편차** : 변형 여유량에 시공상 피할 수 없는 오차를 합한 값을 말한다.
- **환기설비** : 터널 내 공기질을 유지하기 위하여 신선공기를 유입 또는 급기하거나 오염공기를 배출하기 위한 설비를 말한다.
- **회전력(torque)** : 커터헤드를 회전시키는 힘의 크기를 말한다.
- **후드부** : 쉴드강관의 일부로 선단부에 있어서 굴진면의 안전을 유지하고 작업공간의 확보와 안전을 꾀하기 위하여 정상부를 보호하는 부분을 말한다.

02 계획

02 계 획

2.1 계획일반

2.1.1 터널계획은 지역여건, 지형 상태, 지반조건, 토지이용 현황 및 장래 전망 등 사전조사 성과를 기초로 하여 수립하여야 한다.

:: 해설 ::

터널계획은 충분한 정보가 확보되지 않은 지하공간을 대상으로 하므로 지역의 역사, 지형의 변천, 인접지의 과거 공사기록 등을 분석하고 인접구조물의 분포현황, 토지개발계획 등을 참조하여 수립하여야 한다.

또한 터널의 안정성을 향상시키는 보조공법 등의 기술적 발전에 힘입어 이전에는 개착공법이 적용되던 도심지 저토피구간에서도 터널공법이 적용되는 사례가 늘고 있으므로 터널공사 중 터널안정대책, 지하시설물과의 근접시공 가능성, 지상가옥이나 구조물 등의 토지이용 현황, 지표면 침하, 인접구조물 및 지하수에 미치는 영향 등을 중요한 계획요소로 고려 하여야 한다.

2.1.2 터널계획은 터널건설의 목적과 기능의 적합성, 공사의 안전성과 시공성, 공법의 적용성을 우선하여 수립하되 건설비와 유지관리비 등을 포함하여 경제성이 있도록 하여야 한다.

:: 해설 ::

터널계획 시 조사, 설계, 시공 및 시공관리에 이르기까지 안정성, 시공성 및 경제성에 대한 충분한 검토를 실시하여야 한다. 또한 필요시에는 가치공학(VE, Value Engineering), 생애주기비용(LCC, Life Cycle Cost) 및 위험도분석 등의 기법을 활용하여 터널의 기능성, 안전성 및 시공성 등을 만족하는 범위 내에서 경제적인 터널계획을 수립하여야 한다.

> **2.1.3** 터널계획 시 운영 중 유지관리도 고려하여야 한다.

:: 해설 ::

터널계획 시에는 공사 중은 물론 운영 중 유지관리 측면을 고려하여야 한다. 예를 들어 배수구 점검맨홀과 같이 운영 중 유지관리가 용이하도록 하는 개념이 도입되어야 한다. 또한 터널의 시스템(환기, 방재 및 부속설비 등)의 경우 내구연한 동안 적정 성능수준을 유지하기 위하여 필요한 유지관리 예측을 반영할 수 있으며 체계적인 유지관리 계획을 수립하여 점검, 조사, 평가, 대책, 기록을 합리적으로 실시하여야 한다.

> **2.1.4** 터널계획은 공사 중은 물론 유지관리 시에도 주변환경에 유해한 영향을 미치지 않도록 하여야 하고, 환경보전에 대하여도 배려하여야 하며, 건설폐기물의 저감, 재활용, 적정한 처리 및 처분에 대한 계획을 수립하여야 한다.

:: 해설 ::

터널계획 시에는 공사 중 오폐수, 먼지, 매연, 소음 및 진동 등 환경 유해인자들에 대한 대책을 수립하여야 하며, 운영 중 환기, 배수 등이 주변환경에 미치는 영향을 검토하여 적절한 대책을 수립하여야 한다. 또한 건설폐기물의 감소와 재활용 및 재사용이 가능하도록 계획하여야 하며, 특히 유입 지하수의 재활용 등을 적극 검토하여야 한다.

> **2.1.5** 터널의 구조와 형상은 사용목적, 지형, 지반, 시공법 및 하중조건 등을 고려하여 결정하여야 한다.

:: 해설 ::

제4장의 '설계일반', 제5장의 '터널지보재', 제7장의 '터널안정성 해석' 및 제13장의 'TBM 터널' 등에 규정된 내용을 준용하여 굴착대상 지반조건에 대해 최적의 구조와 형상을 가지는 터널을 설계하고 그에 따른 안정성을 평가하여야 한다.

2.1.6 터널단면은 도로, 철도 및 도시철도 등의 표준단면을 기본으로 소단면, 중단면, 대단면 및 특수단면으로 구분한다. 여기서, 소단면은 1차로(단선), 중단면은 2차로(복선), 대단면은 3차로 (삼선) 이상 또는 아치가 2개 이상, 특수단면은 표준단면 외의 형상을 갖는 단면을 말한다. 또한, 표준단면이 아닌 경우에는 유사한 크기의 단면적을 기준으로 구분하여야 하며 터널의 기능과 목적에 따라 내공단면의 크기를 계획하여야 한다.

❖ 해설 ❖

터널단면은 터널의 사용목적에 따라 결정 하여야 하며, 다음과 같이 예시할 수 있다.

〈해설표 2.1.1〉 터널단면의 종류(도시철도 예) (김승렬, 2004)

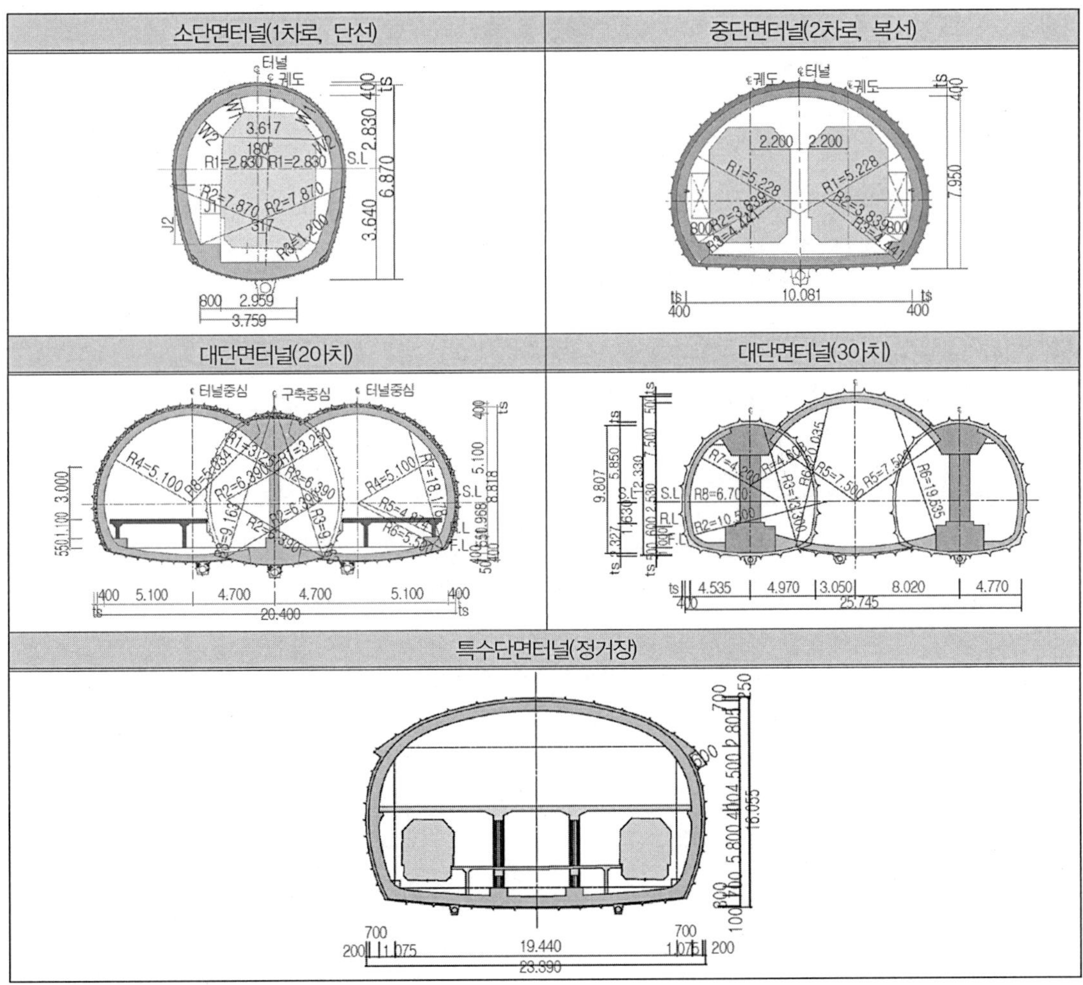

> 2.1.7 터널은 일반적으로 길이에 따라 1,000m 미만을 짧은터널, 1,000m 이상을 장대터널이라고
> 하며, 경우에 따라 5,000m 이상의 터널을 초장대터널로 구분할 수 있다.

✽✽ 해설 ✽✽

본 기준은 공사조건 및 운영조건을 고려한 개략적인 분류기준으로서 터널길이에 의한 초장대터널은 국제터널협회(ITA, International Tunneling Association)의 분류에 따라 5,000m를 기준으로 설정하였다. 다만, 동일한 연장의 터널에서 공사조건에는 큰 차이가 없을지라도 터널의 용도 및 운영방식에 따라 운영 중 안전성에 영향을 미칠 수 있다. 따라서 환기 및 방재시설은 단순히 연장으로 결정되지 않으며 교통량, 종방향기울기, 통행방식, 위험물의 수송에 대한 법적규제, 대형차 혼입률 및 정체 정도 등의 터널 위험도를 종합적으로 평가하여 결정하여야 한다.

> 2.1.8 터널의 환기, 방재, 부속설비, 유지관리계획과 조사, 안정성 해석 및 계측 등의 설계 적용은
> 터널단면의 크기, 길이, 교통량, 기울기 및 사용목적에 따라 적용할 수 있다. 또한, 대단면 및 특
> 수단면이나 장대터널 이상에서 설치위치나 단면형상이 특수조건인 경우에는 사전에 별도의 설계
> 기준을 마련하여 적용하는 것을 원칙으로 한다.

✽✽ 해설 ✽✽

터널설계와 관련한 내용 중 일률적으로 정하기 어려운 설비 등은 터널여건에 맞게 적용할 수 있다. 터널의 환기, 방재, 부속설비 등의 설계에 대해서는 제14장의 '환기, 조명, 방재 설비'를 준용하여 설계하여야 하며, 특히 터널의 환기 및 방재설계에 있어서는 국토해양부의 '도로터널 방재설치 및 관리지침(국토해양부, 2009)', '고속철도설계기준(노반편 : 터널방재부문, 건설교통부, 2004)' 및 '지하철건설종합안전대책(건설교통부, 2007)' 등을 참조하여 합리적으로 설계하여야 한다.

> 2.1.9 터널의 계획은 터널 입구부와 출구부에 연결되는 시설물(도로, 철도 등)을 포함하는 종합적
> 인 검토를 통하여 수립하여야 한다. 또한, 터널구조계획에 있어서는 터널의 부속설비와의 연관
> 성을 고려하여야 한다.

✽✽ 해설 ✽✽

터널은 사회기반시설의 일부 또는 전부를 구성하는 시설로서, 연결시설과의 기능적 연속성을 확보하여야 한

다. 많은 터널이 도로 또는 철도 등의 부분을 구성하는 구조물로서 터널 구조물과 원활하게 연결되도록 조화로운 설계·시공이 이루어지도록 계획하여야 한다.

2.2 터널의 계획

> 2.2.1 터널의 선형은 평면선형과 종단선형으로 구분하며 터널의 사용목적과 사용조건 등의 계획적인 요건뿐만 아니라 입지조건, 지반조건, 지장물, 민원 및 환경영향 등을 포함한 시공상의 요건을 고려하여야 한다. 또한, 터널을 하저 또는 해저에 시공할 경우에는 수심의 영향도 고려하여야 한다.

❖ 해설 ❖

터널 자체의 조건과 함께 앞뒤 접속구간을 포함한 노선 전체적인 선형을 확보할 수 있도록 터널의 선형을 계획하여야 한다. 또한, 지하구조물은 일단 설치가 완료되면 시설의 보완이 용이치 않고, 철거가 어려운 특성을 갖는다. 따라서 계획단계에서 치밀한 기술적 대응, 안전의 확보, 환경영향 등 다양한 부분에 대하여 철저한 검토가 이루어져야 한다. 건설사업에 있어 대표적인 사회 환경적 요소인 민원은 공사의 지연과 사회비용의 손실 등 사업추진에 큰 장애가 되고 있다. 따라서 원활한 사업추진을 위해서는 민원을 포함한 다양한 문제에 대한 적절한 대응방법이 계획단계부터 검토되어야 한다. 지하대공간사업이 민원으로 인해 중단된다면 안정에 직접적인 위협이 되므로 이러한 상황은 사전에 예측 대비하여야 한다.

> 2.2.2 평면선형계획 시에는 다음 사항을 고려하여야 한다.
> (1) 터널노선은 가능한 한 지반조건과 시공성이 양호하고 유지관리가 용이하며 주변환경에 미치는 영향이 적은 곳을 통과하도록 결정하여야 한다. 특히, 편압이 예상되는 비탈면과 습곡지역, 애추(talus) 분포지역, 용출수나 지표수가 많을 것으로 판단되거나 조사된 지역, 안정성이 우려되는 단층 및 파쇄대지역 등은 가급적 피하도록 계획하여야 한다.
> (2) 평면선형은 가능한 직선으로 계획하되 주변여건, 지형 현황, 지반조건 및 터널길이 등을 감안하여 곡선으로 계획할 경우에는 이용자 측면을 고려하여 곡선반경을 크게 하여야 한다.
> (3) 평면선형과 종단선형은 상호 연계하여 조화되도록 계획하여야 한다.
> (4) 터널의 갱구위치는 안정된 지반으로 지형조건이 좋은 위치에 선정하도록 하여야 하며, 토지이용 현황과 토피 등을 감안하고 환경성과 시공성을 우선하여 결정하되 비탈면에 가급적 직교하도록 선정하여야 한다.
> (5) 터널을 2개 이상 병렬 또는 인접하여 계획하는 경우에는 터널단면의 크기, 굴착대상 지반의

> 공학적 특성, 발파진동 영향, 터널 전·후 구간의 용지보상 규모, 지장물 및 민원물건 등을 감안하여 터널굴착공사로 인한 주변지반 거동 및 발파진동이 인접터널에 나쁜 영향을 미치지 않도록 상호 충분히 이격시켜야 한다. 터널 간 이격거리를 줄여야 할 경우에는 안정성을 확보할 수 있도록 굴착방법, 굴착공법 및 보강공법 등 적절한 대책을 수립하여야 한다.
>
> (6) 계획된 터널이 지상구조물, 지하구조물, 터널 등 기존 시설물에 근접하여 통과하는 경우에는 기존 시설물의 중요도 및 구조적인 특성에 따라 터널굴착공사로 인한 상호 영향을 검토하여야 하며 장래 지상 및 지하개발계획을 감안하여 필요시 방호공 등의 사전대책을 수립하여야 한다.
>
> (7) 선형계획 시 제반 제약조건으로 인하여 편압이 작용하는 곳에 갱구를 설치하거나 갱구주변 지반에서 비탈면활동, 낙석, 토석류, 홍수, 눈사태 등이 예상되는 조건을 가질 경우에는 갱문의 구조 선정에 유의하여야 하고, 방호설비 등을 추가적으로 검토하여야 한다.
>
> (8) 터널의 부속설비인 환기터널, 피난터널, 장대터널의 작업터널, 사토장, 진입로 및 기타 터널 외부설비 등의 입지조건도 검토하여야 한다.
>
> (9) 환경친화적인 터널계획을 위하여 보전가치가 있는 지형 및 지질유산의 보전과 대규모 지형변화를 가져오는 땅깎기와 흙쌓기가 최소화되도록 평면선형 및 종단선형을 계획하여야 한다.
>
> (10) 선형계획 시에는 부대설비와 공사용설비의 설치도 고려하여야 한다.
>
> (11) 조사결과에 따라 여러 노선을 선정하여 비교 검토한 후 예정노선을 결정하고, 예정노선에 대하여 지형도를 작성하며, 터널 예정위치를 상세히 검토하여야 한다.

❖ 해설 ❖

가. 터널노선 선정 시 지형조건상 우수 등 지표수의 유입이 많을 것으로 예상되는 계곡지역 등을 피하는 것이 적정하며 불가피한 경우 배수처리에 대한 대책방안이 수립되어야 한다.

나. 터널의 평면선형은 사용목적과 시공적인 측면을 고려하여 가급적 직선으로 계획하고 곡선을 포함시키는 경우에는 곡선반경을 크게 적용하여야 한다. 도로 및 철도터널에서는 노선의 종류나 등급조건 등을 만족하여야 하며 가급적 큰 곡선반경을 적용하여 환기와 교통안전 측면 등에서 유리하도록 설계하여야 한다.

다. 도로터널의 경우 밀폐된 공간 특성상 운전자가 다른 도로 구조에 비해 심리적 압박을 느낄 때가 있고, 주행속도 및 교통용량의 저하가 생길 염려가 있는 터널이 포함된 구간에서는 평면선형만이 아니라 종단선형도 충분히 고려된 설계가 필요하다. 또한 철도터널의 경우에는 종곡선과 횡곡선이 경합되지 않도록 선형 계획하여야 한다.

라. 터널의 갱구위치에서는 일반적으로 비탈면이 위치하고 토피가 작기 때문에 불안정한 경우가 많다. 그러므로 갱구위치는 산 능선의 끝단부나 비탈면의 최대경사각이 직교하는 부근과 편압 및 비탈면의 활동 등이 없이 안정하고 건전한 지반에 설치하기 위해 노력해야 한다. 또한 지반활동이나 대규모의 비탈면 붕괴가 터널에

유해한 변형을 발생시킬 위험성이 있기 때문에 이것이 예상되는 지역에 터널의 갱구를 계획하지 않도록 유의해야 한다.

마. 2개 이상의 터널을 인접하여 병렬 또는 교차하게 설치하는 경우 터널 상호간의 영향을 검토한 후에 위치를 선정하여야 한다. 터널 상호의 영향에 대해서는 지반조건이나 시공법에 의해 달라지므로 중심간격을 지반이 완전탄성체로 고려되는 경우에는 굴착최대폭(D)의 2배, 연약한 지반의 경우에는 5배로 하면 대부분 터널의 상호간섭 영향을 줄일 수 있다고 보고되고 있다(일본토목학회, 2006), 터널표준시방서 산악공법·동해설 7조). 보통의 지반에서는 중심간격을 3D 이상으로 하는 것이 일반적이지만 터널의 입지조건 때문에 부득이 근접 시공하는 경우나 연약지반터널의 경우에는 충분히 상호간의 영향에 대하여 조사, 검토한 후에 시공법(보조공법 등)이나 계측 등의 계획을 수립해야 한다. 특히, 도심지터널을 계획하는 경우에는 주변환경이나 선형상의 제약 등으로 인해 터널 간의 이격거리가 극히 짧은 병렬터널의 시공사례가 증가하고 있고 그런 경우 발파진동 등으로 인한 상호 영향의 정도, 시공순서, 보강공법 등에 대해 충분히 검토하여야 한다. 또한 터널 간 이격거리 결정 시에는 터널 전후구간의 용지보상비와 터널보강공사비 등 경제성을 고려하여 결정하여야 한다.

바. 다른 구조물에 근접하게 터널을 시공하는 경우와 지표가 고밀도로 이용되고 있는 지하에 저토피의 터널을 설치하는 경우에는 구조물 상호간의 영향을 검토한 후에 위치를 선정하여야 한다. 이런 경우에는 터널굴착에 의한 지표면의 변위, 구조물의 침하 및 진동, 지하수위의 변화 등의 영향에 대해 검토하여 기설 구조물에 대한 방호대책 및 보조공법 등에 대해서도 미리 검토하여야 한다.

사. 갱구위치 선정조건의 제약으로 인해 불가피하게 편압의 작용, 비탈면 붕괴, 낙석, 토석류, 홍수나 눈사태 등의 재해, 폭설 및 짙은 안개 등이 발생할 가능성이 있는 위치에 갱구를 설치해야 하는 경우도 있다. 이러한 경우 주어진 조건들을 충분히 고려하고 노선위치를 미세하게 조정하여 갱문위치와 구조 선정을 하고 또한 방재설비의 설치도 포함하여 추가 검토하여야 한다.

아. 환기터널 및 피난터널 등의 부대시설과 장대터널에 설치한 작업터널 등의 입지조건이나 시공성이 평면선형을 결정하는 데 중요한 고려사항이 되는 경우도 있으므로 이것들에 대해서 충분히 유의하여 선형을 결정해야 한다.

자. 최근 친환경적 건설의 일환으로 국토해양부의 '환경친화적인 도로건설지침(건설교통부, 2006)' 등이 고시되어 2006년부터 모든 도로현장에서 적용되고 있으므로, 평면선형 및 종단선형 계획 시 관련 지침 등을 충분히 고려하여야 한다.

차. 평면선형은 공사 발주 시 고정된 경우를 제외하고는 직선으로 계획하여야 하지만, 불가피한 경우에는 주변환경 및 지장물 등의 영향을 고려하여 최적의 선형이 되도록 노선을 선정하여야 한다.

카. 하저에 터널을 계획하는 경우에는 수문 상황, 수심, 제방구조, 공사장부지 등을 포함한 시공상 요건을 고려하여야 하며 안정성을 유지할 수 있도록 최소 이격거리가 확보되도록 계획하여야 한다.

> 2.2.3 종단선형계획 시에는 다음 사항을 고려하여야 한다.
>
> (1) 철도, 도시철도 및 도로, 터널의 기울기는 자연배수와 환기에 지장이 없는 범위 내에서 가급적 완만하게 계획하여야 하며, 각 시설별 기능적인 요구조건을 만족하여야 한다.
>
> (2) 수로터널의 기울기는 터널의 목적 및 기능에 따라 계획 통수량을 우선하여 결정함을 원칙으로 하되, 내공단면과 수압, 수격압(water hammering pressure) 및 유속의 상관관계를 고려하여야 한다.
>
> (3) 계획 기울기는 터널입구에서 진행방향으로 가능한 한 오르막기울기가 되도록 하여 자연배수가 원활히 이루어지도록 하는 것을 원칙으로 하되, 현장조건이나 터널의 목적 및 시공계획과 환기계획 등의 조건상 터널중앙부가 입구부보다 낮은 내리막기울기가 불가피할 경우에는 배수설비를 계획하여야 한다.
>
> (4) 종단계획에 따른 터널의 최소 토피는 터널의 구조적 안전영역의 범위가 확보되도록 지표와 지하구조물의 현황, 지반조건, 시공방법 및 굴착단면의 크기 등을 고려하여 결정하여야 하며, 최소 토피에는 장래 예상되는 토지이용한계심도를 반영하여야 한다.
>
> (5) 교통시설터널의 종단선형은 환기 등을 감안하여 가급적 일방향 기울기로 계획하여야 한다.

☷ 해설 ☷

가. 터널 내 용출수를 자연배수하기 위해서는 일반적으로 0.2% 이상의 기울기가 필요하지만 터널시공 중에 발생하는 용출수를 자연배수하기 위해서는 용출수량이 작은 경우에는 0.3% 이상, 상당히 많은 경우에는 0.5% 이상을 유지하는 것이 좋다. 또한 터널의 종단기울기는 버력반출과 재료운반 시 작업효율에 영향을 미치기 때문에 시공 측면에서 규제가 필요한 경우가 있다.

도로터널에서는 통행차량의 배기가스를 배출하기 위해 기계환기를 필요로 하는 경우 종단기울기를 3% 이하로 하는 것이 바람직하다. 철도터널에서는 기울기가 열차저항을 증가시켜 주행상의 제약이 되므로 가급적 완만한 기울기로 하여야 한다. 즉, 도로나 철도터널에서는 일반적으로 0.3% 이상의 종단기울기에서 터널의 사용목적, 터널길이 및 시공 중의 배수 등을 고려하여 적절한 기울기를 적용해야 한다. 또한 행정경계에 터널이 설치되고 수처리 문제가 있는 경우에는 가급적 가까운 행정구역에 수처리시설 등을 설치하여 내리막기울기로 하는 것이 적정하다(일본토목학회, 2006).

나. 수로터널의 기울기는 목적에 맞는 통수량, 통수단면적 및 유속 등을 고려하여 결정되어야 한다. 기울기를 급하게 하면 유속이 커지게 되고 통수단면적을 작게 할 수 있기 때문에 경제성 측면에서 유리하다고 생각될 수 있지만 수두손실이 발생하고 시공이 곤란하게 되므로 반드시 유리하지는 않다. 그러므로 수로터널에 있어서는 여러 기울기에 대하여 해당 단면을 고려하고, 그것들을 비교 검토하여 최적의 기울기를 결정한다(일본토목학회, 2006).

다. 갱내 배수가 나쁘면 하반 열화에 의해 지보공의 우각부가 침하 혹은 변형되어 설계단면의 유지가 곤란하게 되거나 노면이 진흙화되어 작업능률에 악영향을 미친다. 따라서 용출수에 대비하여 굴착 초기에 배수구 등의 배수설비를 설치하고 항상 충분한 유지관리가 되어야 한다. 특히, 이암, 응회암으로 형성된 지반이나 토사지반 등에서는 배수가 나쁘고 노면이 진흙화되어 구조상 장래에 악영향을 미치기 때문에 배수설계 시 유의하여야 한다. 자연배수가 곤란하여 수중펌프 등의 배수설비가 필요한 경우에는 예상 용수량이나 배수량, 배수설비의 유지관리, 고장에 대비한 예비펌프 등을 고려하여야 한다. 또한, 펌프용량은 충분한 여유를 확보하여야 한다. 경사갱이나 연직갱을 이용해서 본갱을 굴착할 경우에는 충분한 용량의 배수설비와 함께 정전 시 대책도 마련하여야 한다.

2.2.4 내공단면계획 시에는 다음 사항을 고려하여야 한다.

(1) 내공단면은 터널의 목적과 기능을 고려하여야 하고, 평면선형이 곡선인 구간은 편경사를 고려하여 시설한계를 설정하여야 하며, 터널 내 제반설비의 시설공간, 유지관리에 필요한 여유폭 등을 반영하여야 한다.

(2) 도로, 철도 및 도시철도 등 교통과 관련된 터널의 내공단면은 사용목적과 시설기준에 맞도록 계획하여야 한다.

(3) 시설한계는 도로, 철도 및 도시철도 등 사용목적과 관련하여 각 시설별로 별도 제시하는 규정에 따라 결정하여야 한다.

(4) 터널의 내공단면계획 시에는 지형, 지반조건 및 토피 정도에 따라 2개 이상의 소·중단면 병렬터널이나 1개의 대단면터널 또는 특수단면터널의 채택 여부를 검토하여 안정성, 시공성 및 경제성을 확보하여야 한다.

(5) 지반조건이 열악하고 주변여건상 터널시공이 장래 문제를 유발할 가능성이 있는 지역인 경우나 터널길이가 내공단면의 크기를 결정하는 데 주요 인자로 적용되는 경우에는 가급적 소·중단면 병렬터널로 계획하여야 한다.

(6) 터널의 굴착단면계획은 내공단면을 기준으로 하여 지보재의 총 두께와 콘크리트라이닝의 두께 및 허용편차를 고려하되 구조적으로 유리한 형상으로 결정하여야 한다.

(7) 동일 작업구간 내의 터널 내공단면은 가급적 동일한 규격과 형상으로 표준화하여 시공성을 높일 수 있도록 계획하여야 한다.

(8) 내공단면이 소단면보다 작은 터널을 계획할 경우에는 작업환경과 시공성을 고려하여 내공단면을 결정하여야 한다.

(9) 철도용 터널의 내공단면계획 시에는 열차의 고속주행에 의하여 터널 내에 발생되는 공기저항 및 공기압의 변화와 차량 밀폐도, 승차감 및 미기압파의 영향을 고려하여야 한다.

(10) 수로터널의 내공단면은 계획 통수량을 기준으로 통수단면적, 터널 마감재료의 거칠기(roughness), 수압, 수격압 및 유속 등을 종합적으로 고려하여 결정하여야 한다.

❖ 해설 ❖

　도로터널이나 철도터널에서는 보통 그 종별이나 등급 등에 따른 시설한계를 정하게 된다. 내공단면은 시설한계 밖에 환기시설, 조명시설, 비상용시설 및 기타 표식 등의 설치공간을 확보한 후에 시공오차 등에 대하여 약간의 여유를 고려하여 결정하여야 한다. 이러한 터널에서는 평면선형에 의하여 편경사가 변화하여 시설한계가 변화함을 고려하여야 한다.

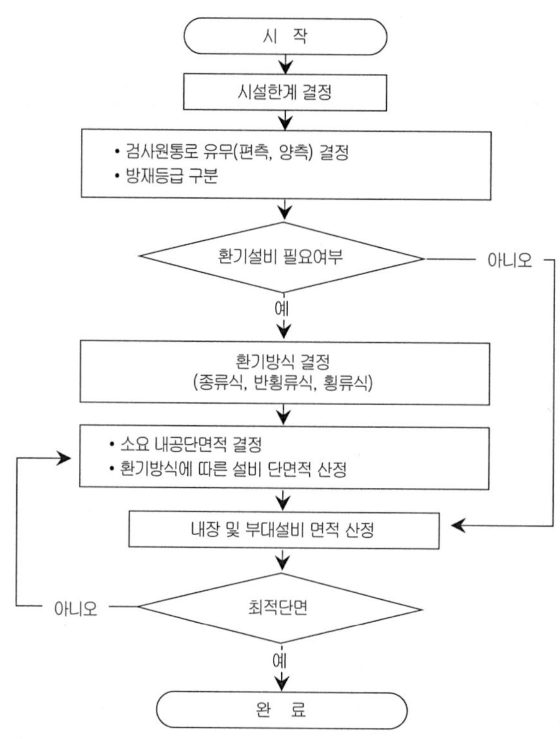

〈해설그림 2.2.1〉 내공단면 결정순서 흐름도

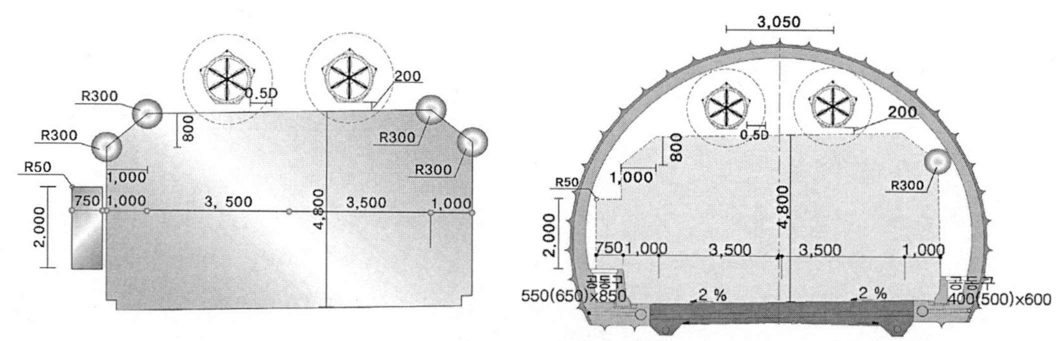

〈해설그림 2.2.2〉 시설한계와 대표단면(도로터널 예)

한편, 상하수도 등의 수로터널에서는 장래의 통수량 증가를 고려하여 내공단면을 결정해야 한다.

터널의 내공단면은 터널의 안정성 및 시공성을 충분히 고려하여 효율적인 단면형상으로 할 필요가 있다. 일반적으로 아치 및 측벽부에 삼심원이나 오심원을 적용하여 라이닝의 곡률이 급격하게 변화하지 않도록 하여 인버트를 설치하는 경우에 인버트가 측벽과 부드럽게 연결되도록 설계해야 한다.

터널의 기본적 단면형상은 원형, 마제형, 난형 등으로 구분하며 지반조건, 배수조건, 시공성 및 경제성 등을 고려하여 구조적으로 유리한 단면형상을 결정하여야 한다.

〈해설표 2.2.1〉 터널의 기본적 단면형상

구분	원형	마제형	난형
단면	R1	R1, R2, R3	R1, R2, R3
특징	• 구조적으로 가장 안전 • 하중이 큰 경우(비배수 터널 등) 많이 적용 • 인버트부 시공이 까다롭고 불필요한 공간형성으로 비경제적 요소 존재	• 다른 단면형상보다 외력에 대해 구조적으로 취약 • 배수형 터널에 많이 적용 • 시공성이 양호하고 경제적임	• 구조적으로 원형과 마제형의 중간 정도로 양호 • 비배수형 터널에도 적용 가능(형상 조정) • 굴착량은 마제형보다 다소 증가하나 원형단면처럼 불필요한 공간을 형성하지 않음

또한 터널단면이 현저하게 작으면 지보부재의 선택이 제한되고 작업환경의 악화 등 시공성 저하의 원인이 되는 경우가 있으므로 이와 같은 제반 상황들을 고려하여 내공단면을 설정하여야 한다.

철도용 터널의 내공단면계획 시에는 고속철도용 터널뿐 아니라 일반철도용 터널에서도 미기압파의 영향을 고려하여야 한다. 또한, 내부 승객과 승무원뿐만 아니라 갱구부 주변 주민들에게 미치는 소음, 진동 등의 유해한 영향도 가급적 최소화하여야 한다.

2.2.5 부속설비계획 시에는 다음 사항을 고려하여야 한다.
  (1) 환기, 조명 및 비상용 시설 등의 터널부속설비는 터널의 선형으로부터 영향을 받는 경우가 있으므로 시설의 계획, 시공성 및 유지관리 등과의 관계를 종합적으로 검토하여 계획하여야 한다.
  (2) 부속설비계획에는 기능의 부합성과 함께 경제성 및 유지관리성을 종합적으로 검토하여 수립하여야 한다.

> (3) 터널의 부속설비는 운영 시의 유지관리용 영구설비와 공사 중 시공을 위한 임시설비로 구분
> 하여 계획하여야 한다.
>
> (4) 일반적인 영구설비에는 환기설비, 급수와 배수설비, 대피설비, 방재설비, 점검설비, 전기설
> 비, 통신설비, 보안설비 등이 있으며 터널의 목적과 기능에 따라 설비의 종류 및 규모를 결
> 정하여야 한다.
>
> (5) 공사용 임시설비에는 자재 반입과 저장설비, 버력처리설비, 숏크리트 배합과 타설설비, 급수
> 와 배수설비, 오수와 폐수 정화설비, 환기와 집진설비, 비상급기설비, 전기설비, 통신과 보
> 안설비, 방음과 방진설비 등이 있으며 설비의 종류와 규모 결정은 공사규모, 공사기간, 공법
> 및 현장여건 등을 고려하여 결정하여야 한다.

❖ 해설 ❖

도로터널에서 환기시설, 비상용시설 등의 터널 부대시설의 계획은 도로의 교통량, 터널의 길이 및 종단기울기와 밀접한 관련성이 있다. 따라서 터널의 갱구위치나 종단선형 등을 결정할 때에는 환기소나 환기터널의 위치, 규모 등을 포함하여 환기 및 비상용 시설의 개략 설계를 수행하여 공사비, 시공성 및 유지관리비 등에 관한 종합적인 비교 검토를 수행하여야 한다. 특히, 장대터널에서는 경제적인 환기설계를 하는 데 있어서 환기소나 환기터널 등의 배치가 터널의 선형을 결정하는 경우도 있다.

> 2.2.6 조사계획 시에는 다음 사항을 고려하여야 한다.
>
> (1) 터널조사는 지반조건과 입지조건의 조사로 이루어진다. 이 조사에서는 노선선정, 설계, 시공
> 및 운영 중 유지관리 등 각 단계에 필요한 지반조건과 입지조건 등의 기초자료를 얻도록 계
> 획하여야 한다.
>
> (2) 조사의 계획에 있어서 공사의 각 단계에 적합한 목적, 터널의 연장 및 단면적 등을 최대한
> 고려하여 조사사항, 순서, 방법, 범위, 정도, 수량, 기간 및 정리방법 등을 결정하여야 한다.
>
> (3) 도시부에서는 주변현황 및 지장물을 세밀하게 조사하여 주변환경에 유해한 영향과 민원을 최
> 소화하여야 한다.

❖ 해설 ❖

터널공사의 특성상 사전조사를 통해 지형, 지질, 지하수 등의 지반조건을 완벽히 파악하기 힘든 경우가 많고 시공 중 조우한 지반 상태에 따라 설계변경을 실시하여야 하는 경우도 있다. 따라서 계획단계, 시공단계 및 유지관리 단계에서도 계속적인 조사가 필요한 경우가 많다. 그러나 시공법 변경과 같은 대폭적인 설계변경은 공기나

공사비의 증대를 초래할 수 있기 때문에 터널계획 시 적절한 조사를 실시하고 조사결과를 성실히 검토하여 큰 설계변경이 발생하지 않도록 하여야 한다.

가. 터널의 설계 및 시공은 지반조건, 입지조건 등의 영향을 크게 받기 때문에 각종 조사를 수행하고, 공사 난이도의 파악, 공기나 공비의 산정, 시공법의 결정, 안전성의 확보, 장래의 유지 및 보수를 위하여 충분한 기초자료를 얻도록 노력하여야 한다.

일반적으로 터널은 지하 심부에 위치하여 직접적인 정보를 얻기 어렵고 선상구조물이기 때문에 굴착대상 구간을 포함한 광범위한 지역이 조사대상으로 되며 토지이용 등의 사회환경상의 문제가 복잡한 조건에서 시공되는 경우가 많다. 따라서 불충분한 조사로 인한 계획변경, 공사비 증대, 공기 연장이나 주변환경의 영향 등 많은 문제 발생을 미연에 방지하고 안전하게 예정대로 공사를 진행하기 위하여 계획적이면서 효율적인 조사를 수행하여야 한다.

일반적인 조사는 지반조건 조사와 입지조건 조사로 나누어 실시한다.

지반조건 조사는 터널과 주변의 지형, 지질 및 수문에 관한 조사를 포함하며, 조사의 정확성이 곧 공사계획, 설계의 품질, 시공의 난이도 등과 결부된다는 점에서 가장 중요하다. 또한 입지조건 조사에서는 환경 및 공사와 관련된 법규를 조사하고, 설계나 시공단계에서는 공사용 설비, 버력반출 및 보상대상 등 구체적인 사항들을 대상으로 조사를 실시한다. 특히, 환경보전에 관한 조사의 중요성이 점차 증대되고 있어 조사가 불충분한 경우에는 공사에 중대한 영향이 발생할 수 있다.

나. 조사는 수행목적이나 터널의 규모 등을 고려하였을 때 해당되는 조사단계, 조사대상, 조사내용 및 조사 정밀도 등을 먼저 파악하고 조사의 순서, 범위, 방법, 기간 등에 대해서도 충분히 검토한 후에 조사의 세부사항을 결정하여야 한다. 특히, 조사 기간과 순서, 조사사항의 선택, 조사성과의 표현과 조사성과의 설계 및 시공에의 적용방법 등에 대하여 충분히 검토할 필요가 있다. 또한 특수한 지반조건이나 설계 및 시공시 유의해야 할 중요한 문제에 대하여는 충분한 조사를 수행하는 것이 중요하다.

터널공사를 대상으로 한 조사는 초기 계획부터 시공단계, 때로는 시공 후까지 계속해서 실시되지만, 공사의 진전에 따라 조사사항이나 정밀도 등도 달라진다. 이러한 조사단계는 입지환경조사, 지반조사, 시공 중 보완조사, 또는 경우에 따라서 유지관리 단계의 조사로 구분된다(3.1.2절 참조).

조사는 먼저 개괄적으로 광범위에 걸쳐 전체를 파악하는 것에서부터 시작하고 순차적으로 조사에 의해 판명된 사항과 해명을 요하는 사항 등을 정리하면서 초점을 좁혀가는 방식으로 실시하는 것이 바람직하다. 또한, 먼저 수행한 조사에 의해 얻어진 성과는 나중에 수행한 조사의 성과에 의해 계속적으로 평가하고 보완하여 조사의 계속성 및 일관성을 유지하는 것이 매우 중요하다.

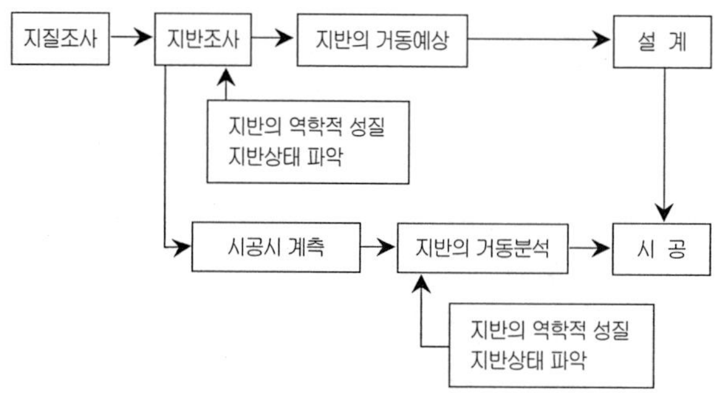

〈해설그림 2.2.3〉 조사 흐름도(한국도로공사, 1995)

다. 도심지터널 시공 시의 주변환경에 대한 유해한 영향요인으로는 터널굴착 및 공사용 차량 등에 의한 소음·진동, 교통장애, 공사 중 배수에 의한 하천 수질오염, 터널 용출수에 의한 지하수의 감소·갈수 및 지반침하, 약액주입에 의한 지하수의 오염과 지반융기, 굴착에 따른 지반의 이완에 의한 지반침하와 근접구조물에 대한 영향 등이 있다.

터널운영 시의 주변환경에 대한 유해한 영향요인으로는 터널 내로의 지하수 유출에 의한 강물과 지하수 등의 감소·갈수현상, 지반의 이완과 지하수위 저하에 의한 지반침하와 함몰, 약액주입 등에 의한 지표수·지하수의 수질변화, 지하수 유동의 차단에 의한 지반융기, 지반침하, 교통진동에 의한 지반변상, 고속열차의 터널 진입 시 미기압파의 영향 및 갱문이 주변경관에 미치는 영향 등이 있다.

2.2.7 계측계획 시에는 다음 사항을 고려하여야 한다.

 (1) 터널의 계측관리계획은 터널굴착에 따른 지반의 거동과 각 지보재의 효과를 파악하고 공사의 안정성과 경제성을 확보하여야 하는 공사 중 계측계획과 터널준공 후 운영 중의 안전을 확보하기 위하여 시행되는 유지관리계측계획으로 구분하여 수립하여야 한다.

 (2) 공사 중 계측계획 수립 시에는 터널의 기능, 중요도 및 지반조건에 적합하도록 계측의 항목, 설치위치 및 측정빈도 등을 계획하여야 한다.

 (3) 운영 중 시행하는 유지관리계측은 터널의 기능과 중요도에 따라 계측의 목적을 정하고, 목적에 적합한 계측계획을 별도로 수립하여야 하며, 가능한 한 시공 중 계측계획과 연계하여 관리될 수 있도록 계획한다.

∷ 해설 ∷

가. 선상구조물이라는 특수성 때문에 사전 지질조사로부터 파악된 정보는 터널설계 시에 제한적으로 활용된다. 또한 굴착에 의한 응력 교란이나 지반의 변형특성은 굴착공법과 지보의 시공방법에 의해서도 달라지므로 사

전에 터널 및 지반의 거동특성을 명확하게 파악하고 예측하는 것은 거의 불가능하다. 따라서 시공 시 각종 계측을 실시하고 계측결과를 종합적으로 분석 및 평가하는 것이 공사의 안전성과 구체적인 계측자료의 확보 차원에서 매우 중요하다.

나. 주변 구조물에의 영향평가 및 터널 자체의 안전성 확보를 위해서는 변위량이나 지반의 거동현상을 조기에 예지할 수 있도록 계측관리하여야 하며 계측결과를 신속히 시공에 반영하는 것이 매우 중요하다.

2.2.8 터널 갱구부와 작업구의 계획 시에는 다음 사항을 고려하여야 한다.

  (1) 터널 갱구부와 작업구의 계획 시에는 우수유입으로 인한 침수피해가 발생되지 않도록 하여야 하며, 유사시에 대비한 배수대책을 세워야 한다.

  (2) 작업구의 계획에 있어서는 용도, 공정, 공구 구분, 설치위치, 단면, 공사 중 설비, 공사완료 후의 조치 및 활용성 등에 대하여 지반조건과 입지조건을 고려하여야 한다.

❖❖ 해설 ❖❖

가. 갱구부는 우수유입이 되지 않도록 종단기울기를 계획하고 선형조건상 불가피하게 우수유입이 발생하는 구간 에서는 배수계획을 수립하여야 한다. 특히, 갱구부 시공은 갱구 주변의 지표수의 유입을 방지하기 위해 우기 와 융설기를 피하여 시공하는 것이 바람직하다.

갱구부에서는 일반적으로 지형적·지질적으로 원지반조건이 불안정하거나, 시공 시에 터널굴착이나 지표면 변화 등으로 인해 슬라이딩, 비탈면 붕괴, 지내력 부족, 편압, 천단붕괴·낙반, 지표면 침하 등이 발생할 수 있으므로 사전대책의 수립이 어려울 뿐 아니라 막대한 비용이 들 때도 있다. 따라서 갱구부 시공에 있어서는 시공 전에 지형·지질조건, 주변현황 등을 충분히 조사하고 설계조건과의 차이가 발생한 경우에는 추가조사 등을 하여 적절한 시공법을 충분히 검토하고, 사전에 필요한 대책을 강구하여야 한다.

나. 작업구는 경제성을 고려하여 가급적 짧게 설치하고 장비의 진출입이 용이하며 환경훼손을 최소화할 수 있도록 설치하여야 한다. 특히, 시공완료 후 환기터널이나 피난터널 등으로 활용할 수 있도록 하여 터널의 효용성을 높이는 방안을 강구하는 것이 필요하다.

2.2.9 방수형식계획 시에는 다음 사항을 고려하여야 한다.

  (1) 방수형식은 터널 전체 주위 벽면 중 일부분에 지하수의 배수경로를 만들어 지속적으로 지하수를 배수하여 콘크리트라이닝에 수압이 작용하지 않도록 하는 배수형 방수형식과 터널 전체 주위 벽면에 방수재를 설치하여 지하수가 터널 내부로 유입되는 것을 차단하여 콘크리트라이닝이 수압을 받도록 하는 비배수형 방수형식으로 구분한다.

> (2) 방수형식은 지형, 지상 토지이용현황, 토피 정도, 지하수의 특성과 수위, 주변지반의 상태 등 현장지반 조건과 터널형상 및 규모 등의 조건을 감안하여 시공성, 경제성 및 유지관리성 등을 종합 검토한 후 결정하여야 한다.
>
> (3) 비배수형 터널에는 시공특성에 부합되는 방수형식 및 재료를 선정하고 작용수압에 안전하게 견딜 수 있는 콘크리트라이닝을 계획하여야 하며, 유사시 또는 과도한 누수에 대비하여 적정 용량 배수시설의 설치를 검토하여야 한다.
>
> (4) 배수형 방수형식의 터널에는 원활한 배수계통과 배수단면을 확보하여야 하며, 유지관리상 배수계통의 기능 확인과 보수가 용이하도록 계획하여야 한다.

❖ 해설 ❖

터널설계와 시공에서 지하수의 존재 여부는 매우 중요하며, 지하수 및 지반조건에 따라 터널의 방수 및 배수 공법도 달라지게 된다.

〈해설표 2.2.2〉는 배수형 터널과 비배수형 터널의 특징을 보여주고 있다. 배수형 터널은 터널설계 시 콘크리트라이닝에 수압이 작용하지 않도록 조치하기 때문에 초기 시공비가 적게 들고 누수 시에 보수가 용이한 장점이 있으나, 지하수위의 저하에 의한 주변지반의 침하, 식생, 우물고갈 등 지하수 이용상의 문제를 초래할 수 있다. 또한 시공 후 운영 중에 항상 배수시설을 가동하여야 하므로 유지관리비가 많이 소요된다. 이에 반하여, 비배수형 터널은 터널 내부에서 인위적으로 배수를 실시하지 않기 때문에 지하수위의 변화가 없으므로 주변환경에 영향을 미치지 않으며, 지하수 처리에 따른 터널 유지비가 적게 드는 반면, 콘크리트라이닝에 지하수 조건에 따른 수압이 작용하므로 단면보강으로 인한 시공비가 증가하는 특징을 가지게 된다. 이와 함께 높은 수준의 방수공이 요구되고 누수 시에는 보수가 용이하지 않다는 단점이 있다. 따라서 터널의 지하수 처리 형식의 선정 시에는 지질 및 지하수 조건, 그리고 터널굴착으로 인한 지하수의 거동을 분석하여 터널의 지하수처리시스템과 주변여건이 잘 조화되도록 배려하여야 한다. 터널의 배수형 및 비배수형 터널 형식 선정과정은 다음의 〈해설그림 2.2.4〉와 같다 ('제8장 배수 및 방수' 참조).

〈해설표 2.2.2〉 배수형식에 따른 터널의 특징 비교(김승렬, 2004)

	배수형 터널	비배수형 터널
형 식	• 방수막과 부직포를 천정부와 측벽부에 설치하고 유입수를 터널 내로 유도하여 배수처리	• 터널 전단면에 방수막과 부직포에 의한 차수층을 설치하여 지하수의 유입을 완전차단
장 점	• 수압을 고려하지 않으므로 구조적으로 얇은 무근 콘크리트라이닝도 가능 • 대단면의 시공이 가능 • 누수 시 보수가 용이 • 초기 시공비가 적어 경제성 양호	• 지하수 처리비용 감소로 유지비가 적음 • 터널 내부가 청결하며 관리가 용이 • 지하수위의 변화가 없으므로 주변환경에 영향을 미치지 않음 • 터널구조체 및 내부시설물의 내구연한을 증가

〈해설표 2.2.2〉 배수형식에 따른 터널의 특징 비교(김승렬, 2004) (계속)

	배수형 터널	비배수형 터널
단 점	• 자연배수가 불가능한 경우에 배수비용 증가로 유지비가 많이 소요 • 지하수위의 저하로 인해 주변지반 침하와 지하수 이용에 문제 발생 가능	• 초기 시공비가 고가이고 완전한 방수 시공이 어려움 • 대단면에서는 적용이 곤란 • 누수가 발생하면 보수비가 많이 들고 완전보수가 어려움 • 막대한 콘크리트라이닝 보강 필요 • 공사 중 배수시설 설치 필요
적 용	• 지하수위 저하 영향이 없는 지반 • 지하수두가 높은 조건(수두>60m) • 유입수량이 적은 암반조건	• 지하수위 저하 영향이 큰 지반 • 지하수두가 비교적 낮고(수두<60m) 지하수의 공급이 많을 때

주) 지하수위 조건은 '터널설계기준(건설교통부, 2007)' 개정으로 변경되어 수정함

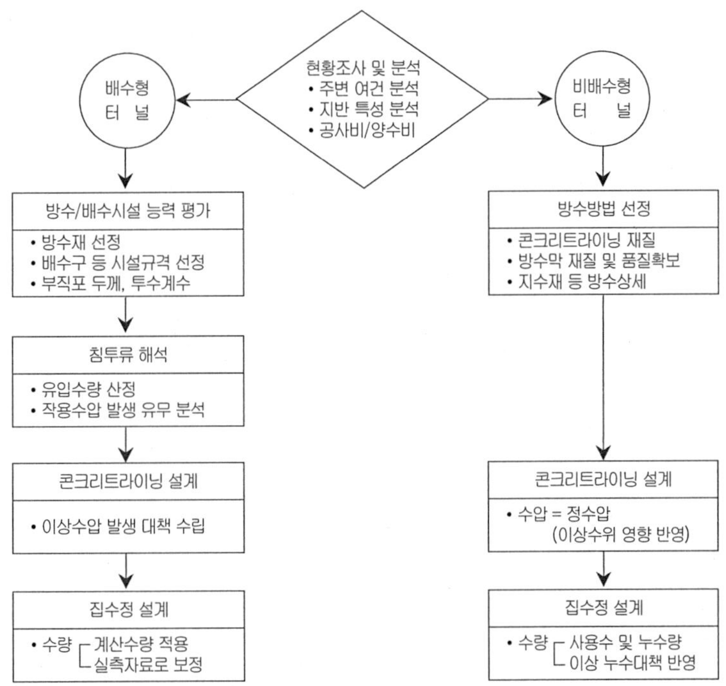

〈해설그림 2.2.4〉 배수형과 비배수형 터널 형식 선정과정(김승렬, 2004)

2.2.10 환기계획 시에는 다음 사항을 고려하여야 한다.
  (1) 터널의 환기설비는 터널 내 오염물질의 농도가 허용수준 이하로 유지될 수 있도록 터널길이와 교통량 등 시설물의 목적에 적합한 형식으로 계획하여 충분한 기능이 발휘될 수 있도록 하여야 한다.
  (2) 터널의 환기계획은 교통, 기상, 환경, 지형, 지물 및 관련 법규를 바탕으로 소요 환기량을 산

> 정하여 자연환기와 기계환기 중 적합한 방법을 선정하여야 한다.
>
> (3) 기계환기 선정 시에는 구조설계, 배치 및 환기장소를 고려하여 설비제원을 결정하여야 한다.
>
> (4) 환기설비는 화재 등 비상시 안전확보를 위한 배연이나 제연시설로 운용되므로 환기방식의 선정은 비상시 안정성을 고려하여 검토되어야 한다.

해설

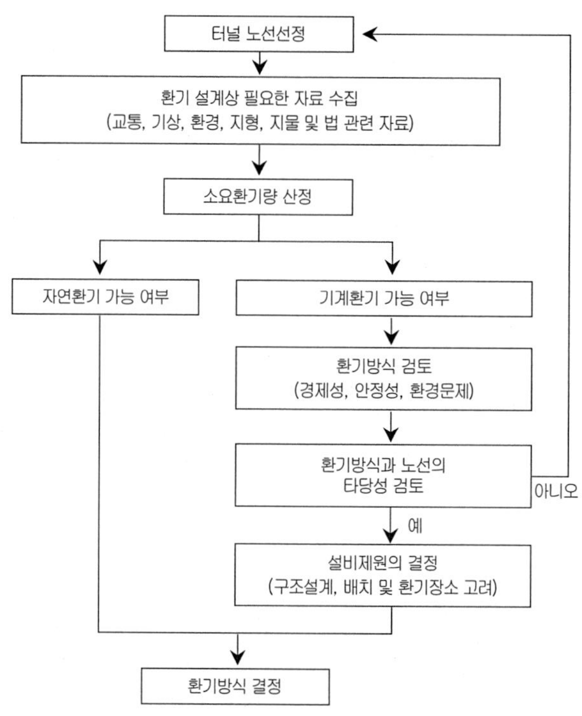

〈해설그림 2.2.5〉 환기설계 흐름도(한국도로공사, 1995)

가. 장대터널에서 환기의 중요성이 증대되고 있는 실정을 감안하면 환기설비의 설계와 터널설계를 병행하는 것이 바람직하다. 또한 화재 시의 환기설비의 운용은 교통방식에 따라 매우 다르다. 예를 들어 일방향 교통의 경우에는 화재지점부터 출구 측의 차량은 주행하여 탈출하는 것이 가능하며 환기풍의 방향과도 일치하기 때문에 종류식 환기방식에서도 비교적 안전을 확보하기 쉽고 배연효과도 높다. 반면, 양방향 교통의 경우에는 터널연장 및 교통량에 따라 별도 배연을 위해 반횡류식 또는 횡류식과 같은 환기방식 적용이 필요하다('제14장 환기, 조명, 방재설비' 참조).

나. 기계환기 시 설치되는 환기실은 정확한 설비용량을 산정하여 본선터널 구조 안정성을 확보할 수 있도록 계획하여야 한다.

2.2.11 터널계획 단계에서는 재난을 유발할 수 있는 주요 위험요인을 파악하여 근본원인을 제거하여야 하며, 제거가 불가능한 경우에는 재난발생 시 피해를 최소화할 수 있는 방재설비를 계획하여야 한다.

❖ 해설 ❖

화재사고와 테러 위험의 증가에 따라 터널방재설계의 중요성이 크게 대두되고 있다. 최선의 방재대책은 재해발생원인의 근본적인 제거이며, 이의 제거가 불가능한 경우에는 위험요인을 고려하여 적절한 방재설비를 계획하여야 한다. 터널방재설비에 대해서는 국토해양부의 '도로터널방재설치기준(국토해양부, 2009)' 등을 참조하여 합리적인 설계를 도모하여야 한다('제14장 환기, 조명, 방재설비' 참고).

■ 참고문헌 ■

1. 건설교통부(2004), 『고속철도설계기준(노반편 : 터널방재부문)』
2. 건설교통부(2006), 『환경친화적인 도로건설지침』
3. 건설교통부(2007), 『지하철건설종합안전대책』
4. 건설교통부(2007), 『터널설계기준』
5. 국토해양부(2009), 『도로터널 방재설치 및 관리지침』
6. 김승렬(2004), 도시철도기술자료집(3) 『터널』, 서울특별시 지하철건설본부, pp.3-26, pp.42-44, pp.138-157
7. 일본토목학회(2006), 『터널표준시방서 산악공법·동해설』, pp.1-50
8. 한국도로공사(1995), 「고속도로 터널설계 실무 자료집」, pp.27-30, pp.131-154

03 조 사

03 | 조 사

3.1 조사일반

3.1.1 조사 시에는 다음 사항을 고려하여야 한다.

(1) 조사는 터널의 노선선정, 설계, 시공 및 완성 후의 유지관리에 중대한 영향을 미치는 사항으로 충분한 기초자료를 얻을 수 있도록 실시하여야 한다.

(2) 터널의 목적, 규모 및 위치 등을 고려하여 조사의 내용, 순서, 방법, 범위, 정도, 수량 및 기간 등을 결정하여야 하며, 터널설계 및 시공 시 활용방법 등을 고려하여 조사성과를 정리하여야 한다.

(3) 터널공사는 설계 시의 조사결과만으로 토질 및 암반조건, 지질조건, 지하수 등 지반조건을 정확하게 파악하기 어려우므로, 시공단계에서도 계속적인 조사를 실시하여야 한다. 또한, 계획 및 설계단계에서 적용한 암반분류기준이 시공 시 조사에도 일관성 있게 적용되도록 하여야 한다.

❖ 해설 ❖

가. 조사 기본사항

조사는 개괄적이며 광범위하게 모든 지반조건과 문제점 등을 파악할 수 있도록 하고, 점차적으로 전 단계 조사에 의해 판명 및 다음 단계를 통해 확인을 요구하는 사항 등을 정리해 가면서 조사의 초점을 좁혀가는 것이 바람직하다(건설교통부, 1999).

나. 조사단계

조사계획에 있어서 터널 대상 지반의 활동, 활단층 존재여부 등의 지형·지질적인 특징, 용수위치 및 지하수 이용 현황 등의 수문학적인 특징을 문헌조사를 통해서 파악하고, 주변지역에서의 조사사례 및 시공 실적을 분석한 후 현장답사를 통하여 지반의 종합적인 문제점을 충분히 파악하여야 한다. 또한, 조사된 문제점을 바탕으로 설계 및 시공 중 고려되어야 하는 지질 분포, 성상, 터널노선과의 관계 등을 파악할 수 있는 조사의 항목, 범위 및 수량을 산정하는 것이 합리적이다.

다. 조사항목, 수량의 유효성 및 적정성

조사를 통해 설계과정에서 적용되기에 충분한 자료를 획득하기 위해서는 설계 특성에 맞게 조사항목, 위치 선정 및 수량을 적절하게 계획하여야 한다. 최적의 조사를 위해서는 적정한 조사 예산의 수립이 필요하며, 설계나 시공상의 경제성을 고려하여 엔지니어의 공학적 판단 하에서 최대한 합리적으로 계획되어야 한다. 가급적 조사와 시험을 통해 충분한 조사결과를 얻는 것이 설계의 신뢰도를 높일 수 있으나, 비용대비 설계 활용도를 고려하여 활용도가 높지 않은 조사항목이 발생하지 않도록 계획하여야 한다(한국터널공학회, 2002). 각 조사단계별 시기, 목적, 내용, 범위 등을 요약하면 〈해설표 3.1.1〉과 같다.

라. 설계기준 3.1.1(3)은 '3.5 시공 중 보완조사' 참조

〈해설표 3.1.1〉 조사단계별 조사내용

조사단계		시기	목적	내용	범위
입지환경 조사		비교 노선검토에서 설계/시공계획단계까지	터널건설에 영향을 미치거나 터널건설로 영향을 받을 수 있는 사항에 대한 조사	• 지형, 환경, 지장물, 사토장, 수문특성, 공사용 설비, 보상 및 관련 법규	계획터널노선 및 비교터널노선을 포함한 광범위한 지역
예비조사	자료조사	사업 구상에서 구체적으로 계획	터널노선계획	• 각종 기존자료 조사 분석 • 지표답사	대상구간의 광범위한 지역
	현장답사				
	광역조사	비교 노선 검토에서 노선 결정까지	터널노선의 선정	• 지형·지질조건에 대한 개략조사 • 환경·입지조건에 대한 광역조사	계획터널노선 및 비교터널노선을 포함한 광범위한 지역
본조사		터널노선 결정 이후부터 공사 착공까지	설계 수행 시공계획의 수립 – 설계입력 자료 평가 – 공법 선정 – 단면해석 – 공사비 산출 등	• 상세한 지질, 지반조사 • 터널주변 환경 및 공사에 필요한 제설비, 법규 등 조사	결정된 터널노선 및 주변지역
시공 중 보완조사		시공 중	시공 관리, 공사 통제	• 굴진면조사 및 계측(터널 내부 및 주변지반 포함) • 주변환경의 영향 정도 조사 • 시공관리조사	터널 내부 및 터널시공으로 영향을 받을 우려가 있는 터널주변지역

3.1.2 조사는 입지환경조사, 지반조사 및 시공 중 보완조사로 구분되며 각 조사는 다음 사항을 포함하여야 한다.

(1) 입지환경조사는 터널의 건설에 영향을 미치거나 터널건설로 영향을 받을 수 있는 사항에 대한 조사로서 지형, 환경, 지장물, 사토장, 수리·수문특성, 공사용설비, 보상 및 관련 법규조사를 포함하여야 한다.

(2) 지반조사는 터널건설의 기본계획 및 노선선정을 위한 예비조사, 터널노선 결정 이후 공사착공 전의 설계 및 시공계획을 위한 본조사, 그리고 보완조사로 단계를 구분하여 시행함을 원칙으로 한다.

(3) 시공 중 보완조사는 조사결과에서 나타난 지반의 문제점과 설계 당시의 사회적 제약 또는 민원 발생으로 실시하지 못한 조사 및 시공 중 발생한 문제점에 대하여 추가조사를 계획하여 실시하여야 한다.

❖❖ 해설 ❖❖

가. 설계기준 3.1.2 (1)은 '3.2 입지환경조사' 참조.

나. 설계기준 3.1.2 (2)는 '3.3 지반조사' 참조.

다. 설계기준 3.1.2 (3)은 '3.5 시공 중 보완조사' 참조.

3.2 입지환경조사

3.2.1 지형의 조사 시에는 다음 사항을 고려하여야 한다.

(1) 터널건설에 영향을 미치거나 터널공사로 영향을 받을 수 있는 지형은 지형도나 항공사진 및 인공위성사진 등을 이용하여 분석하고 현장답사를 통하여 조사하여야 한다.

(2) 급경사, 편토압, 애추(talus), 붕괴지, 계곡 및 매몰된 수로 등 불안정한 지형이나 산사태, 눈사태 및 홍수 등 재해가 예상되는 지형에 대하여 자료조사, 현장답사, 측량 및 지반조사 등을 병행함으로써 지형 현황과 특성을 파악하고 터널건설에 미치는 영향을 분석하여야 한다.

❖❖ 해설 ❖❖

가. 영상 분석

항공사진 및 인공위성사진을 활용하여 터널공사지역의 광역적인 지형여건 및 수계분석, 단층선 등의 선구조, 식생 등을 종합적으로 파악할 수 있도록 하여야 한다. 필요할 경우 별도의 원격탐사를 시행한다.

나. 산계 및 수계의 조사

터널 예정지 주위에 분포하는 산들의 특징과 산과 산들이 이어지는 산세에 대한 특징을 기록하고, 주변 수계의 패턴과 유동방향, 합수지점 등의 특징을 관찰한다. 도심지 발달에 따라 변형된 산계와 수계는 사전조사된 고지형도와 비교·분석을 통하여 지형특성의 변화를 파악한다. 수계의 형태는 암종분포 및 지질구조와 밀접한 관계를 가지고 있으며, 그 외 수계 밀도와 식생 등에 지질특성이 반영되어 있는 경우가 많다(윤지선 역, 1994).

다. 불안정 지형

애추(talus), 붕괴지와 산사태, 눈사태, 홍수 등이 이미 발생한 장소나 이러한 우려가 있는 지형은 자료조사, 항공사진 및 인공위성사진 판독, 지표지질조사 등을 시행하여야 한다. 자료조사는 지형도(1:5,000~1:5,0000), 지질도, 수문기상자료, 항공사진, 인공위성사진 및 과거 유사터널 시공 예 등의 자료를 수집하여 지형과 지반 및 입지여건과 관련한 기존의 모든 사항을 파악할 수 있도록 한다.

라. 현장답사

현장답사는 부근의 노두, 용출수, 지하수위, 배수상태, 수로 및 하천의 상태, 주변구조물의 유지상태, 지하구조물의 현황파악 등을 조사하고, 현지 주민으로부터 역사적인 재해와 환경의 변화, 과거 공사에 대한 증언 등을 청취하여 참조한다.

3.2.2 환경의 조사 시에는 다음 사항을 고려하여야 한다.

(1) 환경조사는 기본계획 및 노선선정 단계에서 실시하는 광역 환경조사와 설계단계에서 수행하는 터널주변 환경조사로 구분하여 실시하여야 한다.

(2) 광역 환경조사는 터널시공 및 운용으로 인하여 자연 및 사회 환경에 미치는 영향을 최소화하기 위하여 광범위하게 실시하여야 하며, 다음 사항을 포함하여야 한다.

① 수리·수문 : 지형 및 하곡의 성상, 하천유량, 지하수위, 물이용 상황, 지하수에 영향을 미치는 타 공사의 유무, 대수층의 존재 여부.

② 기상 : 기온, 강우, 강설, 바람 등의 영향, 눈보라와 돌풍의 발생빈도 및 현황.

③ 재해 : 산사태, 눈사태, 붕괴, 지진, 홍수 등의 발생지 및 피해 정도.

④ 토지 : 토지이용 현황, 주요 구조물, 법에 의한 용도구분의 범위.

⑤ 교통 : 기존 철도, 도로의 규격, 구조, 수송력 등.

⑥ 공공시설물 : 학교, 병원, 요양소, 자연공원 등의 공공시설물의 위치 및 규모.

⑦ 문화재 : 사적, 문화재, 천연기념물 등의 위치, 규모 및 법지정 현황.

⑧ 지하자원 : 권리설정 현황, 광산 현황 및 광물의 부존 상태 등.

⑨ 광산개발 : 광산의 갱도나 폐갱도와 지하공동의 위치 및 규모.

⑩ 동식물상 : 주변 동식물의 현황 및 분포와 천연기념물 등 법적 보호종의 현황조사.

⑪ 기타 : 경관, 지역개발계획 등.

(3) 터널주변 환경조사는 터널건설로 인하여 발생되는 터널주변 환경의 변화 예측, 환경보전대책의 입안, 대책의 효과 확인 등을 위하여 실시하며, 다음 사항을 포함하여야 한다.

① 물이용 현황 : 지표수 및 지하수의 수질·수원 현황, 탁수 발생가능성이 있는 인접공사, 유로 및 수위 변화가능성.

② 소음 및 진동 : 소음, 진동, 지형, 지질, 토지이용 현황.

③ 지반 침하 및 변형 : 도로, 철도, 도시철도, 건물, 구조물, 지하매설물, 폐광, 토지이용 현황, 지형 및 지질, 인접공사 현황.

④ 지반과 구조물의 변형 : 건물·구조물의 상태, 지형 및 지질, 토지이용 현황, 구조물의 변형 발생가능성이 있는 인접공사.

⑤ 수질오염 : 하천, 배수, 수로, 법규제의 상태.

⑥ 대기오염 : 대기 중의 유해물, 기상 현황.

⑦ 교통장애 : 구조, 교통량 혼잡 상태, 도로관리자, 도로주변의 환경 등.

⑧ 동식물상 : 동식물의 현황 및 분포와 천연기념물 등 법적 보호종의 현황조사.

❖ 해설 ❖

터널의 시공 및 운영에 따른 환경의 영향을 최소화하기 위해 자연환경, 사회환경, 생활환경 등을 조사하여야 한다. 환경조사는 터널의 시공 및 운영에 따른 환경의 영향을 최소화하기 위한 계획 입안을 목적으로 행하는 조사와 터널시공에 의해 생기는 터널주변 환경변화의 예측, 환경보전대책의 입안, 대책효과의 확인을 위해 행하는 조사로 나눌 수 있다. 따라서, 환경조사는 기본계획 및 노선선정 단계에서 실시하는 광역 환경조사와 시공계획 수립 후 실시단계에서 수행하는 터널주변 환경조사로 구분하여 실시한다. 설계, 시공계획의 단계, 시공의 단계 및 공용 중에 실시하는 조사는 주로 환경보전상 문제가 되는 지역에 대하여 실시하며 생활환경 등에 대한 항목에 대해서 상세한 조사를 하여야 한다. 사전환경성 조사가 수행된 경우, 사전환경성 검토 완료 후의 결과를 기본 및 실시 설계 지반조사에 반영될 수 있도록 계획한다.

3.2.3 지장물의 조사 시에는 다음 사항을 고려하여야 한다.

(1) 터널공사 전에 지역 내에 기설치되어 있는 상수도 및 하수도관, 송유관, 통신 및 전력 케이블, 도시가스관, 지하통로, 인접터널 등 지하지장물의 종류, 평면상 위치 심도 및 크기 등을 파악하여 안전한 시공이 될 수 있도록 하여야 한다.

> (2) 터널굴착으로 인하여 영향을 받을 수 있는 주변건물, 교량 및 기타 구조물 등 지상구조물의 종류, 용도, 특징 및 상태들을 조사하여 터널굴착으로 인한 영향 검토 시 자료로 활용하여야 한다.
>
> (3) 지장물조사 결과는 후속 공사 시 지장물 보호를 위하여 활용하여야 한다.

:: 해설 ::

가. 지장물조사의 목적

지장물조사는 터널건설에 직접 지장이 있거나 영향범위에 있는 제 물건을 조사하는 것으로 터널노선 선정 및 공사시공계획에 필요한 자료를 얻기 위하여 공사시공 전의 계획단계에서 먼저 개략조사를 수행하고 공사단계에서 필요에 따라 정밀조사를 한다.

나. 지장물조사의 절차

지장물조사 시는 관련기관으로부터 지장물 매설도를 구하여 참조하고 규정에 따라 터파기를 이용하여 지하 지장물의 유무를 확인하고 유관기관과 협의하여 시행하여야 한다. 필요시 조사 및 시공 중 매설관로 파손 등을 미연에 방지하기 위해 지하레이다(GPR) 탐사 등을 통하여 지장물탐사를 실시할 수 있다. GPR 탐사 시 지장물의 예상 심도 및 크기 등에 따라 사용 안테나의 주파수를 적절히 선정하여야 한다.

다. 지장물도의 작성

지장물조사 결과를 반영하여 터널공사구간에 대한 지장물도를 작성하도록 한다.

> 3.2.4 사토장의 조사 시에는 다음 사항을 고려하여야 한다.
>
> (1) 공사 중에 발생하는 버력을 처리하기 위하여 사토장이 필요할 때에는 지형, 운반방법, 운반거리, 운반도로의 교통규제, 교통안전 등의 운반조건, 사토장이 주변환경에 미치는 영향, 사토 후의 토지의 형태 변화, 법규에 의한 규제 등에 대하여 사전에 조사하여야 한다.
>
> (2) 사토를 위한 용지취득 및 사토에 따른 보상에 대하여 조사하여야 한다.
>
> (3) 사토장의 계획 시 사토에 따른 지반의 안정성, 토사 유출, 유해광물에 의한 환경오염 방지에 관한 조사를 실시하여야 한다.

:: 해설 ::

사토장계획에 필요한 자료를 얻기 위하여 원지반조건, 사토장이 주변환경에 미치는 영향 등 필요한 사항에 대하여 사전조사를 실시한다. 터널굴착 중 발생하는 버력량을 산정하여 작업장 내에서의 임시 사토장 규모도 검토한다. 발생하는 버력 내에 중금속 또는 산성배수를 유발하는 황철석(FeS_2), 황동석($CuFeS$), 황비철석

(FeAsS) 등 황화광물이 존재할 경우, 이에 대한 분석과 산성배수 발생가능성 평가를 수행하고, 사토 시 발생할 환경영향에 대해 검토하여야 한다.

3.2.5 수리·수문의 조사 시에는 다음 사항을 고려하여야 한다.
  (1) 수리·수문조사는 시공 중 발생하는 용출수나 터널공사가 주변의 지표수 및 지하수에 미치는 영향을 예측하는 데 필요한 정보가 제공되도록 실시하여야 한다.
  (2) 터널공사로 인하여 갈수가 예상되는 우물, 저수지, 용천, 하천 등에 대하여서는 그 분포, 수량의 계절적 변화, 이용 상황 등을 조사하여 갈수대책의 자료로 이용하여야 한다.

❖❖ 해설 ❖❖

가. 수리·수문조사의 필요성

계곡부를 통과하는 배수형 산악터널의 굴착으로 인해 지하수계에 미치는 터널 내의 용출수 발생 및 지하수와 지표수의 갈수현상 등의 영향은 피하기 어렵다. 토사 혹은 붕적토지반에 건설되는 터널의 경우 용출수의 발생은 지반의 자립성을 약화시켜 공사의 안정성과 시공성에 있어 매우 중요한 영향을 미친다. 또한, 지역주민의 생활에 영향을 줄 정도로 지표에서의 갈수현상이 발생하면 공사가 중지되거나 중단될 수도 있다.

나. 수리·수문조사 내용

　1) 지형특성

지형은 그 형성과정에서 암질이나 지질구조가 반영된 것이므로, 곡밀도(면적당 하곡의 누계 연장), 유로구배, 평균 비고(늪과 능선의 비고의 평균), 유역형상계수(평균 유역폭과 주유로 연장과의 비) 등은 수리·수문 조사의 주요 요소이다.

터널공사의 집수 범위 또는 지표에서의 갈수 범위는 지형조건이나 터널의 토피층으로부터 예측이 가능하지만 다음과 같은 경우에는 그 영향이 현저히 확대되어 나타나는 수도 있으므로 주의를 요한다.

　　• 노선이 단층과 교차하는 경우에는 단층방향으로 영향이 확대됨.
　• 터널이 중간에서 지하수류와 교차하는 경우에는 하류 측으로 지하수의 보급이 현저히 감소되므로 갈수가 하류 측에서 크게 확대됨.

　2) 하천 유량의 감쇄 특성

강우 후의 하천 유량의 감쇄 특성을 구하여 원지반의 보수성을 검토한다. 또 갈수기의 계류는 대부분 유역의 지하수에서 흘러나오고 그 수량은 터널의 상시 용출수량과 밀접한 관계가 있으므로, 이 갈수 유량과 지형에서 예상되는 집수 범위로부터 터널의 상시 용수량을 추정한다.

　3) 갈수 범위의 추정

시추자료, 지표의 용수지점, 우물의 수위 등으로 지하수위 등고선을 그리고, 그 흐름방향이나 구배를 찾아서 터널 용수의 유무나 갈수 범위 등을 추정한다. 또한 지하수가 불투수층으로 막혀 낮은 지하수층과 깊은 지하수층으로 분리되는 경우, 대수층으로 분류할 필요가 있다.

4) 갈수 대책

갈수가 예상되는 지역의 우물, 저수지, 용천, 하천 등에 대하여는 그 분포, 수량의 계절적 변화, 이용 상황 등을 조사하여 갈수 대책의 자료로 이용한다. 이 경우 예상 밖의 위치에서 갈수가 생길 수도 있으므로 가능하면 광범위하게 조사해두는 것이 좋다.

5) 사전조사

부근에서 지하수에 영향을 미칠 가능성이 있는 공사가 진행되고 있거나, 산림 벌채, 토지 이용 등의 변화가 있으면 갈수현상의 원인을 명확하게 판단할 수 없는 경우가 있으므로, 사전에 인근 공사의 유무를 조사해두어야 한다.

다. 수리·수문조사 결과 정리

수리·수문조사 결과는 용수나 갈수 문제에 대한 정확한 사전예측이 곤란한 경우를 대비하여 다른 지질조사 결과나 기상조건 등을 충분히 반영하여 검토하여야 한다. 지질조건이 이와 비슷한 기존 터널의 설계 등을 참조하여 최종적으로는 그 지역의 물수지가 산정될 수 있도록 조사해둘 필요가 있다. 또한 차후의 터널공사를 위해서도 이러한 자료를 입수해두는 것이 중요하다.

3.2.6 공사용설비의 조사 시에는 다음 사항을 고려하여야 한다.

공사용설비로는 터널입구설비, 환기 및 집진 설비, 운반설비, 골재 및 콘크리트 플랜트설비, 수배전설비, 용배수설비, 임시건물설비 등이 있으며, 공사용설비계획에 필요한 자료를 얻기 위하여 다음 사항을 조사하여야 한다.

(1) 지형과 지질 및 기상 : 설비기능 저해 혹은 위험가능성이 있는 지형, 지질 및 기상.

(2) 주변환경 : 주변환경에 영향을 미치는 공사용설비의 소음, 진동, 배수, 교통, 분진.

(3) 전력의 사용 : 기가설 송배전선의 용량, 주파수, 전압, 수변전의 난이, 수전까지의 소요 시간, 개략산출비용, 발전설비 등의 동력원, 공사용 장비운용 시의 소요 전력량.

(4) 화약고 설치계획 : 화약에 관한 법률이나 지방자치단체 조례 등.

(5) 용배수 : 콘크리트 혼합용수, 음료수, 기타 잡용수의 취수조건, 터널시공에 수반한 용출수의 처리, 세척수의 방류조건.

(6) 자재 및 버력운반 : 기계 및 반출입, 버력운반 등에 필요한 공사용 도로, 궤도 등의 규격, 교통량, 교통규제의 현황 및 주변 도로이용 현황.

(7) 노무자재 : 터널 외부설비에 관계되는 콘크리트용 골재, 굳지 않은 콘크리트, 기타 자재의 공급경로, 공급사정의 현황 및 관리방법, 노무사정의 현황.

(8) 법규, 기타에 의한 규제 : 인접지역의 공사 유무.

:: 해설 ::

공사용설비계획에 필요한 자료를 얻기 위하여 필요한 공사용설비 및 요건과 해당 공사용설비에 미치는 기능저해 요인 및 위험요인, 공사용설비가 주변환경에 미치는 영향, 공사 중 장비 및 자재 적치 등에 필요한 부지의 임차 또는 원상복구 비용 등 필요한 사항에 대하여 사전조사를 실시하며, 필요에 따라 현장답사를 실시한다.

> 3.2.7 보상조사 시에는 다음 사항을 고려하여야 한다.
>
> 터널공사에 있어서의 보상대상 사항은 용지취득에 수반되는 토지, 건물, 수목 등의 매수 및 이전, 각종 권리(지상권, 지하권, 수리권, 온천권, 어업권, 광업권, 채석권 등)의 침해, 농림 및 어업 수익의 감소, 영업손실 등이 있고, 이들의 보상을 위한 자료를 얻기 위하여 상세한 조사를 하여야 한다.

:: 해설 ::

공사를 하기 위한 용지취득 및 공사를 위한 권리의 취득 등 보상대상 사항에 대해서 착공 전에 제반사항에 대한 충분한 조사를 하여야 한다. 보상조사는 '부동산 가격공시 및 감정평가에 관한 법률', '공익사업을 위한 토지 등의 취득 및 보상에 관한 법률' 및 기타 관련법령과 규정에 따라 실시설계 수립 및 공고에 실제로 활용될 수 있도록 한다. 이때, 인접 및 유사지역에 대한 최근 사업의 용지 보상 실태를 조사하여 반영한다.

> 3.2.8 터널건설에 있어서 법규에 의한 규제를 받는 경우에는 공사에 미치는 영향의 범위, 이에 대한 규제의 정도, 수속, 대책 등에 관한 관계법을 조사하여야 한다.

:: 해설 ::

공사계획에 있어서 규제하는 법규의 유무, 내용, 절차, 대책 등에 대하여 사전에 조사하여야 한다. 주된 규제법은 다음과 같다.

- 공해방지 및 환경보전 관계 : 자연환경보전법, 자연공원법, 산림법, 조수보호 및 수렵에 관한 법률, 소음진동규제법, 수질환경보전법, 해양오염방지법, 수도법 및 하수도법, 광업법, 지하수법, 온천법.
- 재해방지 관계 : 사방사업법, 택지개발촉진법, 농어업재해대책법, 풍수해대책법.
- 국토개발 관계 : 국토건설종합계획법, 국토이용관리법.
- 하천관계 : 하천법, 공유수면관리법.
- 도시계획 관계 : 국토의 계획 및 이용에 관한 법률, 도시공원 및 녹지에 관한 법률.
- 도로 및 교통관계 : 도로법, 도로교통법, 철도법.
- 군사관계 : 군사기밀보호법, 군사시설보호법.

- 문화재 관계 : 문화재보호법, 전통구조물보존법.
- 안전관계 : 시설물 안전관리에 관한 특별법, 건설기술관리법, 산업안전보건법, 급경사지 재해방지법, 총포·도검·화약류 등 단속법.

3.3 지반조사

3.3.1 지반조사는 예비조사, 본조사, 보완조사로 구분하며 각 단계에서는 다음 사항을 고려하여야 한다.

(1) 예비조사는 계획단계에서 부지나 노선 또는 구조물의 위치 선정을 위하여 실시하는 조사로서 넓은 범위를 대상으로 수행하며, 기존자료 조사, 인공위성사진 분석, 항공사진 판독 및 분석, 현장답사 등을 통하여 개략적인 지반특성을 파악할 수 있도록 수행하여야 하며, 필요할 경우 시추조사도 시행하여야 한다.

(2) 본조사는 기본설계 단계에서의 개략조사와 실시설계 단계에서의 정밀조사로 구분되며 부지나 노선 또는 구조물의 위치가 결정된 후 지층의 분포, 지질구조, 공학적인 특성 등 설계정수를 파악하기 위하여 수행하는 조사로서 지표지질조사, 지구물리탐사, 시추조사, 물리검층 및 현장시험, 실내시험 등을 포함하여야 하며, 터널 현황 등을 고려하여 조사 및 시험의 진행방법이나 중점 조사사항을 다르게 할 수 있다.

(3) 설계단계에서 정밀한 조사가 수행되었다고 하더라도 조사 자체에는 한계성이 있으므로 시공 시 노출되는 실제 지반을 관찰하여 시공의 안전성을 확보할 수 있도록 하여야 한다.

(4) 소규모 공사의 경우에는 조사단계의 일부를 생략할 수 있으나 장대터널 및 도심지터널 공사 등에서는 본조사 또는 보완조사 시에 정밀조사를 실시하여야 한다.

(5) 유지관리 시 터널주변 환경의 변화로 구조물의 안정에 문제가 발생할 것으로 예상될 경우에 대비한 지반조사를 시행하여야 한다.

:: 해설 ::

지반조사는 예비조사, 본조사, 보완조사로 구분하며, 〈해설그림 3.3.1〉은 조사단계별 주요 조사내용 및 방법을 나타내는 순서도이다(건설교통부, 1999).

가. 예비조사

예비조사는 과업 범위의 지질 및 지반조건을 광역적으로 이해하여 터널노선 등을 검토하는 데 활용되며, 주요 지질학적 문제점들을 정의하는 단계로서 기존 문헌 및 원격 영상분석, 지표지질조사, 각종 현황분석, 시험 물리탐사 및 예비시추조사 등을 수행한다.

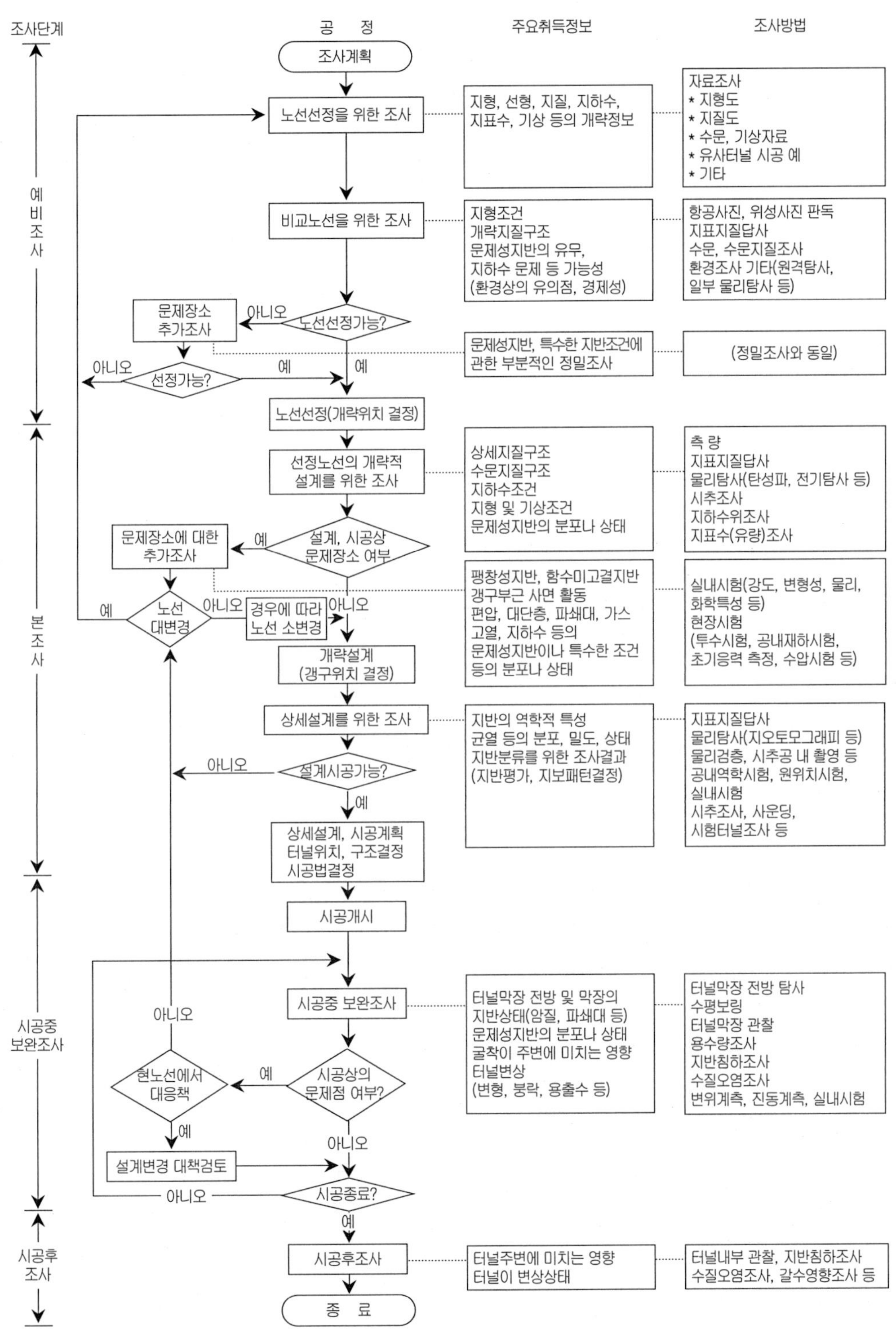

〈해설그림 3.3.1〉 조사단계별 주요 조사내용 및 방법(국토해양부, 1999)

나. 본조사

본조사에서는 예비조사에서 노출된 지질학적, 지반 공학적 문제점들을 해결하고, 설계에 필요한 지반정보를 구성하는 단계로써, 설계단계를 기준으로 기본설계 단계와 실시설계 단계에서의 조사로 구분될 수 있다. 기본설계 단계의 개략 조사는 광역 지반조사를 수행하며, 갱구 위치 결정 등 개략 설계의 자료를 제공하며, 실시설계 단계의 정밀조사는 터널 상세설계를 위한 암반분류, 설계정수 산정, 시공 중 위해요소 예측에 필요한 정보를 제공한다. 본조사에서는 각 설계단계에 따른 정밀지표지질조사, 시추조사, 현장 및 실내시험, 각종 물리탐사 등이 수행된다.

다. 시공 중 보완조사

시공 중 보완조사에서는 터널 굴진면 관찰 등을 통해 설계 시 추정된 지반 상태를 확인하며, 설계 시 예측된 지반 위해요인의 제거와 지반의 불확실성에 기초한 현장 지반 상태의 신속한 평가 및 대응을 주목적으로 터널 내부 지반 상태 관찰과 시추 및 물리탐사 등을 수행한다.

라. 소규모 공사 시 지반조사

특수한 지반조건이 예견되지 않는 소규모 공사 시 예비조사와 본조사 등 단계를 구분하지 않고 시행할 수 있다.

> 3.3.2 기존자료 조사 시에는 항공사진, 인공위성사진, 지형도, 지질도, 토양도, 지하 매설물도, 기존 구조물 도면, 지하수 현황, 폐광 및 지반공동 현황, 터널지역을 포함한 광역조사 자료 등을 이용하여 조사지역의 현황을 파악하여야 한다.

❈ 해설 ❈

기존자료 조사는 현장답사 수행 이전에 현장의 제반특성을 파악할 수 있는 각종 정보를 획득하여 현장에 대한 이해를 증진시키고, 조사계획 수립을 위한 개략적인 윤곽을 설정하기 위해 수행한다. 기존자료 조사는 지반조사의 계획 및 현장 상황 등을 판단하기 위한 모든 기존자료를 수집하는 데 그 목적이 있으므로, 〈해설표 3.3.1〉과 같이 설계기준에 나열된 각종 발간 자료나 조사자료를 이용하여 조사지역의 현황을 파악한다(건설교통부, 1999).

〈해설표 3.3.1〉 기존자료 조사의 내용

조사대상	조사내용	자료구입처
기존 구조물	기존 구조물의 배치, 설계도면, 시공관련 자료, 현상태 등을 검토함으로써 개략적인 주변 지반조건, 지지력, 위험요소 등을 파악	현장답사 사용주 탐문
인접지역 조사자료	조사지역의 인접지역에서 실시한 조사자료를 활용하여 지반의 종류 및 조건, 지하수 분포 상태 등을 파악	구·군청 인접구조물 소유자, 설계자 한국지질자원연구원

〈해설표 3.3.1〉 기존자료 조사의 내용(계속)

조사대상	조사내용	자료구입처
지형도 항공사진 위성사진 고지형도	항공사진, 위성사진 및 고지형도를 이용하여 현재 및 과거의 지형상태를 조사, 분석하고 지질경계, 선구조, 파괴지형, 식생, 수계 등의 분포상태를 파악하여 시추, 골재원, 토취장, 또는 채석장 등의 조사에 활용하고 현장조사 시의 시추위치, 시추장비의 진입가능성 및 시추용수의 취득가능성 등을 파악	중앙지도문화사 산림청 국립지리원
지질도 수리지질도	지층의 분포상태, 구조물에 직접적인 영향을 주는 지질구조(단층, 습곡, 절리, 선구조)의 발달과 특성 및 공동의 발달유무 등을 분석하여 터널굴착 조건을 예측하고 노선결정과 조사계획 수립에 반영	한국지질자원연구원 한국수자원공사
토양도	토양도는 주로 표토의 영농자료를 제공하나 토양의 비옥도나 수분 상태 등의 성질로부터 흙의 물리화학적 및 공학적 특성 추정가능	농림수산식품부 한국농촌공사
우물 현황	지하수 이용을 위한 우물개발 현황으로부터 지하수 부존상태, 지하수위 상태 등의 지하수 특성 파악	한국농어촌공사 우물소유주

3.3.3 현장답사 시에는 다음 사항을 고려하여야 한다.

(1) 현장답사는 야외조사를 통하여 지형이나 지질 및 지반 상태를 확인하거나 지역 주민들과의 청문을 통하여 과거의 지형변화 등에 대한 정보를 입수하여 조사자료에서 나타난 사항을 확인하고 도상계획에 참조할 수 있도록 하여야 하며, 조사 수행에 영향을 줄 수 있는 제반현장 여건을 확인하여 원활한 본조사계획을 수립할 수 있도록 하여야 한다.

(2) 현장답사는 반드시 경험 있는 관련 기술자에 의하여 이루어져야 한다.

(3) 현장답사의 결과는 정리하여 계획 및 설계에 반영할 수 있도록 하여야 하며 이미 계획된 사항에 대하여는 문제점을 파악하여 변경하거나 보완할 수 있도록 하여야 한다.

(4) 현장답사 시 조사하여야 할 주요 내용은 지형, 지질구조, 지표수 및 지하수, 인근 구조물 유지 상태, 지하매설물, 조사위치, 장비 이동통로 등이며, 필요시에는 삽 또는 핸드오거 등의 간단한 조사장비를 이용하여 지역 전반에 걸쳐 개략적인 지반조건을 조사하고 시추계획에 반영하여야 한다.

❖❖ 해설 ❖❖

현장답사 시에 관찰할 사항을 열거하면 〈해설표 3.3.2〉와 같다.

〈해설표 3.3.2〉 현장답사 시에 관찰할 사항

대상구분	주요 관찰사항
지형변화	옛 제방흔적과 범위 및 수로, 철도, 성토, 매립 등의 흔적이나 상태, 산사태지형을 표시하는 지역에서는 활동이나 범위
지표수 및 지하수	용출수, 우물의 수위와 그의 계절적 변동, 피압지하수의 유무, 호우, 강설 시 등의 저수, 배수의 상태
인근구조물 유지 상태	도로 및 철도의 제방, 교대 및 교각, 기타의 주요 구조물의 침하균열이나 경사도, 굴곡 등의 변상유무
지하매설물	상하수도, 가스관, 통신 및 전력케이블, 지하철, 지하도, 공사현장 부근에 있는 경우는 그 영향의 정도, 건물기초 등
수송통로	트럭, 중차량 출입의 제한 유무, 도로의 교통상황, 소음, 진동, 공해 등

3.3.4 지표지질조사 시에는 다음 사항을 고려하여야 한다.

(1) 일반적으로 지표지질조사를 목적으로 하는 항공사진 판독은 1:10,000 이상의 축적으로 촬영된 항공사진의 이용을 원칙으로 하며, 인공위성 사진인 경우에는 별도의 제한이 없다.

(2) 지표지질조사에 이용되는 지형도의 축척은 1:5,000을 기본 지형도로 함을 원칙으로 하되, 지질분포의 복잡성에 따라 축척은 조정하여 사용할 수 있다.

(3) 지표지질조사는 터널공사에 제한조건으로 작용하는 층리, 절리, 습곡, 단층 및 파쇄대 등과 같은 지질구조, 지표에서 관찰되는 공동, 암종분포 등과 같은 지질특성을 파악하고 필요시 물리탐사 결과와 비교분석하여 큰 축척의 지질도를 1차적으로 작성한 후 본조사의 효율적 계획 수립에 반영하여야 한다.

(4) 1차적으로 작성된 지질도는 본조사의 시추조사, 시험 결과 및 물리탐사 결과와 비교분석하여 지질구조의 특성을 보완하고 표층지반, 암질, 지하공동, 암종경계, 지하수 등의 사항을 표시한 지질평면도, 지질종단면도 등을 최종적으로 작성하여 터널설계에 반영하여야 한다.

❖❖ 해설 ❖❖

가. 지표지질조사의 목적

지표지질조사는 지표에 노출된 노두를 조사하여 과업 구간 내 분포하는 지층을 분류하고, 층서 및 지구조의 진화를 분석하며, 노출되었거나 잠재적인 단층대나 공동 등의 존재여부와 발달 상태 등을 분석하는 데 그 주된 목적이 있다.

지표지질조사는 지반조사의 기초로써 정밀조사계획 수립 및 정밀조사 결과의 분석 과정에서 이 결과를 충분히 반영하여야 한다. 지표지질조사는 지형, 토질, 지질 구조, 암상과 지층, 지하수 등의 종류, 분포 및 상태 등을 개괄적으로 파악하고, 정밀조사를 실시할 때에 기본 자료로 활용하여 조사의 경제적 및 시간적 효율을 향상시킬 수 있도록 하여야 한다.

나. 지표지질조사의 축척

지표지질조사에 이용되는 지형도는 1:5,000을 기본 지형도로 하되 필요에 따라 다른 축척의 지형도를 사용할 수 있다. 지질도의 작성을 위한 축척은 1:5,000~1:1,000으로 하는 것이 일반적이나, 단계와 지질조건의 복잡성에 따라 조정한다. 일반적으로 1차로 작성된 광역지질도는 1:25,000, 정밀응용지질도는 1:5,000~1:1,000을 기준으로 한다(Dearman, 1991).

다. 지표지질조사의 내용

지표지질조사 시에는 표층지반, 암질, 지질구조, 지하공동, 암반거동, 지표수 및 지하수 등의 사항을 조사하여야 하며, 세부조사항목은 〈해설표 3.3.3〉과 같다.

〈해설표 3.3.3〉 지표지질조사 항목

구 분	세부조사항목
표층지반	표토, 풍화토, 퇴적물의 종류(하상 퇴적물, 선상지 퇴적물, 단구 퇴적물, 붕괴 퇴적물, 화산분출물) 등의 분포상태 및 구성물질, 두께, 고결 정도, 함수 상태, 투수성, 유동성 등
암질	암석의 종류, 입도, 조암광물과 배열, 공극 상태, 압축강도, 인장강도, 탄성파 속도, 변성도 및 풍화도, 층리·엽리 등
지질구조	지질분포, 지층의 성층 상태, 주향과 경사, 절리, 습곡, 단층, 파쇄대, 변질대 등
지표수 및 지하수	지표수의 유하 상태, 지하수의 부존 상태, 수온, 수질, 대수층의 구성, 지하수위, 대수층과 지질과의 관계, 용수 상황 등
지열, 온천	고지열대, 온천용출 등
지하공동	자연공동(석회동굴 등), 광산갱도, 폐광 등의 과거갱도
암반거동	팽창성 및 유동성 지반의 유무나 분포 상태, 용수에 의한 붕괴가능 지반의 유무 정도나 분포 상태, 편토압 가능성 등

라. 지질도의 작성

지질도는 지표지질조사 자료를 중심으로 기존자료, 영상자료 판독 결과 등을 종합적으로 분석하여, 지질단위의 구분 및 경계, 암석의 광물 조성, 토양분포 및 피복 상태, 단층 등 주요 지질구조, 풍화도 변화 상태 등의 사항을 기재한다. 조사결과를 바탕으로 지질재해의 가능성 등을 검토하여 정밀조사 구간의 설정과 계획을 수립하며, 조사의 진행에 따라 지질도를 갱신하여 완성한다. 또한 필요할 경우 지질도 내 각 지질단위의 공간적 분포특성을 이해하기 위해 지구조 진화에 대한 분석을 실시할 수 있으며, 지층의 지질시대를 병기하여 지층의 고화 및 변형 상태, 선후 구분에 활용할 수 있다.

일반적으로 지질단위의 구분은 예비조사 단계에서 토사층과 기반암을 그 성인과 구성 물질에 따라 1차적으로 구분하며, 이외 단층대 등 주요 지질구조를 분리한다. 지질단위의 구분은 해당 지층의 연/경도, 강도, 공극률 및 암석 조직구조 등을 반영하므로 공학적 특성을 파악하는 데 유용하며, 구분된 지층시료의 현미경 사진과 광물 조성을 분석하여 팽창성 등 암반의 거동을 예측하는 데 활용할 수 있다.

지질도는 지표 지질 상태를 도시한 도면으로써, 터널 통과구간의 지층 상태를 파악하기 위해서는 터널 중심선을 기준으로 한 지질평면도, 지질종단면도를 작성하여 노선선정, 지보 및 보강설계 등에 활용될 수 있도록 하여야 한다. 병렬터널의 경우, 지질평면도는 두 터널의 중심선을 포함하는 평면상에 작성하는 것이 주요 지질구조의 파악에 유리하며, 이때 지질종단면도는 각각의 터널에 대해 작성되어야 한다. 특히 정밀 해석이 필요한 터널의 주요 구간이나, 지질 및 지층 상태가 복잡한 구간에서는 터널 축선에 직각으로 지질횡단면도를 작성하여 터널에 대한 지반 상태의 영향을 분석할 필요가 있다.

3.3.5 시추조사 시에는 다음 사항을 고려하여야 한다.

(1) 터널시공 구간 내의 지반에 대한 지층의 구성과 지하수위를 파악하고 흐트러진 또는 흐트러지지 않은 시료를 채취하며 현장시험을 수행하기 위하여 시추조사를 실시하여야 한다.

(2) 시추조사 위치는 관련 기관으로부터 지장물 매설도를 구하여 참조하고 유관기관과 협의 후 반드시 인력터파기나 탐사방법 등을 이용하여 지하매설물의 유무를 확인한 후에 선정하여야 한다. 또한 시추공이 터널을 직접 관통하지 않도록 위치를 계획하여야 한다.

(3) 시추는 원칙적으로 NX 규격 이중 코아배럴을 사용하여 실시하여야 하며, 대심도 시추 시에는 NQ 규격도 사용할 수 있다. 또한, 풍화대나 파쇄대 등에서는 코아의 회수율을 높이고 원상태의 시료를 채취하기 위하여 삼중 코아배럴이나 D-3 샘플러 등을 사용할 수 있다.

(4) 시추는 수직으로 실시하는 것을 원칙으로 하되, 조사의 목적과 현장조건을 고려하여 경사 및 수평시추를 할 수 있다.

(5) 터널 갱구부 및 저토피 구간에서는 충분한 시추조사 및 물리탐사 등을 시행하여 지층변화를 상세히 파악하여야 한다.

(6) 도심지터널에서 시추공은 노선방향으로 50~200m 간격으로 배치하는 것을 표준으로 하며, 산악터널에서는 토피, 지형조건 또는 장비의 접근성 등을 고려하여 증감시킬 수 있다.

(7) 시추심도는 원칙적으로 터널 바닥부의 계획 심도에서 터널 최대 직경의 1/2 이상의 깊이까지 실시하는 것을 원칙으로 하되, 특정한 목적 또는 물리탐사 등으로 파쇄대·연약대 등의 존재 확인 시에는 필요한 심도까지 증가시킬 수 있다.

❖ 해설 ❖

가. 시추조사 개요

시추조사는 시추기를 사용하여 지반을 착공하며 채취된 시료관찰에 의하여 지반의 구성 상태, 지층의 두께와 심도, 층서, 지반구조 등을 조사하며, 지반 상태를 직접 관찰할 수 있을 뿐만 아니라 시료채취 및 시추공을 이용하여 다양한 현장시험을 수행할 수 있기 때문에 가장 보편적으로 적용되는 지반조사법이다(대한지질공학회, 2004).

나. 시추조사 목적

시추조사는 터널굴착지반에 대한 직접적인 지반 상태 정보를 제공하는 조사로서 터널설계 시 지층파악, 암반분류, 단층파쇄대 분포상태, 암반 투수성 파악, 각종 실내시험의 시료 제공, 파쇄암석의 유용성 검토 등을 목적으로 한다.

다. 시료채취와 현장시험

시추조사 시 채취되는 시료는 흐트러진 시료(disturbed sample)와 흐트러지지 않은 시료(undisturbed sample)로 구분되며, 일반적으로 흐트러진 시료는 토질의 물리적 특성을 파악하는 데 이용되며, 흐트러지지 않은 시료는 역학적 특성을 측정하기 위하여 사용된다. 시료채취 방법과 특징에 대해서는 KS F 2317, 2318, 2319를 참조한다. 필요에 따라 시추공을 이용해서 투수시험, 지하수조사, 각종 검층, 탄성파탐사, 공내 시험, 계기매설 등을 수행할 수 있다. 시추공의 지하수위 측정은 시추 후 24시간 후에 실시하여야 하며, 필요시 72시간 경과 후에 안정된 수위를 측정한다.

라. 시추방법

시추는 일반적으로 시추방식에 따라 변위식 시추, 수세식 시추, 충격식 시추, 회전식 시추 등으로 분류되며, 지반조사용으로 널리 이용되는 회전 수세식 시추장비의 주요 부품에는 케이싱, 로드, 리밍 셸, 코어배럴, 비트 등이 있다. 시추작업은 지반구성 물질을 원지반에서 분리하는 작업, 이를 회수하는 작업, 시추공이 무너지지 않도록 보호하는 작업으로 구분한다. 터널지반조사에서는 다이아몬드 비트 NX 규격 이중 코아배럴을 이용하여 시추조사 전 구간에서 코어 회수를 원칙으로 하며, 풍화대나 파쇄대 등에서는 코아의 회수율을 높이고 원상태의 시료를 채취하기 위하여 삼중 코아배럴이나 D-3 샘플러 등을 사용할 수 있다. 대심도 터널에서는 NQ 규격의 와이어라인 코어배럴을 이용하여 300m 이상의 대심도에 위치한 터널주변의 시료채취 등 조사 효율을 높일 수 있다.

마. 시추방향

시추는 일반적으로 수직으로 실시하되 단층대 등 주요 위험 요인의 확인 등 조사목적과 갱구부 지반 상태 파악 등 현장조건을 고려하여 수평 및 경사시추 또는 방향제어 시추 등을 수행할 수 있다. 이때, 시추방향을 정확히 기재하여 자료의 분석에 차질이 없어야 한다.

바. 시추간격

시추공의 간격은 도심터널 또는 지형이 비교적 완만한 경우에는 노선방향으로 50~200m 간격으로 배치하는 것을 원칙으로 하되 단층이나 파쇄대 등 터널공사에 장애가 되는 구간이나 지층이 불규칙할 경우 또는 주요 구조물 등 특수한 주변여건 때문에 지반 상태를 확인할 필요가 있는 경우에는 시추간격을 축소 조정하여야 한다(〈해설표 3.3.4〉). 단, 토피가 큰 산악지형으로 접근성이 불량하거나 환경 피해가 큰 터널에 있어서 시추심도가 상당히 깊어지는 경우 터널 입구 및 출구부 갱구에 각각 2개소의 시추조사를 실시하고, 항공사진 판독과 지표지질조사, 물리탐사결과 불량한 지반조건이 예측되는 구간을 중심으로 시추조사를 실시할 수 있다. 이때, 필요시 시공 중에 터널 갱구부에서 시추를 추가로 실시하거나, 터널 내에서 수평시추를 실시하여 지반 상태를 확인하도록 한다.

사. 시추심도

시추심도는 원칙적으로 터널 바닥부의 계획심도에서 터널 최대 직경의 1/2 이상의 깊이까지 실시하되 특정한 목적을 위하여 필요한 경우 심도를 증가할 수 있다.

아. 시추공의 폐쇄

시추공 폐쇄작업은 조사대상 지층을 지하수오염으로부터 보호하고, 하나 이상의 대수층이 있는 경우 지하수의 상하 이동이나, 지하수가 섞이지 않도록 하여 완전히 메워진 상태에서 지하수 유동으로 인한 오염의 확산을 방지하는 조건을 만족시켜야 한다.

〈해설표 3.3.4〉 시추조사 간격과 심도

구 분	수량(배치 간격)	시추 심도

터널
구간
	• 도심지 : 기본설계 시 종간격 50m~200m 간격으로 수행하며,
	  실시설계 시 필요에 따라 시추수량 보완
	• 산악터널 : 터널구간 갱구부에 2개소 이상, 300~500m 간격
	• 심한 암질 변화구간(연약대·파쇄대)
	  통과 예상구간 : 50m 간격
		• 종단 계획고 이하 최소 0.5D 이상 굴진(D:터널직경)
		• 개착, 터널구간에서 기반암이 확인 되지 않은 경우
		  에는 기반암 연속 3m 확인

비 고	• 토피가 얕은 터널, 충적층과 암반의 경계부분을 지나는 터널, 연약지반에서 과거에 수로였던 지점, 단층이나 파쇄대 주변은 필요에 따라 추가하여 계획 • 지반의 물성·특성 파악을 위한 시험공, 구조물의 특성을 고려하여 필요에 따라 추가 계획	

> 3.3.6 시험터널조사 시에는 다음 사항을 고려하여야 한다.
> (1) 특수한 지반 상태를 직접 확인할 필요가 있거나 특정 원위치 시험을 실시할 필요가 있을 때에는 시험터널을 굴착하여 조사할 수 있다.
> (2) 시험터널 내에서 각종 원위치 시험이나 계측을 실시할 경우 및 시료를 채취할 경우에는 원지반의 교란을 최소화하여야 한다.
> (3) 시험터널조사 시에는 터널의 지질도를 작성하여 종합분석에 참조하여야 한다.

✼✼ 해설 ✼✼

대규모 지하터널 또는 팽창성지반, 함수미고결지반 등의 특수지반에 있어서 지반조건, 단층 파쇄대, 피압대수층 등의 특수지질조건을 상세히 조사할 필요가 있을 때 또는 지보의 검토 등 설계 시공에 직접 관련된 정보를 얻기 위해 필요한 경우 시험터널조사를 실시한다. 조사의 항목은 다음과 같으며, 목적에 따라 필요한 항목을 선정한다(한국수자원공사, 1997).

• 암석종류, 풍화 변질 상태, 불연속면 상태 등 정밀 지질 상태와 자립성.
• 시료채취 및 조사 터널 내 물리탐사 또는 시추조사.
• 용출수량, 수압, 수질, 투수계수 등 수리지질 상태.
• 전단강도, 지내력 등의 지반 물성.

- 지압, 지보재 및 지반 변위.
- 발파진동.

3.3.7 지구물리탐사 시에는 다음 사항을 고려하여야 한다.

(1) 지구물리탐사를 적용할 때에는 암종의 특성, 불연속면의 위치 및 방향, 조성물질 등의 지질특성과 지하수, 지장물 등 주변 여건을 고려하여 목적에 맞는 탐사법을 적용하여야 한다.

(2) 지구물리탐사의 결과는 현장측정자료, 자료의 전산처리 결과 및 최종 해석 결과로 나타내어야 하며, 사용장비명, 측선 및 측점의 위치도와 현장탐사 시 특기사항의 자세한 서술이 포함되어야 한다.

(3) 탐사 결과를 해석한 단면은 탐사자료를 기초로 해석한 기반암의 분포, 연약대 또는 파쇄대의 발달 정도 등 도식적 또는 서술적 해석 결과가 첨부되어 설계 및 시공에 유용한 정보를 제공할 수 있어야 하며, 시추 결과 또는 지질조사 결과와의 비교해석이 포함되어야 한다.

(4) 물리탐사 결과의 해석은 실효성 있는 가탐심도 범위 내에서 시행되어야 하며, 해석 결과 이상대가 나타날 경우 보완조사를 시행하여 이상대의 특성과 규모를 파악한 후 암반분류 및 지보패턴설계에 반영되도록 하여야 한다. 설계단계에서 보완조사가 곤란할 경우 공사 중에 시행될 수 있는 조사방법을 제시하고 그 결과에 따라 지보패턴이 결정되도록 하여야 한다.

❚❚ 해설 ❚❚

가. 지구물리탐사의 정의

지구물리학적 수단에 의하여 지하의 지층, 암석에 대한 측정자료를 얻어 이로부터 지질구성, 지층의 주향 및 경사, 풍화대의 분포 두께, 단층의 유무 및 규모, 암반의 경연 등 지질상태를 판단하는 조사법을 지구물리탐사라 한다(한국지구물리탐사학회, 2002).

나. 지구물리탐사의 종류

물리탐사에 이용되는 지반의 대표적인 물성(物性)으로는 탄성파속도, 전기적 성질, 밀도 등을 들 수 있으며, 이에 따라 탐사방법은 크게 탄성파탐사, 전기탐사, 전자탐사, 지하레이다(GPR)탐사 등으로 나눌 수 있다. 〈해설표 3.3.5〉는 물리탐사법을 측정대상에 따라 분류한 것이다.

다. 지구물리탐사의 적용성

물리탐사는 노선선정, 지하수탐사 등 광범위한 지역의 개략 탐사에 유효하며, 시추조사와 보완하여 분석하는 것이 좋다. 〈해설표 3.3.6〉은 조사 대상의 지질특성에 따른 물리탐사의 적용성을 정리한 것이다.

라. 지구물리탐사의 단면 해석

지구물리탐사는 시추조사 등에 비해 지반 상태를 간접적으로 조사하는 방법의 한계가 존재하나, 터널구간

지반 상태에 대한 단면 정보를 획득할 수 있다는 점에서 매우 유용하게 활용되고 있다. 탄성파탐사에 의한 탄성파속도층은 기반암의 분포 상태를 추정하는 데 주로 사용되며, 건설표준품셈, Q 시스템 등 탄성파속도 기준을 가지는 암반분류에 활용될 수 있다. 전기비저항탐사 단면의 경우, 단층대 및 공동 등 지하수와 불연속면 발달에 크게 영향 받는 연약대의 발달과 저비저항대의 발달이 큰 상관관계가 있는 것으로 알려져 있다. 단, 지구물리탐사는 지반 상태의 여러 측면 또는 외부적 요인에 의해 측정 결과가 영향을 받을 수 있으므로, 기반암선의 파악, 암반분류, 단층대 등 지질 이상대의 추정 등에 활용하기 위해서는 시추조사 및 지표지질조사와의 비교 검토와 연계 해석이 반드시 수반되어져야 한다.

〈해설표 3.3.5〉 물리탐사법과 측정 대상

대분류	소분류	대표적 탐사방법	측정대상	많이 적용되는 탐사법
지표 탐사	탄성파탐사	• 탄성파굴절법탐사 • 탄성파반사법탐사 • SASW, MASW/TSP	탄성파 도달시간 및 파형	탄성파 굴절법
	전기탐사	• 수평탐사(Profiling) • 수직탐사(Sounding)	전기비저항	쌍극자 배열 수평탐사
	전자탐사	• 주파수영역탐사 • 시간영역탐사	유도전류의 위상 및 진폭	CSMT(IMAGEM)탐사
	지하레이다탐사	• 반사법 지하레이다(GPR)탐사	레이다파 도달 시간 및 파형	반사법 GPR
시추공 탐사	단일시추공탐사	• 다운홀탐사(PS 검층) • 시추공 GPR탐사	탄성파 도달 시간 반사 레이다파	다운홀탐사
	시추공간 속도측정	• 크로스홀탐사	탄성파 도달 시간	크로스홀탐사
	시추공간 토모그래피	• 탄성파 토모그래피 • 비저항 토모그래피 • 레이다 토모그래피	탄성파 도달 시간 전기비저항 직접 레이다파	탄성파 Tomography
	시추공 영상촬영	• Optical Scanning(BIPS) • Acoustic Scanning(Televiewer)	공벽 영상 초음파 도달시간	BIPS(OBI), Televiewer(ABI)

〈해설표 3.3.6〉 지질특성에 따른 물리탐사방법의 적용성

지구물리탐사(기술)	지질특성								
	광물 종류 및 특성	암석 종류 및 특성	불균질대 의 위치	불균질대 의 방향	불균질대 의 크기	불균질대 의 간격	불균질대의 조성 물질	암질	밀도
중력탐사(육상/항공)	○	○	●	○	○				●
자력탐사(육상/항공)	○	○	●	●	●	○	●		
전기비저항탐사		○	●	○	●	○	○	○	
전자탐사(지표)		○	●	○	●	○	○		
탄성파굴절법탐사		○	●		○			●	○
탄성파반사법탐사		○	●	○	●	●		○	○

주) ● : 물리탐사방법이 직접적으로 적용되는 대상 특성
　　○ : 2차적으로 적용가능하거나 특수한 환경에서 적용가능한 대상 특성

3.3.8 지구물리검층 시에는 다음 사항을 고려하여야 한다.

  (1) 지구물리검층 시에는 지질학적, 수문지질학적, 지반공학적 특성과 연계하여 구성암석, 균열상태(fracturing), 지하수 유동과 물리·화학적 성질 등의 지반정보를 얻을 수 있도록 하여야 한다.

  (2) 지구물리 검층자료는 해석에 용이할 수 있도록 조밀하게 측정하여야 한다.

  (3) 지구물리검층 시에는 측정 자료의 질을 유지할 수 있도록 안정적인 측정시스템을 적용하여야 한다.

❖ 해설 ❖

가. 지구물리검층의 목적

지구물리검층은 자연상태로 존재하고 있는 상황에서의 원지반 상태의 정보를 제공하며, 해석자의 주관적 문제점을 해결하여 정확한 조사가 가능하여 불충분한 지표조사 결과를 보정할 목적으로 많이 활용된다.

나. 지구물리검층의 종류

물리검층을 이용하면, 시추공벽의 지반 밀도, 비저항, 공극률, 탄성파속도, 강도, 동탄성계수 등 연속적인 물성치를 확보할 수 있다. 〈해설표 3.3.7〉은 물리검층의 종류를 나타내고 있다.

〈해설표 3.3.7〉 물리검층의 종류

구 분	물리검층의 종류	비 고
전기검층	자연전위검층(SP Log) 단극저항검층(Single Point Resistance Log) 전기비저항검층(Electric Resistivity Log) 전자유도검층(Induction Log)	전기전도도 전기비저항 자연전위, 공극률 포화도
방사능검층	감마검층(Gamma Log) 감마감마검층(Gamma-Gamma Log)	밀도, 공극률 염도, 점토함유량
음파검층	공벽보상형음파검층(Borehole Compensated Sonic Log) 완전파형음파검층(Full Wave Sonic Log)	P파 속도, S파 속도, 지반강도
유체검층	온도검층(Temperature Log) 전기전도도검층(Electric Conductivity Log) 유향유속검층(Flowmeter)	온도·전도도분포 및 변화율, 지하수 유향 및 유속

3.3.9 하·해저터널의 지반조사 시에는 다음 사항을 고려하여야 한다.

  (1) 조수간만의 차이가 발생하는 경우 지반조사 자료의 품질 향상 및 안전을 고려하여 적절한 조사장비 및 자재를 선정하여야 한다.

---

(2) 시추위치를 확인할 때 특별한 언급이 없을 경우는 DGPS를 이용하여야 한다.

(3) 해상지층탐사는 고정밀 분해능을 갖는 탄성파 탐사장비를 이용하여 등심선에 직각으로 실시하는 것을 원칙으로 하며, 탐사의 원점은 WGS-84 등 국제공용 좌표계로 하여야 한다.

(4) 탐사기는 기반암과 퇴적층을 명확히 기록할 수 있도록 최대한 일정 간격으로 기록하여야 하며, 암반의 심도는 기본수준면 하의 깊이(수심+퇴적층 두께)로 표기하여야 한다.

❖❖ 해설 ❖❖

가. 해상(또는 수상) 시추조사

해상(또는 수상) 시추조사는 조수간만과 날씨, 파랑 등 기상조건에 크게 영향을 받으며, 육상에서와는 달리 바지 등 시추조사 작업대가 필요하다. 조사 바지는 수심, 조사목적, 기상, 수장 조건 및 하·해저 지형 지질 등 조건에 따라 적합한 형태를 선정하여야 한다. 이외 준비작업과 이동 또는 대피 등을 위한 예인선, 기중기선, 작업선, 이동용 바지선 등의 활용 상태도 고려하여 계획을 작성하여야 한다(한국지질자원연구원, 철도시설공단, 2006).

시추 등 조사 위치를 확인할 때, 일반적으로 DGPS(Differential GPS)를 이용한다. DGPS는 상대 측위 방식의 GPS 측량기법으로서 이미 알고 있는 기지점 좌표를 이용하여 오차를 최대한 줄여서 이용하기 위한 위치결정 방식으로, 기지점에 기준국용 GPS수신기를 설치하며 위성을 관측하여 각 위성의 의사거리 보정값을 구한 뒤 이를 이용하여 이동국용 GPS수신기의 위치 결정오차를 개선하는 위치 결정 형태로서 1m 내·외의 위치 정확도를 얻을 수 있다.

나. 하·해저 물리탐사

하·해저 물리탐사에는 하·해저 탄성파탐사, 하저전기비저항탐사, 하상 GPR탐사, 해상음파탐사, 해저자기탐사 등이 적용된다(안상로·류신우, 2001). 이 중 해상지층탐사의 원점은 WGS-84 등 세계 공통이 되는 측지기준계인 세계 측지계를 사용한다. 세계 측지계에서는 지구를 가장 잘 나타내고 있는 타원체(준거 타원체)로 지구상의 위치(경도, 위도 및 평균 해면으로부터의 높이)를 나타낸다. 그 외에 지구 중심을 원점으로 하는 3차원 직교좌표계를 이용해 나타낼 수도 있다. WGS계, ITRF계, PZ계의 3종류가 있으며, WGS계는 미국방성의 체계로서 주로 선박이 채용하고 있고, ITRF계는 우리 나라를 비롯해 많은 국가가 육지부에 채용하고 있다.

3.4 시험

3.4.1 현장시험 시에는 다음 사항을 고려하여야 한다.

(1) 자연 상태의 현장 지반특성을 파악하기 위한 현장시험은 시험항목별로 대상 지반에서의 적용성을 검토하여 수행하여야 한다.

(2) 표준관입시험은 지층이 변할 때마다 또는 동일층이라도 1.0m 깊이마다 1회씩 실시하여야 하며, 관입깊이가 30cm 미만이더라도 타격횟수가 50회에 도달할 시에는 타격을 중지하고 그때의 관입깊이와 타격횟수를 기록하여야 한다.

(3) 토사층에서의 투수계수를 파악하기 위하여 현장투수시험을 시행하여야 하며, 주입수는 탁한 정도가 낮은 맑은 물을 사용하여야 한다.

(4) 암반층에서 투수계수를 측정하기 위하여 팩커를 사용한 수압시험을 수행하여야 한다.

(5) 공내재하시험은 지반강성에 적합한 허용압력을 가지는 시험기로 수행하여야 하며, 압력조건은 다단계로 하여 반복 시험하는 것을 원칙으로 한다.

(6) 공사의 규모나 지역 및 지질구조의 특성상 초기 지압응력을 구할 필요가 있을 경우에는 지반상태를 감안하여 적절한 방법을 선정하여야 한다.

(7) 시험항목과 빈도는 공사의 특성, 현장 여건 등 제반사항을 감안하여 선정하여야 하며, 상기의 시험항목 이외에도 필요한 목적이 있을 경우 목적에 적합한 시험방법을 선정할 수 있다.

:: 해설 ::

현장시험은 지반정보를 구하는 중요한 방법으로 특히 지층 구성이나 거시적 지반정보를 얻는 것과 원지반 상태 그대로에서 각종 지반정보를 얻는 것이 특징이다. 현장시험은 간편하고, 시험 공정이 적기 때문에 비교적 정확한 지반정보를 얻을 수 있다.

가. 표준관입시험(SPT)

표준관입시험은 KS F 2318 규정에 의거한 시험방법에 따라 실시하여야 한다. 시험은 지층이 변할 때 실시하고 동일층이라도 1.0m 깊이마다 1회씩 실시하여야 하며, N값이 50회에 도달하더라도 관입깊이가 30cm 미만일 때는 타격을 중지하고 그때의 관입깊이와 타격회수를 기록하여야 하고 실내 토질시험용 시료를 채취한다. 지층이 조밀 또는 견고하여 30cm 관입이 곤란할 때는 50회까지 타격하고 그때의 관입량을 50/3(50회 타격에 3cm 관입)과 같이 기록하며, 1회 타격에 30cm 이상이 관입된 경우, N값 1로 하고 이때의 관입깊이를 기록한다. 표준관입시험으로부터 판정 또는 추정되는 사항은 〈해설표 3.4.1〉과 같다.

〈해설표 3.4.1〉 표준관입시험 결과의 판정 및 추정사항

구 분		판정, 추정사항
조사결과 일람표로 종합 판정		• 구성토층 깊이 방향의 강도 변화 • 지지층 위치(지표에서부터 깊이별로 배열) • 연약층의 유무(압밀침하계산 대상토층 두께) • 배수조건, 액상화 대상층의 유무
N값으로 추정	모래지반	• 상대밀도, 전단저항각 • 침하에 대한 허용지지력 • 지지력계수, 탄성계수 • 액상화 강도
	점토지반	• 굳기(consistency), 일축압축강도(점착력) • 파괴에 따른 극한 및 허용 지지력

나. 현장투수시험

토사층에서의 현장투수시험은 투수계수를 파악하기 위하여 정수두(constant head) 또는 변수두(falling head) 시험법으로 현장투수시험을 시행하여야 하며, 주입수는 탁도가 낮은 맑은 물을 사용하여야 한다. 지반의 투수성을 조사하는 방법에는 현장투수시험 외에 실내투수실험이 있으나, 현장투수실험에 의해 원지반 상태의 거시적인 투수성을 구할 수 있다.

일반적으로 사용되는 현장투수시험의 방법은 시추공법(borehole test), 다공성 탐침기법(porous probe test), 침투법(infiltration test), 암거배수법(underdrain) 등 크게 4가지 종류로 구분할 수 있다. 시추공법과 다공성 탐침기법은 점토 차수층에 시추공을 형성하여 투수실험을 하는 반면, 침투법은 상대적으로 넓은 면적을 대상으로 현장의 투수계수를 구하는 방법이다.

다. 현장수압시험

수압시험은 암반층에서 투수계수 측정을 위한 시험으로 시험단위 길이는 3.0m를 기준으로 하되 현장조건에 따라 조정할 수 있다. 주수량 측정은 주수율이 일정하게 된 후 시행하며, 각 단계별로 압력부하시간은 10분 이상 되어야 하며, 각 측정시간은 1분 간격으로 한다.

수압시험은 야외에서 시추조사와 병행하여 지하수의 유동특성을 정량적으로 규명하기 위하여 시추공 내의 일정구간에 팩커를 설치, 밀폐한 후 일정압의 압력수를 주입하여 주입압력과 주입량과의 관계로부터 대상 지반의 투수성을 평가한다. 현장수압시험에 의해 유효주입압력(P), 루젼값(Lugeon, Lu), 투수계수(K)를 산출한다. 루젼값(Lu)은 유효주입압력이 1MPa일 때를 기준으로 한다.

지반을 균질등방투수성으로 가정하여 Darcy의 법칙을 적용하면 루젼값을 투수계수 K(cm/sec)로 환산할 수 있으며 시험공경이 40~80mm의 경우 1 루젼(L)은 약 투수계수 $1 \times 10{-}5$cm/sec에 해당한다. 루젼값은 다음의 식에 의해 구할 수 있다.

$$Lu = \frac{Q}{PL} = \frac{Q_0}{P}$$

(3.4.1)

Q : 분당 주입량(ℓ/min)

Q₀ : 단위 길이에대한 분당 주입량(ℓ/min/m)

P : 유효주입압력(MPa) L : 시험구간(m)

라. 공내재하시험

공내재하시험은 횡방향 하중에 대한 지반의 변형특성과 강도특성을 측정하는 것으로 일반적으로 시추공 내에서 수행한다. 다음의 3가지 방법의 하나를 지반 특성에 따라 선정하여 시행한다(한국지질자원연구원, 철도시설공단, 2006).

1) Lateral Load Test

미고결 지층에서 사용하는 것으로 질소 가스압을 사용하여 물을 고무튜브에 보내어 하중을 가하고 시추공에 삽입된 고무튜브(sonde)에 하중(수압)이 가해지면 지층의 변위에 따라 고무튜브의 변위(등압력 증가에 의한)가 발생하며, 변위량과 하중과의 관계에서 지층의 변형상수를 구하도록 고안된 장치이다.

2) Pressuremeter Test

시추공의 공벽면을 가압하고, 그때의 공벽면의 변형량을 측정하여 지반의 변형계수를 구하는 목적으로 사용되며, 암석분류의 지표를 얻기 위하여도 실시한다. 풍화대의 변형특성 파악 및 변형계수 선정 및 설계정수 산정에 활용한다.

3) Goodman Jack Test

정하중 조건에 대한 암반의 변형특성을 규명하기 위한 시험으로 시추공 공벽에 압력을 가하고 이에 따른 변형량을 측정하여 암반변형계수 및 탄성계수를 구한다. 최대압력이 70MPa로 가압능력이 월등하고 정밀도가 뛰어나 양질의 결과를 얻을 수 있다. 압력-변형량 곡선에서 가장 이상적인 탄성변형 거동을 나타내는 직성구간의 기울기로 측정변형계수(Ec)를 산출한다.

마. 초기응력측정시험

초기응력의 크기는 터널굴착공사에 큰 영향을 미치므로, 공사의 규모나 지역 및 지질구조 특성상 초기응력을 구할 필요가 있을 경우에는 지반 상태를 감안하여 응력개방법, 응력보상법, 수압파쇄법 등에 의한 방법 등을 활용하여 측정하며, 이 중 설계 시 조사에서는 수압파쇄시험에 의한 초기응력 측정이 많이 활용되고 있다.

수압파쇄시험은 암반의 초기응력값과 측압계수를 산정하고 터널안정해석에 필요한 초기응력 상태에 대한 지반정보를 제공하기 위한 시험으로서 시추공 내에서 자연적인 균열이 없는 구간을 선택하여, 그 상·하부를 밀폐하고 수압을 주면서 시간에 따른 압력과 주입수량의 관계를 측정하여 수평방향의 주응력의 크기를 산정한다. 시험구간에 발생한 수직균열방향을 측정하면 주응력의 방향 파악이 가능하다. 수직응력은 암석의 단위중량과 심도로 산출하며, 압력감쇠속도법에 의한 균열폐쇄압력을 산정하고, 누적주입유량법에 의해 균열개구압력을 산정하여, 측압계수 및 주응력방향을 해석한다. 현지암반응력의 측정결과는 수치해석의 입력자료로 활용하여 터널의 안정성을 검토하는 데 활용한다.

바. 기타 현장시험

상기의 시험항목 이외에도 필요한 목적이 있을 경우 목적에 적합한 시험방법을 선정할 수 있다. 시험항목과 빈도는 공사의 특성, 현장여건 등 제반사항을 감안하여 선정한다.

3.4.2 실내시험 시에는 다음 사항을 고려하여야 한다.

(1) 실내시험은 대상 지반에 따라 토질시험과 암석시험으로 구분하여 시행하여야 한다.

(2) 실내시험은 지반조건, 지질구조, 굴착방법, 설계기법 등을 감안하여 적절한 시험방법을 선정하여야 한다.

(3) 실내시험은 원칙적으로 한국산업규격(KS) 및 국토해양부 발행 기술지도서에 제시된 시험방법에 따라서 수행하여야 한다. 단, 동 규격에 명시되지 아니한 시험은 국제적으로 인정되는 시험방법을 준용할 수 있다.

(4) 암석시험은 채취된 암석시료의 공학적 특성과 설계정수를 결정하기 위하여 수행하며, 시료의 제작 및 시험방법은 국·내외에서 권장하는 시험방법 등 국제적으로 공인된 방법을 적용하여야 한다.

(5) 내진검토를 위한 동적지반정수 산정을 위하여 공진주시험, 비틂전단시험, 자유단공진주시험, 진동삼축압축시험 등과 물리탐사인 다운홀(downhole)탐사, 크로스홀(crosshole)탐사, S-PS검층, 음파검층, 밀도검층 등을 설계목적에 적합하게 선정하여 수행하여야 한다.

:: 해설 ::

실내시험은 시료의 물리적, 역학적 제 시험을 행하여 지반의 공학적 특성 판단에 필요한 정보를 얻기 위해 수행하며, 실내시험용 시료는 현장답사, 시추공 및 시험공 조사에서 채취한다. 실내시험 중 물리시험은 시추공 1개소마다 적어도 3개 이상의 시료를 채취하여 행하며, 역학시험은 조사목적에 따라 시험항목을 선정하여 행한다.

가. 실내시험방법

암석시험은 채취된 암석시료의 공학적 특성과 설계정수를 결정하기 위하여 수행하며 시료의 제작 및 시험방법은 국제암반역학회(ISRM)나 미국재료시험협회(ASTM) 등 관련 국제기관에서 권장하는 국제적으로 공인된 방법을 적용하여야 한다. 대표적인 토질 및 암석시험 종류는 각각 〈해설표 3.4.2〉와 〈해설표 3.4.3〉과 같다.

실내시험용 암석시료는 풍화, 균열 상태, 방향성, 함수 상태를 고려하여야 한다. 암석시료에 대해 시험하는 경우는 대상 시료가 균열이 없는 신선한 시료인가 또는 균열이 있고 풍화가 진행된 시료인가에 따라 원지반에 대한 평가가 다르게 된다. 따라서 시험결과로부터 원지반을 평가하고자 할 때는 시료채취 위치가 대표적인 곳이어야 하며, 특이한 부분을 채취하는 경우에는 이를 명확히 하고 목적에 따라 시료채취 위치를 선정하여야 한다.

〈해설표 3.4.2〉 토질시험 항목별 한국산업규격 번호 및 시험결과 이용

시험종류		시험방법	시료의 상태	시험결과치	시험결과의 이용
입도시험 체 분석 침강분석		KS F 2302	흐트러진 시료	입경가적곡선 균등계수 곡률계수	흙의 분류, 점토의 압축성 판정, 사질토의 안정성 및 액상화 판정
액성한계시험 소성한계시험 수축한계시험		KS F 2303 KS F 2304 KS F 2305	흐트러진 시료	액·소성한계 소성지수 수축한계 컨시스턴시지수 수축비	흙의 분류, 자연상태 점토의 안정성 판정, 흙재료의 판정, 노상 노반토의 판정, 점착성의 판정
함수비시험		KS F 2306	자연함수량이 변하지 않은 시료	함수비	흙의 기본적 성질계산, 예민비판정
비중시험		KS F 2308	흐트러진 시료	흙입자의 비중	간극비, 포화도 계산, 흙의 침강분석
다짐시험		KS F 2312	흐트러진 시료	최적함수비 최대건조밀도	노반 및 성토의 설계, 시공관리
일축압축시험		KS F 2314	흐트러지지 않은 시료 다짐시료	일축압축강도 변형계수	점성토지반의 기초, 사면, 굴착면, 옹벽 등의 안정계산
압밀시험		KS F 2316	흐트러지지 않은 시료	압축지수 압밀계수 체적압축계수 압밀항복응력	점성토 지반의 압밀침하량 및 침하시간 계산
지지력비시험 (CBR)		KS F 2320	흐트러지지 않은 시료 다짐시료	흐트러진 시료 및 흐트러지지 않은 시료의 지지력비	휨성포장두께의 판정
투수시험		KS F 2322	흐트러지지 않은 시료	흙의 투수계수	투수성 지반의 설계
직접전단시험		KS F 2343	흐트러지지 않은 시료 다짐시료	점착력, 내부마찰각	구조물 기초, 사면, 굴착면, 옹벽 등의 안정계산
상대밀도시험		KS F 2345	흐트러지지 않은 시료	최대단위중량 최소단위중량	흙의 다짐도 및 액상화 판정
삼축압축시험	비압밀 비배수 시험(UU)	KS F 2346	흐트러지지 않은 시료	점착력 내부마찰각	점성토지반의 기초, 사면, 굴착면, 옹벽 등의 안정계산
	압밀 비배수 시험(CU)	KS F 2346	흐트러지지 않은 시료	점착력 내부마찰각	유효응력에 의한 점성토지반의 안정계산
	압밀배수 시험(CD)	KS F 2346	흐트러지지 않은 시료	점착력 내부마찰각	유효응력에 의한 사질토지반의 안정계산

〈해설표 3.4.3〉 암석시험 종류 및 결과의 이용

시험명칭	시험결과치	시험결과의 이용	표준방법		
			KS F	ISRM	ASTM
비중시험	비중	비중, 흡수율, 함수비, 포화도, 간극비	2518 (석재)	○	
밀도시험	습윤밀도, 건조밀도	지반 내의 응력산정, 응력발생예측지표	〃	○	
흡수율시험	흡수율		〃	○	
함수량시험	함수비		〃	○	D2216
공극률시험	공극률		−	○	
탄성파속도시험	동적탄성계수	암반의 탄성파속도 비교로 열화도 추정	−	○	D2845
실내투수시험	투수계수	암반의 투수성 평가	−	○	D4525
침수붕괴도시험	침수시간 – 스레이킹 구분곡선	암석의 결합 정도의 판단	−	○	
스레이킹시험	스레이킹 내구성지수	사면문제나 응력문제	−	○	D4644
흡수팽창시험	흡수팽창율		−	○	
팽창압시험	팽창압		−	○	
일축압축시험	압축강도, 탄성계수, 포아송비	암석의 역학적 특성	2519 (석재)	○	D2938 D3148
삼축압축시험	강도정수(c, ϕ), 암석변형특성	암석의 역학적 특성	−	○	D2664
점하중 강도시험	점하중강도	암석의 강도지수	−	○	
압열인장시험	인장강도		3032	○	D3967
절리면전단시험	c, ϕ계수, 전단강도		−	○	
크맆시험	크맆계수, 변형률	구조물의 장기안정성	−	○	D4405 D4406 D4341
경도시험	각종 경도지수	암석의 경도, 굴착기계에 의한 암석굴착 난이도	−	○	
마모시험	마모경도	암석의 기계화 절삭, 굴진능률	−	○	

주1) ○ : 제안된 시험법임
주2) ISRM(International Society for Rock Mechanics, 국제암반역학회)
주3) ASTM(American Society for Testing and Materials, 미국재료시험협회)

나. 조사목적에 따른 시험항목

〈해설표 3.4.4〉는 조사목적에 따른 대표적인 시험항목을 요약한 것이다.

〈해설표 3.4.4〉 조사목적에 따른 실내시험 항목

시험항목 \ 조사목적	기계 굴착의 적부	굴착 버력의 골재 이용 여부	탄성파탐사와의 대비에 의한 암반의 평가	미고 결층 투수성	대수층 구분	산사태 발생 유무	팽창성 지반 여부	분사 현상 유무	가연성 개스 유무	산소 결핍 유무	관련 규정
비중		●	○				○	○			KS F 2518
함수율, 흡수율		●									KS F 2518
압축강도	●	○	●				●				KS F 2519
인장강도	○						○				–
경도	●										JIS 2246
마모율	●	○									KS F 2521
안정성		○									KS F 2507
탄성파속도	●		●								–
포아송비, 탄성계수			○				○				–
투수계수				●	●			○			KS F 2322
입도분포				○			●	●			KS F 2502
팽창성	●					○	○				–
광물조성	●					○	○			○	–
개스함유율									●	○	–
수질					●	○				○	KS F 0100

주) ● : 특히 유효한 시험항목
　　○ : 실시하는 편이 좋은 시험항목

다. 동적지반정수 산정시험

터널내진설계에 필요한 지반의 동적 특성을 파악하기 위해서는 지반의 층상구조, 기반암까지의 깊이, 각층의 밀도, 전단파 속도, 전단탄성계수와 감쇠비의 비선형 특성, 지하수위, 지반응력 상태 등의 평가가 필요하다.

토질시료의 경우 변형률 크기에 따른 전단탄성계수와 감쇠비의 변화를 얻기 위한 실내반복시험으로는 공진주시험, 진동삼축압축시험과 비틂전단시험 등이 있다. 이들 시험은 현장에서 채취된 흐트러지지 않은 시료를 이용하여 수행하는 것이 원칙이나 흐트러지지 않은 시료를 채취하기 어려운 경우에는 현장밀도를 고려하여 재성형된 시료를 사용할 수도 있다. 시료의 구속압에 의한 효과를 고려하기 위해서는 최소한 3단계 이상으로 구속압의 0.5배, 1배, 2배 등에 해당하는 구속압에서 시험을 실시하고 시공 후의 상태를 고려하여 선정할 수 있다.

암반으로 이루어진 산악터널의 경우는 탄성파탐사와 같은 현장조사를 수행하고, 코아채취를 통해 양단 자유단 공진주 시험자료를 기초로 동적지반정수를 산정하는 것이 바람직하다.

시추공의 탄성파탐사는 송신장치, 수신장치, 또는 송·수신 장치 모두가 시추공 내에 존재하는 탐사법이다. 기록 장치는 지표탄성파탐사와 같은 것을 사용하나 송·수신 장치는 시추공에서의 사용이 가능한 형태로 변형된 것을 사용한다. 시추공탐사는 두 개의 시추공을 이용하는 시추공-시추공 탐사와 한 개의 시추공을 이용하는 지표-시추공 탐사로 나눌 수 있다. 〈해설표 3.4.5〉는 시추공탄성파탐사법의 특징을 나타내고 있다.

〈해설표 3.4.5〉 시추공탄성파탐사법 비교

구분	다운홀 험	크로스홀	탄성파 토모그래피
탐사목적	• 탄성파속도 측정 • 지층 구분 • 탄성계수 산출	• 탄성파속도 측정 • 지층 구분 • 시추공 하부지층 예측	• 지층구조 파악 • 연약대 파악 • 지층 구분
송·수신기 위치	• 송신기 : 지표 • 수신기 : 시추공 내부	• 송신기 : 지표 • 수신기 : 시추공 내부	• 송신기 : 지표 • 수신기 : 시추공 내부
측정	• 심도별 P파와 S파의 초동 도달시간	• 심도별 초동 도달시간	• 초동의 도달시간이나 진폭
자료처리	• 주시곡선에서 구간속도 산출	• 시추공간 거리 및 도달시간	• 역산
비 고	• 역전층, 두꺼운 표토층 존재 시 불리	• 비교적 수평적 지층구조에 적용	• 가장 정확하나 시간과 비용이 많이 소요
개요도			

〈해설표 3.4.6〉은 각 시험별로 얻을 수 있는 동적지반정수이며, 내진설계를 위한 지반조사 항목 및 조사간격은 〈해설표 3.4.7〉과 같다.

〈해설표 3.4.6〉 현장시험에서 얻을 수 있는 동적지반정수

구분	시험의 종류	전단변형률 범위	동적지반정수
현장시험	크로스홀시험	0.0001% 이하	• 압축파 속도, 전단파 속도 • 전단탄성계수, 포아송비
	다운홀시험	0.0001% 이하	• 압축파 속도, 전단파 속도
	SASW	0.0001% 이하	• 전단파 속도, 전단탄성계수
	Seismic Cone Test	0.0001% 이하	• 압축파 속도, 전단파 속도
실내시험	공진주시험	0.0001%~1%	• 전단탄성계수, 탄성계수, 감쇠비
	비틂전단시험	0.0001%~1%	• 전단탄성계수, 감쇠비
	진동삼축시험	0.01%~1%	• 탄성계수, 감쇠비

〈해설표 3.4.7〉 내진설계를 위한 지반조사 항목 및 간격

조사방법	조사항목		지반종류	조사간격	조사목표
사운딩	표준관입시험	SPT N값	Sandy /Sandy soil	1~2m	입도분포와 SPT N값을 이용한 액상화 예측
		교란시료 채취	Sandy /Sandy soil	1~2m	층상구조 및 입도분포 획득
현장조사	탄성파탐사	P파 속도 S파 속도	Sand-clay /Rock	1~2m	지진응답해석 저변형률에서의 전단탄성계수
비교란 시료	액상화시험	액상화강도	Sandy /Sandy soil	1.5~2m	반복삼축시험에서 액상화 강도
	동적변형시험	전단탄성계수 감쇠비	Sand-clay /Rock	각 층	지진응답해석 중간-대변형률에서 변형특성
	밀도시험	단위중량	Sand-clay /Rock	각 층	유효상재하중의 계산

3.5 시공 중 보완조사

3.5.1 시공 중 보완조사 시에는 다음 사항을 고려하여야 한다.

(1) 시공 중 보완조사는 예비조사와 본조사 단계에서 민원 등 부득이한 이유나 기술적 한계 등으로 인하여 충분한 조사가 시행되지 못한 경우, 또는 시공 중 지반변화가 예상되어 추가조사가 필요한 경우에 실시하여야 하며, 현장여건을 고려하여 필요한 지반정보가 얻어질 수 있도록 조사항목을 선정하여야 한다.

(2) 시공 중 보완조사의 목적은 굴진면 전방과 굴진면 주변의 지반 상태를 파악하는 데 있으며 시공 중 관찰되는 노출된 지반 상태를 분석하여 예기치 않았던 지반변화나 시공 중의 계측결과가 이상치를 보일 경우 반드시 필요한 추가조사 및 시험을 실시하여야 한다.

(3) 시공 중 보완조사는 일상적으로 굴진면 지질매핑(geological mapping)이 시행되어야 하며, 필요한 경우 감지공 천공(feeler hole), 수평시추 및 터널 내 물리탐사 등을 통하여 굴진면 전방에 대한 지질특성을 조사할 수 있다. 경암반터널의 록볼트를 포함한 지보패턴 변경은 지질매핑 등 시공 중 보완조사 결과에 근거하여야 하며, 필요시 굴진면 전방조사를 통하여 보조공법 적용 여부를 판단하는 등 사전공사 준비를 위한 자료로 제공되어야 한다.

◼◼ 해설 ◼◼

시공 중 조사에 포함되는 굴진면 지질매핑 등 터널 내 상세지질조사, 수평시추, 터널 내 물리탐사를 통하여 지층의 종류와 암질 및 지질구조 등을 파악하고 지반 물성치를 추정하여 시험이나 계측계획의 수립 및 실시에 도움이 되도록 하며, 필요시 지반해석 및 변경설계의 기초자료를 제공한다.

가. 굴진면 지질매핑

굴진면 지질매핑은 일반적으로 굴착에 의한 터널지반의 노출시간이 후속 공정에 의해 제한적인 관계로 일회 굴진장 단위의 굴진면 지질매핑을 일상적으로 진행하는 것이 일반적이며, 지반 상태가 양호하여 터널지반의 노출이 일정 구간 지속적으로 유지될 때에는 벽면 지질매핑(wall mapping)를 병행한다. 터널 굴진면 지질매핑은 터널시공 중 기본 암반분류법(RMR 등)에 의한 기재와 동시에 이루어지며, 노출된 구간(벽면 및 굴진면 등)의 암종 및 연약대 등 지질단위를 구분하고, 그 분포 상태와 특징을 스케치한다(ISRM, 1981). 이외 주요 불연속면의 특성과 지하수조건 및 기타 위험요인에 대한 기재가 포함된다.

현장기술자는 공사 시에 노출되는 굴진면의 지반 상태를 관찰하고 조사하여 설계 시에 적용한 지반조건의 적합성을 확인해야 한다. 이때, 실제 지반 상태가 설계 시의 적용조건과 상이할 경우 즉시 관찰된 지질 및 지반 상태에 적합한 굴착공법 및 지보형식 변경 등 즉각적인 대응이 될 수 있도록 하되, 필요한 경우에는 이를 위한 상세지반조사를 실시하여야 한다. 굴진면 지질매핑(face mapping)은 매 굴진장마다 실시하는 것을 원칙으로 하며, 지반조건에 따라 관찰빈도를 조정할 수 있도록 하되, 분할굴착인 경우, 굴착단계에 따라 매핑 굴착면을 확장하여 하나의 굴착면 지질도면(face map)으로 완성하여야 한다. 굴진면 관찰자는 지질 및 지반공학을 전공한 자 또는 동등 이상의 자격이나 경험을 구비한 자로서 굴진면 관찰결과를 바탕으로 터널 지질전개도 등 연속적인 터널지질도를 작성할 수 있는 자여야 한다. 굴진면 지질매핑 시에는 다음 사항을 조사하고 암반분류를 실시하여 지보패턴을 조정할 수 있도록 하며, 터널 지질전개도 등 터널지질도를 작성하여 시공 중뿐 아니라 준공 후 터널 유지관리 시의 기본자료로 활용할 수 있게 한다.

- 굴진면 붕괴여부 및 붕괴위치, 형태 및 규모.
- 암종, 풍화 정도, 고결 정도, 강도, 암반등급 및 지층분포.
- 절리, 단층 등의 주향과 경사 및 터널방향과의 관계.
- 층리, 절리, 단층 등의 간격, 틈새, 충전물 유무와 상태.
- 용출수 위치, 토사 유실유무 및 유출 정도.
- 기타 필요한 사항.

나. 터널 전방 수평시추조사 및 감지공 천공

터널굴착 중에 설계 중 재해 위험 범위 등으로 설정되어 있거나, 굴진면 지반 상태가 설계 시 예측된 지반 상태와 현저히 달라 전방 지반 상태에 대한 예측이 필요할 때, 가장 직접적인 정보를 제공하는 것은 굴착대상 지반에 대한 시추조사이다. 터널 내에서 수행되는 수평선진시추조사 또는 지표에서 굴착대상 지반에 대한 시추조사 모두 이에 해당한다. 시공 중 시추조사는 그 계획과 조사과정에서 비교적 많은 비용과 시간이 소비되기 때문에 이에 대한 신중한 검토 하에서 진행되어야 한다.

감지공 천공은 시추조사에 비해 그 천공속도가 빠르고, 터널의 굴착 공정 중 그라우팅 또는 록볼트 설치 중에도 수행되므로 최근에는 천공기의 유압변화나 천공속도를 분석하여 굴진면 전방의 지반 상태를 평가하는 기술이 이용되고 있다. 또한 천공된 조사공을 이용한 검층 등을 천공조사와 병행하여 수행함으로써 전방 지질에 대한 예측능력을 제고하는 방안이 활발히 적용되고 있다.

다. 터널 내 물리탐사

터널 내 물리탐사 중 가장 일반적으로 활용되고 있는 방법은 탄성파탐사로서 TSP탐사, HSP탐사 등이 이용되고 있다. TSP(Tunnel Seismic Prediction)탐사는 시추공을 이용한 수직탄성파탐사기법을 터널 안에서 응용한 것으로써, 주로 시공하는 동안 향후 굴착할 구간의 전방 혹은 이미 굴착된 구간의 지질 상태 파악을 목적으로 한다. TSP탐사는 터널벽면에 수진기를 잡음이 영향을 주지 않을 정도로 인입하고 터널벽면에서의 발파를 수행하는 방법이다. 터널벽면에 3성분 지오폰을 설치하고 일정 간격으로 터널벽면에서 발파를 수행하여 자료를 획득한 후 전방 파쇄대나 단층에 대한 정보를 얻는 방법으로써, 굴진면 지질매핑, 시추 및 천공조사 등 시공 중 조사와 종합 비교하여 분석한다. 일반적으로 터널벽면으로부터 이완된 영역의 범위를 조사하기 위해서 실시되고 있으나 최근에는 굴진면 전방의 파쇄대 탐지에도 이용되고 있다. 단층파쇄대와 같이 지질 급변구간의 존재여부, 설계단계에서의 지반조사로 확인된 단층파쇄대의 터널 갱내에서의 위치확인과 그 규모, 파쇄대의 터널방향과의 교차각 등에 대한 정보를 얻는 데 효과적이다. 적용범위는 대상 심도와 정밀도에 따라 다르지만 산악터널 내 적용 시 탐사거리는 일반적으로 굴진면으로부터 전방 약 100~200m이다.

3.6 지반조사 성과의 정리

3.6.1 지반분류 시에는 다음 사항을 고려하여야 한다.

(1) 조사와 시험으로부터 수집된 제반정보를 종합적으로 분석하여 설계 및 공사목적에 부합되도록 지반을 분류하여야 한다.

(2) 토사층은 '흙의 통일분류법(USCS)' 등에 따라서 세분하여야 한다.

(3) 암반분류 시에는 다음 사항 중 필요한 사항을 선정하여 분류하여야 한다.

① 압축강도.

② 탄성파속도.

③ 변형계수.

④ RQD.

⑤ 불연속면의 간격 또는 빈도.

⑥ 불연속면의 상태(거칠기, 풍화도, 연속성, 틈새, 충전물의 두께와 특성 등).

⑦ 불연속면의 주향 및 경사.

⑧ 지하수 상태.

⑨ 초기응력 상태.

⑩ 암석종류, 풍화도, 수침 시의 특성 등 암반의 거동특성에 영향을 주는 지반특성.

(4) 지보재설계를 위한 암반분류는 RMR, Q-시스템 등을 적용할 수 있으며, 특히 RMR의 경우 일축압축강도나 RQD 등 계량화가 가능한 평가요소의 경우는 Bieniawski의 제안 그래프(1989)를 이용하여 점수를 산정할 수 있다. RMR에 의한 암반분류는 5등급으로 분류하는 것을 원칙으로 하되, 터널의 크기, 용도 및 지역특성을 고려하여 5등급 이상으로 세분화할 수 있다. 함수미고결지층 등과 같이 특수한 지반조건이 존재할 경우에는 이를 별도의 지반등급으로 분류하여야 한다.

(5) 가능한 현장 시추자료를 근거로 각각의 암반분류를 수행한 후 상관관계를 적용하는 것을 원칙으로 하되, 자료가 부족할 경우를 대비하여 Bieniawski가 1976년에 제시한 RMR=9Ln Q + 44와 Barton이 1995년에 제시한 RMR=15logQ+50을 활용하여 상호 보완할 수 있다.

∷ 해설 ∷

가. 지반의 분류

그 성인과 구성물질에 대한 지질단위는 제반재료의 공학적 특성에 따라 세분할 수 있다. 퇴적토층, 풍화토층 등 토사층은 '흙의 통일분류법(USCS)'에 따라서 세분한다(건설교통부, 1999). 암반을 분류할 때에는 굴착방법의 선정, 단면 및 지보설계 등 암반분류의 목적에 따라 일축압축강도, 탄성파속도, 변형계수, RQD, 불연속면 간격 및 빈도, 불연속면의 상태(거칠기, 풍화도, 연속성, 틈새, 충전물의 두께와 특성 등), 불연속면의 주향 및 경사, 지하수 상태, 초기응력 상태, 암석종류, 풍화도, 수침 시의 특성 등 암반의 거동특성에 영향을 주는 암반특성 중 사용되는 특성을 선정하여 분류한다. 주요 암반분류 중 굴착방법의 선정 등에 활용되는 암반특성은 건설표준품셈의 암석종류, 풍화도, 절리 간격, 일축압축강도 및 현장/실내 탄성파속도 등이 있으며, 기계굴착의 경우, 이에 필요한 마모도 등 특정한 암반특성을 선정하여 분류하여야 한다(대한지질공학회, 2004).

지보재설계를 위해 일반적으로 적용되는 RMR(Bieniawski, 1979, 1989)과 Q-system(Barton 등, 1974)의 경우, RMR은 무결암의 일축강도, RQD, 불연속면의 간격, 불연속면의 상태, 지하수조건을 기준으로 각 항목의 평가점수를 합산하여 기본 RMR 값을 산정하며, 불연속면의 방향에 대하여 보정하여 최종 RMR 점수를 구한다. 이때, 암반의 설계정수 산정에는 기본 RMR 값이 주로 활용된다. RMR 산정 시 암석강도는 전체 평점의 15%, 절리에 관련된 요소는 70%, 지하수 영향에 15%를 배당하여 주로 절리 등의 불연속면 특성에 의해 암반을 평가하며 산출된 암반분류 점수를 20점 단위로 묶어 5개 집단으로 분류한다. Q값은 아래 식과 같이 RQD, 절리군의 수(Jn), 절리면의 거칠기 계수(Jr), 절리면의 변질도(Ja), 절리 사이의 물에 의한 저감계수(Jw), 응력감소계수(SRF, Stress Reduction Factor) 등 6가지 요소로 아래 식과 같이 암반을 평가하며, 이들은 각각 2가지 요소를 결합하여 3가지 항목으로 나뉘어져서 암괴의 크기(RQD/Jn), 암괴의 전단력(Jr/Ja), 활성응력(Jw/SRF) 등을 나타낸다. Q값은 0.001~1,000 범위로써 매우 불량부터 매우 양호까지 9등급으로 분류한다.

$$Q = \frac{RQD}{Jn} \times \frac{Jr}{Ja} \times \frac{Jw}{SRF} \tag{3.6.1}$$

RMR 또는 Q-시스템은 비교적 균질하고 신선암 조건에서 견고한 암반에 적용되는 암반분류법으로서 대상 지반이 신생대 지층 등 함수미고결지반 조건 또는 신선암 조건에서 연약한 강도를 가지는 연약암반이거나, 거력을 동반한 불균질암반, 공동의 발달이 현저한 용해성암반의 경우는 별도의 암반분류기준을 정하여 분류하여야 한다.

나. 암반분류 상관성 분석

RMR 또는 Q-system을 동시에 적용하고자 할 때에는 각각의 암반분류를 시추코아를 이용하여 수행하여 비교 분석하는 것이 원칙이다. 단, 필요할 경우, 여러 연구자에 의해 제시된 상관관계식을 활용할 수 있으나, 대표적인 상관관계식은 RMR=9LnQ+44(Bieniawski,1976)과 RMR=15LogQ+50(Barton et al, 1974)이며, 그 외 RMR=13.5 LogQ+43(Rutledge & Preston,1978), RMR=8.7LnQ+38(Kaiser et al, 1986) 등이 있다.

특히 Hoek(1995)는 GSI(Geological Strength Index)를 제안하면서, 개정 판본의 문제와 암반분류상의 내용적 연계성을 감안하여 GSI 값과 완전건조 시 RMR, Jw 및 SRF 요소가 제거된 Q 값과의 관계를 아래와 같이 제시하여 두 대표적인 암반분류법 간의 대비기준을 제공한 바 있다.

$$\text{RMR(1976)} \rangle \text{18일 때 ; GSI = RMR(1976)} \tag{3.6.2}$$

$$\text{RMR(1989)} \rangle \text{23일 때 ; GSI = RMR(1989)} - 5 \tag{3.6.3}$$

$$Q' = \frac{RQD}{Jn} + \frac{Jr}{Ja}, \ GSI = 9 LnQ' + 44 \tag{3.6.4}$$

다. 미시추 구간의 암반분류

시추코아의 암반분류를 기준으로 탄성파 토모래그피 등에 의한 시추공간 탄성파속도 또는 전기비저항탐사 등을 통한 전기비저항값 등과 비교하여 미시추 구간 암반분류에 활용한다.

3.6.2 조사결과의 정리 시에는 다음 사항을 고려하여야 한다.

(1) 지표지질조사 결과는 응용지질도로 정리하여야 하며, 응용지질도는 터널구간을 포함하는 광역지질도(1:25,000)와 정밀응용지질도(1:5,000)로 구분하여 작성하여야 한다.

(2) 시추조사 결과는 일정한 양식의 시추주상도에 정리하여야 하며, 지층설명은 색조, N 값, 강도, 풍화도, 균열 상태, 암석명, TCR, RQD 등을 포함하여 상세하게 기록하고 시추주상도와 지구물리탐사 등 관련 자료를 참조하여 터널구간의 지질단면도를 작성하여야 한다.

(3) 채취된 시료는 일정한 규격의 시료병이나 시료상자에 정리하여야 한다.

(4) 시료상자에 정리된 시추코아는 암석의 색조, 상태, 절리 등의 관찰이 용이하도록 직상부에서 천연색으로 촬영하여 사진첩에 정리하여야 하며, 대표적인 것은 지반조사 보고서에도 수록하여야 한다.

> (5) 공내재하시험, 수압시험, 투수시험, 초기응력측정시험 등 현장시험이나 지구물리탐사의 결과는 각각 그 목적에 적합한 정보가 자세히 기록될 수 있는 일정한 양식에 정리하여야 하며, 조사의도가 명확하여야 한다.

◈◈ 해설 ◈◈

조사결과는 종합적으로 분석하여 터널의 노선선정, 설계 및 시공계획, 유지관리 시에 이용할 수 있도록 정리하여야 한다. 조사결과를 정리할 때에는 조사목적에 맞도록 성과물을 작성하여야 하며, 조사자는 경제적이고 합리적인 설계 및 시공자료로 활용할 수 있도록 조사결과를 일반화된 방법으로 정량적으로 분류·평가하여 검토의견을 제시하여야 한다.

가. 응용지질도

지질도의 완성은 지표지질조사에 의해서만 수행되지 않으며, 1차적으로 작성된 지질도를 본조사의 시추조사, 시험결과 및 물리탐사 결과와 비교 분석하여 지질구조의 특성을 보완하는 과정을 통하여 최종적인 지질도를 작성한다. 보다 정밀한 조사가 병행되어 구체적 설계정보를 획득하는 본조사 단계에 있어서는 위의 1차 구분에 따른 지질단위에 풍화도, 균열 상태 등 필요한 기준을 2차 구분하여 지층을 구분할 수 있다. 이와 같이 지질단위의 구분은 각 조사단계의 진행에 따라 보다 상세히 구분되며, 조사 축척 역시 소축척에서 대축적으로 정밀하게 진행된다. 응용지질도는 터널구간을 포함하는 광역지질도(1:25,000)와 정밀응용지질도(1:5,000)로 구분되며, 일반적인 축척과 조사단계는 〈해설표 3.6.1〉과 같다(Dearman, 1991).

〈해설표 3.6.1〉 단계별 지표지질조사의 축척과 지질단위의 구분

	축척	지질단위의 구분명	조사단계	지질도
대축척	1:5,000 이상	특성(풍화도, 균열도 등)+암석명	본조사	정밀응용지질도
	1:5,000~1:10,000	암석명		
중축척	1:10,000~1:100,000	지층명	예비조사	광역지질도
소축척	1:100,000 이하	누층군명		

나. 시추주상도

시추성과 정리는 기초 조사자료와 시추조사 성과를 분석하여 최종 조사보고서에 수록하기 위한 예비작업이며, 지반분류 시 시추주상도와 실내시험 성과가 일치하여야 한다. 시추주상도는 시추결과를 관찰하여 현장에서 작성하며, 이에 추가하여 제반 현장시험 및 실내시험 결과를 수록한다. 특히 현장 관찰결과와 실내시험 결과가 다를 경우에는 반드시 시추주상도를 수정하여야 한다. 〈해설그림 3.6.1〉은 시추주상도의 예이다.

시추주상도 기재내용은 일반사항(조사명, 시추공 번호, 위치, 좌표(TM 좌표), 표고, 시추구경, 지하수위, 사용장비, 시추자, 조사자 등)과 시추결과(심도, 층후, 공학적 지질단위 주상도, 공학적 지층명, 색상, 암종,

현장관찰기록, RQD, TCR, 시료채취 위치 등)로 구분한다. 작성된 시추주상도는 지층단면도 및 지질단면도 작성, 구조물기초계획, 토공계획, 암반분류 및 지보패턴설계에 활용한다. 시추코아 관찰 및 기재는 시추조사 후 회수된 시추코아를 직접 관찰하여 암질, 절리, 균열, 풍화 상태 등을 기재하는 것을 의미한다. 시추코아 관찰 및 기재 시 토사 및 암석의 물리적, 화학적, 역학적 특성을 파악하기 위한 실내시험 시료를 채취하고, JRC 측정 및 슈미트해머 반발시험을 수행한다(대한지질공학회, 2004).

시추코아 관찰은 암질을 평가하고 분류할 수 있는 분류안인 건설표준품셈 및 지질품셈 암반분류에 의거하여 코아의 정성적인 특징을 관찰한다. 시추코아의 지반명 및 특징은 지반을 구성하고 있는 지질의 성인 및 특성에 따라 구분할 수 있는 지질단위를 사용한다. 토사의 경우, 토사층의 성인에 따라 풍화잔류층, 충적층, 붕적층, 매립층 등이 있으며, 암반의 경우, 퇴적암, 화성암, 변성암의 각 암석종류가 이에 해당한다(IAEG, 1981). 이외 지질단위의 공학적 재료특성을 반영하는 정보로써 토사의 경우, 통일분류법에 의한 명칭(자갈, 모래, 점토 등)이 있으며, 암반의 경우 기준에 따라 건설표준품셈에 의한 경암, 연암, 풍화암, 풍화토 등 연경도에 의한 지층명으로 분류할 수 있다. 시추코아의 풍화 정도(D), 강도(R), 파쇄 정도(F)는 ISRM 기준(1981)에 의거하여 기재한다. 시추코아 관찰 시 절리 또는 균열면의 발달 상태를 파악할 수 있는 절리주상도(fracture map)를 작성한다.

시 추 주 상 도

X	208695.0
Y	183093.7

사업명		시추공번	BH-1	조사일	
발주처		위 치	No. 0–15.0 (우 4.4m)	표 고	43.6

굴진심도	85.0	시추방법	회전수세식	시추자		지하수위	-4.0	시추방향	0
케이싱심도	10.7	시추기	LY-38	작성자		시추공경	NX	시추경사	90

심도 (m)	표고 (m)	두께 (m)	지질	지층	시료	표준관입시험	기술	TCR (%)	RQD (%)	D	R	F	J	형상	현장시험
					3.0 ○ 8-1	34/32	붕적층(0.0~6.0m) 실트 및 모래섞인 자갈로 구성 자갈 크기 : 약 5~10cm 정도 산사면을 따라 흘러내려 퇴적된 층 조밀, 습윤-포화, 갈색-암갈색 터파기 : 0.0~2.0m								
					4.5 ● 8-2	35/30									
6.0	37.6	6.0			6.0 ⊗ 8-3	50/19									
					7.5 ◎ 8-4	50/14	풍화토(6.0~8.1m) 모래섞인 실트로 구성 기반암(안산암질 응회암)의 상부 기반암(암산암질 응회암)의 구조 고결, 습윤, 갈색-황갈색								
8.1	35.5	2.1			9.0 ● 8-5	50/9									
					10.5 ○ 8-6	50/6	풍화암(8.1~10.7m) 실트섞인 모래로 구성 기반암(안산암질 응회암)의 하부 기반암(안산암질 응회암)의 구조 소량의 암편상 코아 회수 완전 풍화, 매우 조밀, 습윤 갈색~담갈색	100	87	D4	R4	F5	J5		

〈해설그림 3.6.1〉 시추주상도 예

다. 지질종단면도

지반조사 결과와 암반분류 성과에 기초하여 터널노선에 따른 지질종단면도를 작성한다. 암반등급도는 기준 암반분류법에 따라 대상 지반의 연속적인 암반등급을 산정하여 작성한 지질단면도의 하나이다. 미시추 구간의 암반등급 산정은 시추조사 결과를 종합하여 수행한다. 터널에서는 RMR 및 Q-시스템과 같은 암반분류를 근거로 설계를 수행하며, 이때 암반분류 각 항목에 대한 평점은 시추코아에 대한 육안관찰 및 암석물성시험을 통해 산출한다. 그러나, 터널 전구간에 대해 시추조사를 수행한다는 것이 현실적으로 불가능할 뿐만 아니라 비경제적이므로, 시추가 수행되지 않는 구간에서는 물리탐사 등 다른 조사방법에 의해 미시추 구간의 암반등급을 결정해야 한다. 물리탐사 결과를 활용할 경우, 지하매질의 탄성파속도 또는 전기비저항값 등과 RQD, RMR 및 Q 값 등과의 상관관계에 대한 분석을 통해 관계식을 도출하여 미시추 구간의 암반등급 산정에 활용한다.

> 3.6.3 조사결과에 대한 수량은 반드시 확인·기록하여야 하며, 조사자료는 추후 유지관리 시에 활용가능하도록 조치하여야 한다.

❖ 해설 ❖

설계단계에서 수행한 모든 지반조사 항목과 수량 및 특수상황을 터널평면도에 조사위치와 수량을 기재하고, 이를 별도의 표로 정리하여야 하며 시공 중 지반조사 역시 시공 중 터널 지질도 및 별도의 표로 조사위치와 항목 및 수량을 수록하여 기재하여야 한다. 또한 설계단계 및 시공 중 지반조사 내용 및 결과는 각종 시공자료(굴착, 지보, 라이닝)와 계측결과 등과 상호 비교 분석할 수 있도록 정리하여야 하며, 유지관리 시 나타난 터널 변상 등의 원인을 분석하는 데 활용할 수 있도록 한다.

■ 참고문헌 ■

1. 건설교통부(1999), 『도로설계편람』
2. 대한지질공학회(2004), 『암반의 조사와 적용』
3. 안상로·류신우 감수(2001), 『지반조사의 방법과 해설』
4. 윤지선 역(1994), 『토목지질공학』
5. 한국도로공사(1997), 『도로설계요령』
6. 한국수자원공사(1997), 『수로터널 설계 및 시공지침』
7. 한국지구물리탐사학회(2002), 『토목환경분야 적용을 위한 물리탐사 실무지침』
8. 한국지질자원연구원, 한국철도시설공단(2006), 『토목기술자를 위한 지반조사기술』
9. 한국터널공학회(2002), 터널공학시리즈 1 『터널의 이론과 실무』

10. Barton, N., Lien, R. and J. Lunde(1974), Engineering classifcation of rock masses for the design of tunnel support, Rock Mech. Rock Eng. 6(4), pp.189-236

11. Bieniawski, Z. T.(1979), The Geomechanics classification in Rock Engineering application, Proc. Sympo.on Explo. for Rock Eng. Balkema, Rotterdam, pp.97-106

12. Bieniawski, Z. T.(1989), Engineering Rock Mass Classifications, John Wiley & Sons, New York, p.251

13. Dearman, W. R.(1991), Engineering Geological Mapping

14. Hoek, E.(1995), Strength of Rock and Rock masses, ISRM News J., Vol.2, No.2

15. Hoek, E., Carranza-Torres C. T., and Corkum B.(2002), Hoek-Brown Failure Criterion-2002 edition, Proc. North American Rock Mechanics Society meeting in Toronoto in July 2002

16. IAEG(1981), Rock and Soil description and classification for engineering geological mapping report, IAEG Comm. on Eng. Geol. Mapping, IAEG Bull., No.24, pp.235-274

17. ISRM(1981), Suggest method for the quantitative description of discotinuities in rock mass, ISRM Suggested Methods, Pergamon Press, pp.3-52

18. Kaiser, P. K., McKay C. and Gale A. D.(1986), Evaluation of rock classifications at B. C. rail tumbles ridge tunnels, Rock Mech. Hock Eng. 19, pp.205-234

19. Rutledge J. C. and Preston R. I.(1978), Experience with engineering classification of rock, Proc. Int. Tunneling Symp., Tokyo, A3., pp.l-7

04 설계일반

04 설계일반

4.1 설계의 기본방향

> 4.1.1 터널설계는 지반의 불확실성, 지반조사의 기술적 한계 및 지하공간에서의 제한적 작업특성 등이 고려되어야 한다.

:: 해설 ::

설계단계에서 터널 굴착구간에 대한 접근은 일정한 지점의 시추조사를 통해 이루어지며, 지표에서 수행되는 물리탐사 등의 간접적인 방법을 이용한다. 이러한 조사들로는 터널 굴착구간의 모든 지반 상태를 정확히 파악하는 데 한계가 있으며 실제 지반조건과 차이가 나타나게 된다.

따라서 시공단계에서 지반의 변화를 관찰하고 이에 대한 적절한 조치를 취하는 것이 중요하다. 이를 위해서 설계단계에서 시공 중 조사방법을 제시하고, 예측되지 못한 지반조건의 출현에 대한 굴착 및 지보 대책을 수립하여야 한다.

또한 터널은 지하에 건설되는 선상(線狀) 구조물로써, 설계 시 굴착단면의 크기를 고려하여 작업장비를 결정하는 것이 일반적이나 소단면의 경우에는 작업장비의 규모에 따라 굴착단면을 계획하기도 한다. 또한 협소하고 밀폐된 작업공간으로 인한 안전 및 환경문제 발생가능성이 크므로, 시공 중 환기, 조명, 배수 대책을 수립하여야 한다.

> 4.1.2 터널설계는 조사 결과를 이용하여 안정성, 시공성, 내구성, 경제성이 확보되고 유지관리가 편리한 시설이 되도록 하는 것을 원칙으로 하되, 실제 시공조건이 설계 당시에 예측한 조건과 상이한 경우에 대비한 변경방법 및 조치사항 등을 포함하여야 한다. 이를 위하여 설계 시에 적용한 제반 적용자료와 분석 및 예측사항을 명확하게 제시하여야 한다.

☷ 해설 ☷

터널설계 시 예측된 조건과 상이한 지반조건에 대한 대책을 수립하기 위해서는 시공단계에서 지반의 상황변화에 따른 관찰이 요구되며, 터널설계에 시공 중 조사 및 계측에 대한 방법을 제시하여야 한다.

시공 중 조사방법으로는 일상적으로 수행되어지는 막장지질조사 및 계측이 있으며, 위험 예상구간에 대하여 선진시추 및 터널 내부에서의 물리탐사를 수행할 수 있다. 시공 중 조사 및 계측 결과가 설계 시 예측한 시공조건과 다른 경우 '4.3 설계내용의 변경'에 제시된 항목들에 대하여 설계내용을 변경할 수 있다.

> 4.1.3 터널설계는 제반조사 자료들을 근거로 지반특성을 고려하여 터널주변 원지반이 보유하고 있는 지보능력을 최대한 활용할 수 있도록 단면형상, 굴착공법과 방법, 지보재형식, 라이닝, 터널 입구와 출구부, 방재 및 부대시설 등을 계획 선정하여야 한다.

☷ 해설 ☷

터널설계는 기본적으로 원지반의 강도를 활용하면서, 자립성이 부족한 부분을 보완하여 터널의 안정을 도모하는 것이다. 따라서 단면형상 및 굴착, 지보설계뿐만 아니라, 방재 및 부대시설 등을 계획할 때에도 지반 특성을 고려하여 터널의 안정을 확보할 수 있도록 하여야 한다.

> 4.1.4 터널 안정성을 확보하기 위하여 터널 구조물의 안전뿐만 아니라 주변 위험영향도 최소화되도록 하여야 하며, 터널 주위에 미치는 영향에 대하여는 필요시 합리적인 대책을 강구하여야 한다.

☷ 해설 ☷

터널굴착 시 특히 도심지에서 터널굴착으로 인한 지반 변위가 인접구조물이나 시설물에 변형과 손상을 유발시켜 많은 민원을 야기시킬 뿐만 아니라 공사기간을 지연시키고 공사비를 증가시키는 주요 원인이 되고 있다. 이러한 문제점들을 줄이기 위하여 터널 굴착공사가 인접구조물이나 시설물에 미칠 수 있는 영향을 터널설계 시 예측하여, 발생될 수 있는 문제점을 최소화하는 것은 매우 중요한 일이다.

현장지반조건과 시공조건에 따른 지반변위 거동과 지반/구조물 상호작용에 대한 이해를 토대로 터널굴착에 따른 인접구조물에 대한 손상도 예측 및 평가 결과가 허용기준을 초과할 때 여러 가지 보호 및 보강조치가 고려되어야 한다. 즉 굴착공법의 변경, 공사 절차 조절, 지보재 보강, 지반 보강, 구조물 보강, 다른 공사부지 선정 등 다양한 방법이 고려될 수 있다.

> 4.1.5 터널설계는 환기, 조명, 방재시설 등의 제반설비 사항들도 고려하여야 하며 이들의 역할이 잘 발휘되도록 하여야 한다.

∷ 해설 ∷

터널계획 단계에서 도로터널, 도시철도터널, 철도터널 등 터널특성에 맞는 환기, 조명, 방재시설 등에 대해 종합적인 검토를 하여 시설물계획에 반영을 하여야 한다. 또한 운영 중뿐만 아니라 공사 중 제반설비에 대한 고려를 하여야 한다.

상세한 내용은 '제14장 환기, 조명, 방재 설비'를 참조한다.

> 4.1.6 터널설계는 굴착 시 원지반의 손상이나 여굴 발생이 최소화되도록 하여야 하며, 원지반의 손상이나 여굴 발생 시 그 처리방안을 제시하여야 한다.

∷ 해설 ∷

여굴은 버력반출량, 숏크리트 및 콘크리트라이닝 시공량이 증가하게 되어 상대적으로 공사비의 증가를 초래할 뿐만 아니라, 터널의 국부적인 응력집중을 일으키므로 여굴을 최소화시키고, 여굴 발생 시 그 처리방안에 대하여 제시하여야 한다.

가. 여굴의 발생 원인

1) 사용장비에 의한 원인 : 사용장비의 규격에 따라 여굴량이 달라진다. 대형장비의 경우 그 장비가 클수록 많은 여굴이 발생하는 경향이 있다.

2) 천공위치 및 천공기술자의 숙련도에 의한 원인 : 천공위치에 따른 작업의 난이도에 의해 여굴량이 변화한다. 즉 측벽부보다 천장부가 작업이 곤란하므로 여굴량이 증가한다.

3) 발파에 의한 원인 : 과다 장약, 최외곽공의 제어발파 미비 등으로 주위 암반을 크게 손상시키고 이로 인해 여굴량이 증가한다.

4) 지반조건에 의한 원인 : 불연속면의 간격이 좁을수록, 간극이 클수록 여굴 발생 정도가 커질 수 있다. 또한 불연속면이 굴착선과 이루는 각도에 따라 여굴량이 변화한다.

나. 원지반 손상 및 여굴 최소화를 위한 대책

1) 스무스 블라스팅(smooth blasting), 라인드릴링(line drilling) 등과 같은 적정한 제어발파공법 적용.

2) 매 공종별 발파 후 가능한 한 조속히 초기 보강(숏크리트 타설) 실시.

3) 적정 사용장비의 선정.

4) 숙련된 작업원 활용 및 교육 실시.

5) 정밀폭약 사용 및 적정량의 폭약량 사용.

6) 여굴이 예상되는 연약지반에는 선진보강 실시.

다. 여굴처리 방안

여굴의 규모에 따라 여굴부를 모르타르 및 경량콘크리트 등으로 채우고, 필요한 경우 록볼트 및 강재로 보강 후 숏크리트로 마감 처리한다.

> 4.1.7 터널설계는 계획 터널노선에 대하여 시공성을 고려한 경제성 분석을 실시하여야 한다.

∷ 해설 ∷

터널설계 시 계획 터널노선의 지반조건 및 지형조건, 주변환경 조건, 시공조건을 종합적으로 고려하여, 건설비 뿐만 아니라 유지관리비도 포함한 경제적인 터널이 되도록 노선계획을 수립하여야 한다.

터널건설의 비용요소는 크게 건설비와 유지관리비로 분류할 수 있으며, 건설비에는 토목공사비, 설비공사비, 용지비 등이 포함된다.

토목공사비는 터널건설 비용 중 가장 큰 비중을 차지하는 부분이다. 토목공사비에 영향을 주는 요소는 매우 많으며, 그중 터널연장과 지반조건은 토목공사비에 많은 영향을 미친다. 설비공사비는 토목공사비에 비해 그 비중이 작지만, 경우에 따라서는 토목공사비 못지않게 비용이 들기도 한다. 설비공사비는 터널의 연장과 밀접한 관계가 있으므로 노선선정 시 터널연장의 증가에 따른 설비공사비의 증가에 대해 분석할 필요가 있다. 또한 용지비는 특히 도심지에 터널노선을 계획할 경우 중요한 고려 요소이다.

유지관리비는 터널구조물의 완성 후 운영 시 발생하는 비용으로 설비 수리 및 갱신비, 유지관리인건비, 전기료 등이 포함된다. 경우에 따라서 유지관리비는 터널건설 비용보다 더욱 중요한 요소가 될 수 있으므로, 유지관리비의 최적화를 고려하여 터널노선을 계획하여야 한다.

> 4.1.8 터널설계는 안정성 확보를 우선으로 하되 지보재의 최적화를 도모하여야 한다. 이 경우 해석적인 방법에만 너무 의존하여서는 안 된다.

∷ 해설 ∷

터널지보재의 최적화를 위해서는 경험적인 방법, 해석적인 방법, 확률론적인 방법 등 다각적인 검토를 수행하여야 한다.

상세한 내용은 '제5장 터널지보재'를 참조한다.

4.1.9 콘크리트라이닝은 터널이 신선한 경암반을 통과하는 경우 지보재와 콘크리트라이닝의 역할에 따라 라이닝의 설치 여부를 검토할 수 있다.

❖ 해설 ❖

지반이 견고하여 풍화의 우려가 없고, 숏크리트, 록볼트, 강지보재 등으로 터널의 안정성이 확보되는 경우 콘크리트라이닝을 생략할 수 있다.

콘크리트라이닝은 구조체로서의 역학적 기능뿐만 아니라, 터널 내장재로의 미관적 기능, 터널 내부시설물 보호 및 보존기능, 점검 및 보수관리 기능 등의 역할을 수행한다.

따라서 콘크리트라이닝의 설치 여부는 우선 지반조건에 따라 라이닝의 역학적 기능에 대한 필요성을 검토하여야 하며, 터널의 종류 및 용도에 따라 역학적 기능 이외의 콘크리트라이닝의 여타 기능에 대한 필요성을 함께 검토하여 결정하여야 한다.

4.1.10 터널설계는 관계법령이 정하는 바에 따라 제반 안전성 분석 및 피난계획을 수립하고, 터널 내 부착물 및 시설물은 화재 시를 고려하여 적절한 재료를 선정하여야 한다.

❖ 해설 ❖

터널의 방재설비계획 및 설계에 관한 상세한 내용은 '14.4 방재설비'를 참조한다.

터널 안에서 화재 발생 시 화재 확산으로 인한 2차적인 재해가 발생하지 않도록 터널 내 부착물 및 시설물은 열에 충분히 견디고 많은 연기나 해로운 가스가 발생하지 않는 것을 사용한다.

4.1.11 터널설계에는 다음 사항이 포함되어야 한다.
  (1) 평면 및 종단선형.
  (2) 굴착대상 지반의 분석 및 분류.
  (3) 터널단면의 형상.
  (4) 굴착공법 및 방법.
  (5) 지보패턴 선정.
  (6) 각종 지보재의 규격 및 시공순서도.
  (7) 필요한 보조공법.
  (8) 방수 및 배수방법.

> (9) 콘크리트라이닝의 타설시기 검토 및 시공도.
>
> (10) 계측계획 및 수행방법.
>
> (11) 갱구 및 갱문계획.
>
> (12) 환기, 조명, 방재계획.
>
> (13) 터널시공에 따른 환경영향분석.
>
> (14) 공사시방서.

❖❖ 해설 ❖❖

터널설계에 포함되는 사항들의 상세한 항목은 다음과 같으며, 이에 대한 설계는 각 세부항목의 설계기준을 참조한다.

가. 평면 및 종단선형

터널연장, 계획고, 갱구 위치, 곡률반경, 종단경사, 터널배치계획 등.

나. 굴착대상 지반의 분석 및 분류

광역 지질구조 및 암종분석, 지층분석, 지반분류, 대상 지반의 물리적 특성 등.

다. 터널단면의 형상

용도별 터널단면 구성요소, 단면형상 등.

라. 굴착공법 및 방법

굴착공법 및 방법, 버력반출, 막장 간 이격거리, 발파공법 등.

마. 지보패턴 선정

지반등급, 굴진장, 굴착방법, 숏크리트 두께, 록볼트 두께, 록볼트 길이 및 간격, 강지보재 규격 및 간격, 라이닝 두께 등.

바. 각종 지보재의 규격 및 시공순서도

숏크리트, 록볼트, 강지보재의 상세 규격 및 시공순서도 등.

사. 필요한 보조공법

강봉 및 강관보강공법, 굴진면 숏크리트 및 록볼트, 차수 그라우팅 등.

아. 방수 및 배수방법

터널의 배수형식 선정, 본선터널 및 개착터널방수공법, 배수용량 산정, 공사 중 및 운영 중 배수계획 등.

자. 콘크리트라이닝의 타설시기 검토 및 시공도

콘크리트라이닝 구조설계, 타설시기, 두께, 철근 보강, 시공 절차 등.

차. 계측계획 및 수행방법

계측항목, 계측위치, 배치간격, 계측기기의 선정과 설치시기, 측정기간과 빈도, 결과 정리 및 분석방법 등.

카. 갱구 및 갱문계획

　갱구위치, 갱구부 비탈면계획, 갱문 형식 및 디자인계획, 갱문 구조설계 등.

타. 환기, 조명, 방재계획

　환기량 검토, 환기방식, 환기설비, 조명설비(설치간격, 종류 등), 방재계획, 피난통로, 방재설비 등.

파. 터널시공에 따른 환경영향 분석

　발파 진동 소음 영향 검토, 지하수 영향 검토 등.

하. 공사시방서

　각급 기관 표준시방서에 준하여 작성.

4.1.12 향후 운영 시의 유지관리에 필요한 사항을 고려하여야 한다.

❖ 해설 ❖

　터널의 기능유지 및 안전성 확보를 위해서는 터널 내·외부의 다양한 부속시설물들을 포함한 체계적이고 효율적인 유지관리가 필요하다. 터널설계에는 향후 터널운영 시 유지관리에 필요한 사항들이 포함되어야 한다. 운영 중인 터널의 유지관리 항목으로는 터널구조물 및 기계설비, 전기시설, 기타 시설물 등이 있다.

4.2 설계방법의 선정

4.2.1 설계방법의 선정에 있어서는 지반의 거동특성과 지보재의 지보력이 상호 연합하여 일체로 거동하여 터널의 안전성이 유지될 수 있는 방법을 선정하여야 한다. 단, 지반의 거동특성상 지반의 지보능력 활용이 불가능할 경우에는 지반보강을 시행하거나 지보재가 지반하중을 모두 지지하도록 하는 설계방법을 채택하여야 한다.

❖ 해설 ❖

　터널지보는 록볼트와 숏크리트를 중요한 지보부재로 하여 지반의 강도 약화를 최대한 억제하며, 지반이 원래 가지고 있는 강도, 즉 하중지지력을 적극적으로 활용하면서 현장계측 및 관리를 바탕으로 하여 터널을 굴진함으로써 최적의 경제성과 안정성을 추구해야 한다.

　지반이 하중에 견디게 하기 위해서는 지반이 가진 본래의 저항력을 최대한 잃지 않도록 하는 것이 중요하다. 즉, 〈해설그림 4.2.1〉과 같은 지반-지보 반응곡선의 'E, F' 점에서 소성평형을 이루도록 지보재를 선정하고 지보 설치시기를 결정해야 한다.

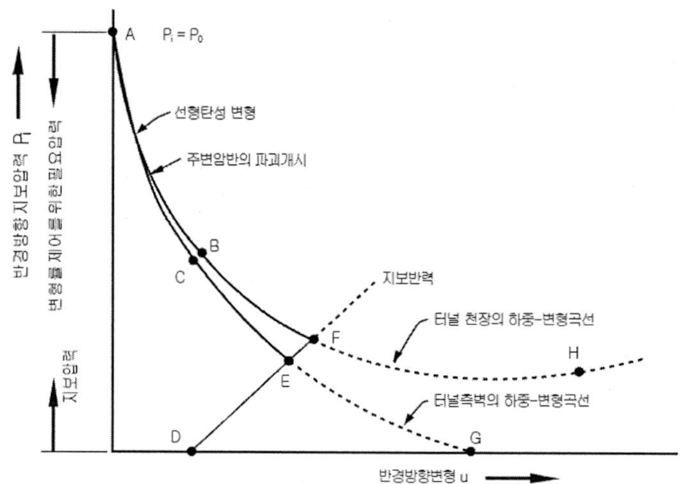

〈해설그림 4.2.1〉 지반 및 지보에 대한 하중-변형곡선

그러나 지반거동의 특성상 지보재의 설치 이전에 과도한 소성 변형이 발생되어 지보재 설치를 통한 소성평형을 이루기 어려운 경우, 지보재가 이완하중을 모두 지지할 수 있도록 설계하거나, 막장 도달 이전에 적당한 보조공법, 특수공법 등을 적용하여 막장 전방의 지반을 보강함으로써 지반의 자립성을 증가시킨 후 굴착 및 보강이 이루어지도록 설계하여야 한다.

> 4.2.2 암반분류 후 해당 등급에 적용할 표준적인 지보패턴과 굴착방법을 정하여 설계할 수 있다.
> 이 경우 유사암반 조건에서의 시공실적 또는 RMR 방법 및 Q-시스템 등에서 제안한 지보패턴을 참조하여 지보패턴을 정하는 것을 원칙으로 한다.

◦◦ 해설 ◦◦

터널을 굴착하려는 지점의 지반조건을 파악하는 것은 매우 어려우므로, 설계단계에서 굴착지점별로 적정 지보재 및 지보량을 정확히 선정할 수 없다.

따라서 설계단계에서는 지반등급을 조사결과에 따라 일정 등급으로 분류하고, 등급별 표준적인 지보패턴과 굴착방법을 선정한다. 터널의 시공 시 해당 지반등급에 따라 지보 및 굴착이 이루어지도록 하여, 설계 시 예상된 지반조건과 상이한 경우에도 즉각적인 대처가 가능하도록 한다.

상세한 내용은 '제5장 터널지보재'를 참조한다.

4.2.3 선정된 굴착계획과 지보패턴은 해석적인 방법을 통하여 그 안정성을 검증하여야 하며, 안정성의 검증과정에서는 작용하중, 사용되는 제반공학적 특성치, 해석기법 및 경계조건 등을 충실하게 검토하여 합리적인 검증이 되도록 하여야 한다.

:: 해설 ::

'제7장 터널안정성 해석'을 참조.

4.2.4 설계조건이 특수하거나 유사조건에서의 시공사례도 없는 경우에는 예상되는 제반문제를 면밀히 검토한 후 굴착방법, 굴착공법, 지보패턴 및 인버트 시공을 포함한 보조공법 등을 선정하고 해석적인 검증을 통하여 확정하여야 한다.

:: 해설 ::

시공 및 설계사례가 드문 특수한 형상을 가진 터널(예 : 대단면터널, 분기터널 등)이나 특수한 지반(예 : 대규모 단층대, 미고결 암반층, 석회암층 등)에 굴착되는 터널은 일반적인 사례들을 통해 얻어진 지보패턴 및 굴착공법을 적용하기 어렵다. 이러한 경우에는 터널의 제반조건을 검토하고 이에 적합한 지보패턴 및 굴착공법을 선정하고, 수치 해석 등을 통해 설계를 검증하여야 한다.

4.3 설계내용의 변경

4.3.1 시공 시의 제반여건이 설계 시의 조건과 상이하여 예상되는 문제점에 대하여서는 〈표 4.3.1〉과 같은 사항들에 대하여 설계내용을 변경할 수 있도록 하여야 한다.

〈표 4.3.1〉 설계내용의 변경사항

주요 항목	주요 내용		
지반의 재분류	• 적용지반의 분류		
설계단면 변경	• 지보재	• 변형 여유량	• 단면형상
적용 지보패턴의 변경	• 숏크리트의 두께 • 록볼트의 길이, 본수	• 숏크리트의 재질 • 강지보재 설치간격 및 규격	
굴착공법의 변경	• 벤치커트공법(코아(core) 남김, 링커트 포함) • 선진도갱공법	• 기타 굴착단면 분할	

〈표 4.3.1〉 설계내용의 변경사항(계속)

주요 항목	주요 내용	
보조공법 도입	• 굴진면안정화대책 • 용출수대책 • 근접구조물대책	• 지반보강대책 • 지표면침하대책
단면의 폐합	• 인버트 부분 콘크리트 타설(조기시공) • 콘크리트라이닝 강성 증대	• 인버트 부분 숏크리트 타설(가폐합) • 이중라이닝(임시라이닝)
터널공법 변경	• 개착터널공법으로 전환	• 토공구간으로 전환
기타	• 상기 내용 외에 시공 시 제반여건이 설계 시의 조건과 상이하여 변경이 요구되는 사항	

❖ 해설 ❖

터널설계 시와 시공 중 제반여건이 상이한 경우는 다음과 같은 요인에 의해 발생한다.

가. 지반조건

터널은 지하의 긴 선상구조이기 때문에 한정된 지반조사로 인해 실제 시공 중 지반조건은 정도에 차이는 있지만 설계조건과 차이가 발생한다.

특히, 지하수 용출, 불연속면에 의한 낙반 등에 대한 설계단계에서의 정확한 예측은 거의 불가능하기 때문에 시공 중 적절한 대처가 필요한 사항이다.

나. 설계기준, 시방서, 관계법령의 변경

설계와 시공간에는 보통 수년의 시간차가 발생하기 때문에 그 사이에 터널관련 기준, 시방서, 관계법령이 변경되어 설계내용의 변경이 요구되는 경우가 있다.

다. 입지조건

시공단계에 들어와서 터널주변에 새로운 시설물이나 구조물이 계획되는 경우에는 굴착에 의한 소음, 진동, 침하 등에 대한 재검토가 요구된다.

이와 같이 터널설계 내용의 변경이 필요한 경우는 많이 발생하기 때문에 그 자체는 문제가 아니나 변경내용의 범위 및 계획 시에는 공사비의 증감이 발생하기 때문에 세심한 주의가 필요하다. 즉, 설계변경 발생요인에 따라 변경범위를 적절히 설정한 후 〈표 4.3.1〉의 변경사항을 참조하여 설계변경을 수행하여야 한다.

4.4 터널내진설계

4.4.1 터널의 내진설계기준은 별도의 요구조건이 없을 시에는 다음의 기본개념에 기초를 두어야 한다.

(1) 지진 시 구조물의 기능마비로 인한 사회적 간접피해 및 재산피해를 최소화하여야 한다.

(2) 지진 시 구조물의 부분적인 피해는 허용하나, 내부시설물의 피해는 방지하여 터널의 기본기능은 발휘할 수 있도록 하여야 한다.

❖❖ 해설 ❖❖

본 설계기준은 내진설계성능기준 작성준칙(건설교통부, 1997)의 내용에 근거하여 터널의 내진설계기준을 제시하였다. 내진설계성능기준 작성준칙에는 "지진 시 터널의 운송 및 수송기능을 유지하는 한도에서의 부분적인 피해를 허용하는 기능수행 수준과, 내부시설물이 그 기능을 상실하더라도 신속하고 경제적인 보수가 가능하도록 허용하는 붕괴방지 수준의 두 가지 성능수준을 확보하도록 한다."라고 명시되어 있으나 본 설계기준에서는 지진 시 터널의 기능유지면보다는 붕괴방지수준 측면을 중요하다고 판단하여 붕괴방지수준의 기본개념을 기초로 내진설계를 수행하도록 하였다.

4.4.2 지중구조물인 터널의 동적 특성은 지반 속에서의 지반운동에 순응하여 구조물이 진동하기 때문에 지상구조물과는 상이한 내진설계를 실시하여야 한다.

(1) 내진설계는 일반하중을 고려하여 기 설계된 시설물에 대하여 내진안전성을 검토하여야 하고, 필요한 경우 단면 및 세부 설계내용을 수정·보완하는 방법으로 수행하여야 한다.

(2) 터널의 내진에 대하여는 각 공종별 형태 및 지반의 특성, 지진파의 형태와 터널방향에 따른 터널의 변형 양상 등에 따라 지진의 영향이 클 것으로 예상되는 대표구조물 혹은 대표단면에 적용함으로써, 전 구간에 대한 내진안전성을 평가할 수 있어야 한다.

(3) 터널 내진등급의 적용은 파괴 시 심각한 인명피해를 유발할 가능성이 높은 것으로 판정되는 터널과 활성단층대와 인접지역에 한하여 내진 1등급으로 한다.

(4) 터널종류별 내진등급 적용은 〈표 4.4.1〉의 규정에 따른다.

〈표 4.4.1〉 터널의 내진등급(붕괴방지 수준)

내진등급	터널	평균 재현주기
내진1등급	• 고속철도 및 도시철도 터널 • 고속국도, 자동차전용도로, 특별시도, 광역시 도 또는 일반국도상의 터널 • 지방도, 시도 및 군도 중 지역의 방재 및 국 방계획상 필요한 도로상에 건설된 터널 • 내진1등급으로 건설되는 구조물에 영향을 줄 수 있는 터널	1000년
내진2등급	• 내진1등급에 속하지 않는 터널	500년

(5) 터널의 내진설계 거동의 한계는 각호와 같은 수준을 만족하여야 한다.

> ① 터널 내부의 구조적 손상은 경미한 수준으로 제한되어야 하며, 터널라이닝 변형이 탄성한
>   계를 초과하는 소성거동은 허용되나 취성파괴나 좌굴이 발생하지 않아야 한다.
> ② 터널 내 기초지반의 과도한 침하가 발생하지 않아야 한다.
> ③ 액상화로 인하여 터널구조체가 수리불능의 피해를 입지 않아야 한다.

❖ 해설 ❖

내진설계 대상은 작용 지진력에 의하여 지반 내의 터널구조체와 주변지반의 상대적 거동이 비교적 크게 발생할 가능성이 높은 지역에 건설되는 터널의 대표단면 혹은 대표구조물이다. 이런 대표단면 혹은 대표구조물은 우선 정적하중에 대해서 설계되어지고 그 안정성이 검토된 단면으로 한정한다. 내진설계 대상터널에 대해서 정리하면 〈표 4.4.1〉과 같으며, 본 표에 언급하지 않은 터널이라도 시공목적상 내진설계가 필요할 경우에는 공사발주자와 상의 후에 내진설계를 고려할 수 있다.

내진설계 대상터널의 등급은 내진1등급과 내진2등급으로 나뉘며 평균 재현주기는 1000년과 500년으로 한정한다. 여기서 규정하고 있는 재현주기에 부합하는 터널거동 한계수준을 정의한 내용이 (5)항이다. 현재 터널설계기준에서 정하고 있는 내진성능 수준은 지진 시 터널의 전체적인 붕괴는 허용하지 않고 긴급보수를 통해 구조물의 기능을 회복할 수 있는 수준이다.

> 4.4.3 터널의 내진설계 대상지역 및 구조물은 각 호와 같다.
> (1) 지반이 취약한 터널의 갱구부 및 주요 접속부.
> (2) 대규모 단층대 및 파쇄대 통과구간.
> (3) 천층터널 및 비대칭 지형구간.
> (4) 액상화가 우려되는 연약지반 내 터널구간 등.

❖ 해설 ❖

터널의 내진설계 대상지역 및 구조물을 정리하여 설명하면 다음과 같다.

가. 터널의 갱구부는 터널 내부보다 지진력에 의한 지반증폭현상에 대해 상대적으로 취약한 위치로, 이로 인한 갱구부 사면파괴가 일어날 수 있으므로 지반동적 특성, 갱구부의 구조적 형상 및 지진등급을 고려한 내진설계를 수행하도록 한다. 터널접속부(특히 1km 이상의 장대터널)는 지진 시 응력이 집중되어 접속부의 접촉면에서 상대적 변형에 의한 전단파괴가 발생할 수 있으므로 내진설계를 통해 그 안정성을 확보할 필요가 있다.

나. 설계대상 터널이 대규모 활성단층대 및 파쇄대 통과 시 확보 가능한 정밀한 지반조사 자료를 토대로 내진설계를 수행하도록 한다.

다. 천층터널일 경우는 대부분 토사터널이 많아서 지진 시 지반증폭이 상당한 경우가 많다고 보고된다. 이런 천층터널의 지반증폭에 의한 붕괴를 막기 위해서는 지반 동적 특성을 파악하여 내진설계를 수행하도록 한다. 또한 편토압을 받는 비대칭 지형구간 내에 시공되는 터널의 경우에도 동적 토압을 고려해서 내진설계를 수행하여 그 안정성을 확보하는 것이 합리적이다.

라. 액상화 가능성이 높은 연약지반을 통과하는 터널의 경우 4.4.7절을 참조하여 액상화 평가를 수행하도록 하며, 만약 액상화 가능성이 높은 지반일 경우는 과잉간극수압의 상승을 억제할 수 있는 대책공법(고결화공법 또는 지하수위저하공법)을 이용하여 액상화 가능성을 배제한 후에 터널을 시공하도록 한다.

4.4.4 터널내진설계방법

(1) 터널내진설계 절차는 각 호와 같은 주요 절차를 따라야 한다.

　① 터널 설치구간의 중요도에 따른 내진등급 결정.

　② 건설지점의 지반조사 및 액상화 가능성 평가.

　③ 등급에 따른 내진안정성 해석법 결정.

　④ 설계지진계수의 산정.

　⑤ 내진안정성 검토.

　⑥ 단면설계.

(2) 터널의 내진설계에 필요한 지반물성은 제반 동적 지반조사 및 실내시험 결과와 기존자료를 종합적으로 분석하여 선정하여야 한다.

(3) 지진입력의 기준점이 되는 기반면은 건설지점에 대한 지반조사 결과를 이용하여 터널의 바닥면보다 깊은 위치에 정하여야 한다.

(4) 기반면은 상부 30m에 대한 평균 전단파속도가 760m/sec 이상인 견고한 암반으로 하는 것을 원칙으로 하되, 기반면이 터널위치보다 상당히 깊이 발달되어 있을 경우는 지반종류에 대한 표준 설계응답스펙트럼을 이용하여 사용할 수 있다.

(5) 터널건설지점의 지진재해도와 지진재현주기에 따른 지진구역계수(Z)와 위험도계수(I)는 〈표 4.4.2〉 및 〈표 4.4.3〉에 따르는 것을 원칙으로 한다.

〈표 4.4.2〉 지진구역 구분 및 지진구역계수(평균 재현주기 500년)

지진구역	지진구역 계수 (Z)	행정구역	
I	0.11g	시	서울, 인천, 대전, 부산, 대구, 울산, 광주
		도	경기, 강원 남부, 충북, 충남, 경북, 경남, 전북, 전남 북동부
II	0.07g	도	강원 북부, 전남 남서부, 제주

<표 4.4.3> 위험도계수 I

평균 재현주기(년)	500	1000
위험도 계수(I)	1.00	1.40

(6) 터널의 내진설계에 있어서 지진하중의 산정을 위한 설계응답스펙트럼은 기반지반 종류와 지진
   구역에 따른 지진계수에 따라 결정하여야 한다.

☷ 해설 ☷

가. 터널내진설계 수행절차

터널내진설계 절차를 수행순서에 따라 정리하면 아래 그림과 같다. 아래의 터널내진설계 절차 중에 명시된
내진해석법 중 응답변위법과 동적 해석법은 4.4.5절에서 설명한다.

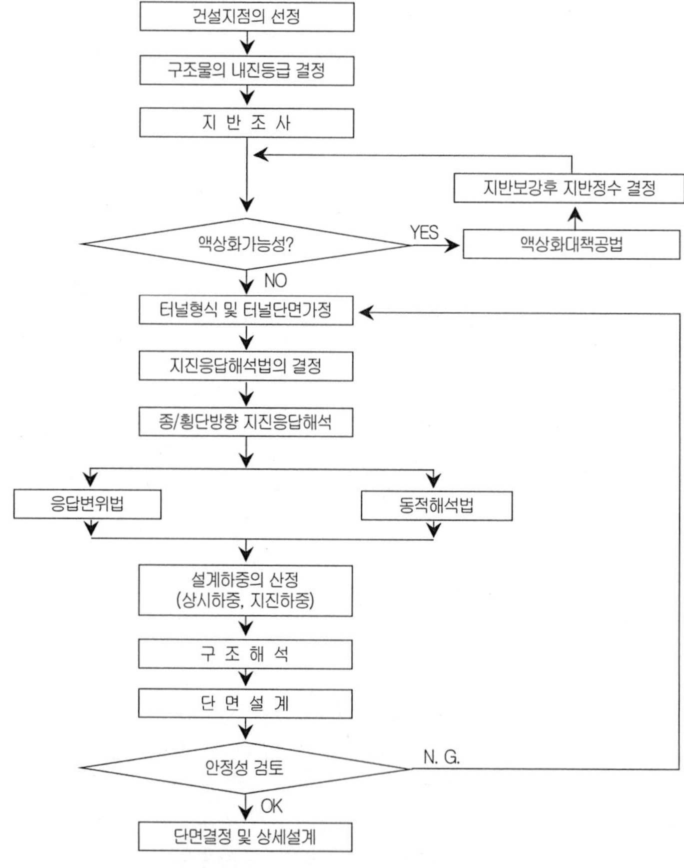

<해설그림 4.4.1> 내진설계절차

나. 내진설계 동적지반정수 산정

터널내진설계에 필요한 지반의 동적 특성을 파악하기 위해서는 원지반의 층상구조, 기반암까지의 깊이, 각 층의 밀도, 전단파 속도, 전단탄성계수와 감쇠비의 비선형 특성, 지하수위, 지반응력 상태 등에 대한 종합적인 평가와 분석이 필요하다. 따라서 본 해설서의 3.4.2절을 참조하여 지반조사계획을 수립하고 현장시험 및 실내시험 항목을 선정해야 하며 본 해설서에 언급되지 않은 보다 나은 최신의 지반조사기법이 있다면 적극 활용할 것을 권장한다.

다. 내진설계를 위한 동적 지반특성에 따른 지반분류

내진설계에서 사용되는 기반면은 다음과 같다.

- 내진설계 대상터널의 하부에 걸쳐 넓게 존재하며 물성변화가 적은 층이어야 한다.
- 강성이 충분히 높은 암반으로써 〈해설표 4.4.1〉에 따라 분류할 때 S_A, S_B 또는 S_C이어야 한다. 여기서 〈해설표 4.4.1〉은 내진설계 시 사용하는 지반분류이다.

〈해설표 4.4.1〉 지반의 분류(건설교통부, 1997)

지반분류	지반종류 호칭	상부 30m에 대한 평균 지반특성 또는 기반암위의 평균 지반특성		
		전단파 속도 (m/sec)	표준관입시험값 $\overline{N}$(blow/foot)	비배수 전단강도 S_u(kPa)
S_A	경암지반	1,500 초과		
S_B	보통암 지반	760~1,500		
S_C	매우 조밀한 토사지반 또는 연암지반	360~760	> 50	> 100
S_D	단단한 토사지반	180~360	12~50	50~100
S_E	연약한 토사지반	180 미만	< 15	< 50
S_F	부지 고유의 특성평가가 요구되는 지반			

라. 설계응답스펙트럼의 작성

지역적인 특성과 지반성질을 고려한 설계지반운동의 특성은 기본적으로 응답스펙트럼으로 표현한다. 〈해설그림 4.4.2〉는 5% 감쇠비에 대한 표준설계응답스펙트럼이다. 〈해설표 4.4.2〉에 지반종류별 및 지진구역별로 평균 재현주기 500년에 해당하는 지진계수를 정리하였다. 필요시 구조물의 구조특성과 설계법을 고려하여 작성된 설계응답스펙트럼으로 하단 그림에 주어진 표준설계응답스펙트럼을 대신할 수 있다. 이때 설계응답스펙트럼은 표준설계응답스펙트럼보다 안전측이어야 한다.

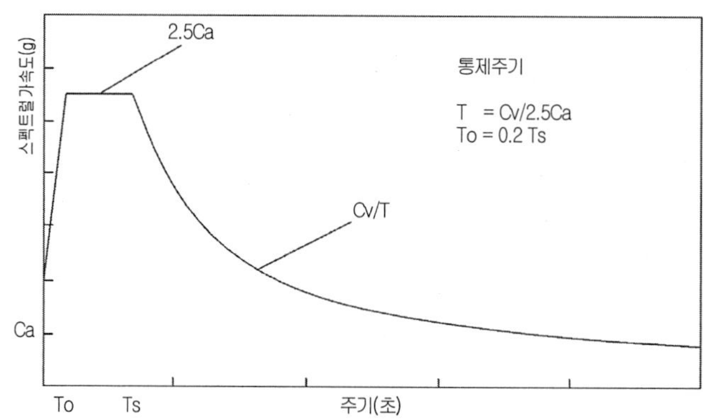

〈해설그림 4.4.2〉 지반 표준설계응답스펙트럼(건설교통부, 1997)

〈해설표 4.4.2〉 지진계수의 결정(재현주기 500년) (해양수산부, 1999)

지반종류	지진구역별 지진계수 (Ca)	
	I	II
S_A	0.09	0.05
S_B	0.11	0.07
S_C	0.13	0.08
S_D	0.16	0.11
S_E	0.22	0.17

4.4.5 터널에 대한 내진설계방법으로는 응답변위법, 동적해석법을 다음 각 호와 같이 적용하여야 한다.

(1) 터널은 그 내공부를 포함한 단위체적중량이 주변지반의 단위체적중량과 비교하여 일반적으로 가벼우므로 주변지반에 발생하는 변위, 변형 등이 중요하게 되어 응답변위법을 적용하는 것이 적절하다.

(2) 내진1등급 동적해석법에서의 입력지진파는 건설지점, 지반특성, 구조물의 고유주기 등을 고려하여 유추한 인공 지진이력곡선을 적용하여야 한다.

(3) 내진1등급의 설계 시에는 지반에 대한 비선형 거동특성을 고려할 수 있는 해석방법을 사용한다.

(4) 내진2등급의 설계 시에는 선형해석법을 이용하여 설계할 수 있다.

❖ 해설 ❖

가. 응답변위법(Kramer, 1996)

　응답변위법(〈해설그림 4.4.3〉 참조)은 터널의 내진설계를 위해 개발된 방법으로 터널의 겉보기 질량이 주변의 지반과 비교하여 가볍거나 또는 같은 정도일 경우 사용된다. 터널은 주위가 지반에 둘러싸여 있으므로 일산감쇠가 크고 관성력에 의해 지중구조물이 지반 속에서 자유롭게 진동하지 않고 지반의 진동에 추종한 움직임을 보인다. 따라서 터널에 생기는 응력은 관성력에 의한 영향보다도 주변지반의 상대변위에 의해 강제적으로 생겨나게 된다. 따라서 응답변위법이란 지진 시에 생기는 지반변위를 구조물에 강제적으로 부가하여 터널의 응력을 산정하는 유사정적인 해석방법이다. 여기서 일산감쇠란 지진 시에 터널주위 지반이 터널로부터 지반으로 전달되는 관성력에 의해 변형하는 현상은 터널이 주변지반에 대해 발생되는 에너지소비로 이해된다. 이와 같은 에너지소비(일산)는 터널의 진동을 감쇠시키는 일산감쇠로 정의한다.

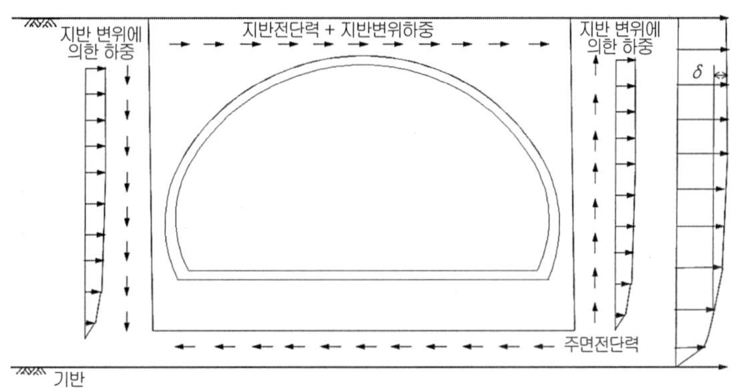

〈해설그림 4.4.3〉 응답변위법의 개념도

응답변위법에서 중요한 해석 절차를 예시하면 아래와 같다.

- 기반면을 결정 : 내진해석에서 사용되는 기반면이란, 해석 대상 구조물의 하부에 걸쳐 넓게 존재하는 지반의 물성변화가 적고, 강성이 충분히 높은 암반을 의미한다. 기반지반은 〈해설표 4.4.1〉에 따라 분류할 때 견고한 지반(S_A, S_B 또는 S_C)이어야 한다.

- 지반반력계수의 산정 : 「지하공동구 내진설계기준」 내의 지반반력계수 산정방법을 이용하여 구하는 방법과 2차원 유한요소 모델을 작성하여 단위하중을 작용시켜 구하는 방법이 있다. 어느 경우이든 지반의 동역학적 성질이 지진의 세기에 영향을 받으므로 각 지반특성에 적합한 지반반력계수를 적용하는 것이 바람직하다.

- 지반변위 산정 : 응답변위법에서 사용되는 지반의 수평상대변위량의 연직방향 분포는 표층지반의 특성을 고려하여 산정할 필요가 있다(하단의 식 참조). 지층구성이 복잡하고 지반의 증폭특성이 복잡한 지반이나 지진 시에 지반의 특성이 크게 변화하는 지반의 경우와 같이 상세한 검토를 필요로 하는 지반에는 지진응답해석을 통하여 구하는 것이 좋다.

$$U_h(z) = \frac{2}{\pi^2} \cdot S_v \cdot T_s \cos\left(\frac{\pi z}{2H}\right) \tag{4.4.1}$$

여기서, $U_h(z)$는 지표면으로부터 깊이 z에서의 수평상대변위의 최대진폭이며, S_v=지표층(기반암 상부토층) 지반의 고유주기에 해당되는 기반암 설계응답스펙트럼(m/sec)

$$T_s = 4\sum_{i=1}^{n} (H_i / V_{si}) = \text{기반면에서 지표면 사이 지반의 설계고유주기(sec)}$$

$\quad$ H $\;$ = 표층지반의 두께(m)

$\quad$ H_i = i번째 토층의 두께(m)

$\quad$ V_{si} = i번째 토층의 설계전단파 속도(m)

$\quad$ z $\;$ = 지표면으로부터 깊이(m)

- 구조물에 작용하는 지진하중 : 구조물에 작용하는 지진하중으로는 지반변위에 의한 하중으로 구조물 상판에 작용하는 하중 P_0와 지진 시 측벽토압 $P_{(Z)}$, 터널 상하부에 작용하는 주변전단력 τ_u와 τ_B, 측벽에 작용하는 주면전단력 τ_s 및 관성력 f_i가 있다.

나. 동적해석법(Wolf, 1985 ; Terry, 1983)

동적해석법은 시간영역해석법(time domain analysis)과 주파수영역해석법(frequency domain analysis)이 있으며, 주로 터널의 형상이나 지반조건 등이 복잡한 경우에 대하여 등가정적해석법이나, 응답변위법에 의한 계산 결과의 확인을 위해 이용되는 일이 많다. 이 방법은 구조물 및 주변지반을 동역학 모델로 바꾸어놓고 지진동하중을 가하여 구조물의 응력을 동적으로 구하는 것이다. 이 방법은 입력물성 산정의 어려움이 있고 많은 시간이 걸리는 단점이 있지만 지반-구조물 상호작용을 고려할 수 있고, 지진 시 시간에 따른 지반과 구조물의 거동을 확인할 수 있다는 장점이 있어, 구조물의 중요도가 높은 지하대공간의 내진설계에 사용성이 높을 것으로 판단된다. 터널 중에 특히 장대터널과 같이 단면의 물성이 일정하지 않은 구조물의 경우 3차원 동해석을 통하여 구조물의 안정성을 분석하고 그 결과를 토대로 내진설계를 수행하는 것이 바람직하다. 동적 해석방법들에 대해서 간단히 정리하면 다음과 같다.

1) 부분구조법과 직접법

부분구조법은 구조물 저면에서 지반의 임피던스를 계산하고 그에 상응하는 주파수 종속 또는 독립된 탄성스프링과 감쇠를 가지는 집중 파라미터 모델로 환산하여 경계조건을 부여하는 방법이다. 직접법은 구조물 및 기초지반 인근지역을 연속체로 합성하여 모델링한 해석범위에 포함시키고, 무한영역의 경계부위를 무한요소 또는 경계요소로 모델링하여 해석하는 방법이다.

2) 주파수영역해석과 시간영역해석(Robert, 2002)

주파수영역해석이란 시간영역 자료인 경과시간별 지진기록을 FFT(Fast Fourier Transformation)에 의하여 주파수영역의 자료로 변환시켜 조화함수의 합성인 푸리에 급수로 나타내고 응답거동을 각각의 주파수별로 독립적으로 계산하여 조합하는 방법이다. 이 방법은 정적해석과 같이 손쉽게 해석적 해답을 구할 수 있는 장점이 있으나, 선형해석만 가능하며, 일부 비선형 해석을 위한 혼합된 주파수-시간영역 해석이 있으나 비효율적이고 제한적으로만 사용되는 것으로 알려져 있다. 시간영역해석이란 입력지진하중을 짧은 시간당

운동량인 펄스(pulse)로 나누어 수치해석적으로 직접 적분하여 해석하는 방법으로 반복순환에 의하여 수렴해를 구하게 된다. 시간경과에 따른 응답거동해석 시에 다음 해를 구할 때마다 변형도에 따른 재료특성의 비선형성을 고려하여 강성도 행렬을 수정할 수 있으므로 비선형해석이 가능한 방법이다.

3) 선형해석과 비선형해석(Bathe and Wilson, 1976 ; Kramer, 1996)

입력지진하중의 크기가 미소하면, 지반–구조물의 구조계는 선형거동을 할 것이나, 입력지진하중이 과대하게 되면 구조계는 비선형거동으로 발전한다. 비선형거동의 요인으로는 구조물의 비선형성 거동, 구조물과 지반의 경계면에서 미끄러짐 및 분리에 의한 비선형거동, 그리고 지반의 강성 및 감쇠의 비선형성에 의한 지반매질의 비선형성 등이 있다.

4.4.6 터널의 내진설계 시 주의사항은 다음 각 호에 따라야 한다.

(1) 콘크리트라이닝에 대하여 지진력에 저항하도록 두께를 증가시키는 것은 지진력을 증대시키는 역효과를 가져올 수 있으므로 콘크리트라이닝의 두께를 증가시키는 대신에 철근을 넣어 인성을 증가시키도록 하여야 한다.

(2) 기둥단면의 내진설계는 지진에 의한 수평력에 의하여 기둥단면의 압축파괴나 전단파괴, 휨인장파괴가 발생하지 않도록 보강하는 것으로, 압축파괴나 전단파괴보다 휨인장파괴가 먼저 발생하도록 설계하여야 한다.

(3) 갱구부에 대하여서는 표토의 활동붕괴를 방지하기 위하여 입구부의 깎기면에 적절한 기울기를 확보하여 토류공을 설치하여야 한다.

(4) 신축 이음부는 터널의 이음부에 강성이 작은 이음장치를 설치하여 구조물에 작용하는 지진력을 감소시킬 수 있도록 하여야 하며, 강성이 작은 이음장치의 설치에 따른 구조적인 약점에 대하여 검토하여야 한다.

(5) 액상화 방지에 대하여는 지반개량을 통하여 지반 액상화를 방지 또는 억제시키도록 하여야 한다.

:: 해설 ::

가. 일반적으로 콘크리트라이닝의 두께를 증가시키게 되면 지진력에 의한 관성력이 크게 작용하게 되어 오히려 내진성능이 저하될 우려가 있으므로, 우선적으로 철근보강으로 내진성능을 확보하여야 한다(한국지진공학회, 2001).

나. 콘크리트 구조물의 경우 지진하중에 대한 전단저항비 검토를 통해 취성파괴보다 연성파괴를 유도하여 구조물의 유지보수·보강을 통한 라이닝 기능수행을 유지토록 해야 한다.

다. 지진하중 작용 시 과잉간극수압이 발생할 경우 전단강도는 급격히 저하되어 갱구부 비탈면의 붕괴가 우려되므로 강우 등에 의한 지하수의 침투 등을 방지하고 원활한 배수를 유도하기 위해 토류공을 설치하도록 한다.

라. 신축이음부는 콘크리트 구조물이 지진에 응답하는 동안 지진 에너지의 소산을 유도할 수 있어야 하며 반복적인 하중재하에 따른 내구성을 확보할 수 있는 재료적 특성을 지녀야 한다.

마. 토사터널일 경우 액상화 방지를 위해서는 현장지반의 액상화 발생가능성이 높은 요소인자들을 분석하는 것이 선행되어야 한다. 액상화현상은 느슨한 사질토, 지하수위, 그리고 진동이라는 3가지 요소가 조합되어 발생하는 것으로 이에 대한 대책공법은 이 중 하나의 요소를 감소시켜 액상화 발생을 억제하는 것이다(한국터널공학회, 2002).

따라서 액상화방지대책은 지반개량, 지하수위의 저하(포화도의 저하), 응력 또는 변형률 조건 개량의 세 종류로 크게 나눌 수 있다. 이 중 터널에 적합한 방지대책으로는 지반개량인 지반고결화공법과 지하수위 저하인 웰포인트공법 등이 적합할 것이다. 가능한 현장조건을 고려하여 경제적이고 합리적인 액상화방지대책을 세우도록 한다(Dorby and Vucetic, 1987).

4.4.7 터널내진설계 시 액상화 평가는 터널의 입출구부 및 연약지반터널에 있어서 지하수의 영향을 받는 구간에 대하여 실시하는 것을 원칙으로 한다.

(1) 액상화 가능성 평가는 예비평가, 간편평가 및 상세평가의 3단계로 구분하여 〈그림 4.4.1〉과 같은 과정에 따라 실시하는 것을 원칙으로 한다.

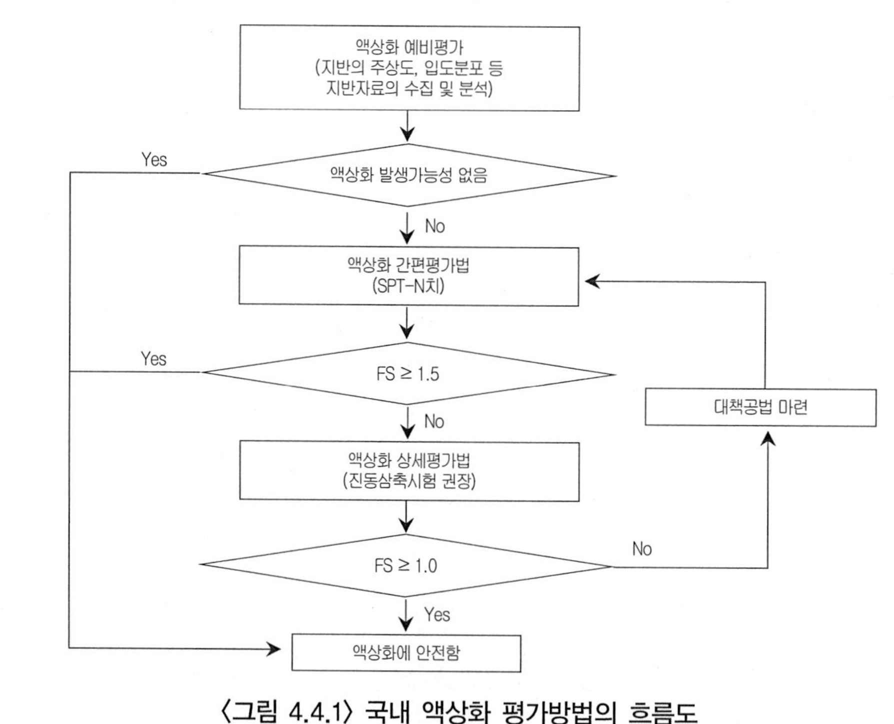

〈그림 4.4.1〉 국내 액상화 평가방법의 흐름도

∷ 해설 ∷

〈그림 4.4.1〉의 액상화 간편평가법 흐름도를 토대로 액상화 간편평가법 및 상세평가법에 대해서 정리하면 다음과 같다.

가. 액상화 간편평가법(Martin, Finn and Seed, 1975 ; 해양수산부, 1999)

국내 연약지반 내진설계에서 널리 사용하고 있는 액상화 간편평가법을 정리하면 하단의 〈해설그림 4.4.4〉와 같다. 이때의 평가안전율은 1.5 이상이다.

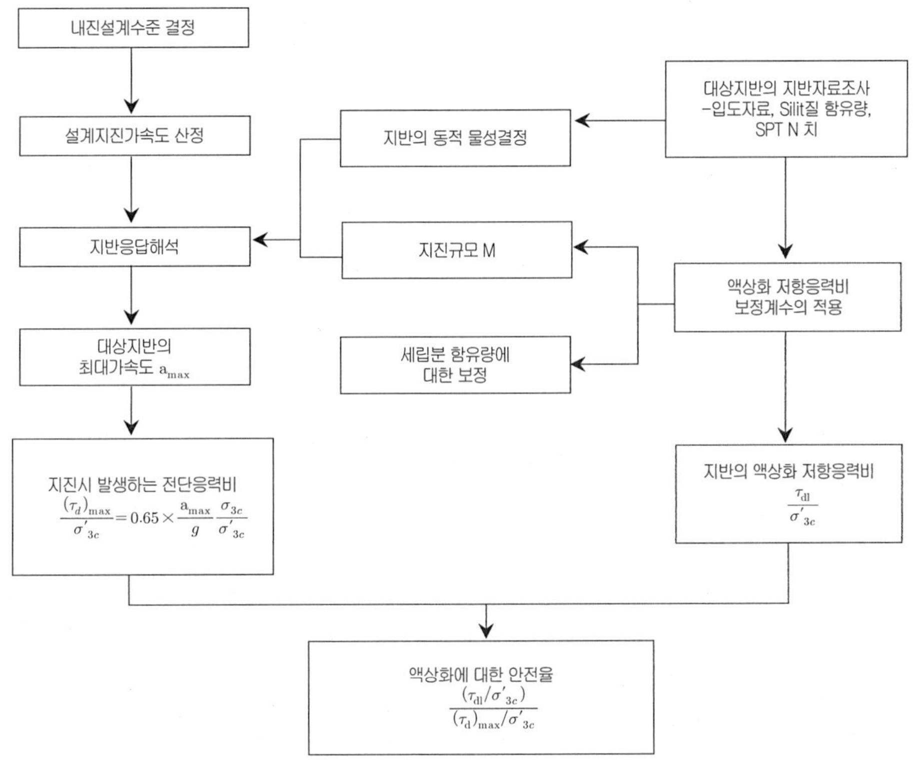

$$\frac{(\tau_d)_{max}}{\sigma'_{3c}} = 0.65 \times \frac{a_{max}}{g} \frac{\sigma_{3c}}{\sigma'_{3c}}$$

$$\frac{\tau_{dl}}{\sigma'_{3c}}$$

$$\frac{(\tau_{dl}/\sigma'_{3c})}{(\tau_d)_{max}/\sigma'_{3c}}$$

〈해설그림 4.4.4〉 액상화 간편평가법(해양수산부, 1999)

여기서, a_{max} : 해당 지층의 최대가속도, g : 중력가속도, σ_{3c} : 액상화를 평가하고자 하는 지점에서의 총 상재압, σ'_{3c} : 액상화를 평가하고자 하는 지점에서의 유효 상재압

나. 액상화 상세평가법(해양수산부, 1999)

액상화 간편평가법 결과 안전율이 1.5 미만인 경우 현장시료를 채취하여 액상화 상세평가를 실시한다. 상세평가법의 내용은 하단의 〈해설그림 4.4.5〉와 같다. 이때의 평가안전율은 1.0이다.

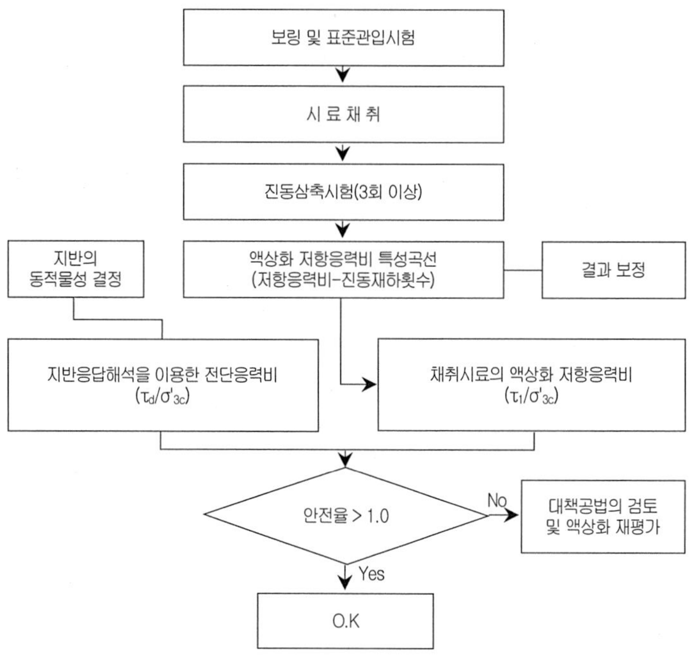

〈해설그림 4.4.5〉 액상화 상세평가법

4.5 품질보증에 대한 기본사항

4.5.1 활단층지역에는 구조물을 건설하지 않는 것이 바람직하다. 단, 이를 피하기 어려울 경우에는 지진발생에 따른 손상이 최소화되도록 설계하여야 한다. 또한 기능손상이 발생할 경우에 대비하여 보수·보강이 용이하도록 설계하여야 한다.

❖❖ 해설 ❖❖

공식 보고된 국내 활성단층대 지역은 특정지역이므로 가능한 터널시공을 피하도록 한다. 부득이한 경우 터널시공을 할 경우는 암질(〈해설표 4.4.2〉의 S_A 또는 S_B)이 우수한 구간을 택해서 터널을 시공하고 그 연장은 최소로 한다. 또한 지진에 취약한 대단면을 피하고 상대적으로 내진 성능이 우수한 소단면의 병렬터널로 설계하도록 한다.

4.5.2 중요 구조물의 경우, 설계 요구사항의 만족성, 설계기법 및 가정사항의 적절성, 법규요건에 대한 만족성, 설계결과의 시공성 등의 검증을 위하여 터널전문기술자에 의한 검토가 실시되어야 한다.

:: 해설 ::

설계내용에 대한 검토가 필요한 중요 구조물의 경우, 터널설계 중이나 완료 후 전문가 자문, 심의, VE(Value Engineering) 등의 다양한 절차를 통해 터널전문기술자의 검토를 실시할 수 있다.

■ 참고문헌 ■

1. 건설교통부(1997), 『내진설계기준연구』
2. 한국지진공학회(1999), 『지중구조물의 내진설계』, 제3회 기술강습회
3. 한국지진공학회(2001), 『도시철도의 내진설계』, 제9회 기술강습회
4. 한국터널공학회(2002), 터널공학시리즈 1 『터널의 이론과 실무』
5. 해양수산부(1999), 『항만 및 어항시설의 내진설계표준서』
6. Bathe, K. J., and Wilson E. L.(1976), Numerical Methods in Finite Element Analysis, Englewood Cliffs, New Jersey, Prentice-Hall
7. Dorby, R. and Vucetic, M.(1987), Dynamic Properties and Seismic Response of Soft Clay Deposits, Proceedings, International Symposium on Geotech. Eng. of Soft Soils, Vol.2, Mexico City, pp.51-87
8. Kramer, S. L.(1996), Geotechnical Earthquake Engineering, Prentice-Hall
9. Martin, G. R., Finn W. D. L. and Seed H. B.(1975), Fundamentals of Liquefaction Under Cyclic Loading, J. Geotech., Div. ASCE, 101(GT5), pp.423-438
10. Robert W. Day(2002), Geotechnical Earthquake Engineering Handbook, McGraw-Hill, Ch.7.1-7.27
11. Terry R. H.(1983), Seismic Design of Embankments and Caverns, Proceedings and Symposium sponsored by ASCE, pp.142-197
12. Wolf, J. P.(1985), Dynamic Soil-Structure Interaction, Prentice-Hall, Inc., N. J.

05 터널지보재

05 터널지보재

5.1 설계일반

5.1.1 터널의 지보는 원지반의 지보능력을 적극적으로 활용하는 것을 원칙으로 하며, 터널지보재는 터널주변의 지반거동 특성에 부합되도록 설계하여 시공 중이나 완공 후에도 터널의 안정을 유지할 수 있도록 하여야 한다.

5.1.2 터널 내부에서의 작업효율성, 안정성을 고려하여 각종 지보재를 설계하여야 한다.

5.1.3 지보재는 굴착지반을 조기에 안정시키며, 지반굴착에 의한 영향이 인접구조물의 안정을 해치지 않도록 설계되어야 한다.

:: 해설 ::

터널의 설계방법은 원지반의 지보능력이 없는 것으로 간주하는 방법과 원지반이 가지고 있는 지보능력을 최대한 활용하는 방법으로 구분할 수 있다. 지보재 관련 기준들은 원지반의 지보능력을 최대한 고려하는 것이 타당하다. 여기서는 재래식 터널(conventional tunnel)을 다루며 TBM 터널의 지보재에 대해서는 13.7절에 기술되어 있다.

터널을 굴착하면 굴착 이전에 작용하던 초기응력이 재분배되어 굴착면 주변의 응력은 새로운 응력분포 상태에 이른다. 따라서 안정 상태에 있는 지반에 터널을 굴착하여 발생하는 새로운 응력 상태에 대하여 터널주변 지반과 일체화시키는 지보재를 조기에 시공함으로써 주변지반의 지보능력을 최대한 이용할 수 있도록 함과 동시에 작업 중 안전을 확보할 수 있도록 설계되어야 한다. 터널굴착에 따라 지보에 작용하는 하중은 굴착 후 시간이 경과함에 따라 증가하는 경우가 많으므로, 굴착 후 신속히 시공될 수 있는 지보재를 설계하여야 한다. 특히 천층터널의 경우, 터널굴착에 의한 아칭효과의 발현을 위하여 최대한 신속하게 지보재를 설치하여 지보기능을 발휘할 수 있도록 유의해야 한다. 또한 완공 후 장기적인 안정성 측면에서 내구성이 확보될 수 있는 지보재의 선정이 유리하다.

> 5.1.4 터널의 지보재는 강지보재, 록볼트, 숏크리트 등으로 구성되어 있는 주지보재와 굴착의 용이
> 성 및 안정성 증진을 목적으로 주지보재에 추가하여 시공하는 강봉, 굴진면 숏크리트, 굴진면 록
> 볼트, 주입재, 강관 등의 보조 지보재로 구분하여 설계하여야 한다.

❖ 해설 ❖

일반적으로 터널의 지보재는 숏크리트, 록볼트, 강지보재 등의 주지보재와 굴착의 용이성과 안정성 증진을 목적으로 주지보재에 추가하여 시공하는 휨폴링, 굴진면 숏크리트 등의 보조지보재로 구분하여 설계하여야 한다. 특별히, 주변지반의 조건이 극히 불량한 경우에는 콘크리트라이닝이 부분적으로 지보재의 역할을 담당하도록 설계하는 경우도 있다.

지보가 그 목적과 기능을 충분히 발휘하기 위해서는 굴착 후 지보를 시공할 때까지 무지보 구간은 안정성을 유지하면서 자립할 수 있어야 한다. 굴착면의 자립성과 자립시간은 원지반의 공학적 성질, 굴착단면의 크기 등에 좌우되며, 무지보 구간이 커질수록 자립시간은 짧아진다. 따라서 지보 시공에 필요한 자립시간을 충분히 확보할 수 없을 때에는 일반적으로 분할굴착 등을 실시하게 된다. 그러나 원지반 상태와 자립성이 매우 불량하여 원지반과 지보재의 지보능력만으로 터널의 안전성을 확보하기 어려운 경우에는, 보조공법과 같은 적극적인 사전 대책을 강구하여야 한다.

보조공법 가운데 굴진면 천단부지반의 안정을 확보하는 방법에는 파이프루프공법, 프리그라우팅공법, 강관보강형 다단그라우팅공법 및 휨폴링공법 등과 같이 강관 또는 강봉을 주로 활용하는 공법이 포함되고, 굴진면안정 방법으로는 대표적으로 굴진면 숏크리트, 굴진면 록볼트 등을 들 수 있다. 또한 지수 및 배수 목적의 약액주입공법, 물빼기공, 웰포인트공법(well point), 딥웰공법(deep well) 등도 보조공법에 포함된다. 이와 같은 보조공법을 적용할 경우에는 안정성, 시공성, 경제성 등을 함께 고려하여 설계하여야 한다. 이상과 같은 굴착보조공법의 주요 적용대상을 요약하면 다음과 같다.

- 횡단선형에 토피가 작게 설계된 경우.
- 지반조사 결과, 지반이 연약하여 자립성이 낮을 경우.
- 터널 인접구조물의 보호를 위하여 지표나 지중변위를 억제하여야 할 필요가 있는 경우.
- 지하수조사로부터 용출수로 인한 지반의 열화 및 지반이완이 예상되어 이에 대한 터널의 안정성 확보가 필요한 경우.
- 기타 편토압지역 및 심한 이방성지반 혹은 특수 지형조건 등에 건설 예정인 경우.
- 터널 수명기간 동안의 안정성을 충분히 확보해야 하는 경우.

> 5.1.5 지보재의 설계에 있어서는 지반의 분류등급과 해당 지보재의 선정에 대한 기준을 제시함으로써 시공 시 실제 지반조건이 설계 시 예측조건과 상이할 경우 적합한 지보재의 종류와 물량으로 변경할 수 있도록 하여야 한다.
>
> 5.1.6 지보재설계에 있어 암반분류에 의한 표준지보패턴설계를 원칙으로 하며 대규모 단층대, 함수 미고결층, 3차로 이상의 대단면, 석회암층 통과부 및 기타 풍화가 용이한 암반층 등의 구간에서는 별도의 지보패턴을 설계하여야 한다.

:: 해설 ::

실제 조사 및 설계단계에서는 복잡한 지반특성의 변화를 정확히 파악하기가 어려우므로, 지반분류에서 설정한 지반등급에 따라 여러 가지 지보재를 적절히 포함한 표준지보패턴을 선정·적용하게 된다. 시공 중에는 계측결과에 따라 필요한 경우 지보패턴을 현장상황에 적합하게 변경시킬 수 있어야 한다.

여기서 표준지보패턴은 지반조건별로 적합한 지보재의 성능과 시공물량 등을 결정한 터널의 표준화된 지보형식을 말한다. 표준지보패턴의 선정은 일반적으로 다음과 같은 방법에 의해 수행된다.

기존 시공실적에 근거하여 작성된 표준지보패턴을 참조로 하는 방법 : 특별히 시공상의 문제가 없다고 파악되는 터널에서는 각 원지반 등급에 부합되는 표준지보패턴에 의해 기본설계를 실시하는 것이 간편하면서도 유효할 수 있다. 그러나 이 경우에는 기존의 시공실적 및 경험 등을 바탕으로 한 고도의 기술적 판단이 요구된다(건설교통부, 1999).

인접한 현장의 사례 또는 지반조건이 유사한 경우의 설계사례를 참조로 하는 방법 : 이 경우에는 관련정보를 가능하면 많이 수집하여 이를 정밀 분석한 후, 기존 지보패턴에 검토된 내용을 반영시킨 적절한 지보패턴을 새로이 선정할 필요가 있다(건설교통부, 1999).

해석에 의해 지보패턴을 선정하는 방법 : 대규모 단층대, 함수미고결층과 같은 특수 지반조건이나 대단면터널 등과 같이 유사 설계사례가 적어 기존 설계사례만을 참조로 지보패턴을 선정하기 곤란할 경우에는 해석적 방법에 의해 지보패턴을 선정한다. 해석적 방법에는 수치해석방법과 이론적 해석방법 등이 포함된다. 그러나 지반특성, 지보재 등의 모델화에 있어 아직 해결되어야 할 문제가 많이 남아 있으므로, 해석적 방법에 의해 지보패턴을 설계할 경우에는 신중한 검토가 필요하다(건설교통부, 1999). 터널의 해석적 방법에 대해서는 '제7장 터널안정성 해석'에서 자세히 다루고 있다.

그러나 표준지보패턴은 일종의 계획안이라고 할 수 있으므로 현장의 실제조건이 예측과 상이할 경우에는 지보패턴을 적합한 지보패턴으로 변경하여야 한다. 특히 해석적인 검증에 너무 의존하지 않아야 하며 계측결과를 분석하여 적절성을 판단하고 계속적으로 개선을 도모하는 노력이 필요하다. 즉, 시공 시에 지반관찰·계측결과를 기반으로 하여 당초 설계지보패턴의 적절성을 검증하고 필요에 따라서 설계지보패턴을 수정하는 것이 타당하다. 수정설계 시의 일반적인 설계변경 항목과 설계수정방법을 정리하면 각각 〈해설표 5.1.1〉 및 〈해설표 5.1.2〉와 같다. 또한 이상의 수정설계를 포함한 전체적인 터널설계의 흐름을 도시하면 〈해설그림 5.1.1〉과 같다.

〈해설표 5.1.1〉 터널지보패턴의 변경 시 주요 변경항목(일본터널기술협회, 2005)

변경 항목	변경 내용
숏크리트	두께, 재료, 성능 등의 변경
록볼트	설치 유무, 개수, 인발내력 등의 변경
강지보재	설치 유무, 종류, 성능, 간격, 재질 등의 변경
인버트	설치 유무, 형태, 시공기간, 재질 등의 변경
기타	굴진장의 변경 보조공법의 적용 콘크리트라이닝 등에 의한 대응

〈해설표 5.1.2〉 터널설계의 수정방법(한국도로공사, 2001)

구분	현상	검토사항	수정방법
설계를 경감시킬 때	• 변위량 적음 • 록볼트 축력이 적음 • 숏크리트 응력이 작고 변화가 없음 • 굴진면이 안정되어 있음	• 절리의 발달 정도 • 용수의 많고 적음 • 원지반강도비	• 굴진장의 증가 • 단면분할의 변경 • 변형여유량의 감소
설계를 증가시킬 때	• 변위량이 큼 • 숏크리트에 변화가 있음 • 록볼트에 과다한 축력이 작용 • 강지보재에 변화가 있음 • 굴진면이 불안정함	• 초기의 변위속도 • 변위의 구속성 • 원지반의 응력·변위 상태 • 이완영역의 크기 • 굴진면의 자립성 • 용수의 많고 적음	• 지보구조의 증가 • 보조공법의 적용(휘폴링, 굴진면 숏크리트 등) • 단면의 조기 폐합 • 단면분할의 변경 • 굴착단면의 변경(예 : 인버트 곡률 증가 등) • 변형여유량의 증가

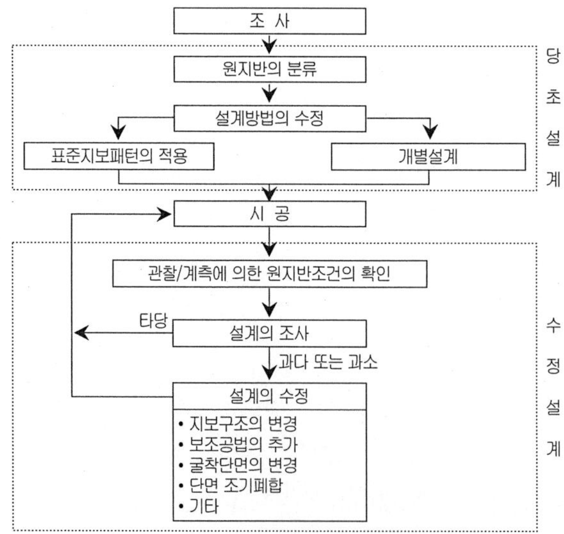

〈해설그림 5.1.1〉 터널설계의 순서(한국도로공사, 2001)

표준지보패턴에 적용되는 암반분류는 일반적으로 RMR에 근거하고 있으며, 경우에 따라서 Q-system에 의한 Q값을 활용하는 경우도 있다. 그러나 Q-system은 노르웨이의 지보재성능기준(예 : 숏크리트 압축강도 기준 약 40MPa)에 근거하고 있으므로(富澤直樹, 2003), Q-system에 의한 지보설계 시에는 본 설계기준에서 규정하고 있는 지보재 성능(예 : 5.3.3절, 5.3.4절 등)을 충분히 고려하여야 한다.

또한 터널의 표준지보패턴은 각각의 발주기관별(한국도로공사, 서울특별시 지하철건설본부 등)로 다소 다르게 제시되고 있으므로 이에 유의하여야 한다. 특히, 도로터널의 경우에는 2차선에 대한 표준지보패턴만이 제시되고 있으므로 3차선 이상의 대단면터널에 대해서는 별도의 지보패턴을 설계하여 적용하여야 한다. 대규모 단층대, 함수 미고결층 등의 특수조건에서도 별도의 지보패턴을 설계하여야 한다.

5.2 강지보재

5.2.1 강지보재의 설계 시 다음 사항을 고려하여야 한다.

(1) 다음의 기능이 요구될 때 강지보재를 사용하여야 하며, 강지보재의 역할이 필요 없는 경우에는 생략할 수 있다.

① 숏크리트 또는 록볼트의 지보기능이 발휘되기까지 굴착면의 안정을 도모.

② 굴진면 휘폴링 등 보조공법의 반력지지점.

③ 큰 지압으로 인한 지보재의 강성 증가 필요.

④ 지표침하 등 지반변위의 억제 필요.

(2) 강지보재는 숏크리트, 록볼트 등의 지보재와 일체가 되어 소요의 지보기능을 발휘하도록 규격과 배치간격을 정하여야 한다.

(3) 강지보재의 이음은 시공순서 및 시공성을 고려하여 이음개소가 최소가 되도록 정하되 제거와 추가이음이 요구되는 곳에는 시공이 가능하도록 설계에 반영하여야 한다.

❀ 해설 ❀

강지보재는 숏크리트, 록볼트 등과 함께 터널의 안정성을 확보하기 위한 주지보재 중의 하나이다. 따라서 숏크리트 또는 록볼트와 함께 지반하중을 분담할 수 있도록 지반조건에 따라 적절한 규격 및 배치간격을 결정해야 하며, 동시에 다른 지보재, 특히 숏크리트와 일체가 되어 지보기능을 효과적으로 발휘할 수 있도록 하여야 한다.

강지보재의 사용목적은 터널단면의 형상 및 크기, 굴착면의 자립성, 지반압의 크기, 지표 침하량의 제한 등에 따라 다르나 일반적으로 다음과 같이 구분할 수 있다. 단, 지반이 양호한 경우에는 강지보재를 생략할 수도 있으나 이러한 경우 세심한 안정성 검토를 수행하여야 한다.

• 숏크리트와 록볼트의 지보기능이 발휘되기까지 굴착면의 안정성을 확보할 필요가 있는 경우 : 강지보재는 설

치와 동시에 충분한 강성을 발휘하는 지보재이므로 굴착면의 자립시간이 짧은 토사지반이나 균열이 발달된 지반에서 숏크리트나 록볼트의 소요 지보능력이 발휘되기 전에 지보효과가 발휘되어야 한다. 그러나 설치 시에 지반과 강지보재 사이에 이격이 발생할 수 있기 때문에, 배면 공극을 충진하거나 콘크리트 등으로 빠른 시간 내에 충전하지 않으면 굴착면의 조기 안정에 효과가 없게 되는 점에 주의하여야 한다.

- 굴진면 훠폴링 등 보조공법의 반력지지점이 필요한 경우 : 굴착면의 자립성이 낮은 지반에서 굴진면 전방의 지반을 보강하기 위하여 훠폴링이나 경사볼트 등의 보조공법을 적용하는 경우가 있는데, 이때 이들의 반력지지점으로서 강지보재가 필요한 경우가 있다. 이러한 경우, 일반적으로 강지보재의 규격이 커지면 경사볼트 등의 경사각이 커져서 여굴을 증대시킬 우려가 있으며, 반면에 강성이 작은 강지보재를 사용할 경우에는 경사볼트 등에서 전달되는 하중에 의해 처짐이 커질 우려가 있으므로 이러한 점을 주의하여야 한다.

- 큰 지압으로 인해 숏크리트의 강성을 증가시킬 필요가 있는 경우 : 숏크리트는 초기 재령에서 변형계수가 작기 때문에 변형되기 쉽고 강도도 작기 때문에 지반조건에 따라서는 강지보재를 사용하여 숏크리트와 일체화함으로써, 지보재의 강성, 강도 등을 증가시킬 필요가 있다. 즉, 붕락이 발생하기 쉬운 지반이나 지반압이 매우 큰 지반의 경우에는 숏크리트의 두께를 증가시키고 철망 등과 함께 강지보재를 사용하여 지보재의 강도 및 인성 등을 향상시켜야 한다.

- 지표침하 등 과다한 지반변위의 억제가 필요한 경우 : 숏크리트는 초기 재령에서 변형계수가 작기 때문에 변형하기 쉽고 강성이 작아, 예를 들면, 토사지반 등에서 터널 변형이나 지표침하를 극히 제한할 필요가 있는 경우에는 강지보재를 사용하여 숏크리트와 일체화함으로써 지반변위를 억제시켜야 한다. 이러한 기능은 터널의 단면형상 유지기능과 같은 의미로, 강지보재로서 장기간 터널단면의 형상을 유지시켜야 한다.

강지보재의 규격, 배치간격 및 이음에 대해서는 다음의 5.2.2~5.2.4절에 상세히 기술되어 있다.

5.2.2 강지보재의 형상 및 치수는 다음 사항을 따라야 한다.

  (1) 강지보재의 단면은 강지보재의 설치 후에도 숏크리트의 타설이 용이하고, 숏크리트와 일체화되기 쉬운 형상을 가진 것이어야 하며 H형강, U형강 및 격자지보(lattice girder) 등을 사용할 수 있다.

  (2) 강지보재의 치수는 작용하중 외에 숏크리트의 두께, 강지보재의 최소덮개, 굴착공법 및 굴착방법 등을 고려하여 결정한다. 또한 소요의 강성이 발휘되고, 좌굴 비틀림 및 국부적인 하중에 대하여 저항성이 크고 시공능률을 높일 수 있는 것이어야 한다.

5.2.3 강지보재의 재질은 다음 사항을 따라야 한다.

  (1) 강지보재는 연성이 크고 휨과 용접 등의 가공성이 양호하여야 한다.

  (2) H형강, U형강의 재질은 KS D3503에 규정된 SS 400, 격자지보의 재질은 KS D3504에 규정

> 된 SD500W를 표준으로 하며 이와 동등 이상의 성능을 발휘하는 구조용 강재로 하여야 한다.
>
> (3) 강재 대신 고강도 플라스틱, 복합부재 등을 지보재로 사용할 경우 강지보재와 동등 이상의 성능을 발휘하여야 한다.

❖ 해설 ❖

강지보재의 형상은 굴착단면과 유사한 형상이며, 숏크리트 등에 대하여 하중을 양호하게 전달하고 휨모멘트의 발생을 최소화할 수 있는 것이어야 한다. 특히, 강지보재의 설치 후에도 지반과 강지보재 사이의 공극에 숏크리트 타설이 용이하고, 숏크리트와 일체화되기 쉬운 것이 좋다. 또한, 큰 하중이 작용하는 경우에는 좌굴에 대하여 저항성이 큰 형상이 바람직하다. 강지보재로 사용되는 대표적인 단면형상에는 H형, U형, 격자지보(lattice girder) 등이 있으며, 일반적으로 H형(H 100~H 150 정도)이 주로 사용되어 왔고, 최근에는 격자지보도 많이 사용되는 경향을 보이고 있다. 일반구간에는 시공성이 양호하며 경제적인 격자지보를 적용하고, 갱구부, 편토압구간, 단층대 등에서는 초기 강성 발현이 큰 H형 강지보재를 적용하는 것이 바람직하다. 외국에서는 토피가 두터운 연약대구간에 팽윤압 작용이 예상되는 경우 가축성 지보재인 U형 강지보재를 적용한 사례도 있다. 이상과 같은 각 단면 형상별 강지보재의 특성은 다음과 같다.

- H형 강지보재 : H형 강지보재는 현재 국내 현장에서 가장 널리 사용되고 있는 강지보재의 한 유형이고 강성이 타 지보재보다 크고 시공 실적이 많다는 장점을 가지고 있다. 그러나 강지보재가 지면과 밀착된 경우 지반과 강지보재 사이에 숏크리트의 타설이 용이하지 않아 이 부분에 공극이 발생될 수 있고, 숏크리트의 두께가 얇은 경우에는 숏크리트와 강지보재의 일체성이 떨어질 수 있다는 단점을 가지고 있다. H형 강지보재의 재질은 KS D 3503에 규정된 SS 400 이상의 성능을 발휘하는 구조용 강재를 표준으로 하며, 냉간 휨 가공을 해야 한다. 일반적으로 많이 사용되고 있는 대표적인 단면형상 및 특성은 〈해설그림 5.2.1〉과 〈해설표 5.2.1〉에 나타낸 바와 같다.

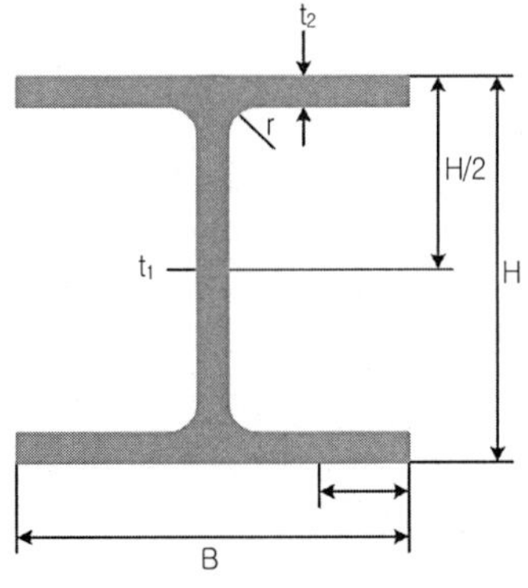

〈해설그림 5.2.1〉 H형 강지보재의 단면형상

〈해설표 5.2.1〉 H형 강지보재의 치수 및 단면특성 예

치수 (mm)	표준단면치수(mm)				단위중량 (kg/m)	단면적 (cm^2)	단면2차모멘트 (cm^4)		단면계수 (cm^3)	
	H×B	t1	t2	r	W	A	Ix	Iy	Zx	ZY
100×100	100×100	6	8	10	17.2	21.9	383	134	76.5	26.7
125×125	125×125	6.5	9	10	23.8	30.3	847	293	136	47
150×150	150×150	7	10	11	31.5	40.1	1,640	563	219	75.1
200×200	200×200	8	12	13	49.9	63.5	4,720	1,600	472	160
250×250	250×250	9	14	16	72.4	92.2	10,800	3,650	867	292

• U형 강지보재 : U형 강지보재는 불룩한 쪽이 지반을 향해 설치됨으로 강지보재와 지반 사이에 숏크리트 타설이 용이하다는 장점을 가지고 있으나 상대적이고 강성이 떨어진다. 또한 U형 강지보재의 이음부는 밴드(band) 등으로 고정하는 방법이기 때문에 플레이트를 맞추어 볼트에 접속하는 방법보다 시공성이 좋고 가축성 이음이 용이하다. U형 강지보재 중 대표적인 MU-29형의 단면형상 및 특성은 〈해설그림 5.2.2〉와 〈해설표 5.2.2〉에 나타낸 바와 같다. U형 강지보재의 재질은 H형강의 경우와 마찬가지로 KS D3503에 규정된 SS400을 표준으로 함을 원칙으로 한다.

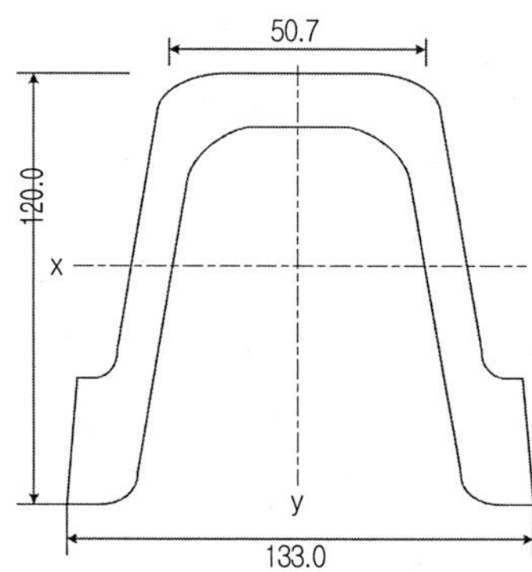

〈해설그림 5.2.2〉 대표적인 U형 강지보재(MU-29)의 치수 및 단면형상 예(단위 : mm)

〈해설표 5.2.2〉 대표적인 U형 강지보재(MU-29)의 치수 및 단면특성 예

단면적 (cm^2)	단위중량 (kg/m)	단면2차모멘트 (cm^4)		단면계수 (cm^3)	
		Ix	Iy	Zx	ZY
37.0	29.0	581.0	634.0	97.4	95.8

- 격자지보재 : 격자지보재는 강봉을 삼각형 또는 사각형으로 엮어 만들어 터널형상에 맞도록 제작한 강지보재의 한 종류로서, 다른 강지보재에 비해 가벼워 취급이 용이하고 인력과 장비소요가 적다. 또한, 훠폴링이나 파이프루프 설치 시 격자지보재 사이를 통과하도록 설치할 수 있으므로 훠폴링 설치각도를 최대한 줄일 수 있도록 해야 한다. 격자지보재가 지보재로서의 기능을 수행하기 위해서는 허용 지지하중 범위 내에서 어느 정도의 변위를 허용할 수 있어야 하고, 외력을 다소 흡수할 수 있는 시스템으로 구성되어야 한다. 이를 위해서는 연결용 부재인 스파이더가 격자지보재의 상·하부 강봉에서 전달되는 힘들을 흡수할 수 있는 접합요소(integral element)로서의 역할을 하여야 한다. 스파이더와 강봉 사이의 용접부는 격자지보의 지지력 발휘에 매우 중요한 역할을 하므로 용접기술이 격자지보의 품질 측면에서 매우 중요하다고 할 수 있다. 일반적으로 용접부의 길이는 전단력에 저항할 수 있도록 3cm 이상으로 하며, 취성파괴가 발생하지 않도록 완전한 접합이 되도록 용접되어야 한다. 격자지보재는 일반적으로 표준형 3개강봉, 보강형 4개강봉, 침하방지용 4개강봉으로 나뉘어진다. 표준형 3개강봉은 단면형상이 삼각형 모양으로 3개의 강봉으로 구성되어 있고, 보강형 4개강봉은 표준형과 형태상 동일하나 상부에 강봉 하나를 더 결합한 형태이다. 침하방지용 4개강봉은 단면형상이 사각형 모양으로 4개의 강봉으로 구성되어 있고, 터널하부 지지지반이 연약한 경우 바닥지지재로 주로 사용되고 있다. 〈해설그림 5.2.3〉, 〈해설표 5.2.3〉 및 〈해설표 5.2.4〉는 전세계에서 통용되고 있는 독일의 표준형 3개강봉 격자지보재를 예시한 것이다. 격자지보재를 구성하는 강봉과 스파이더는 고강도(high strength)이고 용접이 매우 잘되는(very good welding suitable) 소재이어야 한다. 이것을 다시 말하면 강봉과 스파이더가 용접구조용 저탄소강(탄소함량이 0.3% 이하)이라는 의미와 동일하다. 일부 국가는 강봉의 항복강도를 520MPa 이상, 스파이더의 항복강도를 500MPa 이상으로 규정하고 있지만 국내에서 생산되는 용접구조용 저탄소 강봉은 KS D3504에 규정된 SD500W가 가장 높은 항복강도를 가지고 있어 이와 같은 국내 강재 현실을 고려하여 국내 격자지보재의 강봉과 스파이더의 항복강도를 500MPa 이상으로 규정하고 있다. 격지보재의 성능은 강봉과 스파이더의 항복강도와 같은 기계적 특성에 좌우되는 한편 앞에서도 언급한 바와 같이 강봉과 스파이더를 연결하는 용접접합요소의 성능에 좌우되기도 한다. 그러므로 강봉과 스파이더의 용접접합요소가 강봉과 스파이더의 항복강도 이상을 가질 수 있도록 강봉과 스파이더는 용접성이 매우 우수한 소재이어야 한다. 또한 격자지보재의 성능과 품질은 격자지보재를 구성하는 각각의 강봉과 스파이더에 대하여 일정기준의 실험(직접파괴실험 또는 비파괴실험 등)들을 통하여 평가할 수 있으며, 강봉과 스파이더로 구성된 격자지보재의 성능도 휨강도 실내실험을 통하여 평가할 수 있다. 격자지보재의 성능은 각각의 강봉과 스피이더가 일정기준을 만족하는 동시에 격자지보재의 전체 성능도 일정기준을 만족하여야 한다.

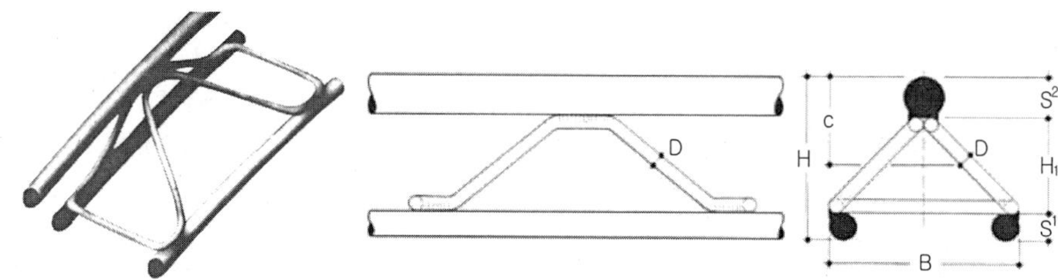

〈해설그림 5.2.3〉 독일의 3개강봉 격자지보재의 예

〈해설표 5.2.3〉 독일의 3개강봉 격자지보재 치수 및 단면제원 예

형태	단면치수(mm)					단면적 (cm²)	단위중량 (kg/m)	단면2차모멘트 (cm⁴)		단면계수 (cm³)	
	S^1	S^2	H	B	D			I_x	I_y	Z_x	Z_Y
50	18	26	94	100	10	10.4	10.0	138	89	29	18
	20	30	100	100	10	13.6	12.3	193	106	38	21
70	18	26	114	140	10	10.4	10.2	223	192	39	27
	20	30	120	140	10	13.6	12.5	306	232	51	33
	22	32	124	140	10	15.6	14.3	375	272	60	39
	26	34	130	140	10	19.7	17.5	501	356	71	51
95	18	26	139	180	10	10.4	10.7	359	337	51	37
	20	26	141	180	10	11.6	11.7	405	406	53	45
	20	30	145	180	10	13.4	13.1	485	407	66	85
	22	32	149	180	10	15.6	14.9	589	482	78	54
	26	34	155	180	10	19.7	18.2	774	641	92	71
115	18	26	159	220	12	10.4	11.7	491	521	61	47
	20	30	165	220	12	13.6	14.1	658	634	78	58
	22	32	169	220	12	15.6	15.9	795	752	94	68
130	18	34	175	220	12	19.7	19.2	1040	1010	109	92
	20	26	174	220	12	10.4	11.7	603	521	69	47
	22	30	180	220	12	13.6	14.1	806	634	87	58
	26	32	184	220	12	15.6	15.9	971	752	105	68
	26	34	190	220	12	19.7	19.2	1264	1010	122	92

〈해설표 5.2.4〉 독일의 3개강봉 격자지보재 특성 예

특성	강봉	스파이더
항복강도	≥520MPa	≥500MPa
극한강도	≥항복강도×1.15	≥550MPa
연신율	≥14%	≥10%
탄소당량(Ceq)⁺	0.48	0.48
C함량	0.16~0.24	0.16~0.24
Mn함량	0.8~1.0	0.65~1.0
Si함량	0.15~0.35	0.15~0.35

⁺ : Ceq =C+Mn/6+(Cr+Mo+V)/5+(Ni+Cu)/15국제용접협회(International Institute of Welding)

5.2.4 강지보재의 이음 및 설치간격은 다음 사항을 따라야 한다.

  (1) 강지보재는 운반, 거치 및 시공성을 고려하여 분할제작하되 이음개소를 최소화하고 부재 상호간은 견고한 이음이 되도록 설계하여야 한다. 특히, 구조적으로 불리한 위치에서의 이음은 가능한 한 피하도록 하여야 한다.

  (2) 팽창성지반 등과 같이 내공변위가 크게 발생하는 지역에서는 강지보재의 이음을 가축변형이 허용되는 조인트 구조로 할 수 있다.

  (3) 강지보재의 설치간격은 지반특성, 사용목적, 시공법 등을 고려하여 정하여야 한다.

  (4) 상반과 하반으로 나누어 굴착하는 경우 지반조건에 따라 상부 강지보재의 수직지지점 확보가 가능토록 조치한 후 하반의 강지보재를 일부 생략할 수 있다.

5.2.5 강지보재의 간격재와 바닥판 받침은 다음 사항을 따라야 한다.

  (1) 숏크리트에 의해 강지보재가 고정되기 전까지 전도를 방지하기 위하여 강지보재 사이에 적절한 크기의 강재 간격재를 일정 간격으로 설치하여야 한다. 이때 간격재의 형상은 숏크리트의 일체화에 저해되는 형상을 사용하여서는 안 되며 그 설치간격은 1.5~2.0m를 표준으로 한다.

  (2) 강지보재 하단에는 바닥판을 붙이고 필요에 따라 받침을 설치하여 충분한 지지력을 확보할 수 있도록 하여야 한다.

  (3) 강지보재 바닥판 받침에는 목재, 철근 콘크리트 블록, 강판 등을 사용할 수 있으며 강지보재에 작용하는 하중이 큰 경우는 필요에 따라 바닥보강 콘크리트를 사용하여야 한다.

❖ 해설 ❖

강지보재는 운반, 거치 및 시공성을 고려하여 분할 제작하되 이음개소를 최소화하고 부재 상호간은 견고한 이음이 되도록 설계하여야 한다. 특히 구조적으로 불리한 위치에서의 이음은 가능한 한 피하도록 하며, 지보재와 이음판과의 접합은 확실히 하도록 설계하여야 한다.

대표적인 H형(H 100×100), U형(MU-29) 및 격자지보형(표준형 3개강봉) 강지보재의 이음부 예를 각각 〈해설그림 5.2.4〉, 〈해설그림 5.2.5〉 및 〈해설그림 5.2.6〉에 나타내었다. 팽창성지반 등과 같이 내공변위가 크게 발생하는 지역에서는 강지보재의 이음을 가축변형(可縮變形)이 허용되는 조인트 구조로 할 수 있다. 이 경우에는 가축허용량의 산정에 주의하여야 한다.

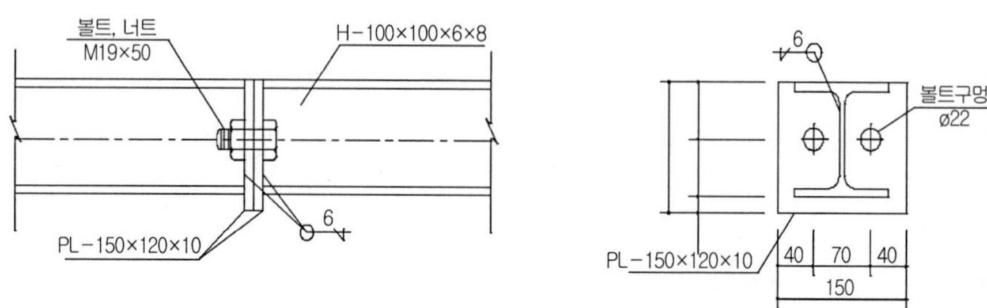

<〈해설그림 5.2.4〉 H형(H 100×100) 강지보재의 이음부설계 예(단위 : mm)

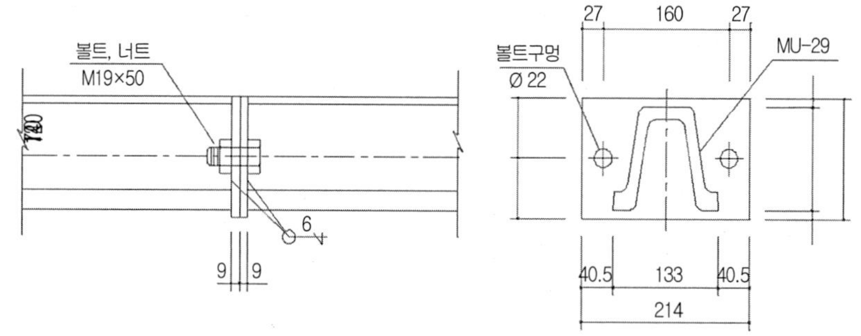

<해설그림 5.2.5〉 U형(MU-29) 강지보재의 이음부설계 예(단위 : mm)

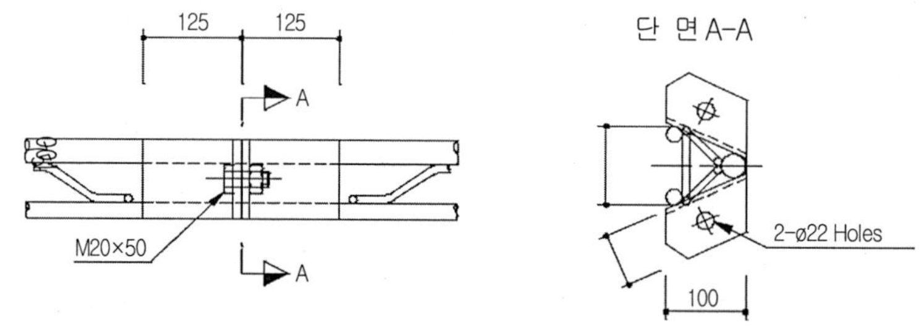

<해설그림 5.2.6〉 격자지보형(표준형 3개강봉) 강지보재의 이음부설계 예(단위 : mm)

강지보재는 부재축이 일치되도록 연결되어야 하며, 터널굴착면에 밀착되도록 설치하여야 한다. 상·하면 분할 굴착 시에는 상·하부 강지보재를 볼트로 연결하여야 한다. 그러나 지반조건에 따라 상부 강지보재의 수직 지지점 확보가 가능하도록 조치한 후에는 하반의 강지보재를 일부 생략할 수 있다.

강지보재는 설치 후 숏크리트에 의해 고정되기 전까지 전도를 방지하기 위하여 강지보재 사이에 적절한 크기 의 강재 간격재를 일정 간격으로 설치하여야 한다. 강지보재의 설치간격은 지반특성, 사용목적, 시공법 등을 고 려하여 결정되어야 하며, 강지보재의 설치간격은 1.5~2.0m를 표준으로 한다. 이때, 간격재의 형상은 숏크리트의 일체화에 저해되는 형상을 사용하여서는 안 된다. 여기서, 일체화에 저해되는 형상이라 함은 파이프 또는 L형 등

숏크리트 타설 시 타설방향 뒤쪽의 숏크리트 상태가 다른 쪽 숏크리트와 성질이 다르게 됨에 따른 영향과 연결재의 크기가 숏크리트 두께에 비해 필요 이상으로 커짐에서 비롯된 일체성 저해 요인을 초래하는 형상을 의미한다. 대표적인 H형(H 100×100) 및 격자지보형(표준형 3개강봉) 강지보재의 간격재 시공 예를 각각 〈해설그림 5.2.7〉 및 〈해설그림 5.2.8〉에 나타내었다.

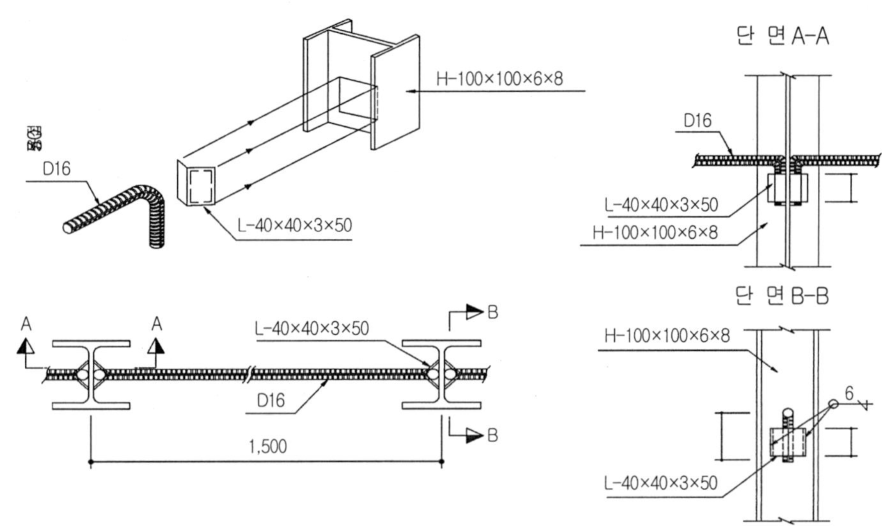

〈해설그림 5.2.7〉 H형(H 100×100) 강지보재의 간격재 예(단위 : mm)

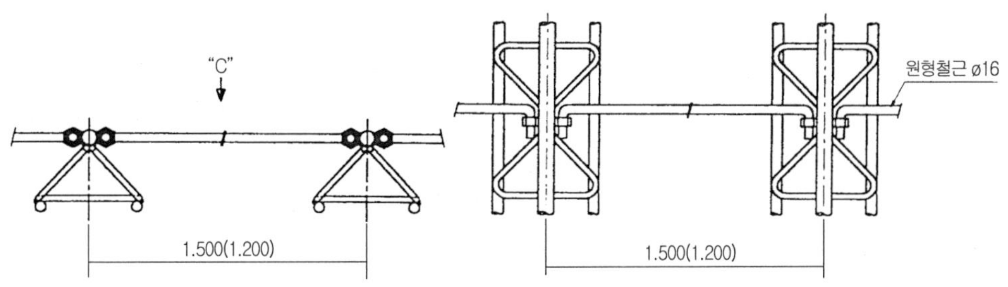

〈해설그림 5.2.8〉 격자지보형(표준형 3개강봉) 강지보재의 간격재 예(단위 : mm)

작용하중에 의한 강지보재의 침하를 방지하기 위하여 강지보재 하단에는 바닥판을 붙이고 필요에 따라 받침을 설치하여 충분한 지지력을 확보할 수 있도록 하여야 한다. 이러한 강지보재 바닥판받침에는 목재, 철근 콘크리트 블록, 강판 등을 사용할 수 있으며 강지보재에 작용하는 하중이 큰 경우는 필요에 따라 바닥보강 콘크리트를 사용하여야 한다. 대표적인 H형(H 100×100) 및 격자지보형(표준형 3개강봉) 강지보재의 바닥판받침 시공 예는 각각 다음의 〈해설그림 5.2.9〉 및 〈해설그림 5.2.10〉과 같다.

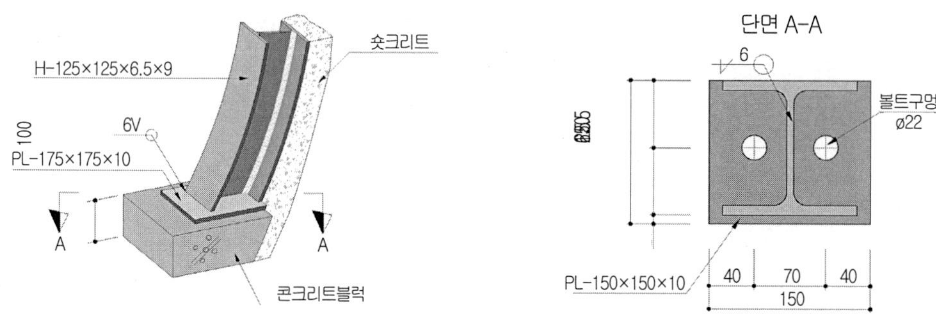

〈해설그림 5.2.9〉 H형(H 100×100) 강지보재의 바닥판받침 예(단위 : mm)

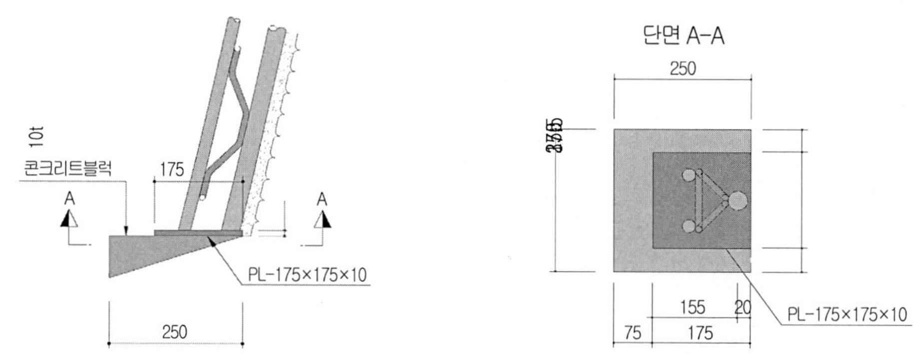

〈해설그림 5.2.10〉 격자지보형(표준형 3개강봉) 강지보재의 바닥판받침 예(단위 : mm)

5.3 숏크리트

5.3.1 숏크리트의 설계는 사용목적, 지반조건, 시공성 등을 고려하여 지보재로서 다음과 같은 기능을 발휘할 수 있도록 설계하여야 한다.

(1) 숏크리트는 일반 숏크리트와 고강도 숏크리트로 구분할 수 있다.

(2) 지반과의 부착 및 자체전단 저항효과로 숏크리트에 작용하는 외력을 지반에 분산시키고, 터널 주변의 붕락하기 쉬운 암괴를 지지하며, 굴착면 가까이에 지반아치가 형성될 수 있어야 한다.

(3) 휨압축 또는 축력에 의한 저항효과로 주변 원지반에 내압을 가함으로써, 굴착면 주변지반을 3축 응력상태로 유지시켜 지반강도 저하를 방지할 수 있어야 한다.

(4) 강지보재 또는 록볼트에 지반압을 전달하는 기능을 발휘할 수 있어야 한다.

(5) 굴착된 지반의 굴곡부를 매우고 절리면 사이를 접착시킴으로써 응력집중현상을 피할 수 있어야 한다.

(6) 굴착면을 피복하여 풍화방지, 지하수 및 세립자 유출 등을 억제할 수 있어야 한다.

5.3.2 숏크리트는 다음과 같은 특성을 보유한 것이어야 한다.
  (1) 설계목적과 기준에 부합하는 충분한 강도를 확보하여야 한다.
  (2) 조기에 필요한 강도를 발휘할 수 있어야 한다.
  (3) 지반과 충분한 부착성을 확보하여야 한다.
  (4) 충분한 내구성을 확보하여 터널의 공용기간 동안 소요의 기능을 발휘할 수 있어야 한다.
  (5) 반발률(rebound) 및 분진발생량을 최소화하여야 한다.
  (6) 평활한 굴착면을 확보하여 방수 및 배수시공이 용이하여야 한다.

❉❉ 해설 ❉❉

숏크리트는 굴착 후 빠른 시간 내에 지반에 밀착되어 시공될 수 있으며 조기 강도를 얻을 수 있으며 굴착단면의 형상에 크게 영향을 받지 않고 용이하게 시공이 가능하므로 가장 일반적으로 적용되는 지보재 중의 하나이다.

숏크리트의 종류는 시공방법, 보강재료 및 성능에 따라 다음과 같이 구분될 수 있다.

- 시공방법에 따른 구분 : 건식(dry-mix) 및 습식(wet-mix). 1990년대 중반 이전까지는 건식 숏크리트가 지배적으로 사용되었으나, 현재에는 성능, 시공성, 작업성 등이 우수한 습식 숏크리트가 전세계 숏크리트의 80~90%를 차지고 하고 있다(Melbye and Dimmock, 2001).

- 보강재료에 따른 구분 : 강섬유보강 숏크리트 및 철망보강 숏크리트. 숏크리트의 취성파괴 특성을 보완하고 인성(toughness)을 확보하기 위하여 강섬유(steel fiber) 또는 철망(wire mesh)이 사용될 수 있다. 최근 들어서는 부식으로 인한 내구성 저하를 방지하고 높은 인성을 확보할 수 있는 고성능의 합성섬유(synthetic fiber)가 외국에서 일부 적용되고 있다(Melbye and Dimmock, 2001). 대표적인 합성섬유로는 폴리프로필렌(polypropylene) 섬유를 들 수 있다.

- 성능에 따른 구분 : 일반 숏크리트 및 고강도 숏크리트. 일반 숏크리트는 재령 28일 압축강도 기준이 21MPa인 현행의 숏크리트를 의미하며, 고강도 숏크리트는 5.3.4절의 (2)항의 목적으로 활용되기 위하여 재령 28일 압축강도가 35MPa 이상으로 향상된 숏크리트를 의미한다. 고강도 숏크리트는 일반적으로 내구성이 우수하므로 터널지보재를 영구지보재(permanent support)로 적용하고 콘크리트라이닝을 생략하는 NMT(Norwegian Method of Tunnelling)과 같은 싱글쉘(single-shell)터널에서는 고성능 숏크리트(high-performance shotcrete)로 불리기도 한다. 고강도 숏크리트의 적용분야에 대해서는 5.3.4절의 해설에 자세히 기술되어 있다.

지보재로서 숏크리트의 지보기능을 정리하면 다음과 같다(일본터널기술협회, 2005).

- 축압축저항에 의한 지보기능 : 숏크리트는 콘크리트와 마찬가지로 재료특성상 휨강도 및 전단강도에 비해 압축강도가 크다. 숏크리트는 터널굴착면에 아치구조를 형성하고 반경방향의 응력에 대하여 축방향의 압축력(축력)이 발생하여 저항한다. 따라서 이와 같이 숏크리트로 인한 아치구조의 형성과 축압축저항에 대한 지보기능은 압축강도가 큰 숏크리트의 특성을 잘 활용하는 것이라고 할 수 있다.

- 휨저항에 의한 지보기능 : 숏크리트에 부석, 키블록(key block) 등의 국부적인 외력이 작용하는 경우, 숏크리

트의 일부분은 보(beam) 또는 쉘(shell)로서 휨저항에 의해 외력에 저항할 수 있다. 이때 지보부재로서의 휨저항을 저감시키지 않도록 하기 위하여 지반과 숏크리트의 부착이 양호해야 한다. 록볼트 선단의 지압판도 숏크리트의 휨저항에 의한 지보기능을 발휘하기 위한 일종의 교점으로 볼 수 있다.

- 전단저항에 의한 지보기능 : 숏크리트에 부석, 키블록(key block) 등의 국부적인 외력이 작용하는 경우 또는 암반블록 등으로 인해 전단하중이 작용하는 경우, 숏크리트의 일부분은 보(beam) 또는 쉘(shell)로서 전단저항에 의해 외력에 저항할 수 있다. 이때 지반과 숏크리트의 부착력이 충분하지 않으면, 암반블록의 저면 양단에서 박리가 발생할 수 있다. 그 결과 숏크리트에 휨모멘트가 발생하고 지보능력이 저하될 수 있다.

- 지반과의 부착효과 : 숏크리트와 지반이 부착되어 있지 않고 일체화되지 않는 경우, 숏크리트의 자중과 암반블록의 자중을 숏크리트의 강성으로만 지지하게 된다. 하지만 숏크리트와 지반 사이에 부착이 충분되어 있고 일체화되어 있다면, 암반블록과 숏크리트의 자중을 숏크리트와 지반의 복합체 강성으로 지지할 수 있다. 즉, 부착이 없는 경우와 비교하여 부착성이 양호한 경우에, 축력은 증가하지만 숏크리트의 하중분담은 줄어들고 휨응력과 휨모멘트의 발생이 작아지게 된다. 따라서 숏크리트가 굴착면에 충분히 부착될 수 있도록 유의하여야 한다.

터널용 지보재로서 숏크리트가 담당하는 역할 및 지보재의 작용효과는 다음과 같다.

- 낙반방지 : 낙반을 방지하는 데 있어 굴착 직후 부석 정리를 완료한 다음에 시공하는 1차 숏크리트로도 충분한 효과를 얻을 수 있다. 1차 숏크리트는 지반의 이완을 조기에 억제하여 지반 자체의 자립력을 높여주는 것은 물론, 다음 굴착 사이클에서 현장 작업자의 안전확보에도 큰 역할을 한다.

- 내압효과 : 숏크리트는 휨압축 및 축력에 대한 저항을 높여 주변지반에 내압을 발생시킴으로써 지반강도의 저하를 방지한다. 이러한 내압효과는 연암이나 토사지반 등에서 더 크게 나타난다.

- 응력집중의 완화 : 숏크리트는 지반의 굴곡부를 메우고 연약층을 주변의 보다 양호한 지반과 함께 결합시킴으로써 응력집중을 막고 연약층을 보강하는 효과를 가진다.

- 풍화 방지 : 터널을 굴착하면 내부의 지반이 노출되게 되는데 이러한 내부지반을 피복함으로써 풍화를 방지할 뿐만 아니라 지하수 및 미립자 유출방지 등의 효과를 얻을 수 있다.

- 지반아치(ground arch)의 형성 : 숏크리트는 지반과의 부착력에 의해 숏크리트에 작용하는 외력을 지반에 분산시킬 뿐만 아니라 록볼트와 함께 결합되어 시공됨으로써 터널주변 지반에 있는 절리나 균열의 전단저항을 증가시키고 터널주변에 지반아치를 형성시킨다.

- 기타 : 이외에도 숏크리트는 강지보재와의 복합체로서 향상된 지보능력을 발휘할 수 있으며, 강지보재의 좌굴을 방지하는 효과도 가지고 있다.

5.3.3 일반 숏크리트의 배합 및 강도는 다음 사항을 따라야 한다.

  (1) 숏크리트는 설계목적에 적합한 조기 및 장기강도를 발휘하여야 하며, 다음 사항을 고려하여 설계강도를 결정하여야 한다.

① 지반강도 및 지보재로서의 기능.

② 배합재료의 품질 및 조달의 용이도.

③ 시공성 및 숏크리트 타설 작업의 숙련도.

(2) 숏크리트용 시멘트는 보통 포틀랜드 시멘트를 사용하는 것을 원칙으로 하며 잔골재에는 입경 0.1mm 이하의 세립물을 포함하지 않아야 하고, 굵은 골재의 최대치수는 10mm 이하가 되어야 한다.

(3) 숏크리트는 필요한 강도와 내구성이 확보되고 부착성과 시공성이 양호하며 재령 1일 압축강도가 10MPa 이상, 재령 28일 강도가 21MPa 이상 되도록 배합하여야 한다.

(4) 숏크리트 사용 수의 혼합방법에 따라 건식과 습식으로 구분하며 필요에 따라 강 또는 기타 재질의 섬유(fiber)도 혼합하여 사용할 수 있다.

(5) 강섬유는 인장강도 700MPa 이상, 직경 0.3~0.6mm, 길이 30~40mm를 표준으로 하며, 숏크리트와의 부착성능이 양호하게 발현되고 숏크리트 타설 시 뭉침현상이나 막힘현상이 발생하지 않아야 한다.

(6) 실제 벽면에 타설된 강섬유 혼입량은 30kg/m^3 이상이 되어야 하며, 설계 휨강도와 휨인성을 만족하여야 한다. 이때 재령 28일의 강섬유보강 숏크리트의 휨강도는 4.5MPa 이상, 그리고 휨인성을 나타내는 등가휨강도는 3.0MPa 이상이어야 한다. 강섬유 이외의 기타 섬유를 적용할 경우에는 상기 강섬유보강 숏크리트의 성능기준 이상을 발현할 수 있도록 설계하여야 한다.

(7) 숏크리트의 조기강도 발현을 위하여 급결제를 사용할 수 있다. 이때 사용되는 급결제의 사용량은 시멘트 중량의 5~10%를 표준으로 하며 다음과 같은 특성을 보유한 것이어야 한다.

① 콘크리트의 응결경화를 촉진하여야 함.

② 장기강도의 저하가 적어야 함.

③ 부착성이 우수하여야 함.

④ 강지보재를 사용하는 경우는 강재를 부식시키지 말아야 함.

⑤ 사용상의 안전성이 확보되어 있어야 함.

(8) 장대터널에서는 콘크리트 배합부터 숏크리트 타설까지 상당한 시간이 소요되어 작업성이 저하될 수 있으므로 감수제의 사용을 검토해야 한다.

:: 해설 ::

일반 숏크리트는 재령 1일 압축강도가 10MPa 이상 그리고 재령 28일 강도가 21MPa 이상의 성능을 가지는 숏크리트로 정의된다.

일반 숏크리트의 설계기준강도는 과거의 실적과 경험을 통해 설정된 것으로 파악되나 근거가 명확하지는 않다. 발주기관별로 약간의 차이는 있지만, 일반 숏크리트에 대한 국내의 재령 28일 설계강도가 18~21MPa인 점을 볼 때 일본의 숏크리트 설계기준강도를 준용한 것으로 추정된다(〈해설표 5.3.1〉 참조). 일본에서는 품질관리에 문제가 없이 재령 28일에 18MPa 이상의 강도를 발현할 수 있다는 점에서 현행의 설계기준강도가 설정되었다는 의견도 있다(일본터널기술협회, 2005).

〈해설표 5.3.1〉 일반 숏크리트에 대한 우리나라와 일본의 설계기준강도 비교

국가	재령 1일	재령 28일
한국	10MPa	18~21MPa
일본	5MPa	18MPa

숏크리트의 강도는 뿜어붙이기 방식, 시공방법, 타설위치, 숏크리트 두께, 지반조건, 기온, 수온 등에 따라 달라진다. 숏크리트는 콘크리트와는 달리 일반적으로 적용할 수 있는 배합설계법이 확립되어 있지 않으나, 터널지보부재로서 필요한 강도를 얻을 수 있도록 배합을 결정할 필요가 있다. 배합설계에 있어서는 물/시멘트비(W/C), 세골재율(S/A), 조골재의 최대치수(Gmax), 단위 시멘트량, 혼화재료 및 단위수량 등이 숏크리트의 성능을 크게 좌우하기 때문에 신중하게 결정하여야 한다.

숏크리트의 배합설계 시 유의해야 할 사항들을 구성 재료별로 정리하면 다음과 같다.

- 시멘트 : 숏크리트용 시멘트로는 일반적으로 보통 포틀랜드 시멘트를 사용하는 것을 원칙으로 하며, 콘크리트 표준시방서(2009)에서는 KS L 5201을 만족하는 시멘트를 사용하는 것을 원칙으로 하고 있다. 그러나 적용목적에 따라 조기에 강도를 발현시킬 필요가 있는 경우, 또는 시공 후의 양생기간을 충분히 취할 수가 없는 경우에는 조강 포틀랜드 시멘트, 초속경 시멘트 등을 사용하는 경우가 있다. 또한 숏크리트가 염분의 영향 등을 받는 특수조건에 노출되는 경우에는 내구성이 높은 시멘트, 예를 들면 고로슬래그 시멘트 등을 사용하는 것도 가능하다(콘크리트표준시방서, 2009). 단위시멘트량이 많으면 타설 호스에서 맥동(pulsation)이 발생할 수 있으나, 반면 단위시멘트량이 적으면 리바운드가 증가하고 숏크리트의 성능이 떨어지므로 이에 유의하여 배합설계를 수행하여야 한다.

- 골재 : 골재는 숏크리트를 구성하는 중요한 구조체로서 일반 콘크리트와 마찬가지로 깨끗하고 단단하며 내구성이 있어야 하고 적당한 입도를 가져야 한다. 또한 알칼리 골재반응의 위험성이 없어야 한다. 잔골재에는 입경 0.1mm 이하의 세립물이 포함되지 않아야 한다. 일본터널기술협회(2005)에 따르면 입경이 0.2mm 이하인 세립물은 수화작용과 강도발현을 저하하고 분진을 증가시키는 것으로 보고되고 있다. 특히 천연잔골재의 공급이 부족한 상황에서 해사, 부순모래 등을 사용할 경우에는 불순물이 포함되지 않도록 유의해야 하며 해사의 경우에는 철망 등의 부식을 고려할 필요가 있다(일본터널기술협회, 2005). 콘크리트표준시방서(2009)에서는 부순잔골재는 KS F 2527, 그리고 고로슬래그 잔골재는 KS F 2544의 규정을 만족해야 한다고 규정하고 있다. 강도 측면에서는 굵은 골재의 크기가 큰 것이 좋지만 시공 측면에서는 반발률이 증가하거나 호스가 막히는 원인이 된다. 발주기관별로 다소 상이하지만 과거에 굵은 골재의 최대치수를 13~15mm 이하로 규정하였으나, 본 설계기준에서는 강도 발현과 시공성 측면에서 유리하도록 최대치수를 10mm 이하로 개정되었다. 콘크리트

표준시방서(2009)에서는 굵은 골재로 강자갈이 아닌 부순골재 또는 고로슬래그 굵은 골재를 적용해야 할 경우에 각각 KS F 2527 및 KS F 2544에 적합한 것을 사용하도록 규정하고 있다.

- 섬유 : 섬유는 일반적으로 숏크리트의 인성을 증가시키기 위해 사용된다. 또한 숏크리트의 균열에 대한 저항력이나 연성, 에너지 흡수성, 충격에 대한 저항력 등을 향상시키며 균열제어에 효과적이다. 현재 강섬유는 국내 현장에 가장 많이 사용되고 있으며 KS F 2564에 적합한 것 가운데 숏크리트 공법에 적합한 것을 사용한다. 강섬유 이외의 섬유에 대해서는 소요의 품질을 얻는데 적합하다는 사실을 확인한 후 사용하여야 한다(콘크리트표준시방서, 2008).

- 강섬유 혼입량 : 강섬유 혼입률은 0.5%(30~50kg/m^3)가 일반적이다. 혼입률이 1% 정도인 경우에는 경제성 또는 시공성에 문제가 있을 수 있으나, 팽창성지반 등과 같은 특수한 조건에서는 별도 검토를 통해 적용할 수 있다. 과거에는 일반적으로 강섬유의 혼입률을 40kg/m^{3}로 규정하였으나, 철도터널 8개 현장에서 수행된 강섬유보강 숏크리트의 강섬유 혼입량 조사결과, 실제 타설된 강섬유의 혼입량은 강섬유의 리바운드 등으로 인해 대부분 40kg/m^{3}를 만족하지 못하였다(대한토목학회, 2006). 특히, 동일한 8개 현장에서 수행된 제반 성능 평가 결과에 따르면 타설된 강섬유의 혼입량이 30kg/m^3 이상이면 등가휨 강도와 같은 강섬유보강 숏크리트의 인성기준을 만족하는 것으로 나타났다. 본 설계기준에서 제시하고 있는 '실제 벽면에 타설된 강섬유 혼입량은 30kg/m^3 이상'이라는 기준은 강섬유보강 숏크리트의 실제 시공성을 고려하여 이상과 같은 연구결과로부터 도출된 것이다. 이와 같이 우리나라 대부분의 발주기관에서는 강섬유 혼입량으로 품질관리기준을 제시하고 있으나, EFNARC(1996) 등의 외국에서는 잔류강도등급, 에너지흡수등급과 같은 인성지수에 의해 강섬유보강 숏크리트의 성능을 규정하고 있다. 본 설계기준에서 규정하고 있는 휨강도 4.5MPa 이상, 그리고 휨인성을 나타내는 등가휨강도 3.0MPa 이상은 일본토목학회(1996)에서 규정하고 있는 강섬유보강 숏크리트의 성능기준에서 도출된 것이라고 할 수 있다.

- 급결제 : 숏크리트 타설 중에 숏크리트의 탈락을 방지하고 빠른 경화에 의해 지반 이완과 변위발생을 최소화하기 위하여 숏크리트에서 급결제의 사용은 필수적이다. 급결제로서 바람직한 성능은 콘크리트의 응결과 경화를 촉진시키고, 최종강도의 저하가 적으며, 작업원의 건강에 해를 주지 않는 것 등 외에 강섬유나 구조용 합성섬유, 철망을 사용할 경우에는 섬유보강 숏크리트의 성능을 저하할 수 있는 외부환경을 함께 고려하는 것이 중요하다. 본 설계기준에서는 급결제의 품질을 규정하고 있지 않으나, 콘크리트표준시방서(2009)에서는 한국콘크리트학회 기준 KCI-SC 102의 규정에 적합한 것이어야 한다고 규정하고 있다. 또한 터널표준시방서(2008)에서는 초결은 최소 90초 및 최대 5분, 그리고 종결은 최소 12분에서 최대 20분을 만족하는 품질의 급결제를 사용할 것을 규정하고 있다. 시공조건, 사용재료 등을 고려하여 급결제의 사용량을 결정해야 하며, 특히 급결제의 사용량이 많을 경우에는 장기 강도가 크게 감소할 수 있으므로 이에 유의해야 한다. 또한 급결제는 인체와 환경에 유해한 영향이 없어야 한다.

- 혼화제 : 혼화제는 시멘트, 물, 골재, 혼화재 이외의 재료로서 숏크리트의 성능과 작업성 등을 개선하기 위한 목적에 적합하도록 사용되어야 한다. 숏크리트에 사용되는 혼화제 중 공기연행제(AE제)는 건식숏크리트에서

는 사용되지 않으며 습식숏크리트의 경우 동결융해 저항성을 확보하기 위하여 사용될 수 있다. AE제는 KS F 2560에 적합한 것을 사용한다. 또한 숏크리트의 펌핑성 및 유동성을 향상시키기 위하여 AE제, AE 감수제, 감수제 및 고성능 감수제를 사용할 경우 KS F 2560에 적합한 것을 사용하여야 하며, 유동화제를 사용할 경우에는 KCI AD 101에 적합한 것을 사용하여야 한다.

5.3.4 고강도 숏크리트의 배합 및 강도는 다음 사항을 준하여야 한다.

(1) 고강도 숏크리트는 필요한 강도와 내구성이 확보되고 부착성과 시공성이 양호하여야 하며, 재령 1일에 10MPa 이상 그리고 재령 28일 강도가 35MPa 이상이 되도록 배합하여야 한다.

(2) 다음과 같은 경우에는 고강도 숏크리트를 사용할 수 있다.

① 콘크리트라이닝을 설치하지 않는 경우.

② 터널의 조기 안정화가 요구되는 경우.

③ 장기 내구성이 요구되는 목적구조물로서 활용되는 경우.

④ 대단면터널에서 숏크리트 두께 축소를 목적으로 하는 경우.

⑤ 안전성, 시공성, 경제성 향상을 목적으로 하는 경우.

(3) 숏크리트의 강도 증진을 위하여 혼화재를 사용할 경우는 실리카흄, 메타카올린, 플라이애쉬 등과 같은 미분말 혼화재를 사용할 수 있다.

(4) 기타 사항은 일반 숏크리트에 대해 제시된 내용에 따르는 것을 원칙으로 한다.

❖❖ 해설 ❖❖

고강도 숏크리트의 정의는 명확하지 않지만 일본에서는 설계기준강도(재령 28일)가 기존의 2배 정도인 숏크리트를 고강도 숏크리트로 정의하고 있으며 설계기준강도를 36MPa 이상으로 규정하고 있다(일본터널기술협회, 2005). 따라서 본 설계기준에서 규정하고 있는 고강도 숏크리트의 설계강도는 일본의 고강도 숏크리트 기준과 거의 동일하다고 할 수 있다(〈해설표 5.3.2〉 참조). 단, 일본에서는 고강도 숏크리트에 대해서 재령 3시간 강도를 2MPa 이상으로, 그리고 부착강도를 0.5MPa 이상으로 규정하고 있다. EFNARC(1996)에서는 부착력에 대해 숏크리트가 비구조적인 기능을 하는 경우에는 0.5MPa 이상, 구조적인 기능을 하는 경우에는 1.0MPa 이상이 되어야 한다고 제시하고 있다. 최근 개정된 터널표준시방서(2008)에서도 재령 28일 부착강도는 1MPa 이상이 되어야 한다고 규정하고 있다.

〈해설표 5.3.2〉 고강도 숏크리트에 대한 우리나라와 일본의 설계기준강도 비교

국가	재령 3시간	재령 1일	재령 28일
한국(터널설계기준, 2008)	–	10MPa	35MPa
일본(일본터널기술협회, 2005)	2MPa	5MPa	36MPa

고강도 숏크리트의 적용목적과 적용분야를 정리하면 다음과 같다.

- 콘크리트라이닝을 설치하지 않는 경우 : 여기서 콘크리트라이닝을 설치하지 않는 경우란 고성능의 숏크리트와 록볼트를 영구지보재로 적용한 싱글쉘터널(단일구조터널 또는 무라이닝터널로도 불리움)의 경우로 보는 것이 타당하다. 대표적인 싱글쉘터널공법으로는 노르웨이의 NMT를 들 수 있다. 이외에도 다층의 고품질 숏크리트를 타설하고 일체화시켜 콘크리트라이닝을 생략하는 일본의 싱글쉘 NATM(일본지오프론트연구회, 2000) 등을 들 수 있다. 이 경우에는 숏크리트의 고강도화뿐만 아니라 영구지보재로서의 역할도 기대되기 때문에 장기적인 내구성도 크게 향상된 고성능 숏크리트가 적용된다.

- 터널의 조기 안정화가 요구되는 경우 : 지반이 매우 불량하여 터널의 조기 안정성을 확보해야 하는 경우 또는 불량한 지반에서 시공성(예 : 사이클타임 단축)을 향상시켜야 하는 경우에도 고강도 숏크리트가 사용될 수 있다. 노르웨이의 North Cape 터널에서는 초기재령 고강도 숏크리트를 적용하여 당초 두께 1m 이상의 현장타설 콘크리트 라이닝을 평균 25cm 두께의 고강도 숏크리트로 대체한 사례가 있다(Melbye and Dimmock, 2001). 또한 일본에서도 초기재령(재령 1일 이내)에서 고강도·고강성 숏크리트를 적용하여 조기 안정성을 확보하고 강지보재를 생략함으로 인해 급속 시공을 도모한 사례가 있다(野々村正一 등, 2006).

- 장기내구성이 요구되는 목적구조물로서 활용되는 경우 : 이 경우는 앞선 (1)항의 싱글쉘터널의 경우와 부합된다고 볼 수 있다. 또한 일반적으로 숏크리트와 강도와 내구성은 비례하는 것으로 알려져 있으므로, 일반 숏크리트와 비교하여 고강도 숏크리트는 장기내구성이 높다고 할 수 있다.

- 대단면 터널에서 숏크리트 두께 축소를 목적으로 하는 경우 : 고강도 숏크리트는 싱글쉘터널이나 조기 안정화 목적 이외에 경제성과 시공성을 향상시키기 위한 목적으로도 적용될 수 있다. 대단면터널(기존 일본 터널 대비 굴착폭 약 2배, 굴착단면적 약 2.5배)인 일본의 제2동명·명신고속도로(설계속도 140km/h) 터널에서는 고성능 지보재를 적용하여 대단면터널의 안정성을 향상시킴과 동시에 지보재 시공시간을 단축하여 시공성과 경제성을 향상시켰다. 고성능 숏크리트를 적용하여 숏크리트의 타설 두께를 절감하고 불리한 모멘트 발생을 억제하여 시공성과 경제성을 모두 향상시켰다. 고성능 숏크리트의 경우와 마찬가지로 록볼트와 강지보재도 성능을 대폭 향상시켜 안정성, 시공성 및 경제성을 모두 향상시켰다(일본터널기술협회, 1996).

- 안전성, 시공성, 경제성 향상을 목적으로 하는 경우 : 이는 앞선 항목들을 모두 포함하는 포괄적인 의미로 보는 것이 타당하다.

고강도 숏크리트의 배합설계 시에 고려해야 할 중요 사항들을 정리하면 다음과 같다.

- 물/시멘트비를 줄여(단위시멘트량 증대) 고강도를 실현 : 물/시멘트비(또는 물/결합재비)가 감소하고 단위시멘트량이 증가해야 강도 발현과 부착력이 우수하고 반발률이 감소한다. 일반적으로 고강도 숏크리트에서 물/시멘트비는 40% 이하인 경우가 많다.

- 단위수량의 증가 없이 워커빌러티(workability)를 확보하기 위해서 고성능감수제(superplasticizer 또는 hyperplasticizer)를 필수적으로 사용 : 고성능감수제는 물/시멘트비를 저감시킴과 동시에 숏크리트의 유동성을 개선하는 역할을 한다. 단, 고성능감수제와 시멘트 및 급결제의 반응성을 확인해야 한다.

- 고강도 및 고내구성 확보를 위하여 단위 시멘트량의 일부를 포졸란 재료인 미분말 혼화재(실리카흄, 메타카올린, 플라이애쉬 등)로 치환 : 일반적인 20~30MPa 강도 숏크리트는 미분말혼화재를 사용하지 않고도 발현이 가능할 수 있지만, 30MPa 이상의 고강도를 발현하기 위해서는 미분말혼화재의 역할이 크다(Melbye and Dimmock, 2001). 대표적인 미분말혼화재로는 실리카흄(silica fume)을 들 수 있으며, 최근 들어 실리카흄의 대체재료로서 고령토를 원료로 하여 개발된 메타카올린(metakaolin)도 적용될 수 있다. 이외에도 산업부산물의 유효이용 관점에서 활용이 기대되는 플라이애쉬(fly ash)와 고로슬래그(blast furnace slag)도 미분말혼화재에 포함되지만, 응결이나 초기 강도발현을 감소시키기 때문에 숏크리트에의 단독 적용은 어렵다.

- 장기강도 저하를 최소화할 수 있는 고강도용 급결제를 사용 : 일반적으로 급결제 사용량이 증가하면 숏크리트의 장기강도는 떨어지게 된다. 그러나 단위시멘트량이 많은 고강도 숏크리트에서 급결제의 사용량은 증가될 수밖에 없다. 따라서 장기강도의 확보 측면에서 고강도용으로 개발된 급결제를 사용할 필요가 있다.

이외에도 고강도 숏크리트의 적용을 위해서는 미분말혼화재와 고성능감수제를 자동으로 계량하고 첨가하기 위한 설비를 배치플랜트의 계획과 설계단계부터 고려해야 할 필요가 있다.

> 5.3.5 터널의 지보재로 사용되는 숏크리트의 최소두께는 사용목적, 지반조건, 단면의 크기, 지보재 안정성 및 시공성 등을 고려해서 정하되 50mm 이상으로 하여야 한다.

❖❖ 해설 ❖❖

기존 터널설계기준(1999)에서는 숏크리트의 최소두께를 30mm 이상으로 규정하였으나, 지보재의 안정성, 시공성 등을 고려하여 50mm 이상으로 상향조정되었다. 특히, 이상의 숏크리트 최소두께는 본 설계기준 개정을 위한 의견수렴 시 숏크리트 최소두께 30mm 규정이 시공 측면에서 매우 불리하다는 의견을 반영하여 개정된 것이다. 또한 철도설계기준(노반편, 2004) 등에서도 숏크리트 최소두께를 50mm 이상으로 규정하고 있다.

> 5.3.6 타설된 숏크리트가 자중으로 인해 박리될 가능성이 있는 경우 또는 숏크리트의 인장강도 및 전단강도 등 인성을 향상시키기 위해 철망을 사용할 수 있다. 단, 강섬유 또는 기타 재질의 섬유를 혼합한 숏크리트의 경우는 철망을 생략할 수 있다. 철망의 재질 및 규격은 다음 사항을 따라야 한다.
> (1) 철망은 KS D 7017에 규정된 용접철망을 사용하되 철망의 지름은 5mm 내외, 개구크기는 100mm×100mm 또는 150mm×150mm인 철망을 표준으로 한다.
> (2) 굴착면의 자립이 어렵고 숏크리트 타설 시 숏크리트 박리가 발생하는 경우에는 숏크리트와 지반과의 부착을 증진시키기 위하여 개구크기와 철선지름이 작은 철망을 사용할 수 있다.
> (3) 철망은 종방향 및 횡방향으로 겹이음을 실시하되 터널종방향으로는 100mm, 횡방향으로는 200mm 이상의 이음장을 표준으로 한다.

:: 해설 ::

철망은 숏크리트의 전단보강, 부착력의 향상, 시공 중 및 시공 후의 박락현상 방지, 숏크리트의 인성향상 등을 목적으로 사용된다.

일반적으로 철망은 토사지반에서 경암에 이르기까지 다양한 지반조건에 사용되고 있으나 지반조건에 따라 그 사용목적이 다르다. 예를 들면, 숏크리트와 부착성이 약한 토사, 풍화암, 연암지반에서는 철망이 시공성을 향상시키는 목적으로 사용되고 있다. 특히 토사지반의 경우 원지반의 강도가 약하므로 숏크리트 중량에 의해 원지반으로부터 박락되는 사례가 많으므로 이 경우 눈금이 비교적 작은 철망을 사용하여 박락현상을 방지할 수 있다. 팽창성지반과 같은 큰 변형이 발생되는 지반은 숏크리트에 많은 균열이 발생하여 국부적으로 박리되는 수가 있으므로 이 경우 박리방지 및 인성향상을 목적으로 철망을 사용한다. 한편, 절리 및 균열이 많은 암반에서는 암괴의 붕락에 대하여 숏크리트의 전단강도 보강 및 인성향상을 목적으로 철망이 사용된다. 따라서 지반조건에 따라 기대되는 철망의 효과, 시공성 등을 고려하여 철망의 종류를 선정하여야 한다.

일반적으로 철망은 KS D 7017에 규정된 용접철망을 사용하되 철망의 지름은 5mm 내외, 격자망의 크기는 100×100mm 및 150×150mm인 철망을 표준으로 한다. 부착성과 시공성 증대를 목적으로 하는 경우는 Φ3.2×50×50mm 정도의 것이 사용되며, 전단 및 인장보강을 목적으로 하는 경우는 Φ4.8×100×100mm 혹은 Φ4.8×150×150mm 정도의 것이 주로 사용되고 있다.

철망은 일반 철근 콘크리트 구조물과 같이 종·횡방향으로 겹이음을 하여야 한다. 겹이음은 1차 철망의 경우 횡방향 2격자(20cm 이상) 및 종방향 1격자(10cm 이상), 2차 철망의 경우 종횡방향 모두 2격자(20cm) 이상 시행한다. 특히, 상반과 하반, 하반과 인버트 간의 시공이음에 특별한 주의를 기울여야 하며 철망 겹이음을 위해 철근이 사용된다(김용하·김관진, 2006).

그러나 철망을 사용하는 경우에는 다음과 같은 문제점이 있으므로 사용에 충분한 검토가 요망된다(건설교통부, 1999).

- 굵은 골재의 반발률이 높아짐.
- 숏크리트에 공극이 생기기 쉬움.
- 숏크리트 층 사이에 위치하여 숏크리트 타설 시 철망에 진동을 줌으로써 층 분리현상이 발생할 수 있음.
- 철망의 정착이 어려운 경우가 많음.
- 지하수에 의한 부식이 발생할 가능성이 있음.

5.4 록볼트

5.4.1 록볼트 설계 시 다음 사항을 고려하여야 한다.

(1) 록볼트 설계 시에는 록볼트 소재와 록볼트 자체의 항복하중과 정착방법을 면밀히 검토하여야 한다.

(2) 록볼트의 설계에 있어서는 지반상태, 불연속면의 분포, 용출수 등을 고려하여 다음에 언급한 효과가 사용목적에 적합하게 발휘되도록 설계하여야 한다.

① 봉합작용 : 발파 등에 의해 이완된 암괴를 이완되지 않은 원지반에 고정하여 낙하를 방지하는 기능이다.

② 보형성작용 : 터널주변의 층을 이루고 있는 지반의 절리면 사이를 조여줌으로써 절리면에서의 전단력의 전달을 가능하게 하여 합성보로서 거동시키는 효과이다.

③ 내압작용 : 록볼트의 인장력과 동등한 힘이 내압으로 터널벽면에 작용하면 2축 응력상태에 있던 터널주변 지반이 3축 응력상태로 되는 효과가 있으며, 이것은 3축 시험 시 구속력(측압)의 증대와 같은 의미를 가지며 지반의 강도 혹은 내하력 저하를 억제하는 작용을 한다.

④ 아치형성 작용 : 시스템 록볼트의 내압효과로 인해 굴착면 주변의 지반이 내공 측으로 일정하게 변형하는 것에 의해 내하력이 큰 그랜드아치를 형성한다.

⑤ 지반보강 작용 : 지반 내에 록볼트를 설치하면 지반의 전단 저항능력이 증대하여 지반의 내하력을 증대시키고 지반의 항복 후에도 잔류강도 향상을 도모한다.

(3) 록볼트의 작용효과 중 특히 봉합작용이 강조되어 인장력이 발생되는 경우는 소요의 인발내력에 대해서 충분한 안전율을 갖는 재질과 형상의 록볼트를 채택하여야 한다.

(4) 록볼트의 재질, 지압판, 정착형식 및 정착재료 등을 선정할 경우에는 그 시공성을 고려하여야 한다.

(5) 굴착으로 인한 응력해방에 따라 내공변위가 크게 발생하는 경우에는 선단정착형 또는 혼합형의 록볼트 형식으로 프리스트레스를 도입할 수 있다. 프리스트레스를 도입하는 경우에는 도입된 프리스트레스가 지속적으로 유지될 수 있는 지반조건이어야 하며, 프리스트레싱에 의한 록볼트의 응력이 항복강도의 80% 이내가 되도록 하여야 한다.

(6) 대단면 터널, 터널 교차부 등과 같이 8m 이상의 긴 록볼트를 설치할 필요가 있는 경우에는 시공성 등을 고려하여 짧은 록볼트와 함께 긴 케이블볼트를 조합하여 설계할 수 있다. 이때, 사용하는 케이블볼트의 재질 및 형상은 원지반 조건 및 사용목적에 따라 정하여야 하며 배치 및 길이 선정은 록볼트의 설계기준을 준용하되 충전재 미채움으로 인한 공극을 고려하여 록볼트 설계기준에 준하여 결정된 길이에 최소 2m를 추가하여야 한다.

❖ 해설 ❖

록볼트는 주변지반의 지보기능을 유리하게 활용하기 위한 중요한 지보재이므로 지반과 일체화되어 그 효과를 충분히 발휘할 수 있도록 지반거동에 대한 효과, 즉 봉합작용, 보형성 작용, 내압작용, 아치형성작용, 지반보강작용 등을 고려하여 설계하여야 한다.

충리 및 절리가 발달된 중경암~경암의 경우에는 암석 자체의 강도가 크기 때문에 응력으로 야기된 문제는 발생하지 않으나, 불연속면이 발달한 암반에서는 붕락이동 등의 불안정성 문제가 발생할 수 있다. 이러한 경우 록볼트는 암괴의 붕락이동을 억제하고 암반을 일체화시키는 봉합작용 및 지반보강작용을 발현하게 된다.

한편 강도가 작은 연암 이하의 지반에서 터널의 굴착에 의해 주변지반의 응력이 암석의 강도를 초과하여 넓은 영역까지 소성화되어 비교적 큰 변형이 발생되는 경우에는, 록볼트로 지반의 변형을 억제하고 소성영역의 확대를 억제함으로써 지반의 안전성을 증가시킬 필요가 있다. 이러한 경우에 록볼트는 아치형성, 내압작용 등의 효과를 발휘하게 된다.

록볼트의 설치효과를 장기적으로 기대하는 경우에는 부식을 방지해야 하는데, 특히 온천 및 산성용수 등이 존재하는 지반 그리고 해수의 영향을 받는 지역에서는 내부식성 재료의 사용을 검토해야 한다.

록볼트를 설계하는 데 있어 다음 항목들을 검토하여야 한다.

- 원지반의 강도.
- 절리, 균열 등 불연속면의 상태.
- 용수 상태.
- 천공홀벽의 자립 정도.
- 설계내력.
- 록볼트의 길이.
- 1사이클의 시공 수량.
- 타설방향.
- 작업성(시공관리의 난이).
- 프리스트레스의 도입여부.
- 정착의 확실성.
- 경제성(작업시간까지 포함).

록볼트의 재질(케이블볼트 포함), 지압판, 정착형식 및 정착재료에 대한 세부적인 해설은 다음의 5.4.2절 및 5.4.3절에 기술되어 있다.

5.4.2 록볼트 재질 및 형상은 다음 사항을 준하여야 한다.

  (1) 록볼트는 소요의 강도 이상을 가지는 이형봉강으로 제작하는 것을 원칙으로 하나 강관, 팽창성 강관 또는 이와 동일한 강도와 기능을 가지는 섬유보강 플라스틱(FRP) 등 기타 소재의 록볼트도 사용할 수 있으며, 재질 및 강도는 한국산업규격(KS)에 적합한 것이어야 한다.

  (2) 록볼트의 재질은 원지반조건 및 사용목적을 고려하여 정하여야 하며 영구지보재로 사용하는 경우는 장기 내구성이 우수한 것이어야 한다. 일반적으로 SD 350 이상의 강재로서 재질 인

장강도 및 연신율이 큰 것이어야 한다. KS E 3132 및 KS D 3504에 제정되어 있는 봉강의 기계적 성질은 〈표 5.4.1〉과 같다.

(3) 케이블볼트의 재질 및 형상은 원지반조건 및 사용목적에 따라 정하여야 하며 일반적으로 재질은 공칭지름 12.7mm 이상의 7연선으로 인장강도 및 연신율이 큰 것이어야 하며 1본의 케이블볼트가 지탱하는 소요 강도에 따라 다양한 형상의 케이블볼트를 사용할 수 있다.

〈표 5.4.1〉 록볼트로 사용되는 봉강의 기계적 성질

종 류	재질 기호	기계적 성질		
		항복점(MPa)	인장강도(MPa)	연신율(%) (시험편 2호 기준)
이형봉강	SD 350	350 이상	490 이상	18 이상
	SD 400	400 이상	560 이상	16 이상

(4) 지압판은 록볼트와 숏크리트를 일체화시키는 역할을 담당하며, 예상되는 응력에 대하여 충분한 면적과 강도를 갖는 것이어야 한다. 지압판 두께는 6mm를 표준으로 하되 팽창성지반의 경우는 9mm 이상을 사용하여야 한다.

❖❖ 해설 ❖❖

가. 록볼트

1) 록볼트의 재질로는 지반조건과 사용목적에 따라 필요한 강도 및 신장특성을 가진 것이 사용되어야 한다. 록볼트는 일반적으로 인장재로 사용되기 때문에 인장강도가 큰 것을 사용하는 것이 타당하다. 또한 지반의 급격한 붕괴를 방지하기 위해서는 연성이 큰 신장특성을 갖는 재료를 사용하여야 한다.

2) 일반적으로 원형강봉은 이형강봉에 비하여 인발저항력이 작기 때문에 록볼트 재료로는 주로 이형강봉(〈해설그림 5.4.1〉)을 사용하는 경우가 대부분이다(〈해설표 5.4.1〉). 본 설계기준에서는 KS D 3504에 제정되어 있는 이형강봉 중 SD350 이상의 강재로서 재질의 인장강도와 연신율이 큰 것을 사용할 것을 규정하고 있다(〈해설표 5.4.2〉). 록볼트의 직경은 작용효과, 시공성 등을 고려하여 결정되어야 하며 D22~D29 정도가 적정하고 일반적으로 D25가 널리 사용되고 있다(〈해설표 5.4.3〉).

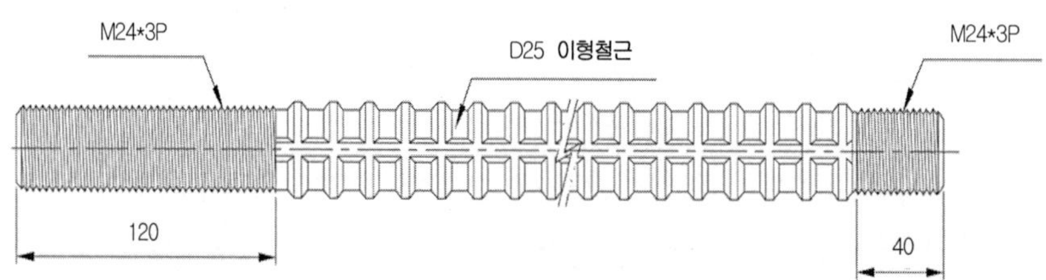

〈해설그림 5.4.1〉 이형철근 록볼트 일반도(단위 : mm)

〈해설표 5.4.1〉 우리나라의 록볼트 사용현황

규격	길이	재질	관련규정	주 사용처
D25	2m, 2.5m	SD350 동등이상	KS E 3132	통신구, 전력구 등
	3m		KS E 3132	지하철
	4m		KS E 3132	도로터널
	5m, 6m		KS E 3132	고속철도터널 등
D29	8m, 9m, 10m		KS E 3132	비탈면, 댐, 발전소, 지하공간

〈해설표 5.4.2〉 록볼트로 사용되는 이형강봉의 기계적 성질(KS D 3504)

재질기호	기계적 성질			
	항복점(MPa)	인장강도(MPa)	연신율(%) (시험편 2호 기준)	굽힙각도(°)
SD 350	350 이상	490 이상	18 이상	180
SD 400	400 이상	560 이상	16 이상	180

〈해설표 5.4.3〉 록볼트로 사용되는 이형강봉의 무게, 치수 및 마디의 허용한도(KS D 3504)

호칭명	단위 무게 (kg/m)	공칭 지름 (mm)	공칭 단면적 (cm^2)	공칭 둘레 (cm)	마디의 평균간격 최대치 (mm)	마디높이		마디틈 합계의 최대치 (mm)	마디와 축선과의 각도
						최소치 (mm)	최대치 (mm)		
D22	3.04	22.2	3.871	7.0	15.5	1.1	2.2	17.5	45° 이상
D25	3.98	25.4	5.067	8.0	17.8	1.3	2.6	20.0	
D29	5.04	28.6	6.424	9.0	20.0	1.4	2.8	22.5	

3) 록볼트의 재질로는 이형봉강 이외에도 강관, 팽창성 강관, 섬유보강 플라스틱(FRP, Fiber Reinforced Plastic), 유리보강 플라스틱(GRP, Glass Reinforced Plastic) 등이 사용될 수 있다. 특히 최근 들어 영구 지보재 목적으로 적용되는 록볼트의 인발내력 향상과 내부식성 확보에 관한 관심이 증대되면서, 외국에서 FRP 또는 GRP 록볼트가 개발되어 일부 적용되고 있다. 또한 굴진면의 안정성을 확보하기 위한 굴진면 록볼트나 확폭 예정구간에 있어서 굴착 중 안정성을 확보하기 위해 사용되는 볼트 등에 대해서는 시공성을 고려하여 GRP 록볼트가 적용되기도 한다. FRP와 GRP 록볼트는 신장력이 크고 내구성이 매우 뛰어나다는 장점을 가지고 있지만 아직까지 종래의 록볼트 재질과 비교하여 가격이 고가라는 한계를 가지고 있다.

4) 지압판은 록볼트와 숏크리트를 일체화시키는 중요한 부재이므로 예상되는 응력에 대하여 충분한 면적, 두께 및 강도를 가져야 한다. 일반적으로 평판(flat plate) 지압판을 사용할 경우에 10×150×150mm 정도의 규격이면 충분하나 지반의 변형이 큰 경우에는 록볼트가 파단되는 정도의 축력이 발생되는 경우도 있으므로 이 경우에는 지압판의 두께와 강도에 대하여 별도의 검토가 필요하다(도로설계편람, 1999). 지압판의 형상에는 평판형 이외에도 구형강판(domed plate), 삼각형강판(triangular bell plate) 등이 있다.

나. 케이블볼트(cable bolt)

1) 개요 : 일반적으로 케이블볼트는 몇 가닥의 강선(steel wire)을 꼬아서 가닥(strand)으로 만든 강연선 (steel strand)을 〈해설그림 5.4.2〉(a)와 같이 시멘트 그라우트된 천공홀 속에 삽입한 보강재를 의미한다. 케이블볼트는 4~40m까지의 길이로 시공이 가능하다. 케이블볼트는 지하대공간 구조물이나 사면 등에서 측벽, 천정 등의 보강이나 지지를 위하여 〈해설그림 5.4.2〉(b)와 같이 일정한 간격으로 설치되는 것이 일 반적이다. 가장 보편적으로 사용되는 것은 7가닥 강선을 엮은 7강연선(seven-wire steel strand)이다.

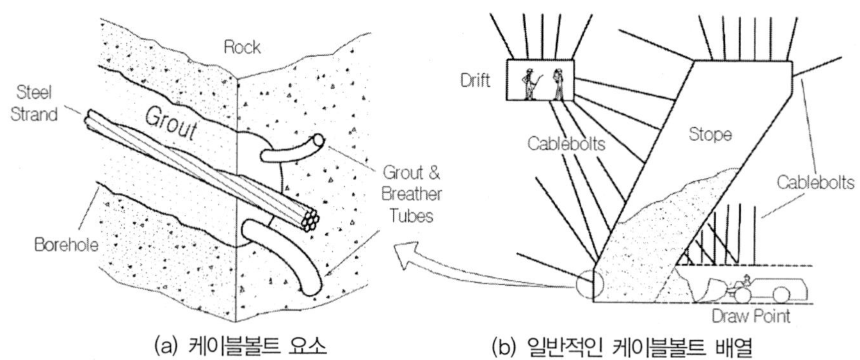

(a) 케이블볼트 요소   (b) 일반적인 케이블볼트 배열

〈해설그림 5.4.2〉 케이블볼트 일반(Goris, 1990과 Reichert et al., 1992)

2) 적용분야 및 역할 : 록볼트는 일반적으로 작은 경간의 터널에 사용되어 왔다. 그러나 터널교차부나 지하 대공간과 같이 경간이 큰 경우에서는 강도 및 길이의 증가가 가능한 장점으로 인해 케이블볼트가 사용된 다. 경간이 크다는 것은 암반의 대규모 낙반 가능성이 있다는 것을 의미하므로 지지력이 큰 케이블볼트와 록볼트의 조합에 의해 효과적으로 지지할 수 있다. 또한 케이블볼트는 절리와 같은 연약면을 따라 발생하 는 분리를 방지하기 위해 암반 깊숙이 설치되어 큰 체적의 암반을 보강할 수 있으며, 암반의 연속체 특성 을 유지함으로써 암반이 고유강도를 발휘할 수 있도록 하고 전체적인 안정성을 향상시킬 수 있다. 한편 굴 착면에서 암반블록을 지지함으로써 암반이 이완되고 약해지는 것을 방지할 수 있다. 즉, 케이블볼트는 일 반적으로 터널의 지지, 보강, 또는 굴착면으로부터 대규모 낙반방지 등과 같은 목적으로 사용된다.

3) 형태 : 현재 외국에서 사용되고 있는 케이블볼트의 종류(Windsor, 1992)를 〈해설그림 5.4.3〉에 나타내었 다. 강선을 꼬는 형태 등에 따라 여러 종류의 케이블볼트가 다양하게 개발되었으며, 종류에 따라 그라우트 의 재질도 달라져야 한다. 가장 일반적으로 사용되어지는 케이블볼트는 일반 스트랜드(plain strand)이며, 일반 스트랜드의 지보능력을 보완하기 위하여 〈해설그림 5.4.3〉과 같이 최근 20년 동안 다양한 종류의 케 이블볼트가 개발되었다. 케이블볼트의 적용에 있어서 또 다른 중요한 요소는 그라우트 재질이며, 현재까지 실제 현장에서 사용되는 그라우트의 물/시멘트 비는 대략 0.3~0.6 혹은 0.7까지 이르는 것으로 파악되었 다. Goris(1990) 및 Reichert et al.(1992)이 일반 스트랜드를 사용하여 직접 인장시험을 한 결과, 최적의

케이블볼트 지보능력을 발휘하기 위해서는 물/시멘트 비가 약 0.3에서 0.4 사이를 유지하여야 한다고 보고하였다. 일반적으로 물/시멘트 비가 적으면 부착강도가 증가하겠으나 이는 현장에서 그라우트 시공성이 떨어질 수 있는 문제점이 있다.

	Longitudinal Section	Cross Section
Single plain strand		
Double plain strand with spacers		
Birdcaged strand		
Bulbed strand		
Ferruled strand		
Nutcaged strand		
Epoxy-coated or encapsulated strand		
Buttoned or swaged strand		

〈해설그림 5.4.3〉 케이블볼트 종류 예시

4) 지압판 : 일반적으로 케이블볼트는 숏크리트면과 접촉되도록 록볼트와 같이 지압판을 사용한다. 때로는 철망이나 스트랩을 보조도구로 병행하여 사용한다. 지압판은 케이블볼트와 숏크리트를 일체화시키는 중요한 부재이므로 예상되는 응력에 대하여 충분한 면적과 두께, 강도를 가져야 한다. 그러나 숏크리트가 지압판에 대체적 혹은 부가적인 역할을 담당하는 것도 생각할 수 있으므로 그 선택에 있어서 이를 고려하여 하는 것이 필요한 경우도 있다. 케이블볼트에 작용되는 하중에 따른 지압판의 크기 및 두께를 〈해설표 5.4.4〉에 나타내었다.

〈해설표 5.4.4〉 케이블볼트에 사용되는 지압판의 크기 및 두께(Douglas and Arthur, 1983)

케이블볼트에 작용하는 하중(kN)	지압판의 크기(길이 또는 직경, mm)	두께(mm)
80	125~150	7
150	150~200	10
300	200~250	12

5.4.3 록볼트 정착방법의 선정 시에는 다음 사항을 고려하여야 한다.

(1) 록볼트의 정착방법으로는 선단정착형, 전면접착형, 혼합형 등이 있으며 사용목적, 지반조건, 시공성 등을 고려하여 정착방법을 선정하여야 한다.

(2) 정착재료는 시멘트계와 수지계를 현장여건에 따라 사용할 수 있다. 설치위치에 따라 정착재료의 흘러내림을 최대한 방지하도록 조치하여야 한다.

(3) 지반이 연약하여 록볼트 천공의 자립이 어려운 경우에는 자천공형 록볼트를 사용할 수 있다.

(4) 긴급한 록볼트 기능 도입이 요구되는 경우에는 마찰력을 즉시 발휘시킬 수 있는 구조의 록볼트를 사용하여야 한다.

(5) 록볼트의 정착재료는 보통 포틀랜드 시멘트를 사용하는 것을 원칙으로 하며, 사용하는 모래는 최대 직경이 2mm 이하의 입도가 양호한 모래를 사용해야 한다.

❖❖ 해설 ❖❖

록볼트의 정착방법은 크게 선단정착형, 전면접착형, 혼합형 등 3가지 방식으로 구분되며 각각의 특징을 정리하면 〈해설표 5.4.5〉와 같다. 일반적으로 고속도로 및 국도, 지하철 등에서는 주로 전면접착식을 사용하고 있다.

록볼트의 정착력이 충분한지 여부는 인발시험을 통하여 인발내력을 판단해야 하며, 인발내력은 통상 지반과 정착재 사이에 발생되는 마찰력에 의해 얻어지기 때문에 지반조건, 정착재, 볼트길이, 공경 등에 따라 달라진다. 록볼트인발시험은 사용된 록볼트와 동종인 록볼트 자체에 대한 사전인발시험을 실시하여 인발내력을 확인하고, 시공된 록볼트에 대한 실제 시험 시에는 설계인발내력의 80%에 달하면 합격하는 것으로 한다. 록볼트인발시험은 터널연장 20m마다 3개 지점(천정, 양측벽 각 1개)에 대해 수행된다.

암질이 불량하여 소정의 인발력이 얻어지지 않거나 과다한 변위가 발생하는 구간에 있어서는 인발내력시험을 재실시하고 충전재료의 적정성 검토, 록볼트 길이 증가, 록볼트 추가시공 등을 조치·시행해야 한다. 풍화와 파쇄가 심하여 공경 유지가 어려울 경우에는 자천공 록볼트가 사용되며, 록볼트 설치와 동시에 록볼트의 지보효과를 발현시켜야 할 경우에는 마찰형 록볼트(예 : Swellex bolt)가 사용된다.

또한 NMT 터널에서는 고내력·고내구성의 CT-bolt가 활용되고 있다. CT-bolt는 선단정착형과 전면접착형의 2가지 기능을 모두 가지고 있다. 팽창쉘(expansion shell)에 의해 설치 직후 선단이 정착되고 프리스트레스가 부여된 후, 볼트의 부식을 방지하기 위한 폴리에틸렌 튜브관을 통해 시멘트 몰탈이 주입되는 구조로 되어 있다. 이상과 같이 CT-bolt는 영구지보재로 적용되는 NMT용 록볼트이다.

〈해설표 5.4.5〉 록볼트의 정착방법과 특징

형식	정착방법	특징	적용범위
선단 정착형	• 기계적 정착 : 쐐기형, 확장형(익스펜션형) • 접착형 : 캡슐(레진) • 록볼트 선단정착 후 너트로 조임	• 확장형 및 캡슐 접착형은 봉합효과를 목적으로 하는 경우에 적용	• 절리 또는 균열 발달이 비교적 적은 경암 또는 보통암에서 일부 사용
전면 접착형	• 레진형(수지) • 충전형(시멘트 모르타르) • 주입형(시멘트 밀크 또는 모르타르) • 기계적으로 록볼트 전장을 원지반에 정착하는 방법	• 록볼트 전장에서 원지반을 구속하며 원지반의 강도, 절리 균열의 상태, 용출수의 상태 및 굴진면의 자립성 등에 따라 종류가 다양	• 경암, 보통암, 연암, 토사지반에서 팽창성지반까지 적용범위가 넓음
혼합형	• 선단을 기계적으로 정착한 후 시멘트 밀크를 주입하는 방법 • 전면접착형의 정착재 충전 시 선단에 급결용의 캡슐을 사용하는 방법	• 선단접착형과 전면접착형을 혼합 • 시공 공정이 2단계 • 시공에 따라서는 선단의 급결성이 얻어지지 않는 경우도 있음	• 선단을 기계적으로 정착하는 록볼트는 많이 사용되고 있지 않음 • 팽창성지반 또는 프리스트레스를 도입하는 경우에 유효
기타	• 자천공형	• 마찰형	• 기타

5.4.4 록볼트의 배치 및 길이 선정은 다음 사항을 따라야 한다.

(1) 록볼트는 원칙적으로 굴착에 의해 영향을 받는 영역을 보강하도록 배치하여야 한다.

(2) 록볼트의 배치 및 길이는 그 사용목적, 지반조건, 터널단면의 크기 및 형상, 굴착공법, 절리의 간격 등을 고려하여 결정하여야 한다.

(3) 록볼트를 일정한 간격으로 배치할 필요가 있는 경우에는 터널단면의 방사선방향으로 굴착면에 직각으로 타설하는 것을 원칙으로 하고, 절리가 발달하였으나 암질이 양호한 불연속면을 관통하는 경우에는 절리면을 고려한 방향으로 록볼트를 설치하여야 하며, 인접한 록볼트 간에는 상호작용 발휘가 가능하도록 록볼트를 배치하여야 한다. 단, 록볼트를 조기에 타설할 필요가 있는 경우에는 터널진행방향으로 경사진 경사록볼트 배치형식을 적용할 수 있다.

(4) 록볼트의 길이는 굴착단면의 크기와 이완영역의 발달 깊이에 따라 조정하되 설치간격의 2배 정도를 표준으로 하고, 1회 굴진장 및 암반의 절리상태에 따라 조정하여야 하며, 지반 자체의 지보능력을 원활히 발휘할 수 있는 간격으로 배치하여야 한다.

(5) 록볼트의 직경은 1본의 록볼트가 지탱하는 암괴의 중량 또는 지반에 필요한 전단보강력에 의해 결정할 수 있으나 일반적으로 D25의 규격을 표준으로 하는 것을 원칙으로 한다.

(6) 터널 상부에 강관보강공법이 적용된 구간에서 록볼트에 의한 보강효과를 얻을 수 없거나 매우 저감되는 경우에는 지반조건을 면밀히 검토한 후 록볼트를 생략할 수 있다.

❖❖ 해설 ❖❖

록볼트의 설치는 암반의 절리 및 균열의 간격, 길이, 크기에 의해 암괴의 붕락 가능성을 상정하고 붕락이 발생하지 않도록 록볼트의 개수와 간격을 결정하는 경우, 그리고 1개의 록볼트에 의해 지지 가능한 최대하중과 지지하여야 할 하중의 관계로부터 록볼트의 개수와 간격을 결정하는 경우로 구분된다. 이와 같이 록볼트의 간격을 결정할 때에는 인접된 볼트가 서로 유효하게 작용효과를 발휘할 수 있도록 록볼트 간의 상호작용을 고려하여야 한다.

즉, 록볼트의 배치는 사용목적에 따라 다르며, 지반의 종류, 강도, 균열간격 및 길이, 용수의 유무, 지반의 초기응력, 터널단면의 크기 및 형상, 굴착방법 등에 따라 결정되어야 한다. 다음과 같은 경우 록볼트를 추가 설치하는 것이 바람직하다.

- 터널벽면의 변형이 록볼트 길이의 약 6%가 된다고 판단되는 경우.
- 록볼트의 인발시험 결과로부터 충분한 인발내력이 얻어지지 않는 경우.
- 록볼트 길이의 약 1/2 이상으로부터 지반 내부 사이에 축력분포의 최대값이 존재하는 경우.
- 소성영역의 범위가 록볼트 길이를 넘는다는 판단되는 경우.

록볼트의 배치에는 랜덤볼팅(random bolting)과 시스템볼팅(system bolting) 방법이 있다. 전자는 굴착 후 굴진면 상태에 따라 볼트 배치를 결정하는 방법이며, 후자는 지질 상태를 예상하고 미리 록볼트의 배치를 결정하는 방법이다. 랜덤볼팅은 지반이 불량한 부분을 국부적으로 록볼트로 보강하는 개념이며 시스템볼팅은 터널단면에 미리 정해진 형식의 록볼트를 배치하여 지반을 지보하는 개념이다. 어떤 경우에도 지반조건이 크게 변화하는 경우에는 신속하게 록볼트의 배치를 변경하여야 한다.

록볼트의 타설형식은 지반조건, 시공방법 등에 따라 다르며 그 대표적인 형식은 다음과 같다.

- 반경 방향형 : 가장 일반적인 형식.
- 경사볼트 : 굴진면에 코아를 남겨 록볼트 작업공간이 부족하나 록볼트를 조기에 시공할 필요가 있는 경우 등에 적용되며, 경사각은 일반적으로 45~60°임.
- 훠폴링형 : 굴진면 천단부의 안정을 위하여 적용되며 경사각은 일반적으로 10~30°임.
- 굴진면 록볼트 : 굴진면의 안정을 확보하기 위해 적용되며 GRP 재질의 록볼트가 적용되기도 함.

록볼트의 길이는 원칙적으로 굴착에 의한 영향범위를 보강할 수 있도록 결정하여야 하며, 록볼트의 길이는 지반조건, 주요 작용효과, 굴착단면의 크기 등에 따라 다르나 일반적으로 시공성을 고려하여 록볼트의 설치간격의 2배 이상인 2.0~4.0m 정도가 가장 많이 적용되고 있다. 강도가 작은 지반에서는 록볼트의 효과를 보다 유리하게 발휘시키기 위하여 표준적으로 설정된 볼트 패턴보다 볼트의 개수를 증가시키거나 볼트의 길이를 증가시켜 시공하는 것이 적절하다.

■ 참고문헌 ■

1. 건설교통부(1999), 『도로설계편람』

2. 건설교통부(2008), 『터널표준시방서』

3. 김승렬(2004), 도시철도기술자료집(3) 『터널』, 서울특별시 지하철건설본부

4. 김용하·김관진(2006), 『NATM 이론과 실제』, 구미서관

5. 대한토목학회(2006), 「철도터널 숏크리트 라이닝 품질개선 방안 연구 및 실태조사 보고서」

6. 콘크리트표준시방서(2009)(예정), 제21장 숏크리트

7. 한국도로공사(2001), 도로설계요령 제4권 『터널』

8. 富澤直樹(2003), シングルシェルトンネルの設計に関する一考察, トンネルと地下, 第34卷 第6号, pp.35-45

9. 社團法人日本トンネル技術協會(1996), 第二東名名神トンネルの合理的支保構造に關する檢討報告書

10. 社團法人日本トンネル技術協會(2005), 現場技術者のための吹付けコンクリート·ロツクボルト

11. ジェオフロンテ研究會シングルシェル分科會(2000), 吹付け覆工によるシングルシェルの設計に關する檢討報告書

12. 野々村正一, 西恭彦, 木内勉(2006), 初期高強度吹付けを用いたNATM新支保パターンにおける計測結果と考察, トンネルと地下, 第37卷 第10号, pp.47-54

13. 日本土木學會(1996), コンクリート標準示方書(施工編)

14. EFNARC(1996), European Specification for Sprayed Concrete

15. Melbye, T. A. and Dimmock, R. H.(2001), Modern Advances and Applications of Sprayed Concrete, Proc. of the International Conference on Engineering Developments in Shotcrete, Tasmania, Australia, Keynote paper

06 콘크리트라이닝

06 콘크리트라이닝

6.1 설계일반

6.1.1 콘크리트라이닝은 터널의 사용목적 및 사용조건에 적합하도록 설계하여야 한다.

❖❖ 해설 ❖❖

콘크리트라이닝(현장타설)은 도로터널, 철도터널, 수로터널(수력발전용, 상하수도 및 배수용), 기타 터널(전력구, 수직갱 등)의 사용목적에 적합한 기능을 발휘할 수 있도록 설계하여야 하며, 터널의 사용개시 후에 개조나 보수가 곤란하므로 설계단계에서 유지관리 측면을 충분히 고려하여야 한다.

특히, 철도 및 지하철터널에서 전력공급을 위해 전차선을 가설하는 경우에는 전식으로부터 철근 부식을 방지할 수 있도록 하여야 하며, 수로터널에서 압력터널의 경우 수압과 공동현상(cavitation)을 견디는 구조로 설계하여야 한다. 해안에 건설되는 취배수터널의 경우는 해수에 의한 염해를 고려하여 설계하여야 한다.

6.1.2 콘크리트라이닝은 터널이 계획된 지역주변의 지반 상태, 환경조건 및 주지보재의 지보능력을 고려하여야 하며, 안전성 확보와 누수 등에 의한 침식이나 강도의 감소 등이 없는 내구성을 가지도록 설계하여야 한다.

❖❖ 해설 ❖❖

터널주변의 지반 상태(토사 또는 암반)에 따라 터널건설 후 콘크리트라이닝의 구조적 거동이 상이하고, 계곡부나 단층파쇄대에 위치하거나, 편토압 등 터널 안정성에 불리한 하중이 작용하는 곳은 응력이 집중될 수 있으므로, 지반에 따른 이완하중, 지형에 의한 편토압의 영향을 상세히 검토하여 콘크리트라이닝의 안전성을 확보하여야 한다. 아울러, 주지보재의 지보능력을 평가하여 콘크리트라이닝의 설계개념과 방법을 결정하여야 한다.

콘크리트라이닝은 균열, 누수 또는 유해물질(매연, 염분, 광물)과의 접촉으로 침식이나 강도의 감소 등 내구성 저하를 초래할 수 있으므로 사용성 검토 및 내구성 설계 등을 수행하여 사용년한 동안 내구성 확보가 가능하도록 하여야 한다.

6.1.3 콘크리트라이닝은 다음과 같은 기능을 보유하도록 설계하여야 한다.

    (1) 내구연한 동안 구조체로서의 역학적 기능.

    (2) 터널내장재로서 미관유지 기능.

    (3) 터널 내부 시설물 보호 및 보존기능.

    (4) 점검 및 보수 관리기능.

:: 해설 ::

콘크리트라이닝의 기능은 공용 중에 예상되는 외력에 대비하는 구조체로서의 역학적 기능과 구조적 거동을 하지 않는 비역학적 기능으로 크게 분류된다. 일반적으로 NATM 터널은 지보재로 지반을 안정화시키고 지반변형이 수렴된 후에 콘크리트라이닝을 시공하기 때문에 콘크리트라이닝에는 외력이 작용하지 않아 비역학적 기능을 가지는 경우가 많다. 이와 같은 경우 콘크리트라이닝에 요구되는 주요기능으로는 터널내장재로서의 미관유지 기능, 터널 내부 시설물 보호 및 보존기능, 점검 및 보수 관리기능 등이며 외력이 작용하지 않으므로 무근 콘크리트 또는 최소철근이 배근되는 형태로 설계한다.

반면에 사용년한 동안 외력작용에 따라 역학적 기능을 가져야 하는 경우는 다음과 같다.

• 숏크리트 등으로 형성된 주지보재가 영구 구조물로서 충분한 안전율을 확보하지 못한 경우나, 숏크리트의 균열 등 주지보재의 품질저하로 콘크리트라이닝에 하중이 작용할 것으로 예상되는 경우.

• 지반이 취약(단층파쇄대, 풍화대 등)하거나 크리프현상 등에 의해 장기적으로 지반의 지보기능이 저하될 것으로 예상되는 경우.

• 현장여건 등으로 인하여 지반변위가 수렴되기 전에 콘크리트라이닝을 시공하는 경우.

• 콘크리트라이닝 시공 후 수압, 상재하중 등에 의한 외력이 발생하는 경우.

이와 같은 경우에는 콘크리트의 강도 증진 또는 철근보강 등을 실시하여 사용년한 동안 역학적 기능을 충분히 수행하도록 하여야 한다. 따라서, 설계 시에는 지반조건, 하중조건, 구조물의 중요도, 향후 주변여건의 변화 등 제반조건을 충분히 검토하여야 한다.

6.1.4 콘크리트라이닝의 타설시기는 굴착 후 지반 및 지보재의 지지능력 저감을 감안하여 가능한 조속히 시공하도록 계획하여야 한다.

❖ 해설 ❖

터널굴착 완료 후 콘크리트라이닝을 시공하지 않고 장기간 방치할 경우에는 지반 및 주지보재의 내구성 저하가 발생될 수도 있으며 이는 터널의 안정성에 영향을 미칠 수 있다. 따라서, 콘크리트라이닝은 터널굴착 완료 후 조속히 시공하도록 설계에 반영하여야 한다.

콘크리트라이닝은 지반의 변위가 수렴된 후 타설하여야 하며, 변위수렴 여부는 계측자료 분석을 통하여 결정하여야 한다.

팽창성지반과 같이 변위가 완전히 수렴되지 않은 상태에서 콘크리트라이닝을 타설하게 될 경우에는 변위량과 변위속도를 기준으로 콘크리트 타설시기를 결정하며 콘크리트라이닝 설계 시 팽창압을 고려하여 지반변형에 의한 영향을 고려해야 한다.

터널굴착과 병행하여 콘크리트라이닝을 타설하는 경우에는 발파진동이 콘크리트라이닝에 미치는 영향을 고려하여 타설시기 및 막장면과의 적정 이격거리를 확보하여야 한다.

6.2 재료 및 강도

> 6.2.1 콘크리트라이닝에 사용되는 재료는 터널의 기능에 적합한 것이어야 한다. 일반적으로 현장 타설 콘크리트를 사용하는 것을 원칙으로 하고, 콘크리트라이닝의 역할에 따라 무근 또는 철근 콘크리트를 사용할 수 있으며, 현장여건에 따라 프리캐스트라이닝도 적용할 수 있다.

❖ 해설 ❖

콘크리트라이닝에 사용하는 재료는 일반적으로 현장타설 콘크리트를 사용하며 시공조건과 현장여건에 따라 일반적으로 무근 또는 철근 콘크리트로 시공한다. 콘크리트의 배합은 소요강도, 내구성 및 시공성이 양호하도록 설계하고 사용골재는 내구성이 우수하여야 하며 염분 등 유해성분이 허용기준치 이하여야 한다.

콘크리트라이닝은 현장타설 콘크리트라이닝과 프리캐스트 콘크리트라이닝으로 크게 구분되며, 일반적으로 사용되는 현장타설 콘크리트라이닝은 현장 시공성이 용이한 반면 제한된 공간 내에서 타설을 하여야 하므로 철저한 품질관리가 필요하다.

TBM, 쉴드 등 기계화시공으로 터널을 굴착할 때에는 프리캐스트라이닝을 설치하며, 숏크리트, 록볼트, 강지보재 등으로 터널의 안정성이 확보되거나 지반이 견고하여 풍화의 우려가 없고, 사용상 지장이 없는 경우에는 콘크리트라이닝을 생략하거나, 프리캐스트라이닝을 설치하는 경우도 있다. 이러한 경우 지보재의 장기적인 안전성과 내구성을 고려하여야 한다. 프리캐스트라이닝은 공장제작으로 품질 및 강도 관리가 용이하나 현장설치장비 등에 대한 사전검토가 필요하다.

> 6.2.2 콘크리트라이닝의 균열 억제 및 내구성 증진 등을 위하여 철근 이외에 강섬유 또는 유리섬
> 유를 사용할 수 있다.

❖ 해설 ❖

콘크리트의 인장강도, 휨강도, 균열에 대한 저항성, 인성, 전단강도 및 내충격성을 개선할 목적으로 철근 대신 콘크리트 보강용 섬유를 사용할 수 있다. 콘크리트 보강용 섬유로는 강섬유, 유리섬유, 탄소섬유 등의 무기계섬유와 아라미드 섬유, 폴리프로필렌 섬유, 비닐론 섬유, 나이론 등의 유기계섬유가 사용되고 있다.

섬유보강은 시공이 용이하나 보강재가 골고루 분산되지 않는 경우 균질한 품질을 확보하는 것이 용이하지 않으므로 세심한 주의가 필요하다. 특히 강섬유는 방수층을 손상시킬 우려가 있으므로 방수막 시공 전 사전대책 수립이 필요하다.

또한, 철근 콘크리트와 병용하면 부재의 전단내력을 증대시킬 수 있기 때문에 특히 내진성이 요구되는 구조물에 효과적이다. 이러한 특성은 섬유의 형상, 치수, 혼입률, 분산 및 콘크리트의 품질 등에 따라 영향을 받기 때문에 보강되는 섬유의 품질을 시험 등에 의해 충분히 확인한 다음 이용하여야 한다.

> 6.2.3 콘크리트의 배합은 소요강도, 내구성 및 양호한 시공성이 얻어질 수 있도록 결정하여야 한
> 다. 사용골재는 양질이며 내구성이 우수하여야 하고, 염분 및 유기물 등의 유해성분이 허용기준
> 치 이하여야 한다.

❖ 해설 ❖

콘크리트라이닝은 설계기준 강도를 만족하도록 배합 설계하여야 하며, 단위 시멘트량, 물-시멘트비, 슬럼프치 등은 소요강도 외에 사용재료와 시공조건을 감안하여 결정하여야 한다.

콘크리트라이닝 타설 시 콘크리트 펌프 등의 기계를 이용하는 경우가 대부분으로 양호한 시공성을 확보하기 위해서 펌프 압송성이 좋은 콘크리트를 사용하여야 한다. 펌프 압송성은 워커빌리티 및 컨시스턴시에 좌우되기 때문에 사용수량과 물-시멘트비를 감안하고, 수화열 발생이 최소화되도록 배합설계를 하여야 한다.

콘크리트라이닝 배합설계 시 강도와 시공성에 가장 큰 영향을 미치는 물-시멘트비는 사용 시멘트의 종류와 품질에 따라 결정된다. 시멘트 종류로는 일반적으로 보통 포틀랜트시멘트가 사용되며 조건에 따라 특수시멘트 등을 적용할 수 있다. 또한 강도증진 및 균열발생 최소화를 위하여 시멘트의 일정 비율을 혼화재인 플라이애쉬, 고로슬래그 등으로 대체하여 사용할 수 있다.

조기강도를 얻기 위하여 특수시멘트와 급결제를 쓰는 경우 콘크리트의 장기 강도 및 콘크리트의 수밀성 확보에 영향을 미칠 수가 있으므로 충분히 검토할 필요가 있다. 또한 운반시간이 길어지는 경우에는 슬럼프 변동이

생겨서 시공성이 떨어지고 콘크리트 품질이 저하될 우려가 있기 때문에 이들 요소도 고려하여 단위 시멘트량, 물
-시멘트비, 단위 골재량 및 굵은 골재 최대치수 등을 결정하여야 한다.

> 6.2.4 콘크리트라이닝의 소요강도는 지반특성, 콘크리트라이닝의 형상, 지보재의 종류 및 라이닝
> 에 작용하는 하중 등에 적합하도록 설정하여야 한다. 일반적으로, 재령 28일 강도가 21~24MPa
> 인 콘크리트를 표준강도로 하는 것을 원칙으로 하되, 경우에 따라서는 그 이상인 고강도 콘크리
> 트를 사용할 수 있다.

❖ 해설 ❖

콘크리트라이닝의 소요강도는 지반특성, 콘크리트라이닝의 형상, 지보재의 종류 및 라이닝에 작용하는 하중
의 유무에 따라 다르지만, 특별한 경우를 제외하고 설계기준 강도로서 재령 28일 강도가 21~24MPa를 표준으
로 한다.

국내의 경우 무근 콘크리트를 사용할 경우 21~24MPa, 철근 콘크리트인 경우에는 24~27MPa를 적용하는 것
이 일반적이나, 일본의 경우 3차로 이상 고속도로터널에서는 라이닝 두께의 최소화를 위하여 30MPa 이상의 설
계기준 강도가 적용되고 있다(일본토목학회, 2006). 따라서 외력이 크게 작용하거나 대단면의 경우에는 시공성,
경제성, 안전성 등을 고려하여 고강도 콘크리트를 사용할 수 있다.

> 6.2.5 비배수형 터널에서는 방수 목적상 수밀콘크리트 사용을 검토하여야 하며, 수밀콘크리트의
> 재령 28일 강도는 27MPa 이상이 되도록 하여야 한다.

❖ 해설 ❖

지하수위 하에 건설되는 비배수형 터널의 경우 콘크리트라이닝에 정수압이 작용하게 되므로 고강도 콘크리트
의 적용 또는 콘크리트라이닝의 두께 증대가 필요하게 된다. 따라서 비배수형 터널에서는 재령 28일 강도가 최
소 27MPa이 되도록 하여야 하며, 확실한 방수를 위하여 수밀 콘크리트를 사용하여야 한다.

6.3 형상 및 두께

> 6.3.1 콘크리트라이닝의 형상은 소요 내공단면을 포함하며 국부적으로 발생되는 과도한 응력집중
> 을 방지하고 휨모멘트가 작게 발생하도록 급격한 만곡, 모서리, 요철 등을 피하여야 한다.

❖ 해설 ❖

콘크리트라이닝의 형상은 소요 내공단면을 포함하고 또한 굴착단면 형태에 적합하며 축력을 원활히 전달하고 부재 내 휨모멘트가 최소가 되도록 아치형으로 계획하는 것이 일반적이다. 콘크리트라이닝 형상 계획 시 국부적인 응력집중을 방지하기 위하여 아치로서 무리가 없는 부드러운 형상이 되게 하여야 하며 급격한 만곡과 모서리, 요철 등의 존재는 아치에 편심 축력이 작용하여 휨모멘트를 증대시키며, 직선의 형태로 터널의 형상을 구성할 경우 직선부분에 작용하는 하중에 의해 휨모멘트가 증가되기 때문에 피해야 한다.

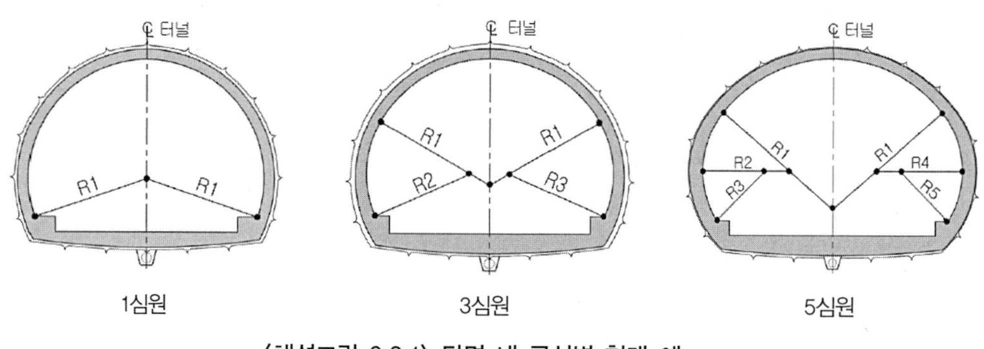

〈해설그림 6.3.1〉 단면 내 곡선별 형태 예

지반이 양호하고 터널의 안정성에 문제가 없는 경우에는 아치와 연직 또는 약간 곡률이 있는 측벽을 조합하여 굴착량을 줄이고, 불량한 경우에는 인버트를 설치하는 것이 바람직하다. 지반압이 큰 경우에는 원형에 가까운 단면으로 지보효과를 높일 필요가 있다(일본토목학회, 2006).

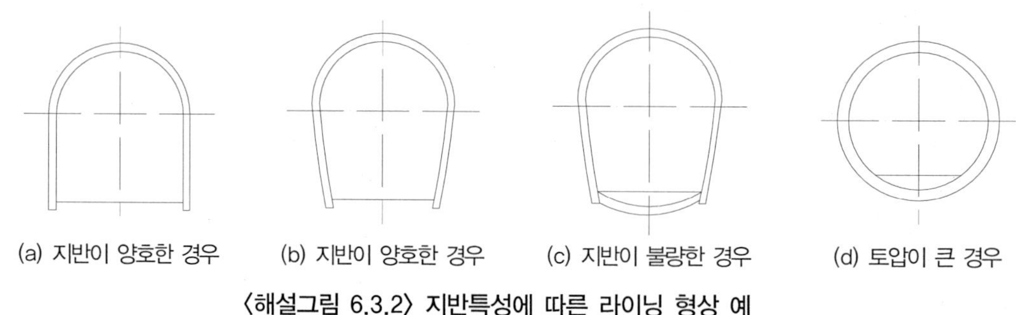

〈해설그림 6.3.2〉 지반특성에 따른 라이닝 형상 예

인버트 형상 및 설치는 '6.6 인버트 형상 및 콘크리트라이닝의 설치'에 따른다.

> 6.3.2 동일한 노선 내의 공사에서는 특별한 경우를 제외하고 시공성과 완성 후의 유지관리를 고려하여 가급적 동일한 단면형상이 되도록 설계하여야 한다.

∷ 해설 ∷

동일한 터널과 동일한 노선 내에서 많은 단면형상을 사용하는 것은 거푸집의 재사용 등 시공상의 편의와 완공 후의 유지관리 등에 부적합하므로 가급적 동일한 단면을 적용하는 것이 바람직하다. 다수의 단면형상이 발생하는 경우에도 단면형상을 최적화하여 적용 단면수를 최소화하도록 하는 것이 바람직하다.

> 6.3.3 콘크리트라이닝의 형상설계 시 환기, 조명 등의 부속설비와의 관계를 고려하여 계획하여야 한다.

∷ 해설 ∷

콘크리트라이닝의 형상은 환기, 조명 등 부속설비 설치를 위한 설계기준상의 시설한계도 반영하여 선정하여야 한다. 또한 작업갱, 연락갱 등과의 접속부는 일반구간과 구조적 거동이 다르므로 접속부 영향구간은 필요에 따라 두께를 증가시키거나, 보강철근을 설치하여야 한다. 콘크리트라이닝에 대피소, 전기 및 방재설비 등의 수납을 위해 벽공간(block out)을 설치하는 경우 콘크리트라이닝 전체의 기능에 피해를 주지 않도록 라이닝의 설계두께를 확보하여야 한다.

> 6.3.4 지반조건이 불량한 경우에는 인버트 설치가 요구되며 심한 편토압을 받는 경우에는 두께를 증가시키거나 철근 등으로 콘크리트라이닝의 강성을 증대시키는 방안을 검토하여야 한다.

∷ 해설 ∷

갱구부 등 지반조건이 불량한 경우, 터널에 작용하는 측압이 큰 경우, 편압이 작용하는 경우, 또는 하부지지력이 부족하여 콘크리트라이닝의 변형이 크게 발생할 것으로 예상되는 경우에는 인버트를 설치하여 터널을 안정한 구조로 할 필요가 있다. 또한, 심한 편토압을 받는 경우에는 구조적으로 비대칭 거동에 따른 안정성 확보를 위하여 콘크리트라이닝 두께를 증가시키거나 추가적인 철근보강 등으로 강성을 증가시키는 방안도 검토하여야 한다.

인버트 형상 및 설치는 '6.6 인버트 형상 및 콘크리트라이닝'의 설치에 따른다.

6.3.5 콘크리트라이닝의 두께는 터널단면의 크기와 형상, 지반조건, 작용하중, 수압, 사용재료, 시공법 등을 고려하여 결정하여야 한다.

❖ 해설 ❖

콘크리트라이닝 두께는 다음 사항들을 고려하여 결정하여야 한다.

가. 터널단면의 크기와 형상

터널단면의 크기와 형상은 콘크리트라이닝의 두께에 직접적인 영향을 미치는 요소이다. 즉, 단면이 커질수록 콘크리트라이닝의 두께를 증대시켜야 하며, 형상이 원형에 가까울수록 원활한 하중전달이 가능하여 두께를 줄일 수가 있다. 따라서 터널의 크기와 형상이 조화를 이루도록 콘크리트라이닝을 설계하여야 한다.

나. 지반조건과 작용하중

지반조건이 양호한 경우에는 지반의 아칭효과로 인하여 콘크리트라이닝에 전달되는 하중이 없거나 극히 적을 것으로 예상되나, 지반조건이 불량한 경우에는 콘크리트라이닝에 전이되는 하중이 클 수가 있으므로 지반조건에 부합되도록 콘크리트라이닝의 형상과 두께를 결정하여야 한다. 특히 비배수형 터널과 같이 수압을 견디어야 하는 터널의 경우에는 콘크리트라이닝의 형상을 역학적으로 유리한 형상으로 계획하여 두께를 최적화하는 것이 필요하다.

다. 사용재료 및 시공법

콘크리트라이닝을 보강하기 위해 사용되는 재료(철근, 강섬유, 유리섬유 등)들의 특성과 터널을 건설하는 시공법은 콘크리트라이닝의 두께에 영향을 미치므로 이를 반영하여 콘크리트라이닝의 두께를 정하여야 한다. 또한 굴착에 따른 여굴량, 숏크리트 등의 시공 오차, 지반압에 의한 터널변형의 여유량 등을 고려하여 콘크리트라이닝의 설계두께가 확보되도록 설계하여야 한다.

6.3.6 콘크리트라이닝의 두께는 소단면터널을 기준으로 300mm를 표준으로 하는 것을 원칙으로 하고, 단면적과 지반조건 등 현장여건을 감안하여 증감할 수 있다.

❖ 해설 ❖

일반적으로 콘크리트라이닝 설계두께 결정은 작용토압 상태와 라이닝의 역학적 거동이 명확하지 않으므로 설계두께를 한정할 수는 없지만 설계기준상 제시된 표준설계두께에 따라 설계를 수행하여야 한다. 대부분의 설계기준에서는 지반이 불안정한 경우와 터널갱구 부근 등을 제외하고는 콘크리트라이닝의 최소두께를 소단면터널 기준으로 300mm 정도로 정하는 것을 표준으로 하고 있으며 굴착단면적, 지반조건 등 현장여건을 감안하여 증감시켜야 한다.

　구조적으로 콘크리트라이닝의 설계두께를 충족시켜야 하나, 견고한 원지반에 부분적인 돌출이 있는 경우 억지로 따내기를 함으로써 도리어 원지반을 흐트러뜨려 느슨한 하중을 증대시킬 우려가 있을 경우에는 부분적인 설계두께 감소를 인정할 수 있다.

　이 허용량에 대해서는 터널의 사용목적이나 암석의 견고성에 따라서 다르므로 시공 시에는 사전에 정해두어야 하며, 그 결정에 있어서는 충분한 안정성 검토를 우선적으로 수행하여야 한다.

　지반조건이 불량하여 과다한 토압이 예상되는 경우에는 무근 콘크리트로 두께를 증가시켜 휨파괴를 방지하는 것은 한계가 있기 때문에 콘크리트라이닝 두께를 증가시키는 것보다는 콘크리트라이닝 형상을 역학적으로 유리하게 하여 인장균열의 발생을 줄이고 철근이나 섬유를 보강하여 휨강도를 증가시키거나 고강도 콘크리트의 사용을 검토할 필요가 있다.

6.3.7 철근으로 보강하여야 할 경우에는 시공성을 고려하여 두께를 산정하고 작용하중에 대하여 충분한 구조적 안전성을 보유하도록 설계하여야 한다. 이 경우 시공이음부에 타설된 콘크리트의 품질을 향상시키고 시공성을 증진시키도록 하는 방안을 강구하여야 한다. 필요에 따라 종방향 철근을 단절시킬 수 있되 단절에 따른 보강조치를 취하여야 한다.

❖❖ 해설 ❖❖

　철근으로 보강하여야 할 경우에는 철근조립, 다짐 등 시공성과 시공품질을 고려하여 콘크리트라이닝의 두께를 산정하여야 하며, 작용하중에 대하여 충분한 구조적 안전성을 보유하도록 철근의 크기와 배치, 콘크리트라이닝의 피복두께를 설계하여야 한다. 콘크리트라이닝의 시공이음부는 타설된 콘크리트의 부분적인 파손을 방지하기 위하여 콘크리트 시공품질을 향상시키는 방안을 강구하여야 한다. 종방향 철근은 시공성 증진을 위해 단절시킬 수 있으나 철근을 단절하는 경우에는 구조적 안전성을 확보할 수 있도록 보강조치를 취하여야 한다.

6.3.8 철근으로 보강하여 콘크리트라이닝을 타설할 경우 철근처짐 방지대책을 수립하여 소요 피복두께와 시설한계를 확보하여야 한다.

❖❖ 해설 ❖❖

　콘크리트라이닝의 피복두께는 '콘크리트구조설계기준'에서 규정하는 바를 따르도록 하며 피복두께 결정 시 콘크리트라이닝의 내구성에 영향을 미치는 요인을 고려하여 피복두께를 결정하여야 한다. 중성화 영향을 고려하지 않을 경우에는 철근의 부식으로 콘크리트라이닝에 균열이 발생하며, 이러한 현상이 더욱 진행되면 철근 주변의 콘크리트가 박락될 수 있다.

대단면 또는 단면형상의 영향으로 철근의 처짐이 발생될 경우 설계 피복두께를 확보하지 못하여 균열이 발생하는 등 내구성이 취약해지므로, 철근처짐을 방지하기 위한 철근조립용 가설재나 철근 피복유지용 간격재를 설치하여 설계 피복두께와 시설한계를 확보하여야 한다.

> 6.3.9 콘크리트라이닝의 거푸집계획 시 1회의 콘크리트타설량, 타설길이, 타설속도 등을 고려하여 타설된 콘크리트의 압력에 견딜 수 있도록 설계하여야 하며, 콘크리트타설이 용이한 구조로써 터널 내에서의 이동 등 시공성도 고려하여야 한다.

∷ 해설 ∷

콘크리트라이닝에 사용되는 거푸집은 이동식과 조립식으로 크게 구별된다. 일반적으로 이동식 거푸집을 사용하며, 설치연장이 짧거나, 확폭부 등 이동식 거푸집의 사용에 제약이 있는 경우 조립식 거푸집을 사용한다.

콘크리트라이닝의 거푸집은 공사기간과 선형 등 노선여건에 따라 타설길이와 타설속도를 결정하고, 1회 타설되는 콘크리트의 자중 및 타설압력에 충분히 견딜 수 있도록 설계하여야 한다. 특히, 거푸집은 일정기간 반복 사용하는 구조물이므로 보수 및 보강이 용이한 구조이어야 하며, 거푸집 하부로 공사용 차량 등이 안전하게 통행할 수 있는 구조이어야 한다.

이동식 강재거푸집의 제작 및 시공조건은 다음과 같다.

- 거푸집은 조립과 해체가 용이하며 이동성이 좋고, 견고한 구조가 되도록 제작하여야 하며 콘크리트 투입 및 타설 상태 확인 등을 위한 적당한 크기와 수의 작업구를 두어야 한다.
- 콘크리트의 투입구는 콘크리트가 넓게 잘 퍼지도록 배치하여야 하며, 타설에 따른 편압이 발생하지 않도록 대칭적으로 타설하여야 한다.
- 측면판은 콘크리트의 압력에 견딜 수 있는 구조로 하고 콘크리트가 누출되지 않도록 설치하여야 한다.

6.4 설계하중

> 6.4.1 콘크리트라이닝의 설계 시에 고려하는 하중은 다음과 같으며, 지형 및 지반조건 및 용도 등에 따라 적용하여야 한다.
> (1) 고정하중.
> (2) 활하중.
> (3) 토압하중.
> (4) 지반이완하중.

> (5) 수압.
>
> (6) 온도하중.
>
> (7) 지진하중.
>
> (8) 터널 내 설비하중.
>
> (9) 기타 콘크리트라이닝에 영향을 미치는 하중 등.

░░ 해설 ░░

콘크리트라이닝 설계 시 고려하여야 할 하중의 내용은 다음과 같다.

- 고정하중 : 콘크리트라이닝의 수명기간 중 상시 작용하는 하중으로서 자중은 물론 고정된 사용장비 등을 포함한 하중.

- 활하중 : 터널에 영향을 미치는 철도, 도로 및 기타 모든 차량의 운행에 따른 하중.

- 토압하중 : 터널주변 지반의 거동에 따라 콘크리트라이닝에 작용하는 지반압. 터널의 지반조건 및 시공법 등에 따라 지반 자체의 지지력 및 아칭효과 등을 고려하여 토압하중을 산정.

- 지반이완하중 : 발파 및 굴착에 따른 지반의 이완하중.

- 수압 : 비배수형 터널의 경우 최고와 최저 지하수위를 고려한 정수압, 배수형 터널의 경우에는 충분한 지하수 공급 또는 배수시스템의 막힘현상(clogging) 등에 의한 침투수압 작용여부를 검토하여 결정.

- 온도하중 : 건조수축하중 및 온도변화 등.

- 지진하중 : 지각변동에 의한 지진에 의해 콘크리트라이닝에 작용하는 하중.

- 터널 내 설비하중 : 터널의 용도에 따라 필요시 급전선 하중 및 전차선 하중, 환기관련 젯트팬 하중 등.

- 기타 콘크리트라이닝에 영향을 미치는 하중 등 : 건물하중 등의 상재하중, 개발에 따른 하중조건 변화 등.

> 6.4.2 콘크리트라이닝의 구조설계 시에는 발생 가능한 다양한 하중조합을 적용하여 상황에 가장 근접한 결과를 얻을 수 있도록 하여야 한다.

░░ 해설 ░░

터널의 콘크리트라이닝 구조설계를 위한 하중조합은 별도로 제시되어 있지 않은 실정으로 콘크리트구조설계기준의 하중조합에 따라 콘크리트라이닝의 안전성을 검토하는 것이 바람직하다.

단, 콘크리트라이닝의 구조설계 시에는 콘크리트라이닝에 작용할 것으로 예상되는 모든 하중과 하중조합에 대해 검토하여 실제 거동에 가까운 결과를 얻을 수 있도록 하여야 한다.

6.4.3 배수형 터널의 경우 배수시설의 배수능력이 충분하지 않거나 시간이 경과하면서 배수능력이 저하되는 경우에는 콘크리트라이닝에 수압이 작용될 수 있으므로 이에 대한 영향을 고려하여야 한다.

∷ 해설 ∷

일반적으로 콘크리트라이닝은 터널의 배수형식에 따라 설계방법이 달라진다. 즉, 배수형 터널의 경우, 터널 내 설치된 배수구를 통하여 터널주변의 지하수를 유도배수시킴으로써 수두차에 의한 수압이 작용하지 않는 것으로 계획한다. 다만, 하저/해저 터널과 같이 지하수의 공급원이 충분하여 계속해서 터널 내부로 침투가 일어나는 경우 또는 배수시설의 배수능력이 충분하지 않거나 시간이 경과하면서 배수능력이 저하되는 경우에는 콘크리트라이닝에 수압이 작용될 수 있으므로 이에 대한 영향을 고려하여 설계하여야 한다.

6.4.4 비배수형 터널은 지하수 배출이 차단됨으로써 발생되는 수압을 콘크리트라이닝이 견디도록 설계하여야 한다.

∷ 해설 ∷

비배수형 터널은 터널주변에 존재하는 지하수를 유도 배수하지 않고 차단함으로써 지하수에 의한 수압이 정수압 형태로 작용하게 된다. 따라서 콘크리트라이닝 설계 시 수압하중 산정과 수압을 고려한 하중조합을 적용하여야 한다.

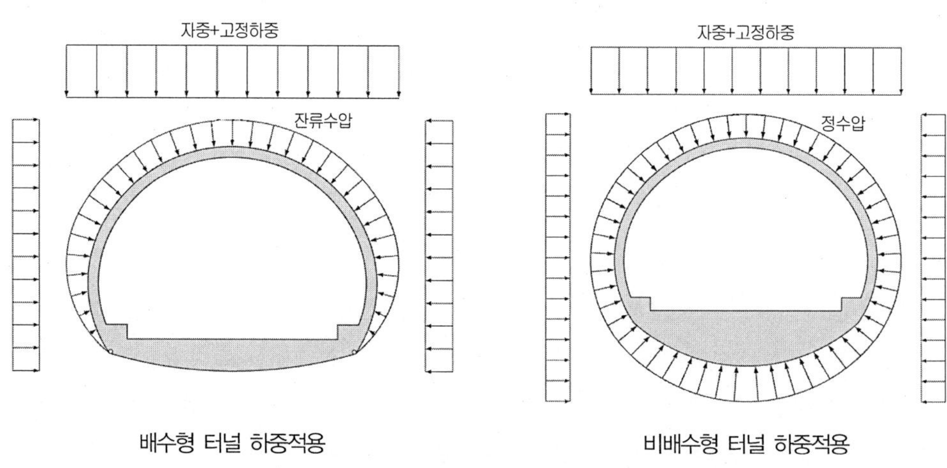

〈그림 6.4.2〉 터널형식별 작용하중 모식도(예)

비배수형 터널에서의 수압에 대한 기존 연구결과들에 의하면 지반압과는 대조적으로 작용수압은 압력의 손실 없이 전체 수두(full hydraulic head)가 작용하며, 하중작용면에 대하여 수직방향으로 모든 점에 일정한 정수두(hydrostatic head)가 작용하는 것으로 보고되어 있다(Szechy, 1973). 따라서 비배수형 터널은 전체 지하수위를 고려한 정수압을 적용하며, 터널이 불투수층 내에 위치하는 경우, 이 층은 함수층에 의해 누적되며, 이때 배수형식에 무관하게 터널단면에는 수압이 작용하지 않으나 전체 작용하중은 함수층의 중량을 고려해야 한다. 그리고 지하수는 직접적인 외부하중 외에도 2차 효과를 가지고 있는데 지반 또는 암반의 포화는 고유의 강도를 저하시켜 응력이완(stress released)을 발생시키며, 따라서 터널에 작용하는 하중은 지반 또는 암반의 포화된 중량(W_{sat})을 고려해야 할 경우가 있다.

6.5 구조설계

> 6.5.1 콘크리트라이닝의 구조설계는 구조해석과 단면설계의 순서로 이루어지며, 작용하중으로 인하여 발생하는 응력과 변형을 구조해석으로부터 구하고, 부재단면의 안전을 검토하여 적합한 단면설계를 하여야 한다.

:: 해설 ::

콘크리트라이닝의 구조설계는 가정된 단면의 적정성을 검증하고 구조적 안정성을 확보하기 위하여 수행되며, 구조해석과 단면설계의 순서로 이루어진다. 구조해석은 작용하중이 구조물에 일으키는 응력과 변형을 구하는 것이며, 이러한 구조해석 결과를 이용하여 부재의 단면설계를 수행함으로써 구조물의 안정성을 확보할 수 있다.

> 6.5.2 콘크리트라이닝의 해석은 2차원 해석을 원칙으로 하며, 응력집중이 예상되는 접속부 등은 필요시 3차원 해석을 실시하여야 한다.

:: 해설 ::

콘크리트라이닝은 종방향으로 연속된 구조물이므로 구조해석을 위한 모델링과 해석기법으로 2차원 해석 적용을 원칙으로 하며, 지반변화가 급격한 구간 및 응력집중이 예상되는 접속부, 구조물 내 개구부가 있는 경우 등 3차원 거동이 예상되는 구간은 3차원 해석을 실시하여야 한다. 접속부의 철근보강 범위를 선정할 때에는 3차원 해석결과와 지반등급, 본선 및 횡갱 단면크기, 접속각도 등을 고려하여 보강범위를 선정하여야 한다.

6.5.3 콘크리트라이닝의 설계는 강도설계법, 허용응력설계법, 하중저항계수(LRFD, Load and Resistance Factor Design)설계법 등 가운데 적합한 방법을 선정하여 적용하여야 한다.

❖ 해설 ❖

일반적으로 콘크리트라이닝의 설계방법으로는 탄성이론에 근거한 허용응력설계법과 극한강도이론의 강도설계법, 한계하중이론에 근거한 하중저항계수설계법이 있으며, 적용 설계법은 설계자의 판단에 따른다.

현재 콘크리트 구조물은 콘크리트구조설계기준에 의거하여 강도설계법을 적용하고 있으며, 구조물의 안전에 대한 여유를 확보하기 위하여 하중계수를 선정하고 하중조합에 따라 소요강도를 계산한다. 콘크리트구조설계기준을 적용하는 경우 콘크리트라이닝은 보강철근의 유무와 관계없이 강도설계법을 적용하며, 무근 콘크리트라이닝인 경우에는 제19장 구조용 무근콘크리트를 적용한다.

발주기관에 따라 필요한 경우 기존의 별도설계법인 허용응력법으로 설계할 수 있다.

6.6 인버트 형상 및 콘크리트라이닝의 설치

6.6.1 원지반의 특성에 따라 터널단면의 형상과 인버트 부분에 콘크리트라이닝 설치여부를 결정하여야 한다.

❖ 해설 ❖

콘크리트라이닝 단면 결정 시 주변지반 상태가 불량할 경우 인버트를 설치하며, 구조물 형상과 수치해석 결과 등을 고려하여 합리적인 인버트 두께를 선정하여야 한다. 인버트 콘크리트를 설치하는 조건은 다음과 같다.

- 도심지 터널에서 지반이 취약하여 풍화 및 열화에 의한 지반의 지보기능이 장기적으로 저하될 가능성이 높은 경우.
- 장래, 근접시공 등의 영향이나 지표부 지형변화에 의한 하중변화가 예상되는 경우.
- 내진성능 향상을 필요로 하는 단층파쇄대 등 연약대 구간.
- 편압, 상재하중, 지진의 영향을 받기 쉬운 갱구부.

인버트 콘크리트라이닝의 두께는 지반조건과 구조물 형상 등을 고려하여 합리적으로 선정하여야 하며, 수치해석으로 적정성을 평가하는 것이 바람직하다. 일본도로공단에서는 콘크리트라이닝 두께 30cm일 때 인버트 콘크리트라이닝 두께를 30~45cm(100~150%)로 추천하고 있다.

6.6.2 팽창성지반, 압축성지반 및 함수미고결층 지반 등 인버트 부분에 콘크리트라이닝의 설치가 요구되는 지반에서는 인버트 콘크리트라이닝의 설치시기를 추가로 검토하여야 하며, 특히 지반이 불량한 경우에는 숏크리트에 의한 인버트 부분의 보강도 고려하여야 한다.

:: 해설 ::

팽창성지반 등 연약한 지반에 인버트 콘크리트라이닝의 설치가 요구되는 경우 인버트 콘크리트 시공은 막장에서 인버트 시공위치까지의 거리를 가능한 한 단축하고 조기에 전단면을 폐합하여 주변지반의 이완을 최소한으로 하여야 한다. 이와 같은 경우 인버트는 굴착 중에 시공하는 것이 터널안정성 확보측면에서 바람직하지만 콘크리트의 시공에 의하여 터널굴착의 진행에 큰 영향을 미치는 경우가 있으므로 인버트 콘크리트라이닝 설치시기 선정에 주의를 요한다.

6.6.3 지형조건상 편압으로 인하여 터널의 안정성에 문제가 발생될 것으로 예상될 경우 인버트 부분의 형상을 곡선형으로 적용하는 것을 원칙으로 한다.

:: 해설 ::

편압 또는 토압을 크게 받는 경우에는 콘크리트라이닝에 변형이 크게 발생할 수 있으므로 콘크리트라이닝의 설계두께를 증가시키거나 철근보강 등으로 콘크리트라이닝 강성을 증대시키는 대책을 고려하여야 하며, 편압 또는 토압을 지지할 수 있도록 하부에는 인버트 콘크리트를 타설하여 폐합단면이 되도록 하여야 한다. 인버트 콘크리트 형상은 원형에 가까울수록 지보의 효과를 높일 수 있으나, 인버트의 깊이가 깊어질수록 경제성과 시공성이 불리해지므로 터널의 안전성을 확보하는 범위 내에서 시공성과 경제성을 고려하여 인버트의 형상을 선정하여야 한다.

6.6.4 인버트는 측벽과 일체가 되어 외력에 안전하게 저항할 수 있는 형상이 되도록 하여야 한다.

:: 해설 ::

콘크리트라이닝 측벽과 인버트 콘크리트라이닝이 일체가 되어야 폐합단면으로서 효과적으로 외력에 저항할 수 있는 상태가 된다. 또한, 인버트와 라이닝의 접합부는 구조상 약점이 되기 쉽고 지하수가 유입될 수 있으므로 접합부 시공품질을 확보하도록 하여야 한다.

인버트와 라이닝의 접합부에서 급격한 곡률변화에 의한 모서리가 생길 경우 응력집중이 발생할 수 있으며, 인버트와 라이닝의 보강철근을 연결하기도 곤란하다. 따라서, 원활한 하중 전달과 철근 배근 등의 시공성을 고려하여 접합부의 형상을 선정하여야 한다.

결과적으로 콘크리트라이닝 측벽과 인버트 콘크리트가 일체가 되어 거동할 때 터널의 장기적인 안정성을 유지하고 향상시키는 기능을 갖게 된다.

> **6.6.5** 곡선형 인버트의 곡선부분 깊이는 지형 및 지반조건에 따라 정하여야 하며, 시공성 및 경제성 등도 검토하여야 한다.

:: 해설 ::

인버트의 곡선부분 깊이는 지형, 지반조건, 배수기능 등을 고려하고 수치해석을 수행하여 합리적인 깊이를 선정하여야 한다. 아울러 인버트의 깊이는 인버트 굴착과 후속 공정과의 연계성, 단면적 확대에 따른 굴착비용의 증가 등을 고려하여 시공성 및 경제성 등에 대한 검토 후 설계자의 판단에 따라 결정하여야 한다.

> **6.6.6** 직선형 인버트를 적용하는 터널의 경우도 터널의 용도, 유지관리 등을 고려하여 인버트 부분에 콘크리트라이닝을 타설할 수 있다.

:: 해설 ::

직선형 인버트를 적용하는 경우라도 라이닝 측벽의 변위에 따른 내공의 축소변형을 방지하고, 배수 등을 고려한 유지관리 편의성을 고려하여 인버트 부분에 콘크리트라이닝을 타설할 수 있다.

또한, 자갈도상이 적용된 철도터널은 열차운행으로 인한 분니 발생 가능성이 크므로, 운영 중 유지보수를 최소화하기 위해 직선형 인버트 콘크리트라이닝을 타설할 수 있다. 인버트 콘크리트라이닝이 없는 경우의 터널바닥은 궤도보수 유지관리를 위하여 필요한 경우 보조도상 콘크리트를 타설할 수 있다.

6.7 균열방지대책

> **6.7.1** 콘크리트라이닝에 유해한 균열이 발생할 염려가 있는 경우에는 균열방지대책을 강구하여야 하며, 외기온도의 영향을 많이 받는 구간은 콘크리트 타설 시 신축이음부를 설치하여야 한다.

:: 해설 ::

콘크리트 구조물에서 발생하는 균열은 크게 구조적인 균열(structural crack)과 비구조적인 균열(nonstructural crack)의 2가지로 분류할 수 있다.

구조적인 균열은 구조물이나 구조부재가 구조적 기능을 발휘할 수 없는 단계로 진행되거나 도달한 균열을 의미한다. 이와 같은 균열은 설계 오류, 설계하중을 초과한 외부하중의 작용, 시공불량, 물리적인 손상, 폭발, 충격, 철근의 부식으로 인한 심한 성능저하 등에 의하여 발생된다.

위에서 설명된 원인들을 제외한 다른 원인에 의하여 발생되는 균열을 비구조적인 균열이라 할 수 있다. 일반적으로 구조물에서 발생되는 균열의 대부분은 비구조적인 균열이다. 이러한 균열은 초기에는 미세하게 발생되며 시간이 경과함에 따라 균열폭 증가와 함께 철근의 부식이 점차로 진행되면서 구조물이 불안전한 단계에까지 이를 수 있으므로 대부분 발생되는 균열은 유해한 균열로 판단하고 대책을 강구하여야 한다.

콘크리트라이닝에 발생되는 유해한 균열은 라이닝의 내하기능을 저하시킴과 동시에 그 수밀성을 현저하게 저하시켜 사용년한 동안의 내구성과 안전성에 심각한 문제를 발생시키게 된다. 또한, 여러 개의 균열이 교차하여 3차원적으로 나타나는 경우에는 붕락의 위험성이 우려된다. 따라서 유해한 균열이 발생할 우려가 있는 경우에는 터널의 사용목적, 사용조건, 환경조건 등을 고려하여 적절한 균열방지대책을 수립해야 한다.

균열방지대책 중에 외기온도의 영향을 많이 받는 갱구부와 사갱, 수직구 등의 접속부는 건조수축과 온도변화 등에 의한 균열발생을 방지하기 위하여 신축이음부를 설치하여야 한다. 이러한 신축이음의 설치위치 및 간격은 콘크리트라이닝의 두께, 타설 시 온도, 외기온도 등을 고려하여 결정하여야 한다. 또한, 신축이음부는 누수 발생을 막기 위한 방수처리를 하여야 한다.

6.7.2 콘크리트라이닝 균열의 요인은 콘크리트 경화온도 강하에 의한 온도신축, 터널 내 온도 변화에 의한 온도신축, 터널 내 습도 저하에 의한 건조수축 등이 있으며 균열방지대책으로 다음 사항을 검토하여야 한다.

(1) 숏크리트와 콘크리트라이닝의 평활한 접속.

(2) 콘크리트 배합 시 팽창제, 혼화제, 유동화제 등을 첨가하여 수화열과 건조 수축량을 감소.

(3) 콘크리트라이닝의 타설순서 조정.

(4) 필요시 누수대책이 고려된 균열유발 줄눈의 설치.

(5) 철근이나 철망 배치 및 섬유보강콘크리트 사용.

(6) 습윤양생 실시.

:: 해설 ::

콘크리트라이닝의 균열은 어느 한 가지 원인으로 발생되는 것보다는 여러 가지 원인이 복합적으로 작용하여 발생한다. 일반적으로 라이닝에 발생하는 균열은 작용하중으로 인한 인장응력의 증가로 발생되는 균열보다는 건조수축 등 콘크리트 자체의 특성에 따라 발생하는 경우가 많다. 이러한 특성에 따라 발생하는 인장응력과 콘크리트의 인장강도가 같아질 때 균열이 발생하게 되며 적절한 보강으로 균열의 발생을 저감시킬 수 있다.

가. 콘크리트라이닝에 발생하는 균열의 주된 원인

- 콘크리트 경화온도 강하에 따른 온도신축.
- 터널 내 온도의 변화에 따른 온도신축.
- 터널 내 습도저하에 의한 건조수축.
- 주변의 변화에 따른 추가하중의 작용.
- 콘크리트라이닝의 두께부족.
- 슬럼프(slump)가 큰 콘크리트의 타설.
- 콘크리트라이닝과 원지반과의 사이의 공극에 의한 휨모멘트 혹은 편압의 발생.
- 좌우측 하부 기초의 부등침하.
- 지하수압의 작용.
- 거푸집 조기 제거로 인한 양생기간 부족.
- 지반의 이완으로 인한 이완하중의 작용 등.

나. 콘크리트라이닝에 발생된 균열의 형태

- 종방향 균열 : 터널 중심선과 평행하게 터널 천장부와 어깨에 터널 종단방향으로 발생한 직선상의 균열형태.
- 횡방향 균열 : 터널 중심선에 직교하여 횡방향으로 발생하는 균열형태이며 시공이음부 전 주변장과 터널어깨, 천장부에 주로 발생하는 균열형태.
- 전단균열 : 터널 중심선에 대각선방향으로 나타나는 균열형태로써 터널어깨에 주로 발생하는 균열형태.
- 복합균열 : 터널 천단에서 발생한 종방향 균열이 전단균열의 형태로 진전되거나 종방향 균열이 횡방향 균열과 복합적으로 나타나는 균열형태.

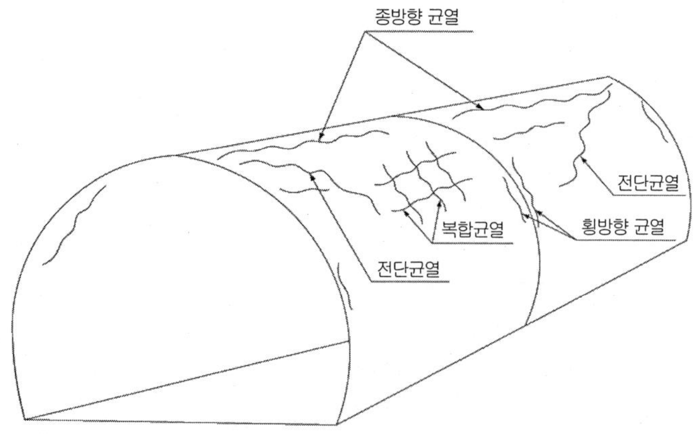

〈해설그림 6.7.1〉 콘크리트라이닝 균열형태

다. 콘크리트라이닝의 균열방지대책

- 숏크리트와 콘크리트라이닝의 접속이 평활하고 밀착되게 접속.
- 콘크리트 배합 시 팽창시멘트의 사용, 팽창효과의 혼화제 및 유동화제 사용, 플라이애쉬 등의 혼합시멘트 사용 등으로 수화열과 건조수축량을 감소.
- 콘크리트라이닝의 타설 순서 및 양쪽 측벽기초부의 1회 타설높이 조정, 특히 측벽부와 천장부에 대해 시간 차를 두고 분리 시공하는 방안.
- 필요시 누수대책이 고려된 수축줄눈(균열유발 줄눈)을 터널 천장부에 설치.
- 균열방지용 철근, 철망배치 및 천장부에 대한 섬유보강콘크리트 사용.
- 습윤양생 실시 및 내외부 온도차를 줄이기 위한 출입문 등의 보온대책 강구.

상기의 균열방지대책은 근본적으로 콘크리트라이닝의 균열발생을 방지할 수 없으며 단지 유해한 균열발생을 최소화시킬 수 있는 점에 유의하여야 한다.

6.8 천장부 채움

> 6.8.1 콘크리트라이닝의 천장부채움설계 시 주입재의 재료, 배합, 주입구의 구조 및 배열 등을 계획하여야 한다.

:: 해설 ::

콘크리트라이닝의 천장부는 콘크리트의 소성침하와 레이턴스 발생 등으로 공극이 발생할 수 있으므로 콘크리트 타설 후 숏크리트와 라이닝의 일체화를 위하여 필요시 채움을 실시하여야 한다. 채움을 위한 주입작업 시 콘크리트라이닝은 주입압력을 견딜 수 있어야 하며, 주입재료, 배합, 주입관의 위치, 간격 및 배열 등에 따라 주입량, 혹은 주입효과가 다르므로 터널단면의 규모를 반영하여 계획하여야 한다.

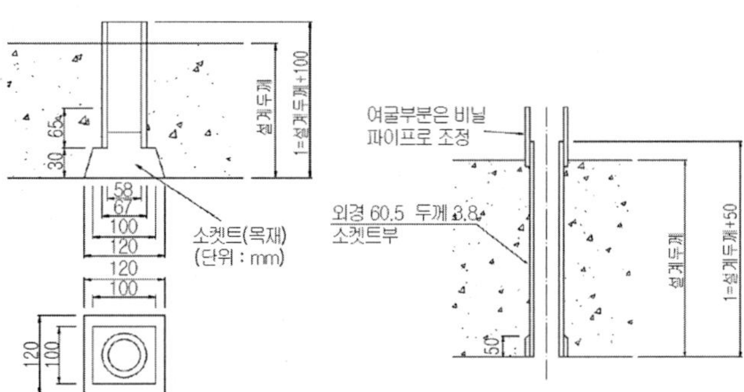

〈해설그림 6.8.1〉 주입관 예

6.8.2 주입재료로 사용되는 모르터는 주입작업 시의 분리, 특히 고형물의 침전이 적고 주입 후의
체적 신축이 작아야 한다.

✽✽ 해설 ✽✽

주입은 주입재료, 사용기계, 주입압 등에 따라 방식이 다르므로 공극이나 뒷면 원지반의 상태, 주입의 시공조
건 등에 따른 적절한 재료를 선정하고, 이에 대한 설계를 한다. 주입재료로 사용되는 모르터는 주입작업 시의 분
리, 특히 고형물의 침전이 적고, 또 주입 후의 체적수축이 될 수 있으면 작은 것이 좋고, 재료분리가 발생하지
않으며 하중을 경감시킬 수 있는 신축이 적은 재료를 사용하여야 한다. 이 때문에 배합재료 중에 무수축성의 혼
화재료를 첨가하는 것이 바람직하다.

6.8.3 콘크리트라이닝 천장부 채움 시 주입관과 배기관을 설치하여 공극채움이 원활히 되도록 하
여야 한다.

✽✽ 해설 ✽✽

콘크리트 타설 전에 뒤채움주입 파이프를 매설할 경우 콘크리트 타설 시 구멍이 막히지 않도록 주의하여야 하
며, 타설 후 뒤채움주입 구멍을 뚫을 경우는 기 시공된 콘크리트라이닝이 손상되지 않도록 주의하여야 한다. 또
한 주입관을 주입 확인용 구멍으로 사용하여 주입 상태에 대한 확인이 이루어질 수 있도록 한다.

채움주입 시 공극 내 공기가 갇히는 경우 밀실한 채움이 어려우므로 배기관을 설치하여 용수 및 공기를 배출
하여 공극채움이 원활히 이루어지도록 하여야 한다.

6.8.4 주입작업 시 배수체계의 회손 및 구조물 2차 손상이 발생하지 않도록 주입압에 대하여 검토
하여야 한다.

✽✽ 해설 ✽✽

주입 시에는 주입구간을 나누어 계획량을 한 번에 고압으로 주입하지 말고 저압에서 단계별로 조정하여 뒤채
움을 완전하게 충전하도록 한다. 또한 뒤채움주입 시공 전 반드시 재료를 시험 배합하여 주입장비로 주입압력을
시험한 후 시공하여야 한다.

주입압은 방수막 손상 및 라이닝에 균열이 발생하지 않는 범위 내에서 산정하되 0.2~0.4MPa 이하로 주입하
는 것을 원칙으로 하며, 균열이 예상되는 부위에 대하여는 사전에 균열방지대책을 수립하여야 한다.

▪ 참고문헌 ▪

1. 일본토목학회(2006), 「제3편 설계 제4장 콘크리트라이닝의 설계」, 『터널표준시방서 산악공법·동해설』, pp.94-101
2. 일본토목학회(2006), 「제4편 시공 제9장 콘크리트라이닝」, 『터널표준시방서 산악공법·동해설』, pp.168-179

07 터널안정성 해석

07 터널안정성 해석

7.1 해석일반

7.1.1 터널안정성 해석의 목적은 터널건설에 따른 주변지반의 거동과 주변 시설물에 미치는 영향 및 지보재를 포함한 터널구조물의 안정성을 사전에 검토하기 위함이다. 특히, 해석결과의 분석과 적용에 있어서는 단순히 해석결과에만 의존하는 설계가 되지 않도록 주의하여야 한다.

:: 해설 ::

터널안정성 해석의 주된 목적은 터널의 시공 전에 기 조사된 제한된 자료를 이용하여, 터널 자체의 안정성과 주변지반이나 시설물에 미치는 영향을 분석하여 미리 대처하는 것이다.

지반은 고체, 기체, 액체의 3상이 공존하는 재료로서 재료의 구성비에 따라 공학적 특성이 변화하기 때문에 측정 가능한 몇 가지의 지반특성치로 공학적 특성을 정확히 정의하기는 매우 곤란하다. 따라서, 터널해석 시 지반조건과 주변상황을 완벽히 재현하기 곤란하므로, 해석결과를 검토할 경우, 제한된 입력값의 한계를 고려하여 결과를 적용하여야 한다.

터널지보재, 지반의 변위, 주변 시설물에 대한 영향검토는 터널안정해석 결과의 절대값으로 판단하기보다는 경향파악으로 고려해야 하며, 해석결과와 함께 유사 시공사례, 경험값을 종합하여 분석하여야 한다. 시공 시 적절한 계측을 병행하여 진행 상태를 점검하고, 이 결과를 바탕으로 설계조건을 재검토할 수 있다.

7.1.2 해석 시에는 지형 및 지반조건, 지하수조건, 터널의 형상 및 위치, 시공방법 및 터널주변 지반의 지보특성을 고려하여야 하며, 해석기법은 2차원 해석이나 3차원 해석을 채택할 수 있다. 2차원 해석을 실시할 경우에는 3차원적 실제 지반거동을 고려하여야 한다.

:: 해설 ::

터널해석 시에는 터널과 주변지반의 기하학적인 조건, 지반 및 지보재의 특성, 시공방법 등을 고려하여야 한다.

일반적인 경우에는 2차원 해석을 수행하여 터널과 지반의 거동을 분석하고, 터널과 지반거동이 복잡한 갱구부, 피난연락갱 접속부, 연직갱 접속부, 지하환기소, 관통부 등은 굴착, 지보순서를 고려한 3차원 해석을 수행할 수 있다.

터널굴착은 3차원적으로 진행되며 그에 따라 터널주변 지반도 3차원적인 응력 및 변위거동이 나타난다. 즉 지반 내 터널이 굴착되면 막장면의 위치와 지보재의 강성 및 설치시기에 따라 터널변위 및 응력발생 형태가 다르다. 이러한 효과를 수치해석에서 고려하기 위해서는 직접적으로 3차원 수치해석을 실시하여야 하나, 하중분배법과 강성변화법 등의 방법을 적용하여 2차원 해석으로도 3차원 터널굴진효과를 모사할 수 있다.

하중분배법은 굴진면으로부터 종축방향으로 떨어진 위치에 따라 종방향아칭효과가 변화하는 경향을 반영하기 위하여, 2차원 해석의 단계를 3차원 터널 축상의 위치와 대응시켜 해석단계별로 굴착 시 발생하는 굴착 상당력을 분배하여 적용시키는 방법이다. 하중분배율은 3차원 해석이나 유사현장의 계측자료를 토대로 결정할 수 있다(이상준 등, 2000).

강성변화법은 터널굴착 시 주변응력의 3차원적 거동을 지반의 강성과 직접 연관시키는 관점에서 지반의 변형계수를 하중분담률에 따라 적절히 줄여주는 방법으로 터널굴착, 지보설치 단계별로 굴착되는 지반의 강성을 감소시키는 방법이다.

7.1.3 해석수행 시 고려사항

(1) 해석영역은 터널의 규모와 지반조건 등을 고려하여 터널굴착에 따른 영향을 충분히 파악할 수 있는 범위로 설정하여야 한다.

(2) 해석모델은 단계별 굴착의 영향이 포함되도록 하되 경계요소, 무한요소 등의 탄성경계 조건을 부여하는 경우를 제외하고는 터널 좌·우는 터널굴착폭의 3배 이상, 하부는 터널높이의 2배 이상, 상부는 지표면까지를 해석영역으로 하여야 한다. 단, 상부토피가 매우 큰 경우에는 상부 지반조건의 영향이 포함될 수 있는 별도의 모델을 적용할 수 있다.

(3) 해석 시 사용하는 지반특성치들은 해당 지반의 시험결과를 토대로 추정된 값을 사용하여야 한다. 단, 공사의 규모 또는 현장여건상 시험결과를 얻을 수 없는 경우에는 경험이 풍부한 기술자의 판단에 의하여 유사지반의 특성치를 제한적으로 준용할 수 있다.

:: 해설 ::

가. 해석영역

터널굴착 영향범위는 터널규모와 지반조건에 따라 변화하므로 지반의 풍화 정도나 지형, 터널규모 등을 고려하여 충분한 해석영역을 설정하여야 한다.

〈해설그림 7.1.1〉과 같이 2개 이상의 터널을 모델링하여 해석할 경우에는, 가장 큰 단면의 터널제원을 기준으로 해석영역을 설정할 수 있다.

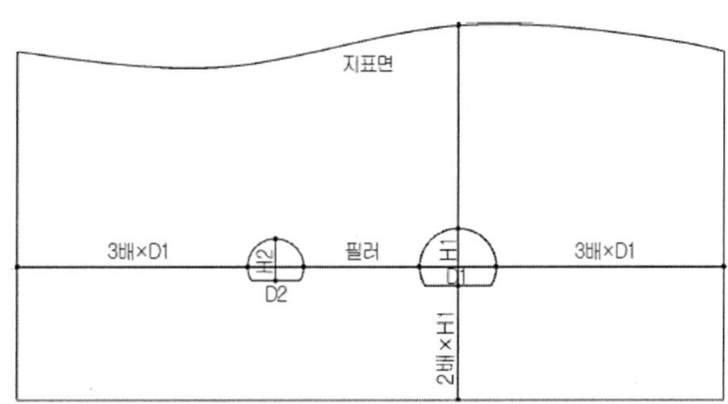

〈해설그림 7.1.1〉 터널해석 영역 예

터널굴착 시 지하수의 영향검토를 위한 해석영역은 지반의 변위, 응력의 영향범위보다 훨씬 크기 때문에 제시된 안정해석 영역보다 더 넓게 설정하도록 한다.

상부 토피가 커서 터널굴착 시 영향이 미치지 않는 범위의 상부영역은 해석영역에 포함시키지 않을 수 있다. 해석에 포함되지 않는 상부영역은 단위중량 등을 고려하여 상부하중으로 적용될 수 있다.

나. 해석모델

세부적인 내용은 '7.4 해석방법'을 참조한다.

다. 지반특성치

토질 또는 지반관련 기술자가 해당 지반에서 수행된 시험결과 유사지반사례 등을 분석하여 종합적으로 평가하여 적용할 수 있다. 시공 중 계측값이 관리기준치를 초과하는 경우에는 시험을 통해 지반특성치를 재평가할 수 있다.

> 7.1.4 해석에 사용되는 모든 프로그램은 그 적합성이 확인되고 지반의 거동을 적절하게 모사(simulation)할 수 있는 기능을 보유하여야 하며, 터널의 단계별 굴착을 재현할 수 있는 기능과 지반, 지보재의 변위, 응력 그리고 모멘트 등을 계산하여 터널설계 및 안정해석에 이용할 수 있어야 한다.

∷ 해설 ∷

터널해석은 실제 시공상황과 일치되도록 초기화, 굴착, 지보재 설치 등의 일련의 시공순서를 구현할 수 있어야 한다.

굴착단계별로 지반과 터널의 안정성을 확인할 수 있도록 결과물을 산출할 수 있어야 한다.

사용할 프로그램은 적절한 공학적 검증을 거쳐 적합성을 확인한 후 사용하도록 한다.

7.1.5 해석은 사전조사, 모형화, 수학적 계산, 결과 출력 및 종합평가 순으로 진행하는 것을 원칙으로 한다.

  (1) 사전조사 : 지반 및 지하수위 조사, 터널설계단면, 시공단계, 굴착공법, 표준지보패턴 등의 자료수집.

  (2) 모형화 : 지반과 지보재의 특성, 해석영역, 크기 및 순서, 경계조건, 구성모델 등의 결정.

  (3) 수학적 계산 수행.

  (4) 결과 출력 : 지반 및 지보재의 변위, 응력, 및 변형률 등의 수치 또는 분포도, 소성영역 등의 출력.

  (5) 종합평가 : 터널의 내공변위 및 지보재의 부재력에 근거한 터널안정성 평가 및 주변 구조물의 거동 평가.

∷ 해설 ∷

가. 사전조사

터널의 안정성을 직접 검토하는 본 해석에서는 시공상황과 일치하는 사전조사 내용이 반드시 반영되어야 하며, 정성적 평가를 위한 예비해석에서는 사전조사 내용을 가정하여 수행할 수 있다.

나. 모형화

1) 요소의 크기 및 배열

지반의 모델링에서 중요시되는 사항은 요소의 크기 및 배열의 설정이다. 수치해석에서 경제성을 고려하지 않고 해석결과의 정확성만을 고려한다면, 요소의 크기는 작을수록 그리고 배열은 균일할수록 바람직하다고 할 수 있다. 그러나 수치해석에서 절점수에 따라 요구되는 연산시간은 기하급수적으로 증가하기 때문에 이러한 방법은 바람직하지 않다. 따라서, 예비해석을 수행하여 요소의 크기가 해석결과에 민감하지 않을 정도로 충분히 작은 요소의 크기를 설정하며, 터널주변과 같이 응력구배가 급한 영역에서는 조밀하게 외곽지역은 요소크기를 크게 하는 것, 또는 일정비율로 점차 증가시키는 방법을 적용하기도 한다.

일반적인 경우, 2차원 해석에서 정확도를 위해 각 요소의 종횡비가 1:10 이하가 되도록 한다. 적정한 해석결과를 얻기 위한 사각형 요소의 형상은, 그 사각형 요소를 두 개의 삼각형으로 내분했을 때 발생되는 작은 삼각형의 면적이 분할 전 사각형 요소 면적의 20% 이상 되어야 한다(Itasca Consulting Group, 2001).
터널굴착면, 지보재 설치구간 등에는 요소의 크기를 작게 하고 굴착면과 먼 모델 경계면에서는 상대적인 크기를 임의 또는 일정 비율로 증가시킬 수 있다.

2) 경계조건

모델 경계면을 설정한 후에는 다음과 같이 경계조건을 부여할 수 있다.

① 2차원 모델

- 측면경계 : x-방향(좌우) 변위 구속.
- 하부경계 : y-방향 변위 구속.

② 3차원 모델

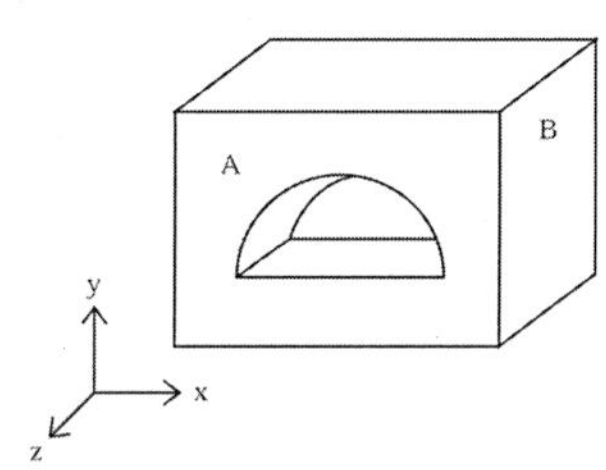

- A 측면경계 : z-방향(앞뒤) 변위 구속.
- B 측면경계 : x-방향(좌우) 변위 구속.
- 하부경계 : y-방향(상하) 변위 구속.

3) 구성모델

터널의 기하학적 형상 혹은 경계조건이 적절히 모델링에 반영되었을 경우 터널 및 지반거동의 해석결과에 대한 신뢰성은 지반의 응력-변형률 관계를 표현하는 구성모델(constitutive model)의 타당성에 좌우된다. 구성모델은 재료의 작용응력에 대한 변형률의 상관관계를 수학적으로 표현한 것이다. 모델링에서는 대상 재료의 거동에 부합하는 재료모델을 적절히 선정하여야 한다.

① 선형탄성 모델(linear elastic model)

선형탄성 모델에서는 응력-변형율 관계가 일반화된 훅크(hooke)의 법칙을 따른다고 간주하며, 〈해설그림 7.1.2〉에서 보이는 바와 같이 응력-변형률 관계가 직선으로 표현된다. 선형탄성 모델에서 필요한 재료상수는 탄성계수(E)와 포아송비(v)이다.

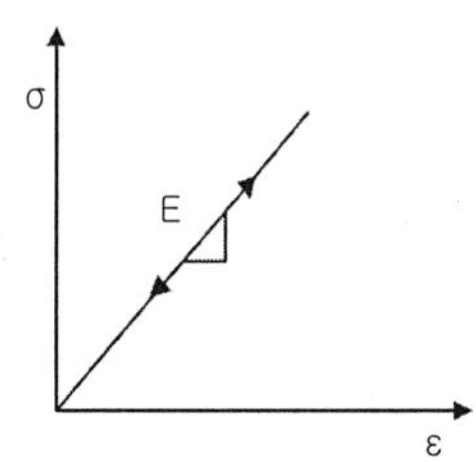

〈해설그림 7.1.2〉 응력(σ)-변형률(ε) 관계

② 비선형탄성 모델(non-linear elastic model)

지반의 탄성계수는 외력에 의해 지반 내부에 발생하는 응력수준에 따라 변화하는 것으로 간주한다. 응력-변형률은 증분형으로 표시되고, 전체는 비선형이지만 각 증분 구간에서 지반의 거동은 선형탄성 거동을 따른다고 가정하며, 대표적인 모델은 Duncan-Chang의 관계식, 파괴 접근도를 이용한 관계식 등이 있다.

③ 탄소성 모델(elasto-plastic model)

물체에 외력이 작용하면 응력과 변형이 발생하게 되는데, 외력을 제거하였을 경우 물체에 발생한 변형의 일부는 회복되나 나머지는 그대로 잔존하게 된다. 〈해설그림 7.1.3〉과 같이 회복 가능한 변형을 탄성변형, 회복 불가능한 변형을 소성변형이라 하며, 이와 같이 재료의 변형을 탄성 및 소성변형으로 표현하는 모델을 탄소성 모델이라고 한다.

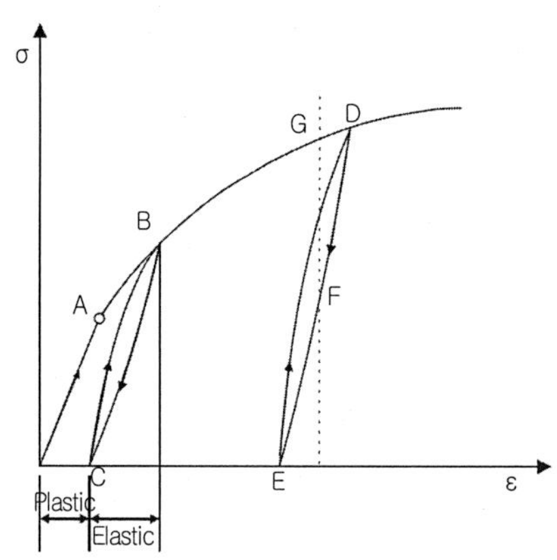

〈해설그림 7.1.3〉 응력(σ)-변형률(ε) 관계

탄소성 모델에서는 재료의 응력수준이 항복점에 도달하기 전까지의 거동은 탄성거동으로 모사되나 항복점에 도달한 이후의 거동은 소성거동을 따르는 것으로 가정된다. 탄소성 모델을 적용하기 위해서는 주어진 응력 상태에서 항복의 여부를 결정하는 항복규준(failure criteria)과 항복 후 거동을 모사하기 위한 경화/연화법칙(hardening/softening)과 유동법칙(flow rule)이 필요하다.

항복규준은 응력 상태의 조합으로 표현되는 탄성변형의 한계로 정의되며, 현재까지 지반에 적용 가능한 많은 항복규준이 개발되어 있으나, 일반적으로 Mohr-Coulomb, Drucker-Prager, Hoek-Brown, Modified Cam-Clay, Strain-Softening/Hardening, Double-Yield, Ubiquitous Joint, Hyperbolic(Duncan-Chang) 항복규준 등이 있으며, 지반특성과 터널의 규모에 따라 적절한 모델을 적용하여 해석한다.

유동법칙은 항복함수를 포텐셜 함수로 취하는 조합유동법칙(associate flow rule)과 항복함수와는 다른 함수를 포텐셜 함수로 취하는 비조합유동법칙(non-associate flow rule)이 있다.

④ 점탄성 및 점탄소성 모델

탄성 모델에 점성을 고려하는 경우를 점탄성 모델, 그리고 탄소성 모델에 점성을 고려하는 경우를 점탄소성 모델이라고 한다. 이러한 경우 계산과정이 매우 복잡하게 되며 연산 노력이 증대된다. 점탄소성 모델의 경우 지반의 탄성, 소성, 점성 거동을 고려한다는 측면에서는 주변지반의 거동을 실제의 거동에 가깝게 모사한다는 이점이 있으나, 점성거동의 모델링에 어려움이 있다. 이러한 점성을 고려한 모델은 지반이 시간에 의존한 거동특성이 지배적인 경우, 즉 팽창(swelling)과 압착(squeezing)지반에서 터널 및 주변지반의 거동이 지보와 복공의 타설시기에 의해 많은 영향을 받는 경우, 혹은 시공단계에 따른 터널의 거동평가가 매우 중요한 경우에 채택한다.

다. 종합평가

단계별로 터널변위의 수렴여부, 지보재의 요소별 부재력과 재료 허용치를 대비하여 안정성을 평가하여 지보패턴의 적정성을 검토한다. 계산결과의 절대적 평가보다 정성적 평가에 의한 터널굴착 영향성을 검토하고 필요시에는 수치해석을 반복수행하여, 수치해석 내용이 시공조건의 다양성을 반영한 결과를 얻어야 한다.

7.2 해석입력 자료

7.2.1 해석에 필요한 입력자료는 지반특성치, 지반의 초기응력, 지하수위, 지보재특성치, 사용되는 보조공법재의 특성치 등이다.

☷ 해설 ☷

해석모델에 따라 요구되는 지반특성치는 달라진다. 일반적으로 선형탄성-Mohr Coulomb 모델의 해석에 사용되는 지반특성치는 변형계수, 점착력, 내부마찰각, 단위중량, 포아송비 및 인장강도 등이 있다. 불연속체 해석에는 불연속면의 분포특성치(방향, 개수, 간격, 연장 등) 및 강도특성치(점착력, 마찰각 등)가 추가된다.

현장지반에 대한 실내시험 및 현장시험의 결과값을 통계 처리하여 적용하는 것을 원칙으로 한다. 작은 시료에 대한 실내시험의 결과치는 크기 효과를 고려하여 수정한 후, 지반 전체의 대표치로 적용될 수 있다. 유사지반의 특성치나 경험식에 의한 지반특성치를 참조하여 해석입력 자료로 적용되는 지반특성치를 평가하는 것이 바람직하다.

7.2.2 지반특성치는 터널거동을 나타낼 수 있어야 하며, 지반의 초기응력은 터널거동에 큰 영향을 미치므로 현장에서 측정한 값, 경험식 또는 추정식으로부터 산정하여야 한다.

☷ 해설 ☷

터널을 굴착하기 이전의 지반은 정역학적인 평형 상태인 초기응력 상태를 유지하고 있으며, 초기응력의 분포는 피복두께, 지형, 지질구조 등의 영향을 받는다. 지질구조 등의 영향이 없는 수평지반 임의 깊이 z에서 연직응력(σ_v)과 수평응력(σ_h)은 다음과 같다.

$$\sigma_v = \gamma \cdot z, \quad \sigma_h = K_o \cdot \sigma_v \tag{7.2.1}$$

여기서 γ : 암반의 단위중량, K_0 : 측압계수

경사지반의 경우, 이로 인한 적절한 초기응력이 설정되어야 한다.

측압계수는 암반의 포아송비 ν일 경우, 탄성이론에 근거하여 다음과 같이 산정할 수 있다.

$$K_o = \frac{\nu}{1-\nu} \tag{7.2.2}$$

상재하중이 제거된 암반의 경우나 과거 지각운동의 영향을 받은 경우 경사지반응력분포법, 상재하중제거법 등을 이용하여 지질구조에 따른 초기응력을 재현하여야 한다. 암반의 경우에는 현장실험 및 국·내외 측정사례(〈해설표 7.2.1 참조〉) 등을 통해 측압계수를 평가할 수 있다.

초기응력을 측정하는 방법으로 현장시험은 수압파쇄시험(hydraulic fracturing test) (한국자원연구소, 1996), 응력해방법(over coring method), 응력보상법 등이 있으며 실내시험은 AE(acoustic emission)시험 등이 있다(한국시설안전기술공단, 2003). 시험에 대한 세부적인 사항은 제3장을 참조한다.

〈해설표 7.2.1〉 국내외 측압계수 측정사례 및 추정식

측정사례	추정식	측정 심도
Hoek & Brown(1978)	0.3 + 100/z < K < 0.5 + 1500/z	0~3000m
임한욱 & 이정인(1991)	2.78 + 0.0183 × z	0~850m
최성웅(1997)	0.5 + 6/z < K < 0.1 + 240/z	0~200m
배성호 등(2005)	18/z + 0.15 < K < 190/z + 1.55	20~310m

주) K : 측압계수, z : 심도(m)

> 7.2.3 보조공법 중 지반보강을 목적으로 주입한 경우에는 보강된 지반특성치가 필요하며, 기계적 보강을 실시한 경우에는 각각의 재료를 지보재로 보고, 지보재의 특성치를 입력하거나, 보강지반으로 환산하여 보강된 지반특성치를 사용하여야 한다.

❖ 해설 ❖

보강된 지반특성치 범위는 관련자료를 참조하고, 현장에서 보강된 지반의 효과를 확인한 경우에는 그 값을 적용할 수 있다.

미보강 구간과 보강된 구간을 구분하여 각각의 특성치를 적용하거나, 미보강 주변지반과 보강지반의 특성치를 환산하여 별도의 특성치를 적용할 수 있다.

원지반과 보강재의 강성에 부피비를 가중치로 적용하여 등가 특성치로 환산하는 방법(송기일 등 2006) 등을 참조할 수 있다.

7.3 하중

> 7.3.1 해석에 사용되는 하중의 종류로는 지반의 초기응력과 지하수위에 의한 수압이며, 필요시 관련 외부하중을 고려할 수 있다.

:: 해설 ::

터널안정 해석 시 고려될 수 있는 외부하중으로는 터널주변의 건물, 고가도로 등의 구조물 하중, 도로, 철도, 지하철 등의 교통하중, 하수박스, 상수관로 등의 대형지장물 하중, 장비하중 등이 있다.

> 7.3.2 하중선정 시에는 다음 사항을 고려하여야 한다.
> (1) 원지반의 초기응력은 지반의 단위중량, 터널심도, 측압계수 등을 고려하여 결정하여야 한다.
> (2) 수압은 지하수위를 고려하여 결정하여야 한다. 비배수형 터널의 경우에는 지하수위를 고정하여 정수압으로 하고, 배수형 터널의 경우에는 지하수위의 변화를 고려하여 수압을 정하여야 한다.
> (3) 터널 상부에 구조물이나 도로 및 철도의 교통하중이 작용하는 경우에는 외부하중으로 고려하여야 한다.
> (4) 지형 및 지반조건 등의 이유로 터널에 편압이 작용할 우려가 있는 경우에는 편압의 영향을 고려하여야 한다.
> (5) 갱구부에 대하여는 지역적 특성, 터널 상부의 지층두께, 지형, 지반조건 등에 따라 지진의 영향이 예상되는 경우에는 이의 영향을 설계에 반영하여야 한다.
> (6) 장기간에 걸쳐 시간 의존적인 지반의 크리프(creep)현상이 예상되는 경우에는 크리프 하중을 고려하여야 하며, 일시적인 지보인 경우에는 이를 고려하지 않아도 된다.

:: 해설 ::

가. 초기응력

　7.2.2 해설 참조.

나. 수압

　비배수형 터널의 경우 지하수위는 최대만조수위, 최대홍수위(H.W.L.), 설계강우강도 및 지속시간 등을 고려한 지하수위를 적용한다.

　배수형 터널의 경우 지하수 배수능력에 의한 지하수위 변화량을 고려하고, 투수성이 큰 경우 침투수압에 의한 하중을 추가로 검토할 수 있다.

다. 지진의 영향

갱구부, 얕은 심도의 터널, 토사구간의 터널 단층대구간 등은 지진의 영향을 고려하여 설계하도록 한다.

내진해석방법은 정적해석방법과 동적해석방법으로 구분된다. 정적해석방법은 등가정적해석과 응답변위법으로 개착터널과 얕은 심도의 터널에 대한 간략해석을 수행하며, 동적해석방법은 주파수영역해석법과 시간영역해석법으로 중요한 시설에 대해서 내진해석을 실시한다(윤종구 등, 2006 ; 건설교통부, 2005 ; 한국지반공학회, 2006).

내진해석의 세부적인 내용은 제4장을 참조한다.

7.4 해석방법

> 7.4.1 터널안정성 해석방법에는 수치해석적 방법, 이론해를 이용하는 방법, 경험적 방법 등이 있으므로 필요에 따라 적절한 방법을 선택하여 사용하여야 한다.

❖ 해설 ❖

수치해석적 기법에서 연속체 모델을 적용하는 해석방법은 조건에 따라 한 종류 또는 복합적인 방법에 따라 검토하여 터널의 안정성을 확인한다. 수치해석결과는 사용 프로그램의 적합성, 구성모델, 입력물성, 모델링방법 등 다양한 요소에 의하여 영향을 받으므로 경험 있는 전문가가 수행하여야 한다(한국지반공학회, 1991 ; 한국지반공학회, 1998).

가. 수치해석적 기법

수치해석적 기법은 연속체 모델을 적용하는 유한요소법(finite element method), 유한차분법(finite difference method), 경계요소법(boundary element method), 불연속체 모델을 적용하는 개별요소법(distinct element method), 지반반력 모델을 적용하는 보요소법(beam element method with elastic support), 유한요소법과 연계된 경계요소법 또는 보요소법과 연계된 유한요소법을 적용하는 혼합법(hybrid method) 등이 있다.

1) 유한요소법

유한요소법은 지반 및 기타 지보재를 연속체로 간주하며, 각 절점으로 연결되는 특정한 크기를 갖는 한정된 수의 요소로 이산화된다. 외력의 변화에 따른 지반의 변형특성은 프로그램에서 채택하는 응력-변형률 구성법칙에 의해서 결정된다. 지반공학에서 문제시되는 지반의 비균질성, 비등방성, 시간의존성 등 복잡한 구성법칙을 비교적 간단히 해결할 수 있다. 해석 모델링에서는 지반 및 지보재의 모델링이 적절히 이루어져야 하며, 터널의 단계적 시공을 적절히 반영할 수 있는 프로그램을 사용하여야 한다.

2) 유한차분법

유한차분법은 지반을 각 절점에서 연결된 요소로 이산화된 연속체로 간주한다는 점에서 유한요소법과 유사하나, 미지수를 구하기 위해 채택하는 방법에서 그 차이점을 찾을 수 있다. 일반적으로 유한요소법을 음해법(implicit method)이라고 하면 유한차분법은 양해법(explicit method)이라고 하는데, 양해법은 매우 작은 시간간격 사이에 임의의 절점에서 발생하는 교란효과는 오직 인접한 절점에만 영향을 미친다고 간주한다. 따라서 각 절점에서 '해'를 구하기 때문에 요구되는 컴퓨터의 용량이 작은 장점이 있다.

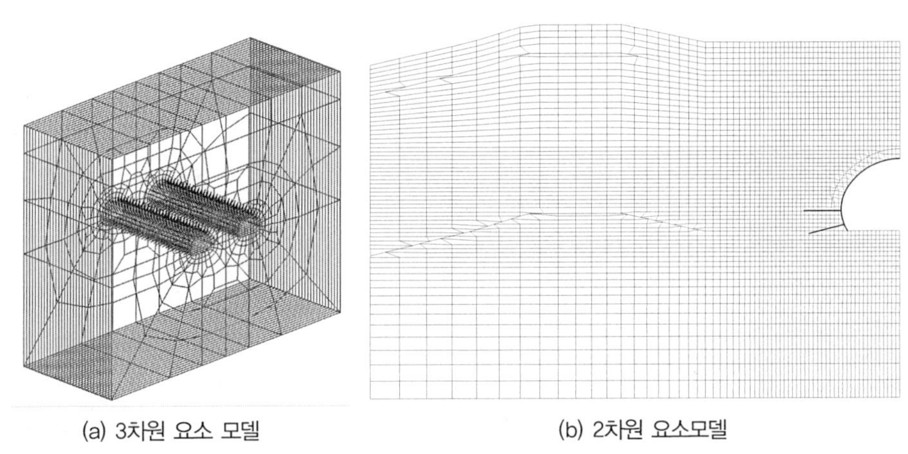

(a) 3차원 요소 모델　　　　　　　　(b) 2차원 요소모델

〈해설그림 7.4.1〉 유한요소 모델화 예

3) 경계요소법

유한요소법이나 유한차분법과 마찬가지로 지반을 연속체로 간주하나, 경계에 해당하는 부분만 이산화가 요구되며 이러한 경계부분에서만 수치연산이 행해진다. 경계의 내측에 위치하는 요소는 선형 편미분방정식으로 표현된다. 경계요소법은 처리해야 할 방정식의 수가 유한요소법에 비해 적으므로 사용하는 컴퓨터의 용량이 작으며, 입력 및 출력자료가 비교적 간단하다는 장점이 있다. 또한 경계면에서의 거동이 중요한 2차원 및 3차원 해석에 효율적으로 적용될 수 있다. 경계요소법은 아직 발전단계에 있으며 침투해석 및 열전달 해석에 유용하게 적용될 수 있는 반면에 균질지반, 단순경계조건의 문제에 적용편의는 있으나 재료의 비선형거동 해석, 단계별 해석, 시간 의존성 재료의 거동해석이 어렵다는 단점이 있다.

4) 개별요소법

개별요소법은 대상 지반을 불연속체로 간주하여 개개의 강성 블록으로 모델링한다. 따라서 절리에서의 변위가 블록 자체의 변형보다 월등히 큰 경우 효과적으로 적용할 수 있다. 본 해석기법은 절리가 매우 많이 형성된 암반에서의 터널거동 해석에 효율적으로 적용될 수 있으나, 정확한 해석을 위해서는 절리의 위치 및 방향 등 절리분포 특성에 관한 상세한 입력치가 요구된다.

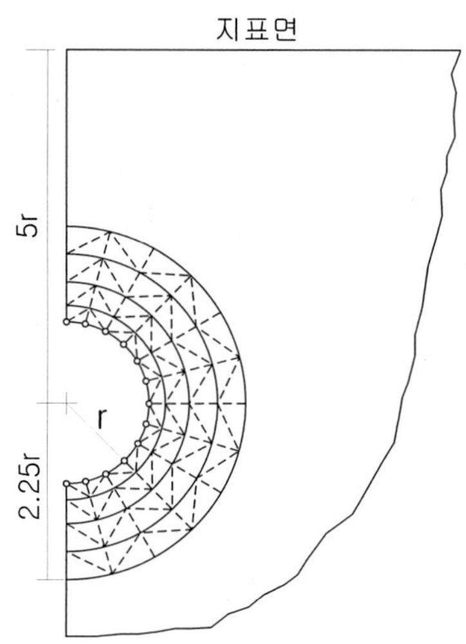

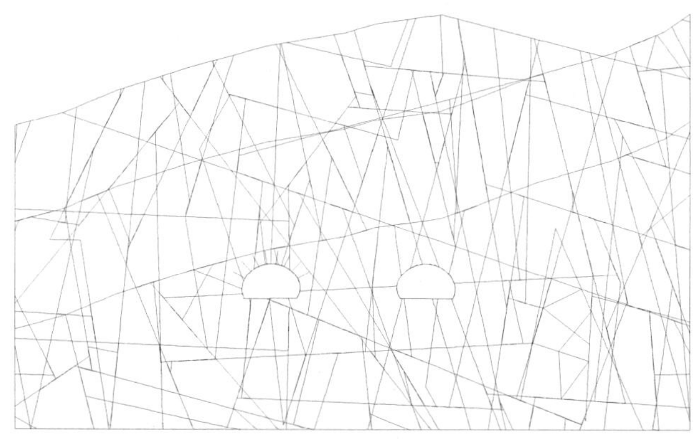

<해설그림 7.4.2> 2차원 경계요소법의 모델화 예

<해설그림 7.4.3> 2차원 개별요소법의 모델화 예

5) 보요소법

　　터널라이닝 해석 시 적용하는 방법으로, 라이닝은 보요소로 주변지반은 스프링 요소를 이용하여 터널 및 주변지반을 모델링한다. 적용되는 스프링 요소의 강성은 주변지반 및 복공의 곡률에 따라 결정하여야 하며, 계산과정에서 인장력을 받는 스프링 요소가 포함되지 않도록 하여야 한다.

　　보요소법은 일반적으로 사용되는 구조해석 프로그램을 적용할 수 있고, 해석과정이 간단하며, 연산소요 시간 및 요구되는 컴퓨터의 용량이 작다는 장점이 있으나 지반을 반영하는 스프링 요소의 강성(지반반력 계수, K_r) 및 작용시켜야 할 외력의 설정 시 주의를 기울여야 한다.

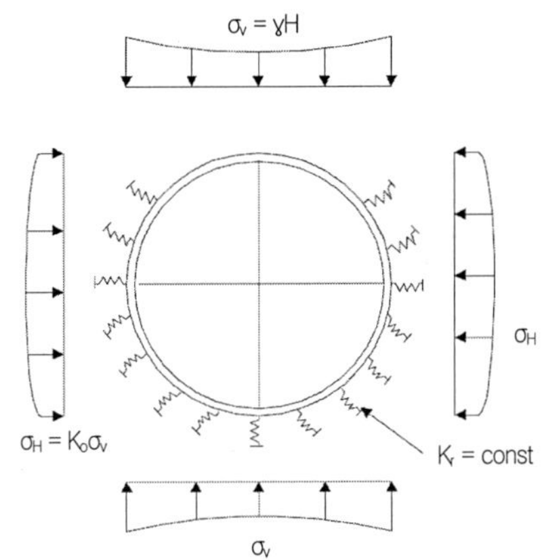

<해설그림 7.4.4> 보요소법의 모델화 예

나. 이론해를 이용한 해석기법

특정한 기하학적 형상을 갖는 터널에 있어서 주어진 외력에 대한 터널주변의 응력-변형 상태를 수학적 접근방법으로 유도한 이론해(closed form solution)로 계산한다.

이러한 이론해석 기법은 아직까지도 현장에서 간단한 검토 및 수치해석적 근사해의 검증 수단으로서도 매우 유용하게 적용되고 있으나, 적용 가능한 재료 모델 및 터널형상에서 많은 제약이 따르므로 실제 터널설계에 사용할 경우에는 주의가 요구된다.

1) 탄성해석

원형터널이 굴착될 경우, 평면변형 상태에서의 응력 및 변형은 극좌표(r, θ)계에서 Kirsh의 해(Terzaghi and Richart, 1952)를 이용하여 산정할 수 있다. 경계조건을 고려하여 보다 엄밀한 해라고 할 수 있는 Mindlin(1940)의 해와 비교해볼 때 Kirsh의 해는 터널의 토피가 직경의 4배 이상일 경우 유효한 것으로 간주된다.

2) 탄소성 해석

탄소성 해석에 의한 터널주변 응력-변형 해석방법은 지반이 파괴된 후에도 원래의 강도를 유지한다고 가정하는 경우와 파괴 후에는 잔류강도로 저하된다고 가정하는 경우로 대별된다. 매체의 강도손실을 고려할 경우에는 소성영역의 반경(R)이 커지고, 경계면에서는 응력의 불연속을 유발시킨다. 정수압 하의 초기응력 상태에 있는 지반에서 지반이 파괴 후에도 원래의 강도를 유지하고 내압(P_i)이 작용하는 경우 Mohr-Coulomb 파괴규준에 의한 이론해(김범상 등, 2005 ; Hoek, 2002)를 통해 소성영역의 반경과 탄성영역과 소성영역에서의 응력, 경계면에서의 응력, 터널벽면에서의 변위를 구할 수 있다.

<해설그림 7.4.5>와 같이 P_z/P_i의 비가 클수록 소성영역이 확장되는 경향을 볼 수 있다.

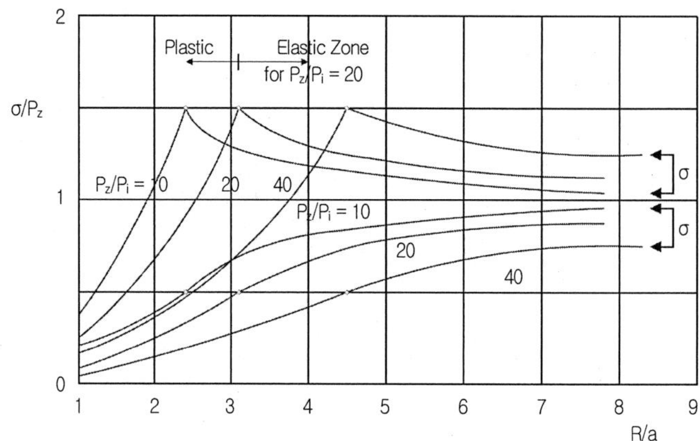

〈해설그림 7.4.5〉 탄소성 해석에 의한 원형터널 주변의 응력분포 경향

다. 경험적인 방법

터널의 규모와 설치되는 지보재, 현장조건 및 지반 상태가 유사한 시공사례를 참조하여 최초 계획 시 개략적으로 터널의 안정성을 파악하는 방법이며, 반드시 정밀검토를 수행하여 터널의 안정성을 재확인하여야 한다.

> 7.4.2 수치해석적 방법을 이용할 경우에는 공학적으로 공인되어 널리 사용되고 있으며, 대상 지반 및 설계조건들을 적절히 모사할 수 있고, 지반의 거동을 적절히 해석할 수 있는 기능을 보유한 해석 프로그램을 이용하여야 한다.

:: 해설 ::

기존에 사용되는 범용 프로그램 외의 새로운 해석 프로그램에 대해서는 이론적 접근이 가능한 검증용 문제를 통하여 사용기능에 대한 검증 후 사용하도록 한다. 또한, 타 범용 프로그램과의 비교 및 계측치, 실험치와 프로그램 해석결과를 비교하는 과정이 필요하다.

> 7.4.3 이론해를 이용하는 방법은 계산이 간편하여 시간을 절약할 수 있으나 한정된 가정조건 하에서만 해석이 가능하기 때문에 수치해석, 계측결과 등의 설계, 시공사례의 분석을 통하여 유사한 결과를 보일 경우에 한하여 사용하는 것을 원칙으로 한다.

:: 해설 ::

이론해는 지반조건을 균질한 등방성의 매체로 가정하며 매체의 자중을 무시하는 대신, 이에 상응하는 응력장을 터널주변에 작용시키고 탄성 및 탄소성 이론에 근거하여 주어진 경계조건의 평형 및 적합조건(equilibrium and compatibility conditions)을 만족하도록 유도된다.

　이론해를 이용하는 방법은 시공순서와 복잡한 기하학적 경계, 지층의 변화 등을 고려하기 곤란하므로, 상대적인 경향파악과 보조적인 해석방법으로 적용한다.

7.5 해석결과의 평가

7.5.1 해석결과는 다음과 같은 적절한 평가를 거쳐 설계에 반영하여야 한다.
 (1) 터널의 안정성 평가.
 (2) 유사터널의 계측결과와 검증 평가.
 (3) 인접구조물과 상호영향 평가.

:: 해설 ::

가. 터널의 안정성 평가

　터널의 안정성은 굴착면의 변형, 지보재의 변위와 응력, 지반의 소성 정도, 주변 구조물의 영향 등을 종합하여 평가하되 결과의 절대값보다는 경향치 파악에 중점을 둔다.

　응력, 변위, 침하량 등의 해석결과는 초기관리기준치로 설정하여, 터널굴착 초기단계의 안정성 평가에 적용하도록 한다.

나. 유사터널의 계측결과와 검증평가

　해석할 터널과 지반조건, 터널의 규모, 지보량 등 유사터널의 계측결과를 검토하여 해석결과를 검증할 수 있다. 이때, 굴진면의 굴착 이전 시점에 이미 발생된 선행변위를 고려하여 해석결과를 평가하도록 한다.

다. 인접구조물과 상호영향 평가

　터널굴착 전에 이미 발생된 구조물의 변위, 응력을 터널굴착에 의한 변위와 누적하여 인접구조물과의 영향 평가를 실시한다.

7.5.2 터널은 굴착단계별로 터널주변의 지반 및 지보재에 대한 응력, 변위, 발생 소성영역 등을 검토하여 구조적인 안정성을 평가하여야 한다.

:: 해설 ::

　터널의 안정성은 최종단계 및 굴착단계, 지보설치 단계별로 검토하고, 변위와 응력은 누적하여 최종단계의 안정성을 평가한다. 터널지보재의 안정성 평가는 허용응력설계법을 기본으로 하며, 숏크리트와 일체가 되는 강지보재를 반영하여 숏크리트의 안정성을 평가할 수 있다.

> **7.5.3** 해석결과는 유사터널의 응력 및 내공변위, 지표침하, 지중변위 등의 계측 결과와 비교·검증하여 평가하여야 한다.

❖ 해설 ❖

해석결과는 유사사례의 계측치와 비교하여 평가할 수 있다. 이때, 계측치는 초기치 설정이 중요하며, 계측기 설치 이전의 초기변위 반영과 제한된 설치개소를 고려하여 국부적인 평가보다는 터널 전체에 대한 정성적인 평가를 한다.

> **7.5.4** 터널굴착의 영향범위 내에 위치한 인접구조물에 대하여는 영향 정도와 상호 안전성을 평가하여야 한다.

❖ 해설 ❖

터널굴착 영향범위에 있는 구조물, 지장물 등의 안정성 허용기준을 산정하고, 터널굴착에 의한 최대침하, 부등침하 등의 손상평가를 실시하도록 한다.

인접구조물의 변위에 대한 영향은 건축물의 손상한계, 최대허용 침하량, 각변위 허용한계치, 수평변형률–각변위 관계 등에 의해 검토한다.

▪ 참고문헌 ▪

1. 건설교통부(2005), 『도시철도 내진설계기준』, pp.5-18
2. 김교원·이현범(1996), 「터널 굴진시의 3차원 지반거동의 2차원적 해석법 고찰」, 대한지질공학회 학술지 제6권 제3호, pp.111-118
3. 김범상·권오순·장인성(2005), 「일반화된 Hoek-Brown 모델의 정식화 및 Rounded Hoek-Brown 모델의 개발」, 한국지반공학회논문집 제21권 8호, pp.37-43
4. 배성호·전석원·김학수·김재민(2005), 「수압파쇄법에 의한 국내 과잉 수평응력 분포 특성에 관한 연구」, 한국지반공학회논문집 제21권, 5호, pp.103-110
5. 송기일·조계춘(2006), 「터널 사전보강 영역의 효과적 수치해석을 위한 등가 물성치 결정 기법」, 한국터널공학회 학술집 터널기술 제8권 제2호, pp.151-163
6. 윤종구·김동수·방은석(2006), 「국내 지반특성에 적합한 지반분류 방법 및 설계응답스펙트럼 개선에 대한 연구

(Ⅰ)-국내 내진설계기준의 문제점 분석」, 한국지진공학회 논문집 제10권 제2호(통권 제48호), pp.39-50

7. 윤종구·김동수·방은석(2006), 「국내 지반특성에 적합한 지반분류 방법 및 설계응답스펙트럼 개선에 대한 연구 (Ⅱ)-설계응답스펙트럼 개선방법」, 한국지진공학회 논문집 제10권 제2호(통권 제48호), pp.63-71

8. 임한욱·이정인(1991), 「심도에 따른 암반 내 초기응력의 변화와 그 경향성」, 한국암반공학회지, 터널과 지하공간, Vol.1, No.1, pp.91-101

9. 이상준·문현구(2000), 「시간의존성을 고려한 터널지반과 숏크리트의 상호반응거동에 관한 연구」, 한국자원공학회지 Vol. 37, No.5, pp.350-361

10. 최성웅(1997), 「현지암반 초기지압의 분포특성 및 암반터널설계에서의 적용」, 한국암반공학회지, 터널과 지하공간, Vol.7, No.4, pp.323-333

11. 한국시설안전기술공단(2003), 「공용중인 터널(산악터널)에 작용하는 지반응력 측정에 관한 연구」, pp.11-21

12. 한국지반공학회(1998), 지반공학시리즈 7 『터널』, pp.177-257

13. 한국지반공학회(2006), 『지반구조물의 내진설계』, pp.263-342, pp.499-563

14. Hoek, E., Carranza-Torres, C. T., and Corkum B.(2002), Hoek-Brown Failure Criterion-2002 edition, Proc. North American Rock Mechanics Society meeting in Toronoto in July 2002.

15. Itasca Consulting Group, Inc.(2001), FLAC User's Giude, pp.2-52

16. Mindlin, R. D.(1940), Stress Distribution around a Tunnel, Trans. ASCE 105, pp.1117-1153

17. Terzaghi, K., and Richart F. E.(1952), Stresses in rock about cavities, Geotechnique 3, pp.57-90

08 배수 및 방수

8.1 설계일반

8.1.1 터널은 지하수의 처리방법에 따라 배수형 방수형식과 비배수형 방수형식으로 구분할 수 있다.

:: 해설 ::

가. 배수형 방수형식

터널로 유입되는 지하수를 전주면, 하부의 배수구 또는 외부 배수구로 유도 배수하는 방법이며, 라이닝의 수압을 고려하지 않으므로 경제적이고 누수 시 보수가 용이하며 대단면의 시공이 가능한 장점이 있다. 그러나 지하수위 저하로 인한 환경문제의 발생 가능성이 있고 또한, 운영 중에 지속적인 배수시설의 운용이 필요하다.

설계 시 지중응력을 전응력으로 고려하고, 터널에서는 라이닝에 작용하는 하중을 거의 무시할 수 있다. 다만, 유도배수층의 통수능력 부족, 배수층의 막힘현상 등에 의해 원활한 배수가 이루어지지 않으면, 라이닝에 수압이 작용할 수 있으므로 이를 고려하여 설계하여야 한다.

나. 비배수형 방수형식

하저 또는 해저터널과 같이 지하수위가 지표면 이상인 경우에는 터널시공으로 인한 수위저하가 발생하지 않는다. 이와 같이, 지하수위가 높거나 지하수 공급이 많을 때 터널 주면을 완전방수 처리하여 라이닝 내부로 지하수가 침투하지 못하도록 하는 방수형식이다. 지하수위 저하가 없기 때문에 지반침하 등 환경문제는 발생되지 않으나 정수압이 라이닝에 작용하므로 라이닝 두께의 증가, 보강으로 인한 공사비 증가가 발생되며 깊은 심도와 대단면터널 등에는 적용여부를 신중히 고려하여야 한다.

다. 배수형식별 작용수압

일반적인 터널의 굴착은 지하수위 아래에서 이루어지며, 지반에 유입되는 수량보다 터널 내부로의 유입량이 많을 경우 지하수위는 터널의 배수구까지 하강하는 부정류 흐름을 보이게 된다. 이런 경우 유입되는 지하수량은 터널시공 기간과 연관성이 있어서 굴착 초기에 최대의 유입량을 보이고, 시간이 흐르면서 유입량이 감소하여 일정한 지하수량을 유지하게 된다. 그러나, 지하수 공급량이 많고 지반의 투수성도 큰 경우에는, 배출수량과 유입수량이 거의 동일하게 되거나 배출수량이 공급수량보다 적게 되어 지속적인 배수에도 불구하고 터널 상부의 지하수위는 크게 변화하지 않는 정상류 흐름을 보이게 된다. 이 경우에는 시간경과에 따른 유입수량에도 큰 변화 없이 일정하게 된다.

따라서 지반조건과 지하수조건 및 지하수위보존관련 규제조건에 따라 방수형식을 결정하여야 한다(건설교통부, 2003).

〈해설그림 8.1.1〉은 터널의 배수 상태에 따른 흐름을 보인 것이다.

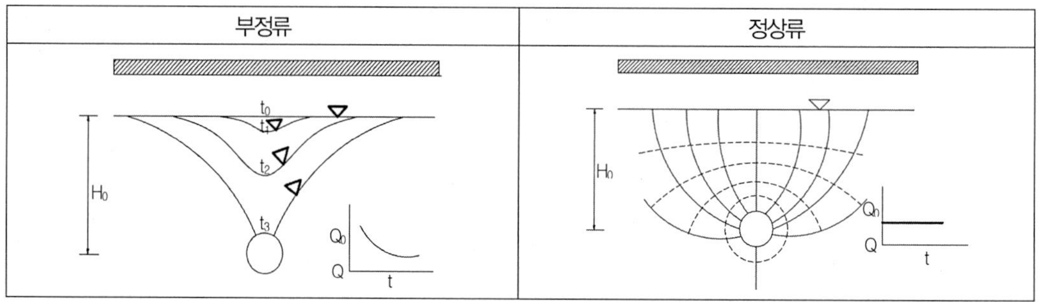

〈해설그림 8.1.1〉 배수 상태에 따른 지하수 흐름

지하수의 공급이 충분하여 지하수위 저하가 크지 않은 하천 등의 인접구간에서는 침투력이 라이닝에 작용하므로 이를 고려하여 라이닝설계를 하여야 한다. 다음 표는 배수형식별 지반의 응력과 라이닝에 작용하는 수압을 나타낸다.

〈해설표 8.1.1〉 방수형식에 따른 작용응력과 수압

구분	배수형 터널	배수형(침투 시) 터널	비배수형 터널
배수 개념			
지반 응력	$(k_0 \cdot r_t \cdot z)$ / $(r_t \cdot z)$	$(k_0 \cdot r' + r_w)z$ / $(r' + r_w)z$	$(k_0 \cdot r' + r_w)z$ / $(r' + r_w)z$

〈해설표 8.1.1〉 방수형식에 따른 작용응력과 수압(계속)

구분	배수형 터널	배수형(침투 시) 터널	비배수형 터널
라이닝 작용 수압	수압, Pw = 0	수압증가 / 수압=0	$r_w \cdot Z$ / $r_w \cdot (Z+D)$

8.1.2 배수형 방수형식터널은 유입되는 지하수를 배수하는 터널로서 배수방법에 따라 다음과 같은 3가지 형식으로 구분할 수 있다.

(1) 완전배수형 : 터널부의 전 주면으로 배수를 허용하는 형식.

(2) 부분배수형 : 터널 천장과 측벽에만 방수막을 설치하여 유입수를 한곳으로 유도하여 배수하는 형식.

(3) 외부배수형 : 터널 내부 시설물이나 콘크리트라이닝을 보호하기 위하여 콘크리트라이닝 외부 전체를 방수막으로 둘러싸고 터널 외부에 별도의 배수로를 설치하여 터널로 흘러들어오는 지하수를 차집하여 외부로 배수하는 형식.

❖ 해설 ❖

가. 완전배수형

터널 주면에 방수막을 설치하지 않고 터널 굴착면을 유로로 활용하는 배수형식으로 자원개발을 위한 광산 등에서 주로 적용되는 방식이다.

나. 부분배수형

일반적으로 터널 굴착면의 하부를 제외한 천정부와 측벽부에 방수막과 배수재를 설치하고, 터널 하부에 설치된 배수구로 집수하여 터널 갱구부 또는 집수정으로 유도배수시키는 방법이다.

다. 외부배수형

터널 내부로 시설물의 부식을 촉진시키는 성분을 함유한 지하수, 악취를 동반한 오수 등의 유해한 지하수 유입을 방지할 필요가 있거나, 이러한 지하수로부터 터널 내부 시설물이나 콘크리트라이닝을 보호하기 위하여 터널 굴착면 전 주면을 방수막으로 둘러싸고 방수막 외부에 배수로를 설치하여 배수하는 형식이다. 또한, 터널 내부를 건조한 상태로 유지할 필요가 있거나 습기에 민감한 시설물이 있는 경우 등에도 적용한다.

8.1.3 비배수형 방수형식터널은 배수시스템을 설치하지 않고, 지하수가 터널 내부로 유입될 수 없
도록 차단하는 방수형식으로서 라이닝에 지하수위 조건에 따른 수압을 고려하여야 한다.

❖❖ 해설 ❖❖

터널 전 주면에 방수막 등을 설치하여 터널 내부로의 지하수 유입을 허용하지 않으며, 라이닝에 지하수위 전체의 수압이 작용하는 형식이다. 터널주변 지반이 불투수층이거나 그라우팅 등으로 인위적인 불투수층 조건을 형성할 경우에는 터널에 작용하는 수압이 정수압보다도 작게 적용할 수 있다.

비배수형 방수형식도 '8.5 허용 누수량'과 같이 방수등급별로 터널 내 누수량을 허용한다.

8.2 배수형식의 선정

8.2.1 배수형식의 선정은 터널의 용도, 지반조건, 지하수조건, 유지관리의 용이성, 환경성, 안정
성, 경제성, 시공성 등을 고려하여 선정하여야 한다.

❖❖ 해설 ❖❖

배수형 방수형식의 터널은 유입수량이 적을 것으로 예상되고 지하수위 저하에 따른 환경성, 안정성의 문제를 야기하지 않는 경우에 적용하며, 운용 중에는 원활한 배수가 이루어지도록 계획하여야 한다. 비배수형 방수형식의 터널은 지하수위 저하로 인한 환경문제나 지반침하 등의 안정성 문제로 사회적, 경제적 손실이 우려되어 지하수위를 보존해야 하거나, 차수공법으로 지하수 유입량 감소가 힘들어 유지관리의 경제성이 불리한 경우에 적용한다.

지반의 투수성이 크고 지하수의 공급이 무한한 경우에는, 굴착면 주변을 따라 차수그라우팅을 실시하여 유입되는 지하수량을 감소시켜야 하며, 유입이 예상되는 지하수량을 산정하여 배수시설을 통하여 원활히 배수될 수 있도록 조치하여야 한다. 지하수위 저하방지대책을 수립하지 않은 경우, 터널시공 중 지하수위 저하로 인한 지반침하는 배수형식에 관계없이 공통적으로 발생될 수 있다. 다만, 투수성이 작은 점토층지반에서는 압밀시간과 배수형식에 따라 압밀침하 발생여부가 결정될 수 있다. 또한, 터널 상부지반이 사질성인 경우 과거에 지하수위의 변화를 반복 경험하였다면 터널굴착으로 인한 지반침하는 즉시 침하량만 고려할 수 있다.

8.2.2 배수형 방수형식터널 선정 시 다음 사항을 고려하여야 한다.
(1) 지반조건이 양호하여 유입수가 적은 반면 지하수위가 비교적 높은 지역에 대하여는 배수형
방수형식을 채택할 수 있다.

(2) 지하수위가 높은 경우에는(수압 약 0.6MPa 이상) 터널의 단면형상 및 재료의 구조적 저항능력을 고려하여 배수형 방수형식을 채택할 수 있다.

(3) 터널을 통한 배수가 주변 구조물이나 시설에 구조적 영향을 미치지 않도록 대책 수립이 가능하여야 한다.

(4) 배수형 터널은 배수를 통하여 수압을 저감시키는 개념이 설계수명 동안 유지되도록 하여야 하며, 배수와 수압을 배분한 부분 배수형 방수형식을 채택할 수 있다.

(5) 이중구조 라이닝의 경우 배수시스템 안쪽의 내부 라이닝은 장기적으로 배수기능 저하에 따른 영향을 고려하여야 하며, 계측관리와 연계하여 별도의 내구연한을 갖는 비구조체로 설계할 수 있다.

(6) 배수시스템은 자연흐름이 가능하도록 0.2% 이상의 기울기를 유지하여야 한다.

(7) 주변 지반여건상 과다한 유입수가 예상되는 지역에 터널을 구축하여야 하는 경우 유입수의 양수를 위한 유지관리 비용의 절감을 위하여 터널주위 지반에 차수그라우팅을 실시하여 유입수를 최대한 줄인 후에 배수형 방수형식을 채택할 수 있다.

:: 해설 ::

지하수위가 높은 지역이라도 터널주변 지반의 투수성이 적어 터널 내 유입수량이 적을 것으로 예상되는 경우는 배수형 방수형식을 채택할 수 있다.

터널에 작용하는 수압이 0.6MPa 이상이 되면, 현재의 기술상 방수효과를 얻기가 곤란하고 라이닝의 두께와 보강재의 보강에 의한 구조적 저항능력에 한계가 있으므로 배수형 방수형식을 채택할 수 있다. 이때, 한계수압보다 방수시스템의 기능이 우수할 경우에는 시험 등에 의한 효과검증을 수행하여 비배수형 방수형식을 적용할 수 있다.

터널 내 배수로 인해 주변지반과 구조물의 침하 및 손상, 지반환경 변화에 영향이 미치지 않도록 방수형식을 선정해야 하며 도심지의 미고결지반 등의 터널시공에는 지하수 배출에 따른 지반침하가 발생할 수 있으므로 차수공법 등의 대책을 수립하여야 한다.

배수관의 폐색 등 장기적인 배수기능 저하를 대비하여 수압을 고려한 라이닝설계를 수행하여야 하며 지속적인 지하수의 영향을 관찰하기 위해 지하수위계 및 간극수압계 등 계측관리계획을 수립한다.

대부분의 터널은 숏크리트, 배수시스템, 라이닝콘크리트로 구성되는 이중구조 라이닝을 적용하고 있으므로 수압적용 메커니즘도 지반, 라이닝 구성요소의 상대적 투수성에 따라 달라진다. 따라서 여러 가지 경우의 수가 발생할 수 있으며 〈해설표 8.2.1〉은 이를 정리한 것이다.

〈해설표 8.2.1〉 투수성 상관관계에 따른 수압작용 메커니즘(신종호 등, 2005)

지반–라이닝	투수계수 상관관계	라이닝 작용수압		비고
		1차 라이닝	2차 라이닝	
$k_s > k_l$	$k_l > k_f$	○	○	○ : 수압작용,
	$k_l < k_f$	○	×	× : 수압작용 무시가능
$k_s < k_l$	$k_l > k_f$	×	○	1차 라이닝 손상
	$k_l < k_f$	×	×	배수터널 설계개념

※ k_s : 지반투수계수, k_l : 라이닝 투수계수(1차), k_f : 배수재의 투수계수

터널의 기울기와 배수로의 기울기가 같을 경우에는 0.2% 이상 되도록 하고, 터널의 기울기가 0.2% 미만일 경우에는 배수로 기울기를 터널과 별도로 계획할 수 있다.

터널주변 지반에 차수그라우팅을 실시하여 배수형 방수형식을 채택한 경우에는, 그라우팅 재료의 장기적 성능이 저하되지 않고 그라우팅 성분의 용탈현상을 최소화할 수 있는 재료를 사용하여야 한다. 또한, 그라우팅 영역은 지하수위, 유입수량, 지반의 투수계수 등을 고려하여 산정하고, 그라우팅의 품질확보를 위해 주입시간에 따른 주입압과 주입량을 효율적으로 측정하고 기록할 수 있는 장비를 사용하도록 한다.

8.2.3 비배수형 방수형식터널 선정 시 다음 사항을 고려하여야 한다.

(1) 지하수의 저하로 인하여 터널주변 지반에 침하가 발생되고 인근 시설물에 영향을 미쳐 사회·경제적인 손실발생이 우려되거나, 터널 내부에서 유입수의 처리가 곤란한 경우 또는 지하수 환경을 보전하여야 하는 경우에는 비배수형 방수형식터널을 채택하여야 한다.

(2) 차수공법으로는 지하수의 유입량을 감소시킬 수 없어 배수형으로서 고가의 유지비를 장기간 지불하여야 할 경우에도 비배수형 방수형식터널을 채택할 수 있다.

(3) 비배수형 터널은 방수기술상의 제한 때문에 작용수압이 0.6MPa 이하인 지역에서만 채택하는 것을 원칙으로 한다.

:: 해설 ::

사질토지반에서 터널굴착 시 지하수 유입으로 인한 토사유출로 주변지반이 느슨해지고 점성토는 지반에서 지하수위 저하로 인한 압밀침하의 발생으로 인접구조물과 지하시설물 등의 손상 및 환경문제, 사회, 경제적 손실을 초래하므로 비배수형 방수형식을 적용할 수 있다.

비배수형 방수형식을 적용할 경우 터널굴착 시 일시적으로 저하되었던 지하수위가 시간이 경과되면서 원래의 상태로 복원되기 때문에 수압이 라이닝에 추가로 작용할 수 있으므로 콘크리트라이닝의 품질을 확보하고 시공 중 방수막이 손상되지 않도록 주의하여야 한다. 또한, 시공이음부, 개착구조물 접속부 등의 방수에 대한 상세계획이

필요하다.

　방수기술상 작용수압이 0.6MPa 이하 지역에서만 비배수형 터널 채택을 원칙으로 하되, 방수기술의 향상, 방수성능 검증 시에는 작용수압이 0.6MPa을 초과할 경우라도 비배수형 방수형식을 선정할 수 있다.

8.3 배수방법의 세부사항

8.3.1 부분배수형 방수형식터널의 경우 숏크리트와 콘크리트라이닝 외부에 설치되는 방수막 사이에 부직포를 설치하여 터널측벽 하단으로 유입수를 유도하며, 사용 부직포는 유입 지하수를 충분히 배수시킬 수 있는 기능을 갖추어야 한다.

❖ 해설 ❖

　부분배수형 방수형식은 터널측벽 하단과 바닥부에 유도배수로를 계획하여야 한다. 터널 바닥부의 배수불량은 지반연약화의 원인이 되므로 측벽배수관 이하 구간의 용수량을 감안하여 배수관을 설치하여야 한다.

　지하수 유도를 위해 콘크리트라이닝 외부와 방수막 사이에 설치하는 배수층은 부직포, 요철이 있는 플라스틱계의 시트, 드레인 보드 등 동등 이상의 품질이 확보되는 재료를 사용할 수 있다.

8.3.2 세립분이 함유된 지반에서는 부직포의 막힘현상 발생가능성을 검토하고 필요에 따라 부직포의 두께를 증가시키거나 드레인 보드를 사용하여 터널의 내구연한 동안 충분한 통수능력을 확보할 수 있도록 하여야 한다.

❖ 해설 ❖

　토사지반의 터널에서는 터널 내부로 유입되는 세립분 및 그라우팅재, 지반의 성분 중 배수재 성능에 영향을 미치는 경우에는 부직포의 두께를 증가시키거나 요철면이 형성된 시트 배수재 등을 적용하여 통수능력을 확보하여야 한다.

8.3.3 터널 내 유입수의 처리는 터널 사용목적에 따라 적절히 처리되도록 하여야 하며, 중앙집수관 또는 측방배수관을 통하여 배수되는 것이 일반적이나 동등 이상의 통수능력을 갖는 배수방법을 적용할 수 있다. 또한 배수 상태 점검이나 청소가 가능한 시설을 일정한 간격으로 설치하여야 한다.

:: 해설 ::

통수능력이 확보될 경우, 배수관의 개수와 설치위치의 변경은 가능하고, 유공관 형태 또는 배수통로가 확보된 바닥배수판을 사용하여 배수할 수 있다(배규진 등, 2006).

지하수와 함께 터널로 유입되는 이물질이 배수관 내부에 퇴적되어 배수장애가 발생할 수 있으며, 세립토사, 지중에 매몰된 강재의 부식된 이물질, 그라우팅 주입재의 용탈, 콘크리트 중성화 과정에서 발생된 백태, 터널 청소수, 방수가 미흡한 구간의 하수 유입 등의 요인에 기인한다. 이러한 퇴적가능 침전물은 배수관 내 지하수의 흐름이 원활하면 심각한 침전문제는 발생되지 않으나 터널 내 배수관의 단차, 배수관의 차단 시 퇴적되거나 걸름망 통과 시 막힘(clogging)현상에 의하여 배수장애를 발생시킨다. 따라서 배수관의 설치는 종방향으로 연속성을 유지해야 하며, 유입수량과 퇴적물을 점검할 수 있는 시설을 설치한다(유상건, 2001). 다만, 상부 개구형 노면수 배수구를 적용할 경우에는 점검, 청소시설의 생략이 가능하다.

> 8.3.4 배수재는 외부로부터의 압력에 의한 압착, 주변지반 토립자의 유동에 의한 폐색 등에 의하여 장기적으로 통수능의 저하가능성이 있으므로 적정한 필터조건 및 내구성을 고려하여 배수재를 선정하여야 하며, 경우에 따라 방수막과 일체형으로 시공할 수 있다.

:: 해설 ::

콘크리트라이닝 타설압력에 의한 배수재의 압착, 지하수와 함께 이동하는 토립자들에 의한 배수재의 폐색 등으로 터널의 배수시스템이 시간의 경과에 따라 기능이 저하되어 간극수압이 콘크리트라이닝에 작용하게 된다. 따라서 배수시스템의 기능저하 방지를 위한 배수능력 향상대책을 반영하도록 한다. 〈해설그림 8.3.1〉은 배수시스템과 지반의 투수계수에 따라 라이닝에 작용하는 수압을 보여주는 '예시'이다. 배수시스템의 투수계수는 지반의 투수계수보다 크게 계획하여야 한다.

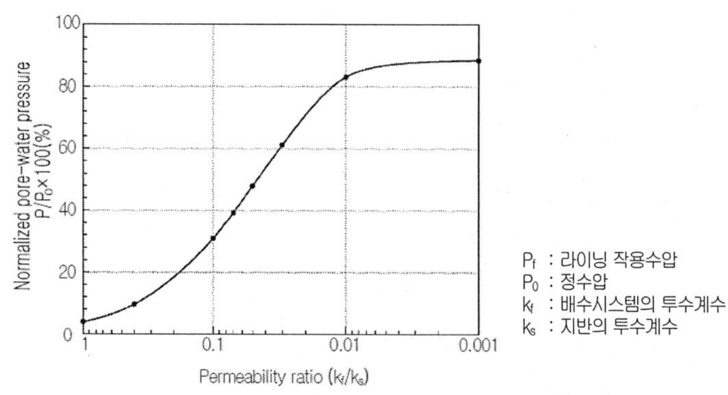

〈해설그림 8.3.1〉 배수시스템 투수계수에 따른 간극수압의 변화(예)

따라서, 배수재의 장기적인 통수능력을 확보하기 위해 배수재인 부직포의 두께 증가, 폐색의 발생이 없는 배수재를 사용하고 잔류수압을 고려하여 라이닝을 설계한다(신종호 등, 2007).

> 8.3.5 배수재를 통하여 집수된 지하수를 배수하는 측방배수관은 직경 100mm 이상의 유공관을 사용하여야 하며, 측방배수관 설치로 라이닝의 구조적 안정성을 손상시키지 말아야 한다.

✴✴ 해설 ✴✴

터널측벽에 설치되는 배수관은 터널배면의 숏크리트층으로 침투한 지하수가 배수층을 따라 터널 하단으로 이동된 후 주배수관으로 신속히 배수시켜 터널라이닝에 수압이 작용하지 않도록 하는 기능을 담당한다.

측방배수관은 설치된 후에 점검과 교체가 곤란하므로 100mm 이상의 규격을 사용하도록 하며, 주배수관과 측방배수관을 연결시키는 배수관은 지하수량에 따라 연결간격을 조정할 수 있다. 측방배수관 등에 설치되는 필터콘크리트는 물의 양이 추가되면 배수관 유공과 배수층의 막힘을 유발할 수 있으므로 신중히 시공하여야 한다. 또한, 측방배수관 설치로 하단 우각부의 라이닝 단면적이 감소되지 않도록 터널단면을 설계하여야 한다.

> 8.3.6 인버트의 중앙부 또는 측방에 설치하는 주배수관은 콘크리트관, 아연도강관, THP관 등을 사용할 수 있다. 이러한 주배수관의 직경은 200mm 이상이 되어야 하며, THP관을 주배수관으로 사용할 경우에는 외력으로부터 관을 보호할 수 있는 조치를 취하여야 한다.

✴✴ 해설 ✴✴

주배수관의 재질은 내구연한을 만족하며, 터널 하부에 설치되기 때문에 교통하중 등 외력에 의해 영향을 받으므로 이에 대한 안정성이 확인되어야 한다. 또한, 배수관은 터널 내 사고발생 시 유출된 기름에 의한 2차 발화로 유독가스가 발생하기 때문에 불연성 재질을 사용하도록 한다.

주배수관의 위치와 설치 개수는 배수목적을 만족시키는 범위 내에서 변경가능하며, 터널 외부 또는 집수정까지 연속적인 기울기를 유지하여 배수관 단차로 인한 배수정체가 발생되지 않도록 설치한다.

노면 유입수는 특별한 경우 외에 주배수관에 연결하지 않고 별도로 집수하여 지하수의 오염을 방지하도록 한다.

돌기부 형상이 있는 바닥 배수판으로 배수할 경우, 통수능력이 확인되면 측방배수관, 주배수관 횡방향 배수관을 생략할 수 있다. 이때, 굴착바닥면 정리 후 바닥 배수판 설치 및 측벽 배수층과의 연결, 바닥 콘크리트 타설 및 양생 등의 순서로 시공한다.

8.3.7 콘크리트라이닝에 누수가 발생할 경우에 대비하여 적절한 배수처리시설을 갖추도록 하여야
한다.

꧐ 해설 ꧐

터널에 누수가 발생하면 콘크리트라이닝의 내구성, 터널 내 제설비의 기능을 저하시키며 겨울철 노면동결, 고드름 등에 의한 통행의 장해를 줄 수 있으므로 적절한 배수처리시설이 필요하다.

발생된 누수는 터널 내부의 노면배수로를 통해 터널 외부 또는 집수정으로 유도처리하며 누수량이 허용치를 초과할 경우에는 누수량과 발생면적, 위치 등을 고려하여 도수처리대책 등 상황에 적합한 배수처리대책을 수립한다.

8.3.8 시공 중에도 유입되는 지하수를 배수할 수 있는 적절한 배수시설을 갖추도록 하여야 한다.

꧐ 해설 ꧐

시공 중 배수구는 터널의 중앙하부 또는 측방하부 등에 배치할 수 있으나, 배수로 인한 터널 하부지반의 연약화, 지보재의 성능저하를 방지하여야 한다.

시공 중 유입되는 지하수량의 산정은 유사사례를 참조하거나 구간별 유입수량을 직접 산정하여 유입수량을 처리할 수 있는 오탁수 시설을 설치하도록 한다.

터널굴착방향이 자연유하의 역방향일 경우에는 지하수의 정체를 방지할 수 있는 규모의 펌프 설비를 설치하여 강제 배수하여야 한다.

8.3.9 터널 내 배수시스템은 침전물의 퇴적 등에 의한 통수능력 저하를 고려하여 적정거리로 배수
확인공 또는 맨홀을 설치하여 청소가 용이하도록 하여야 한다.

꧐ 해설 ꧐

터널청소수, 소화용수, 터널 내 발생되는 분진 등이 배수관 유입 등에 의한 배수시스템의 기능 확인과 유지관리를 위하여 본선터널을 포함, 분기 또는 접속되는 터널이 있을 경우에도 배수시설이 상호 연결되도록 하고 연결부위에는 배수 확인공 또는 맨홀을 설치한다.

상부 개구식 노면배수구는 침전물의 퇴적 상태를 육안으로 전구간 확인할 수 있기 때문에 배수 확인공 또는 맨홀 설치를 생략할 수 있으나, 침전물의 청소는 가능하여야 한다.

노면과 배수시스템을 항상 양호한 상태로 유지하기 위해 교통량과 오염 정도, 침전물 퇴적 상태 등을 조사하여 청소회수를 결정한다. 노면과 벽면의 청소는 위험성, 신속성, 효율성을 고려하여 기계식 청소를 주체로 실시한다. 호우, 태풍 시 배수시설에 유입되는 침전물의 양이 증가하기 때문에 호우, 태풍 전후에 청소를 실시한다.

배수펌프, 예비펌프, 부속배관, 수위계, 스크린, 제어반 등의 배수설비는 일상점검과 정기적으로 운전하여 점검하고 배수능력이 유지되도록 확인하여야 한다.

8.3.10 갱구부 등 동결이 우려되는 경우에는 배수시스템 동결방지대책을 강구하여야 한다.

:: 해설 ::

동절기 기온이 낮은 산간지역은 갱구부 라이닝 배면의 지하수가 동결될 우려가 있다. 이로 인해 균열이 발생되고 누수되는 유출수가 동결되어 라이닝 표면에 얼음 형태로 형성되면 이용자에게 심리적, 물리적 위험요소로 작용하며, 동결이 전파 진행되면서 라이닝 구조체를 손상시킬 수 있다.

이러한 경우에는 배수시스템이 외기와 노출되는 부위를 차단하고, 보온장치의 설치, 동파방지를 위한 열선의 배선 등을 계획하여 배수시스템의 동결을 방지한다.

8.4 방수방법의 세부사항

8.4.1 부분배수형, 외부배수형, 비배수형의 방수방법으로는 숏크리트와 콘크리트라이닝 사이에 방수막을 설치하여 유입수를 차단하는 방법을 채택하여야 한다.

:: 해설 ::

방수막은 인접 방수막과의 접합, 배수재와의 부착을 육안으로 확인할 수 있는 투명 또는 반투명 재질의 사용이 가능하며, 배수재와의 분리형 또는 일체형 방수막을 사용할 수 있다.

비배수형 방수 시 방수막을 2중으로 설치할 수 있다.

8.4.2 방수재료는 인장강도 16MPa 이상, 인열강도 6MPa 이상, 신도 600% 이상 가열신축량이 신장 및 수축 시 각각 2.0mm 이하 및 4.0mm 이하의 재질로서 두께 2mm 이상을 원칙으로 하되, 동등 이상의 재질인 경우 두께를 조정하여 사용할 수 있다.

❖ 해설 ❖

가. 용어

① 인열강도(引裂强度) : 찢어짐에 대한 저항.

② 신도 : 신장률(伸張率), 인장강도 발현 시의 변형률.

나. 방수재료

방수재료의 두께는 2mm 이상을 표준으로 하되 인장강도, 인열강도, 신장률, 가열신축량을 만족할 경우 조정이 가능하다.

> 8.4.3 콘크리트라이닝에 철근을 배근하는 경우, 철근의 이음부에는 방수막을 보호할 수 있는 조치를 취하여 방수막 파손을 방지하여야 한다.

❖ 해설 ❖

철근 단부 등에 의한 방수막 파손방지를 위하여 캡을 씌워 철근배근 작업을 실시하고, 방수막 파손부위는 반드시 보수한 후 콘크리트라이닝을 타설하도록 한다. 또한, 콘크리트라이닝 타설 시 콘크리트의 유동에 의한 방수막의 하향 이동을 방지하며, 철근구간에는 적정 간격의 간격재등을 설치하여 방수막과 철근의 간격을 유지하도록 한다.

방수막 설치 전에 숏크리트면에 설치되었던 철근, 강재 등의 부착물, 록볼트 두부, 요철부 등은 정리하고, 숏크리트 또는 모르터를 사용하여 마감하도록 한다.

철근배근 시 처짐방지를 위한 대책을 수립하고, 처짐방지시설에 의해 방수막의 기능 저하가 없어야 한다.

> 8.4.4 터널 전구간에 대한 배수계통도와 터널과 연직갱, 개착부, 연결부, 단면 확폭부 등과의 접합부에 대한 접합 및 방수 상세를 제시하여야 한다.

❖ 해설 ❖

피난연락갱, 연직갱, 지하환기실 등을 포함하는 터널 전구간의 배수계통도를 제시하도록 한다.

터널단면의 기하학적 변화로 인해 방수재료가 여러 겹으로 겹쳐져 시공되는 경우에는 방수막단부 일부분을 잘라낸 후 접합하도록 하고 시험을 수행하여 효과를 검증한다.

8.4.5 비배수형 방수형식터널의 경우, 방수막과 함께 콘크리트라이닝의 재료로서 수밀콘크리트를 사용하여 수밀성을 유지하여야 한다.

:: 해설 ::

비배수형 방수형식터널에서 방수막 설치와 함께, 수밀콘크리트와 지수재, 지수판 또는 가스켓 등을 설치하여 수밀성을 유지하도록 한다.

콘크리트 구조물의 방수는 일반적으로 수밀콘크리트로 가능하나 누수는 균열에 크게 영향을 받으므로 다짐과 균열폭의 제어, 시공이음부의 방수대책을 철저히 한다. 수밀콘크리트는 물-시멘트비를 55% 이하로 하고 단위수량을 작게 하기 위해서 양질의 혼화제를 사용하도록 한다. 플라이애쉬나 실리카흄 등의 포졸란재를 이용하여 내투수성을 확보하고, 타설현장에서 물의 첨가 방지, 충분한 다짐시공, 운반시간의 제한, 습윤양생을 실시한다. 누수량은 균열폭에 비례하여 급격히 증가하기 때문에 콘크리트 구조설계기준에 제시된 허용 균열폭 이내로 균열을 제어한다.

신구 콘크리트의 연결부인 시공이음면에 생기는 레이턴스, 먼지, 유지와 같은 불순물 등을 제거하고 접합면을 거칠게 한 후 페이스트나 모르타르를 도포시켜 균열을 방지하도록 한다.

8.4.6 콘크리트라이닝의 시공 이음부, 수축 및 팽창 이음부에는 지수판을 설치하여야 한다.

:: 해설 ::

지수판은 시공 이음부, 수축 및 팽창 이음부의 중앙부에 위치시키고, 방수를 요하는 전 주면에 걸쳐 설치한다.

지수판은 콘크리트라이닝 바깥쪽 방수막에 밀착시켜 설치하고 가능하면 시공 이음부에 홈을 만들어 누수경로를 길게 하고 전단저항력을 크게 하며, 수팽창성 지수재를 설치한다.

8.5 허용누수량

8.5.1 터널의 방수설계에 있어서는 터널의 용도에 적합한 방수등급을 정하고 각 방수등급별로 〈표 8.5.1〉과 같은 누수량을 허용할 수 있다. 단, 발주자의 여건에 따라 본 표에서 규정한 값을 조정하여 적용할 수 있다.

〈표 8.5.1〉 터널의 방수등급별 허용누수량

방수 등급	내부 상태	용도	상태 정의	터널연장을 기준한 허용누수량 ($\ell/m^2/day$)	
				10m	100m
1	완전건조	주거공간, 저장실, 작업실	벽면에 수분의 얼룩이 검출되지 않을 정도의 누수 상태	0.02	0.01
2	거의건조	동결위험이 있는 교통터널, 정거장터널	벽면의 국부적인 장소에 약간의 수분얼룩이 검출될 수 있는 정도, 수분얼룩을 건조한 손으로 접촉하여도 손에 물이 묻지 않을 정도, 흡수지 또는 신문지를 붙여 보아도 붙여진 부분이 습기로 인하여 변색되지 않을 정도의 누수	0.1	0.05
3	모관습윤	방수 2등급 이상의 방수가 요구되지 않는 교통터널구간	벽면의 국부적인 장소에 수분얼룩이 검출되는 정도, 수분얼룩에 흡수지 또는 신문지를 붙였을 경우 습기로 인하여 변색되지만 수분이 방울져 떨어지지 않을 정도의 누수	0.2	0.1
4	물방울이 가끔 떨어짐	시설물터널	독립된 장소에서 물방울이 가끔 떨어지는 정도의 누수	0.5	0.2
5	물방울이 자주 떨어짐	하수터널	독립된 장소에서 물방울이 자주 떨어지거나 방울져 흐르는 정도	1.0	0.5

주) 독일의 지하교통시설 연구협회(STUVA)의 추천 값을 참조한 것임.

❖❖ 해설 ❖❖

터널에서 완벽한 방수는 매우 어려우므로, 방수등급별로 허용누수량은 상기 표를 참조하고, 관리목표치는 제시된 값의 2~5배를 표준으로 한다.

허용누수량은 외부 지하수가 터널 내부로 유입되는 허용치로써 터널연장에 대해 하루 동안 터널 단위면적당 발생하는 유입량(liter로 표기)이며 용도와 여건에 따라 조정하여 적용할 수 있다.

터널의 방수등급별 허용누수량은 터널완성 후 내부로 스며드는 누수량으로 10m의 허용누수량은 집중누수에 대한 기준이며, 100m는 터널의 배수시스템에 따라 연장은 달라지지만 집수정 등에서 측정 가능한 누수량으로 2조건을 동시에 만족하여야 한다(이인모, 2000 ; 최복환, 2000).

8.6 하저 및 해저터널의 방수형식

8.6.1 하·해저터널은 상시 수위가 터널 상부의 지반두께보다 현저히 높게 위치하는 경우로써 지반 조건과 재료의 구조적 성능을 감안하여 작용수압과 유입량의 상관관계를 고려하여야 한다.

❖ 해설 ❖

터널방수형식의 결정을 위해서는 작용수위, 주변지층의 투수성, 방수공법과 기술수준, 사용자재의 규격과 재질 등을 고려하여야 한다.

하·해저터널 공사는 터널 상부에 수량이 무한하여, 붕락 시 터널 전구간이 침수되고 대형사고로 이어질 수 있으므로 굴착 중 각종 대응시스템을 계획하여 즉시 보완 조치가 수행될 수 있도록 하여야 한다. 따라서 하저, 해저터널 구간에서는 재난발생 시 유입수의 확산과 침수방지를 위해 필요시 비상수문을 설치하고, 항시 작동가능 상태를 유지한다.

하·해저터널은 조사의 한계성 때문에 파일롯터널, 선진수평시추 등을 통해 전방의 지하수 유입 가능성, 그라우팅 품질확인 등을 수행하여 시공하도록 계획한다(한국터널공학회, 2007).

8.6.2 하·해저터널을 배수형 방수형식터널로 선정하는 경우 다음 사항을 고려하여야 한다.
(1) 지반투수성(혹은 유입량).
(2) 유입량 저감대책 시행의 용이성.
(3) 배수시스템(저류조 및 펌핑시스템)의 설치 가능성 및 유지관리의 경제성.

❖ 해설 ❖

수위가 상당히 높으면 수압을 견디는 구조의 콘크리트라이닝 설치가 불가능하므로 배수형 방수형식을 채택할 수 있다. 배수형 방수형식의 하·해저터널은 침투류 해석 등을 수행하여 유입량을 평가하고, 수압에 의한 터널의 안정성 검토와 유입수량을 원활히 배수시킬 수 있도록 충분한 용량의 배수시스템을 적용한다.

유입수 배수에 따른 유지관리 비용의 절감을 위해, 터널주변 지반에 차수그라우팅을 실시하여 유입수를 감소시킨 후 배수형 터널을 적용할 수 있다(한국터널공학회, 2000).

8.6.3 하·해저터널을 비배수형 방수형식으로 선정하는 경우 다음 사항을 고려하여야 한다.

(1) 단면형상.

(2) 재료의 구조적 저항능력.

(3) 허용누수량.

❖❖ 해설 ❖❖

수압이 0.6MPa 이하인 구간과 방수재의 성능으로 가능한 수위의 하·해저 터널에서는 비배수형 방수형식을 선정 할 수 있다. 높은 수압에 의한 구조적인 안정성 확보를 위해 원형 또는 원형에 가까운 단면을 적용하고, 수압을 고려한 구조해석을 실시하여 재료의 구조적 저항능력을 확보해야 하며 철근보강과 수밀성이 확보된 콘크리트라이닝을 적용하도록 한다. 하·해저터널의 허용누수량은 8.5항을 참조할 수 있다.

8.6.4 해저터널의 경우 해수 유입의 가능성을 고려하여 염해에 대한 내구성을 갖는 방수 및 배수 재료를 사용하여야 한다.

❖❖ 해설 ❖❖

콘크리트라이닝의 염해는 해수에 직접 노출되어 염분이 콘크리트 내부로 침투, 확산하여 철근 주위의 부동태 피막을 파괴하여 철근의 부식이나 단면결손을 초래한다. 콘크리트용 세골재로 사용된 해사(海沙)의 염분제거가 불충분한 경우, 터널 내부로 침입한 대기 중 염분(飛來鹽分)이 콘크리트라이닝의 균열, 모세공, 공극 등으로 침투하여 팽창성 결정을 만들고 철근을 부식시켜 구조물의 손상을 가져올 수 있다.

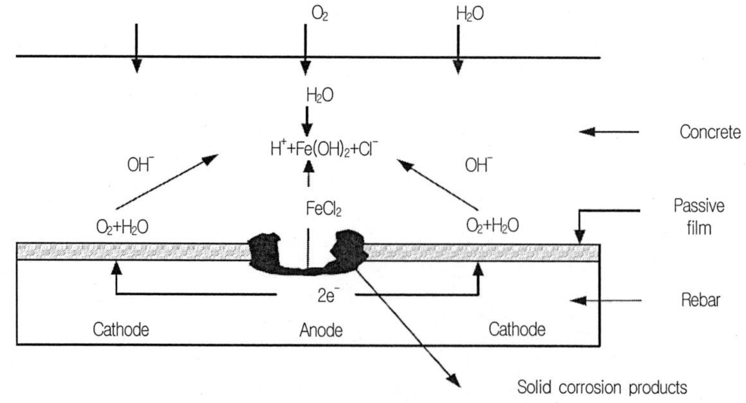

〈해설그림 8.6.1〉 염해에 의한 철근의 부식발생 과정

또한 터널 내부에서는 배기가스, 공기 중의 이산화탄소나 물이 균열부에 침투하여 콘크리트를 탄산화시키고, 철근이 산소와 결합해 부식되는 탄산화가 동시에 수반된다.

해수 중 염류의 함유량은 약 4% 정도이고 NaCl, $MgCl_2$ 등의 염화물 90%, 황산염 10% 정도로 구성되며, 해수성분 중 염화물이 강재 부식에 가장 유해한 성분으로 알려져 있다.

콘크리트라이닝의 염해방지대책으로는 수밀성이 증대되고 내구성 증대를 위한 적정 광물질 혼화재를 사용한 고성능 콘크리트의 적용, 염화물 이온에 대한 침투저항성이 우수한 혼합계 시멘트의 사용, 에폭시 도막철근, 방청도포제, 방청혼화제, 내염도장 등을 적용하는 방청대책 등의 수동적인 방법이 있다(김동훈 등, 2001 ; 쌍용양회공업주식회사, 2005).

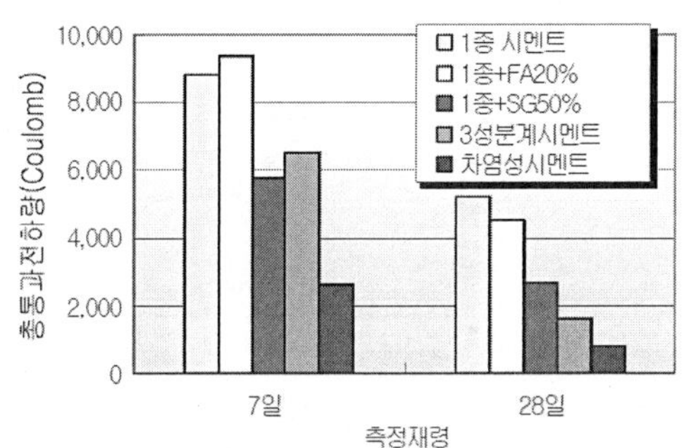

(FA : 플라이애쉬, SG : 슬래그시멘트)

〈해설그림 8.6.2〉 시멘트 종류별 염화물 이온의 침투저항성

탈염공법과 재알카리화공법 등에 의한 전기 화학적 염해대책공법, 철근부식 전위를 강제적으로 변화시켜 철근부식 발생을 억제하는 능동적인 방법이 있다(이광수, 2000).

수동적인 방법은 설계단계에서 적용하고, 능동적인 방법은 유지관리 시 보수보강이 필요한 개소가 발생되면 적용한다.

> 8.6.5 수압 및 유입량 저감을 위하여 8.2.2의 차수그라우팅을 실시할 수 있다. 이 경우 장기유입에 따른 그라우팅 차수효과의 내구성과 그라우트재의 열화 이동에 따른 배수기능의 저하 영향을 검토하여야 한다.

❖❖ 해설 ❖❖

그라우팅은 수면에서 하부방향으로, 터널 굴진면에서 전방으로 실시할 수 있고, 그라우팅 영역은 침투류 해석에 의한 유입량 평가를 실시하여 결정하도록 한다. 또한, 그라우팅 구간은 주변지반보다 불투수성이 크므로 그라우팅 링 외부에 큰 수압이 작용하게 되는데, 이로 인한 터널의 변위를 제어하여야 한다.

그라우팅 재료는 급결재 등 재료의 용탈을 방지하여 내구성을 유지해야 하며, 배수기능 저하를 고려하여 배수시스템의 배수성능을 안전측으로 반영하여야 한다.

〈해설그림 8.6.3〉과 같이, 그라우트재의 주입반경과 지보압력 간 관계를 고려하여 실용적인 주입범위를 결정한다.

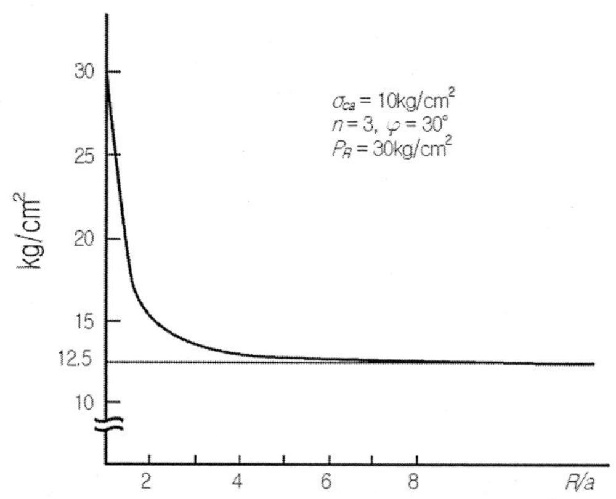

〈해설그림 8.6.3〉 주입반경, 터널반경비와 지보압력 관계

> 8.6.6 하·해저터널의 경우 장대터널로 건설되어 유입량 규모가 상당하므로, 이를 저감시키기 위하여 8.2.2와 달리 비배수형 방수형식을 채용할 수 있으며, 배수형 방수형식 채용 시에는 배수시스템의 규모, 유입수 배제방안 및 유지관리비에 대한 적절한 검토가 수행되어야 한다.

❖ 해설 ❖

세부내용은 '8.6 하저 및 해저터널의 방수형식'의 내용을 따른다.

▪ 참고문헌 ▪

1. 건설교통부(2003), 『도로배수시설 설계 및 유지관리 지침』, pp.227-236, 305-310
2. 김동훈·이해진·김진호·강경수·임남기(2001), 「철근콘크리트의 염해와 중성화 피해 사례 연구」, 대한건축학회 학술발표대회 논문집-구조계 제21권 제2호, pp.435-438
3. 배규진·이규필·이성원·신휴선(2006), 「바닥배수판을 이용한 터널 배수시스템의 통수능 평가」, 한국터널공학회 논문집 터널기술 제8권 제1호, pp.13-20
4. 한국시설안전기술공단(2007), 「잔류수압을 받는 배수형 터널의 안정성평가 및 보수·보강기술개발」

5. 신종호·권오엽·신용석·양유홍(2007), 「NATM 터널의 배수시스템 수리기능 저하가 터널라이닝에 미치는 영향」, 한국지반공학회 논문집 제23권 6호 pp.77-84

6. 신종호·안상로·신용석(2005), 「배수형터널의 수압작용메카니즘과 지속가능한 터널설계」, 토목학회 정기학술대회 논문집, pp.2943-2950

7. 쌍용양회공업주식회사(2005), 「염화물이 콘크리트의 내구성에 미치는 영향」, 시멘트·콘크리트 기술자료집, pp.1-13

8. 유상건(2001), 「터널 배수시설 개선에 관한 연구」, 서울산업대학교 철도기술대학원 공학석사학위 논문, pp.4-49

9. 이광수(2000), 「외국에 있어서 철근콘크리트 구조물의 염해대책 사례」, 대한구조물 진단학회 제4권 제3호, pp.30-38

10. 이인모(2000), 「터널(Ⅱ)」, 한국지반공학회지 지반 제16권 9호 pp.44-59

11. 최복환(2000), 「통신구 터널의 방수에 관한 연구」, 한양대학교 산업대학원 석사학위논문, pp.25-49

12. 한국터널공학회(2000), 「특집기사 하·해저터널의 일반 및 전망」, 대한터널협회지 Vol.2, No.3(계간 2호), pp.18-47

13. 한국터널공학회(2002), 터널공학시리즈 1 『터널의 이론과 실무』, pp.478-516

14. 한국터널공학회(2007), 터널공학시리즈 2, 『터널의 이론과 실무』, pp.245-274

09 굴착 및 계측

9.1 굴착방법

9.1.1 굴착방법에는 인력굴착, 기계굴착, 발파굴착, 파쇄굴착 등이 있으며 굴착방법의 선정에 있어서는 다음 사항을 고려하여야 한다.

(1) 원지반이 본래 가지고 있는 지지능력을 최대한 보존할 수 있으며 안정성, 경제성 및 시공성이 우수한 굴착방법을 채택하여야 한다.

(2) 지반조건, 지하수 유입 정도, 굴착단면의 크기와 형태, 터널연장, 근접구조물의 유무와 주변환경 영향(진동, 소음 및 지표침하 등), 보조공법의 적용성을 고려하여야 한다.

:: 해설 ::

굴착방법에는 기본적으로 인력굴착, 기계굴착, 발파굴착, 파쇄굴착 등이 있으며, 2가지 이상의 방법을 혼용하는 경우도 있다. 굴착방법은 기본적으로 지반조건을 우선 고려하고 터널단면 및 연장에 따라 경제성을 검토한 다음 주변 시설물과 환경영향을 고려하여 선정하는 것을 원칙으로 한다.

토사지반에서 풍화암까지의 지반은 인력 또는 기계굴착이 안정성, 경제성 및 시공성에서 우수하고 풍화암에서 경암까지의 지반은 발파굴착이 우수하다. 굴착방법 중 발파굴착은 원지반의 손상이 발생하기 쉽기 때문에 굴착면의 손상방지를 위해 제어발파를 하여야 한다.

굴착단면의 크기와 형태는 터널 내 작업공간을 결정하기 때문에 점보드릴, 로더, 버력운반 차량 등의 굴착장비의 운영에 영향을 준다. 근래에는 대부분의 터널공사가 대형장비들로 이루어지므로 단면적이 극히 작은 터널에서만 제한적으로 인력굴착이 적용되고 있고 대부분의 터널은 발파 또는 기계굴착이 적용되고 있다.

근접구조물이 있는 경우에는 터널굴착에 의한 지표침하와 진동, 소음에 대한 대책이 필요하다. 일반적으로 발파굴착이 적용되는 암반에서는 지표침하보다는 발파진동과 소음이 주요 민원 대상이므로 제어발파가 적용되거나 파쇄굴착이 적용된다. 저토피고 계곡부 및 단층대등 풍화파쇄대가 존재하는 지반에서는 터널굴착으로 인한 지반 침하가 중요한 문제가 되므로 지반보강, 차수 등의 보조공법이 적용된다.

> 9.1.2 인력굴착은 착암기, 소형브레이커 등 간단한 굴착도구를 사용하여 굴착하는 방법으로 주로 다음과 같은 조건에서 적용할 수 있다.
>
> (1) 자립시간이 짧은 토사지반을 소규모로 분할굴착하고 조기에 지보재를 설치하여야 하는 경우.
>
> (2) 진동영향을 크게 받는 지반을 소규모로 분할굴착하고 조기에 지보재를 설치하여야 하는 경우.
>
> (3) TBM 굴진에 어려움이 발생한 경우.

❖ 해설 ❖

인력굴착에 사용되는 장비에는 착암기, 소형브레이커와 같은 개인휴대용 소형기계장비에서 곡괭이, 삽, 정, 끌 등과 같은 인간의 근력에 의존한 모든 장비가 포함된다. 최근에는 터널굴착공정에서 인력굴착이 잘 적용되지 않고 있는데, 그 이유는 인건비 상승, 터널굴착장비의 보급, 지반보강기술 발달을 들 수 있다.

따라서, 다음과 같이 인력굴착이 적용되는 조건은 현장공사조건상 굴착 및 보강공사장비의 갱내 반입이 곤란한 경우로 제한된다.

가. 토사지반의 인력굴착

단면이 비교적 큰 터널에서 대형굴착 및 보강장비의 사용이 곤란한 경우에는 높이 1.5m 내외, 폭 수미터 정도의 소단면을 이용한 분할굴착을 통해 막장안정을 도모할 수 있다. 또한 전력구, 통신구, 공동구 등과 같이 단면폭이 수미터에 불과한 소형단면에서는 인력굴착을 적용할 수 있다. 토사지반의 인력굴착은 소형브레이커, 삽, 곡괭이 등이 적용된다.

나. 발파진동 감소를 위한 인력굴착

근접시설로 인해 발파진동의 제한으로 인해 심발, 확대와 같은 체계적인 패턴발파가 곤란한 경우에는 착암기, 소형브레이커를 이용한 인력굴착이 적용될 수 있다. 9.1.5절의 파쇄굴착방법이 적용될 수도 있으나, 굴착량이 적고 공사기간에 여유가 있는 경우에는 인력굴착이 경제적일 수도 있다. 인력굴착 시 암반이 매우 단단한 경우에는 국부적으로 발파를 수행하여 느슨해진 암반을 브레이커로 굴착할 수 있다. 인력굴착 시 발파를 적용할 때에는 발파공 수와 공당 장약량을 최소로 하고 가능한 자유면을 활용하여 발파진동이 최소가 되도록 하여야 한다.

다. TBM 굴진이 어려운 경우의 인력굴착

Open TBM 굴진 시 파쇄대 등에 의해 막장부의 붕락이 발생하는 경우에 헤드로 인해 대형장비의 진입이 곤란하다. 이러한 경우에는 헤드를 후진시킨 후 굴진 전면부 공간에 인력을 투입하여 굴착 및 보강공사를 수행한다.

9.1.3 기계굴착은 쇼벨(shovel), 브레이커, 로드헤더 등 중장비 혹은 TBM 등 터널굴진장비를 사용하여 굴착하는 방법으로 설계 시에 다음 사항을 고려하여야 한다.

(1) 중장비에 의한 기계굴착은 절리가 심하게 발달한 파쇄암이나 풍화암 등에서 지반이완을 최소화하고 여굴을 억제하는 데 적용할 수 있다.

(2) 굴착 중장비는 지반조건, 주위환경, 터널단면의 크기, 형상 및 연장, 버력처리방법 등을 고려해서 시공성과 경제성 있는 기종으로 선정하여야 한다.

(3) TBM 터널의 설계는 제13장에서 정한 바에 따르는 것을 원칙으로 한다.

⁑ 해설 ⁑

TBM을 제외한 기계굴착은 일반적으로 토사~연암의 지반에서 적용 가능한 것으로 평가되고 있으며, 각 굴착장비별 특징은 다음과 같다.

가. 쇼벨(shovel) 굴착

쇼벨은 백호(backhoe) 또는 굴삭기라고도 하며 가장 일반적인 기계굴착장비로서 굴착에서 상차 및 바닥면 고르기까지 다양한 용도로 사용된다. 비교적 느슨한 토사는 굴착이 가능하나, 풍화토 이상에서는 굴착속도가 느리다.

나. 브레이커 굴착

브레이커 굴착은 〈해설그림 9.1.1〉(a)에 보이는 바와 같이 굴삭기 선단에 브레이커를 장착하여 굴착하는 방법으로 터널굴착장비 중에서 가장 일반적인 장비로서 초기투자비가 낮으며, 토사에서 풍화암까지 굴착이 가능하다. 그러나, 굴착속도가 다소 느리고 소음 및 진동의 크기는 발파에 비해 작으나 지속시간이 긴 단점이 있다.

ITC는 〈그림 9.1.1〉(b)와 같이 브레이커 또는 쇼벨과 동시에 버력처리가 가능한 장비가 탑재되어 비교적 작은 단면에서도 굴착속도가 매우 빠르다. 다만, 초기비용이 높고 터널 외 공사와 호환성이 낮아 경제성이 다소 낮다.

(a) 브레이커

(b) ITC

〈해설그림 9.1.1〉 브레이커와 ITC 장비

다. 로드헤더 굴착

로드헤더는 임의의 형상의 터널단면을 굴착할 수 있는 터널전용 굴착장비로써 〈해설그림 9.1.2〉에서 보는 바와 같이 전방의 커터헤드에 많은 픽(pick)이 부착되어 있으며, 전방 하부에는 버력을 모으는 장비가 부착되어 있고 장비 후방까지는 컨베이어벨트가 설치되어 있다. 커터헤드의 회전에 의해 굴착이 이루어짐과 동시에 후방으로 버력이 반출되기 때문에 버력상차 시간이 절감되어 굴착속도가 매우 빠르다. 다만, 연암 이상의 지반에서는 픽 소모량이 많아 경제성이 저하된다. 또한, 굴착 시 분진이 많이 발생하기 때문에 작업원 위생을 위해 환기 및 살수설비가 필요하다.

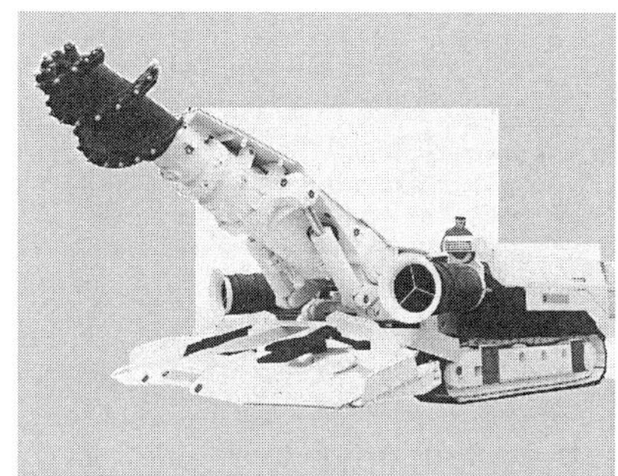

〈해설그림 9.1.2〉 로드헤더

라. TBM 굴착

TBM은 기계굴착의 일종이지만 제13장에서 별도로 다루기 때문에 본 장에서 별도의 언급을 하지 않는 경우에 기계굴착은 TBM을 포함하지 않는다.

9.1.4 발파굴착은 가장 일반적인 암반굴착방법으로 설계 시에 다음 사항을 고려하여야 한다.

(1) 발파굴착은 경제성과 시공성은 양호하나 진동과 소음 등이 수반되기 때문에 지반조건 또는 주변여건에 따라서 적용 여부를 결정하여야 한다.

(2) 발파설계는 지반조건을 고려하여 발파진동으로 인한 터널주변 지반의 이완영역을 최소화하며 평활한 굴착면이 형성되고, 버력의 크기가 적재 및 운반에 적합하도록 수행되어야 하며, 다음 사항을 포함하여야 한다.

① 굴착단면의 크기 및 형상.

② 굴진장.

③ 심발 형식.

④ 심발공, 발파공 및 주변공의 직경, 배치, 각도 및 천공깊이.

⑤ 화약의 종류와 공당·지발당 장약량.

⑥ 뇌관의 형식.

⑦ 점화 및 기폭 순서.

⑧ 현장 시험발파계획.

(3) 발파설계 시에는 발파진동이나 소음이 주변환경에 미치는 영향을 고려하여 대책을 수립하여야 한다. 엄격한 진동규제를 필요로 할 때에는 방진대책을 제시하거나 미진동굴착공법, 정밀진동제어발파 등을 검토하여, 진동소음 허용기준을 만족시켜야 하며, 터널 갱구부에서 발파소음으로 인한 환경영향이 우려되는 경우 방음시설(방음문, 방음둑, 방음벽 등)을 설치하는 등 적극적인 대책을 마련하여야 한다.

(4) 주변에 발파진동으로부터 보호하여야 할 시설물이나 구조물이 있는 경우, 대상 시설물 위치에서의 발파진동 허용치는 입자속도를 기준으로 〈표 9.1.1〉에서 정한 값을 준용하여 설계하여야 한다.

〈표 9.1.1〉 구조물의 손상기준 발파진동 허용치

구 분	문화재 등 진동예민 구조물	조적식(벽돌, 석재 등) 벽체와 목재로 된 천장을 가진 구조물	지하 기초와 콘크리트 슬래브를 갖는 조적식 건물	철근콘크리트 골조 및 슬래브를 갖는 중소형 건축물	철근콘크리트, 철근골조 및 슬래브를 갖는 고층아파트 이상의 대형 건축물
허용입자 속도 (cm/sec)	0.3	1.0	2.0	3.0	5.0

(5) 진동에 아주 민감한 특정시설의 경우에는 해당 시설의 진동규제치를 기준으로 설계하여야 하고, 〈표 9.1.1〉에 의한 구조물의 구분을 명확히 적용하기 어려운 경우에는 시험발파 등의 방법을 통하여 별도로 진동규제치를 정할 수 있다.

(6) 발파지점 주변의 주민에 대한 생활공해 방지를 위한 발파진동허용치는 환경부 제정 '진동과 소음에 관한 규정'을 따라야 한다. 단, 가축사육장, 양식장, 정밀기계공장 등에 대한 인접공사의 경우에는 해당 전문가의 자문이나 기존 판례를 고려하여 발파진동허용치를 정하여야 한다.

:: 해설 ::

발파공법은 터널의 용도에 맞는 공간 확보를 위하여 암반의 안정성과 자립력을 유지시키면서 경제적이고 효율성 있게 굴착하기 위하여 폭약을 이용하는 굴착방법이다. 발파계획을 수립하는 데 있어서는 사전에 조사된 지반조건과 자립시간 등을 기초로 하여 미리 정해진 굴착공법과 지보형식 및 간격 등을 고려하여 발파굴진장, 심발공의 형태, 발파공의 배치, 기폭방법, 장약량 등의 발파패턴을 계획한다.

가. 발파설계 시 고려사항

1) 발파당 굴진길이

시공성과 경제적 측면에서 발파당 굴진길이를 길게 하는 것이 바람직하나, 암반의 자립성, 지보형식 및 주변환경에 제약을 받게 된다. 굴진길이는 대부분 지반의 조건에 따라 다르게 산정되며, 작업의 Cycle Time과 주변환경 영향에 따라 유연하게 조정이 가능하다.

2) 심발공의 형태

심발공은 자유면을 형성하기 위하여 가장 먼저 발파되는 부분으로 터널발파 효율을 결정짓는 가장 중요한 요소이다. 또한 심발공은 구속력이 가장 큰 발파공으로 발파진동이 가장 크게 발생되므로, 진동제어를 위해서 적절한 심발공을 선정하는 것이 매우 중요하다.

3) 장약량

터널발파는 1자유면 형태의 발파로서 장약량 산출이 적정하지 못해 약장약 혹은 과장약시, 발파의 실패 확률이 높으므로, 적정 장약량의 산출은 중요한 요소이다.

4) 기폭시스템

터널발파는 전기뇌관 혹은 비전기식 뇌관을 사용하여 미소한 발파공의 시간차를 이용하는 기술로서, 기폭시스템은 발파공의 굴진효율과 진동과 폭음의 발생의 중요한 요소이다.

5) 폭약의 선택

폭약의 선택이 적합하지 않을 경우에 발파효율 저하 및 진동발생의 증가요인이 되므로 암반의 강도와 특성에 부합되는 폭약을 선택하여야 한다.

6) 주변암반 손상방지

발파에 의한 주변암반의 손상은 이완영역 증대 및 낙반 안전사고의 원인이 되므로 여굴을 줄여 평활한 굴착면이 형성되도록 최외곽공에는 조절발파를 적용하여야 한다.

7) 발파진동 및 소음

발파진동과 소음은 터널공사에 있어서 가장 큰 민원으로 대두되기 때문에 현장 주변의 보안시설들을 조사하고 그에 상응하는 진동 및 소음 감소대책을 수립하여야 한다.

나. 터널발파 설계절차

터널설계 과정과 연계된 발파설계 절차는 〈해설그림 9.1.3〉과 같다.

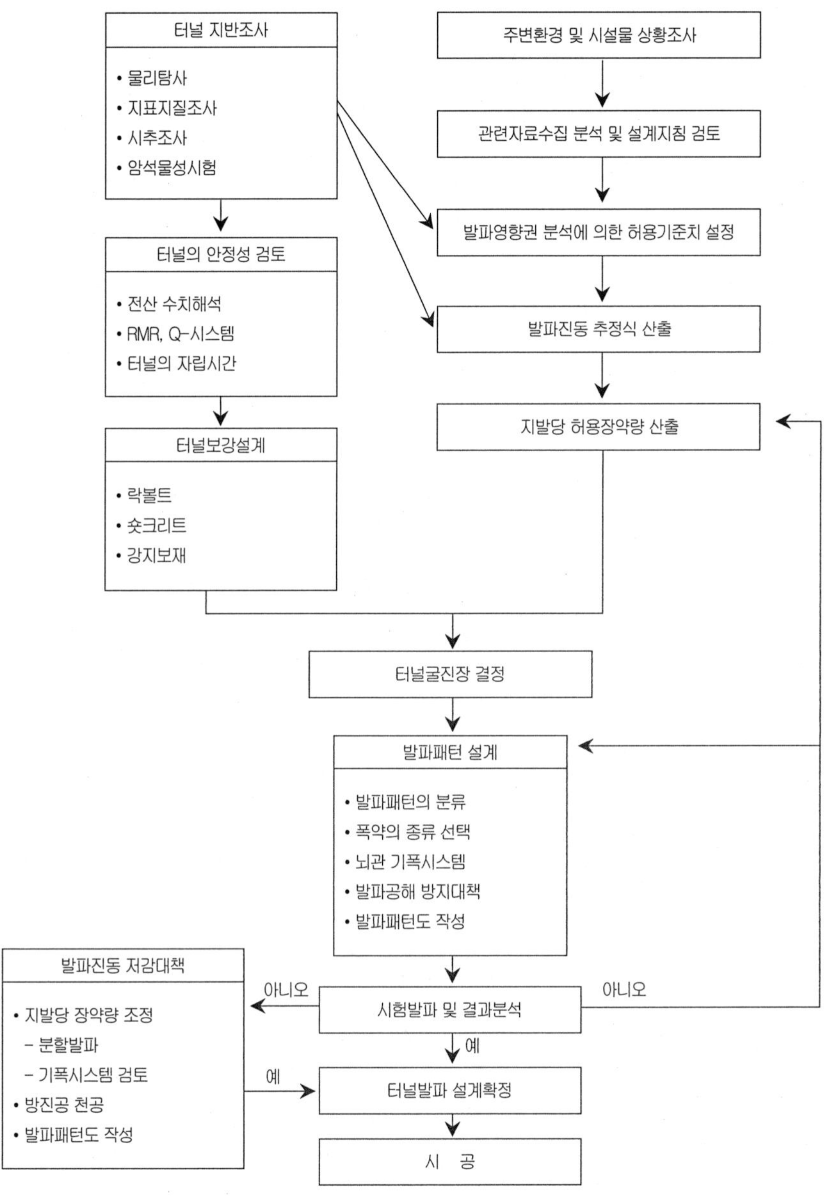

〈해설그림 9.1.3〉 터널발파설계 절차

다. 터널발파공의 명칭 및 특징

터널발파공 명칭은 〈해설그림 9.1.4〉와 같으며 각 공별 특징은 다음과 같다.

1) 심발공

① 자유면을 형성하기 위해 가장 먼저 발파되며 1자유면 조건에서 발파되므로 장약량이 높다.

② 일반적으로 심발공의 면적은 약 $2m^2$를 기준으로 한다.

③ 심발공의 형태는 수평천공방법과 경사천공방법으로 구분한다.

④ 심발공은 천공밀도가 높아 일반적으로 장약량은 약 5-7kg/m^3 정도이다.

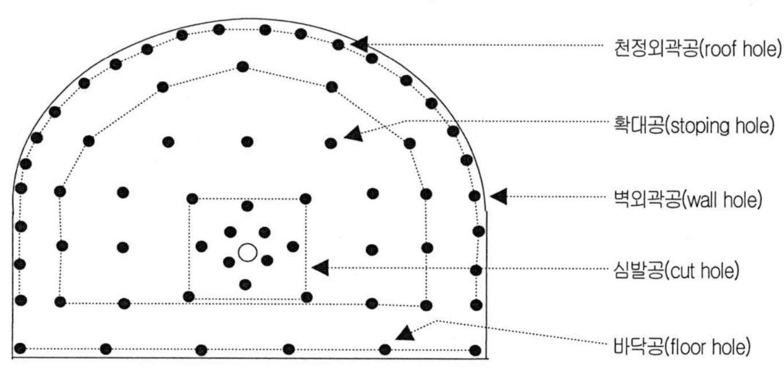

〈해설그림 9.1.4〉 터널발파공의 명칭

2) 확대공

① 확대공은 심발공에 의해 자유면이 형성되어 2자유면 발파조건이 된다.

② 확대공은 발파방향에 따라 수평, 하향, 상향으로 계획될 수 있으며, 중력의 영향으로 장약량은 하향, 수평, 상향의 순서로 증가한다.

③ 확대공의 평균장약량은 0.7-1.2kg/m^3 정도이다.

3) 외곽공

① 암반을 발파굴착함에 있어서 주변암반을 최대한 손상시키지 않고 정확하게 파쇄하기 위하여 제어발파(smooth blasting)를 적용한다.

② 외곽공은 여굴과 암반의 손상 등에 영향을 주기 때문에 천공각도, 방향, 천공간격, 장약량 등을 신중하게 검토하여 결정하여야 한다.

4) 바닥공

① 발파형태가 중력과 반대인 상향으로 이루어지므로 다른 공에 비하여 많은 장약량이 필요하다.

② 바닥공의 천공간격과 장약량은 바닥의 평탄성에 관계되어 굴착장비의 운행 등에 영향을 미친다.

라. 터널발파의 기본적인 설계기준

터널발파는 아치형의 단면형상과 수평천공 등의 조건우로 인해 일반적인 계단발파와 비교하여 발파설계 시 고려하여야 할 요소들이 많으면서 정량적이지 못한 특징이 있다. 따라서, 본 절에서 기술되는 기준은 표준적 조건에 적용되는 것으로 실제 설계 시에는 암종, 단면형태, 심발공법, 화약종류 등의 다양한 조건에 따라 다소 차이가 있을 수 있다.

1) 발파면적에 따른 비장약량

원칙적으로 비장약량(specific charge)은 암의 역학적 특성에 의해 결정되는 요소이나 〈해설그림 9.1.5〉

와 같이 단면적의 크기에 따라 차이가 있다. 단면적이 매우 작으면 자유면 구속효과 및 공당 발파효율로 인하여 비장약량이 매우 높으나 단면적이 약 $30m^2$ 이상이면 그 차이는 크지 않아 약 $1\,kg/m^3$ 정도로 수렴한다. 또한, 천공경이 크면 비장약량이 다소 증가한다.

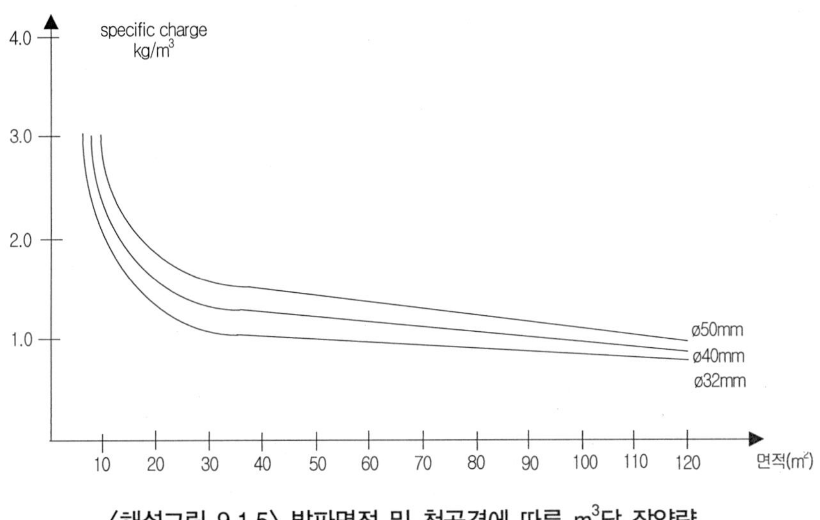

〈해설그림 9.1.5〉 발파면적 및 천공경에 따른 m³당 장약량

2) 발파면적에 따른 천공수

발파면적에 따른 천공수는 비장약량과 상관관계가 있기 때문에 〈해설그림 9.1.6〉과 같이 발파면적에 따라 증가하나 증가량은 점차 감소한다.

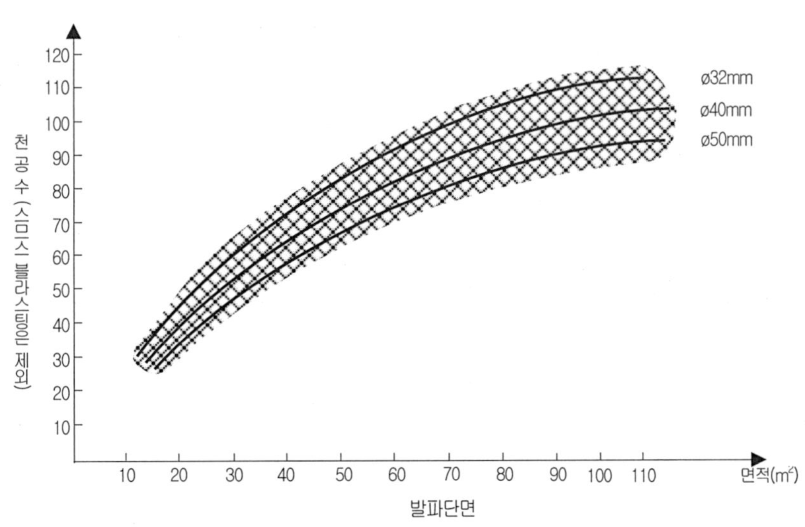

〈해설그림 9.1.6〉 터널면적에 따른 천공수

3) 외곽공

외곽공은 설계단면이 좁아지는 것을 방지하기 위하여 약 4° 정도 경사지게 천공하며, 천공장의 길이와 강지보재 설치여부에 따라 조정되기도 한다.

4) 천공장과 굴진장의 비율

일반적으로 천공장 3.5m 이내에서 굴진률은 85~90% 정도이므로, 굴진장에서 천공장 가산길이는 10~15%를 적용하는 것이 바람직하다(건설표준품셈의 기준에서는 굴진장에서 천공장의 길이를 일률적으로 10cm를 가산길이로 산정).

5) 심발공법의 종류

현재 터널발파에서 사용되고 있는 심발공법은 경사천공법과 평행천공법 및 평행천공과 경사천공을 혼용한 방법으로 구분할 수 있다. 기본적으로 원리는 비슷하나 발파공의 배치방법에 따라 여러 가지의 공법으로 분류되고 있으며, 대표적인 심발공법인 V-cut, Cylinder-cut 공법의 개요 및 특징은 〈해설표 9.1.1〉과 같다.

〈해설표 9.1.1〉 심발공법 종류 및 특징

구분	Cylinder-cut(평행심발공)	V-cut(경사심발공)
개요도		
내 용	• Burn cut의 진보된 공법 • 터널측에 평행천공(천공길이 동일) • 심발 내부 무장약공 위치 • Cylinder 공을 리밍하여 2자유면 형성 • 굴진장 제한요소 해소	• 경사심발공 : 단공 • 확대, 주변공 : 장공 • 천공장 및 각도 다양 • 단공발파에 유리 • 심발부 단위 천공수 감소
자유면	2 자유면 발파	1 자유면 발파
무장약공	중구경(공경 75~112mm)	–
특 징	• 사압이 없고, 진동제어 용이 • 버력이 작아 버력처리 용이 • 대구경천공 위해 비트 및 로드 교체 • 심발공 천공에 고도의 기술 필요	• 천공이 정밀하지 않아도 발파는 가능 • 심발부에 사압문제가 있고 굴진장 짧음 • 진동제어 baby-hole 적용 가능 • 버력크기 조절 필요

6) 스무스블라스팅

스무스블라스팅은 저폭속, 작은 약경, 적은 가스량이 발생되는 폭약을 사용하여 발파를 함으로써 주변 암반의 손상과 여굴을 방지하기 위해 외곽공에 적용하는 발파방법이다.

7) 폭약과 뇌관

① 폭약을 선택할 때에는 암반의 강도와 부합되는 폭약이 선택되어야 발파효율 증대와 진동 및 폭음의 저감효과를 기대할 수 있으며 국내 생산되는 주요 폭약의 종류 및 특징은 〈해설표 9.1.2〉와 같다.

〈해설표 9.1.2〉 국내에서 생산되는 폭약류

구분	다이나마이트	함수폭약	에멀전폭약	ANFO폭약	정밀폭약
폭속(m/s)	6,100~6,700	4,500~4,800	5,700~5,900	3,300	3,900~4,400
가비중 (g/cc)	1.3~1.6	1.1~1.2	1.1~1.3	0.9	1.0
내수성	우수	최우수	최우수	취약	보통
위 력	최우수	우수	우수	보통	보통
내한성(℃)	−20	−5	−20	−30	−20
후가스 (ℓ/kg)	880~900	680~760	810~890	970	640~740
개 요	• 니트로겔 약 20%를 한도로 하여 산화제, 가연제, 감열소염제 등을 주성분으로 구성됨 • 폭력이 가장 우수 • 경암, 중경암에 적합	• 내수성으로 수공에서 사용가능 • 충격에 둔감하고 ANFO 폭약보다 취급이 안전 • 폭발 후 가스가 적다 • 장기간 저장하면 물이 분리되어 내수성 저하	• 연료와 산화제 간 밀접한 접촉으로 신속하고 완전연소가 가능하며 에너지 방출이 빠름 • 수분에 대한 친화력이 양호하여 수중작업에 이상적임 • 열, 마찰, 충격 등에 안전하고, 혹한, 혹서에도 사용 가능	• 충격감도가 둔감 • 가격이 저렴 • 재료취급이 안전하나 흡습성이 있어 장기 저장 곤란 • 가스량이 많아 갱내 환기불량 • 수공에 사용불가	• 내수성이 양호하고 취급상 안전성이 우수하며, 신속, 정확하게 장전 • 모암의 균열 최소화 • 여굴방지 및 발파면의 미려함과 정밀성 확보
용 도	• 대발파 • 산악발파 • 건설산업용 발파	• 도심지발파 • 용출수 많은 지역	• 도심지발파나 발파공해로 인한 민원예상 지역 • 용출수 많은 지역 • 터널발파	• 노천발파에서 대량의 채석, 채광에 주로 사용 • 용출수 없는 지역	• 터널발파 시 제어발파에 적용 • 대절토사면 굴착경계부 이완 억제

② 뇌관의 종류에는 전기뇌관, 비전기식 뇌관 등이 있으며 각각의 특징은 〈해설표 9.1.3〉과 같다. 최근에는 매우 정밀한 단차를 조정할 수 있는 전자뇌관이 개발되어 앞으로 활용성이 높아질 것으로 예상된다.

8) 천공과 장약

① 조절발파공을 제외한 발파공은 폭약의 직경의 1.2~1.5배 정도가 적합하므로, 천공경이 45mm 이상의 점보드릴을 사용하는 경우에는 직경 32mm 또는 36mm 폭약을 사용하며 천공경이 38mm 이하인 레그드릴을 사용할 경우에는 직경 25mm 또는 28mm 폭약이 사용된다.

〈해설표 9.1.3〉 전기식 뇌관과 비전기식 뇌관

구분	전기식 뇌관	비전기식 뇌관
기폭원리	뇌관단차로 기폭	뇌관단차+표면뇌관단차로 기폭
단 차	42단차	무한 단차
안정성	• 물리적 외력에 민감 • 전기 및 전파에 불안정	• 전기나 물리적 외력에 안정

〈해설표 9.1.3〉 전기식 뇌관과 비전기식 뇌관(계속)

구분	전기식 뇌관	비전기식 뇌관
결선확인	확인 가능	육안확인만 가능
진동·소음	• 진동 및 소음이 큼 • 42단차로 진동제어 가능한 곳에 적용	• 지발당 장약량 감소 가능 • 진동 및 소음이 적음
작업성	• 전기적인 위험으로 수중발파 곤란 • 터널발파 시 누설전류에 주의 • 취급이 복잡함	• 사용이 안전하고 다양 • 시공시간 절감 • 터널발파, 대발파에 적합
점화방식	전기식	타격식
비 고	• 전기식 뇌관의 경우 다단발파기를 사용할 때 단차수 증대 가능 • 현재 세계적인 추세는 누설전류와 낙뢰에 안전하고 무한단차 확보에 유리하며, 발파에 따른 소음, 진동 등의 환경공해를 줄일 수 있는 비전기식 뇌관의 이용이 증대하고 있는 추세이다.	

② 터널의 굴착선에 배치되는 조절발파공에 대해서는 Decoupling 효과를 얻기 위하여 폭약경과 발파공경 차이가 2.0~3.0배가 되도록 직경 17mm 정도의 정밀폭약이 사용된다.

9) 발파진동에 영향을 미치는 요소

발파진동의 전파특성을 결정하는 조건은 크게 입지조건과 발파조건으로 나눌 수 있다. 입지조건은 발파부지와 인근구조물의 기하학적 형태, 대상 암반의 지질학적 특성 및 역학적 성질 등을 말하며, 발파조건은 사용하는 폭약, 장약량, 기폭방법, 폭원과의 거리 등이다. 이 중에서 발파조건은 조절 가능한 변수로, 입지조건은 조절 불가능한 변수로 구분가능하며, 발파진동의 영향을 최소화하기 위해서는 조절 가능한 변수들을 잘 파악하여 이를 적극 활용하여야 한다(〈해설표 9.1.4〉 참조).

10) 발파진동 예측

① 발파진동 예측식의 기본 형태는 다음과 같다.

$$V = K(D/W^b)^n$$

여기서 V : 지반진동속도(㎝/sec), K : 발파진동 상수,
D : 폭원과 구조물 간의 거리(m), W : 지발당 최대장약량(kg/delay),
b : 장약지수, n : 감쇄지수

〈해설표 9.1.4〉 발파변수가 진동에 영향을 미치는 정도

변수	항목	영향을 미치는 정도		
		큼	보통	미약
조절 가능 변수	1) 지발당 장약량	○		
	2) 지연 시차	○		
	3) 화약류의 종류		○	
	4) 최소저항선과 천공간격		○	
	5) 자유면의 상태	○		

〈해설표 9.1.4〉 발파변수가 진동에 영향을 미치는 정도(계속)

변수	항목	영향을 미치는 정도		
		큼	보통	미약
조절 가능 변수	6) 천공구경 각도		○	
	7) 발파방향		○	
	8) 1발파당 장약량			○
조절 불가 변수	1) 폭원과 구조물과의 거리	○		
	2) 일반적인 지형		○	
	3) 토피두께 및 형태		○	
	4) 암반 상태		○	
	5) 대기 상태			○

② 건교부(2006.12)에서는 노천발파 조건에 대해 설계단계에서 시험발파를 수행하지 않는 경우에는 K=200, b=1/2, n=-1.6을 사용토록 하고 있다.

③ 설계단계에서 현장 발파진동추정식을 산출하기 위한 시험발파는 설계대상 또는 인접장소에서 실시되며, 시험방법에 따라 시추공 시험발파와 실규모 시험발파로 분류할 수 있다.

ㄱ. 시추공 시험발파

터널설계구간의 지반조사를 위하여 실시한 시추공에서 주로 실시하는 것으로 터널구간의 실제 암반을 대상으로 실시하는 이점이 있으나 밀폐된 공간과 무한자유면 조건에서 이뤄지는 특성상 발파진동이 크게 발생하는 경향이 있다.

ㄴ. 실규모 시험발파

터널설계 단계에서 대상 지반에 대하여 실규모의 시험발파를 실시하는 것이 가장 이상적이라 할 수 있으나 제약조건이 많아 이를 수행하기 어렵다. 이에 따라 설계구간 인근의 유사 지반조건에 위치한 채석장이나 터파기 공사현장 등에서 터널 실규모(또는 축소단면) 시험발파를 실시하여 진동전파 수준을 간접적으로 예측할 수 있다.

11) 터널발파의 진동경감방법

발파진동은 장약량을 감소시키면 감소하나 장약량의 감소는 발파효과의 저하를 초래하기 쉽기 때문에 발파진동을 억제하고 파쇄효과도 충분히 얻을 수 있는 발파방법을 모색할 필요가 있다. 시험발파나 발파진동 측정결과로부터 발파진동의 피해가 예측되는 경우 다음에 열거된 진동경감방법 중 발파효과 및 경제성 등을 검토하여 최적의 방법을 선택하여야 한다.

① 1회 천공장을 감소시켜 각 공당 장약량 감소.

② 비전기뇌관 또는 다단식발파기를 이용한 지발당 장약량 감소.

③ 선진 대구경 또는 TBM 선행굴진공의 자유면 활용.

④ 민가방향 외곽공 선균열(pre-splitting) 발파에 의한 진동 저감.

12) 허용진동 기준치

① 소음·진동규제법 개정 시행규칙 중 [별표 7의 2]

ㄱ. 생활소음 규제기준(2009년 1월 1일부터) [단위 : dB(A)]

대상지역	소음원	시간별	아침, 저녁 (05:00–08:00, 18:00–22:00)	낮 (08:00–18:00)	밤 (22:00–05:00)
주거지역, 녹지지역, 관리지역 중 취락지구 및 관광·휴양개발진흥지구, 자연환경보전지역, 그 밖의 지역 안에 소재한 학교·병원·공공도서관	확성기	옥외 설치	70 이하	80 이하	60 이하
		옥내에서 옥외로 소음이 나오는 경우	50 이하	55 이하	45 이하
		공장·사업장	50 이하	55 이하	45 이하
		공사장	60 이하	65 이하	50 이하
그 밖의 지역	확성기	옥외 설치	70 이하	80 이하	60 이하
		옥내에서 옥외로 소음이 나오는 경우	60 이하	65 이하	55 이하
		공장·사업장	60 이하	65 이하	55 이하
		공사장	65 이하	70 이하	50 이하

비고
1. 소음의 측정방법과 평가단위는 소음·진동공정시험방법에서 정하는 바에 따른다.
2. 대상지역의 구분은 국토의계획 및 이용에 관한 법률에 의한다.
3. 규제기준치는 생활소음의 영향이 미치는 대상지역을 기준으로 하여 적용한다.
4. 옥외에 설치한 확성기의 사용은 1회 2분 이내, 15분 이상의 간격을 두어야 한다.
5. 공사장의 소음규제기준은 주간의 경우 특정 공사의 사전신고 대상 기계·장비를 사용하는 작업시간이 1일 2시간 이하일 때는 +10dB을, 2시간 초과 4시간 이하일 때는 +5dB을 규제기준치에 보정한다.
6. 발파소음의 경우 주간에 한하여 규제기준치에 +10dB을 보정한다.

ㄴ. 생활진동규제기준 [단위 : dB(V)]

대상지역	시간별	주간 (06:00–22:00)	심야 (22:00–06:00)
주거지역, 녹지지역, 관리지역 중 취락지구 및 관광·휴양개발진흥지구, 자연환경보전지역, 그 밖의 지역 안에 소재한 학교·병원·공공도서관		65 이하	60 이하
그 밖의 지역		70 이하	65 이하

비고
1. 진동의 측정방법과 평가단위는 소음·진동공정시험방법에서 정하는 바에 따른다.
2. 대상지역의 구분은 국토의 계획 및 이용에 관한 법률에 의한다.
3. 규제기준치는 생활진동의 영향이 미치는 대상지역을 기준으로 하여 적용한다.
4. 공사장의 진동규제기준은 주간의 경우 특정 공사의 사전신고 대상 기계·장비를 사용하는 작업시간이 1일 2시간 이하일 때는 +10dB을, 2시간 초과 4시간 이하일 때는 +5dB을 규제기준치에 보정한다.
5. 발파진동의 경우 주간에 한하여 규제기준치에 +10dB을 보정한다.

② 가축에 대한 기준(축종별 권고기준. 환경부. 1996)

가축 종류	권고기준1) dB(V)	배경진동2) dB(V)	
		L10	Lmax
소	70 이하	30	52
돼지	70 이하	27	68
닭	70 이하	67	74
사슴	–	29	83

※ 낮 동안의 기준임, 야간에는 건설진동 발생을 원칙적으로 배제함.
　배경진동이 대단히 낮은 경우에는 세심한 관찰이 요구됨.

9.1.5 파쇄굴착은 암을 파쇄굴착하는 방법으로서 인력굴착방법을 적용할 수 없는 견고한 암반에 진동과 소음을 최소화할 필요가 있는 경우에 적용하여야 한다.

❖❖ 해설 ❖❖

　파쇄굴착은 정적파쇄와 동적파쇄로 나눌 수 있다. 정적파쇄로는 유압에 의한 팽창력, 경질 우레탄 고내압 튜브의 팽창을 이용하여 암반에 균열을 발생시키고 브레이커나 백호를 이용하여 굴착하는 방법으로서 국내에는 많은 공법들이 개발되어 있다. 동적파쇄는 미소 충격력으로 자유면을 확장시키는 방법으로써 미소충격력 발생방법에 따라 많은 공법들이 개발되어 있다. 이들 파쇄굴착공법은 진동, 비산석의 발생은 적지만, 2차 파쇄를 위하여 대형브레이커를 사용해야 하므로 연속적인 기계소음이 크게 발생할 수 있고, 공사효율성, 공사비 증가문제 등을 가지고 있다. 따라서 불가피하게 파쇄굴착을 적용해야 하는 경우에는, 계획수립 시 기계소음 및 2차 파쇄로 인한 소음에 의한 영향들을 고려하여야 한다.

9.1.6 점착력이 적거나 파쇄 혹은 팽창성 등이 심하여 굴착면의 자립시간이 짧은 지반에서는 굴진면의 안정을 위한 보조공법을 다음과 같이 적용하여야 한다.
　(1) 굴진면 안정을 위한 보조공법에는 천장부 보강용으로 강봉 및 강관보강공법, 굴진면 보강용으로 굴진면 숏크리트, 굴진면 록볼트, 경사 록볼트, 주입재, 지지코아 등이 있으며 지반조건, 지하수 유입 정도, 굴착단면의 크기 등을 고려하여 보조공법을 선정하여야 한다.
　(2) 보조공법은 터널표준시방서를 참조하여 시공방법과 잘 부합되도록 선정하여야 한다.

❖❖ 해설 ❖❖

　불량한 지반조건에서는 터널굴착 시 막장의 자립성 불량이나 용출수에 의해 시공이 곤란해지고 지보효과가 쉽게 저하되어, 주변 시설물의 안정성이 저하된다. 따라서 보조공법은 터널 지보재와 병용하여 안전하고 효율적인 터널시공을 가능하게 한다.

가. 보조공법의 종류

보조공법은 지반조건, 지하수 상황, 터널의 용도 및 규모와 주변 여건에 맞게 계획되어야 하며, 일반적인 종류와 적용조건은 〈해설표 9.1.5〉를 참조할 수 있다.

〈해설표 9.1.5〉 보조공법의 종류

보조공법		목적						대상지반		
		시공안정성 확보				주변환경				
		막장안정대책			용수 대책	지표면 침하 대책	근접 구조물 대책	경암	연암	토사
		천단 안정	막장 안정	측벽 안정						
천단 보강	훠폴링	◎	●				●	●	◎	◎
	수평제트그라우팅	●	●			●	●			●
	강관다단그라우팅	●	●			●	●		●	●
굴진면 보강	굴진면 숏크리트		◎						◎	◎
	굴진면 록볼트		◎					●	●	●
	지지코아		◎							◎
용수 대책	수발공(갱외)	●	●		◎			●	●	●
	수발보링(갱내)	●	●		◎			◎	◎	◎
	Deep well, well point	●	●		●					●
	그라우팅	●	●	●	◎	●	◎	●	●	◎

주) ◎ : 비교적 자주 사용하는 공법, ● : 보통 사용되는 공법

나. 보조공법 종류별 특징

1) 천단보강공법

① 훠폴링(Fore-poling)

훠폴링은 일시적 지보재로서 굴착 전 터널 천단부에 종방향으로 설치하여 굴착 천단부의 안정을 도모하고 막장 전방의 지반보강 및 느슨함을 방지한다(〈해설그림 9.1.7〉).

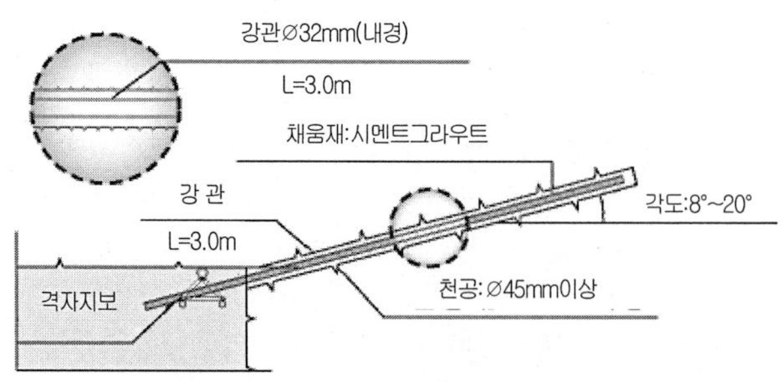

〈해설그림 9.1.7〉 훠폴링 예시(강관 또는 철근 사용)

② 강관다단그라우팅

강관다단그라우팅공법은 터널굴착에 따른 변위를 최대한 억제하고 상부시설물 보호 및 터널의 안정성 확보를 위해 적용하는 공법이다(〈해설그림 9.1.8〉).

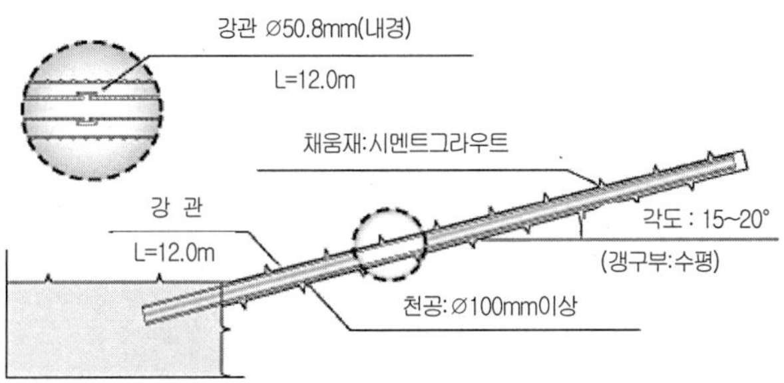

〈해설그림 9.1.8〉 강관다단그라우팅 예시

③ 수평제트그라우팅(일명 Trevi Jet 공법)

수평제트그라우팅공법은 천공과 동시에 대구경강관(직경 114mm)을 삽입하고 고압분사를 실시하여 강관주변에 원주형 개량체를 형성하는 시멘트계 그라우팅공법을 의미한다(〈해설그림 9.1.9〉).

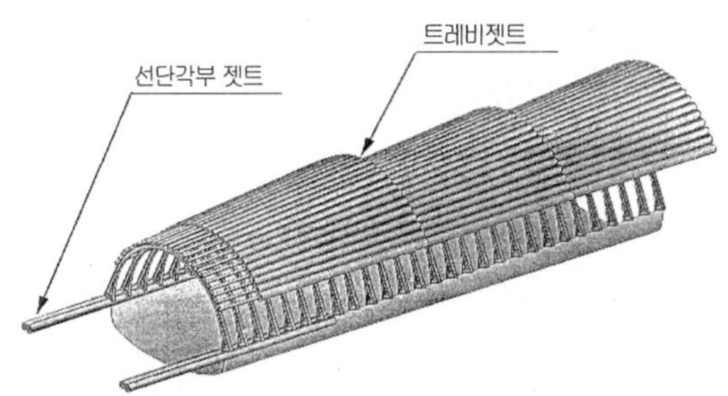

〈해설그림 9.1.9〉 수평제트그라우팅 예시

2) 굴진면자립공

굴진면자립공은 연약한 지반에 터널이 위치하여 굴진면이 자립하지 못해 굴진면을 밀어내거나 붕괴가 예상되는 구간에 굴진면의 안정을 도와주는 공법을 말하며 〈해설그림 9.1.10〉과 같이 지지코아 설치, 굴진면 숏크리트 타설, 굴진면 록볼트 설치 등의 방법이 있다.

① 지지코아

굴진면 중앙부에 지지코아를 남겨두고 굴착한 후 지보를 설치하는 것으로 토사지반에서는 반드시 지지코아를 설치하여 막장의 밀려남을 억제하여야 한다. 지지코아 단면은 가급적 큰 것이 바람직하나, 지보재 설치 및 굴착 등의 후속 작업공간을 고려하여 결정하는 것이 바람직하다. 지지코아의 길이는 최소 2~3 막장 이상 유지되도록 하는 것이 좋다.

② 굴진면 숏크리트 타설

막장자립이 곤란한 경우 숏크리트를 굴진면에 타설하는 방법이다. 장기간 공사중지 시에는 반드시 타설해야 하며 굴진면의 안정공법 중에는 시공이 용이하고 효과가 빠르다.

③ 굴진면 록볼트

굴진면 록볼트의 길이는 굴착영향이 없는 변위 이상으로 하며 연약지반의 경우에는 막장숏크리트와 함께 사용하면 효과가 향상된다.

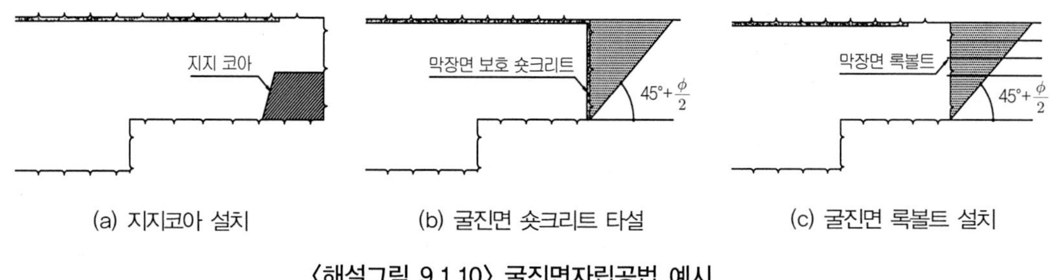

〈해설그림 9.1.10〉 굴진면자립공법 예시

3) 지반그라우팅공법

그라우팅은 지반에 주입재를 침투시켜 터널주변 지반의 차수, 강도, 변형특성을 향상시키기 위한 공법이다. 투수성이 높은 지반에서 과다 지하수 유입은 침투수압에 의해 토사유실과 유효응력의 저하를 유발하여 지반자립성을 저하시킬 뿐 아니라 숏크리트와 록볼트의 부착력을 저하시켜 터널보강효과가 현저하게 저하된다.

① 지상그라우팅

토피고가 낮고 지상에서의 그라우팅 작업이 원활할 경우에는 〈해설그림 9.1.11〉과 같이 지상에서 그라우팅을 실시하는 것이 가장 효과적이며 차수 및 지반보강효과가 양호하고 터널공사 기간이 단축되는 장점이 있다. 그러나 심도가 깊은 경우에는 경제성 및 차수보강효과가 떨어지며 상부에 지장물이 위치한 경우에는 적용이 어렵다. 따라서, 지반보강을 실시할 경우에는 지하구조물의 위치 파악, 지상교통의 일시적인 제한 여부, 토피고와 보강범위 등을 종합적으로 파악한 후 적용하는 것이 바람직하다

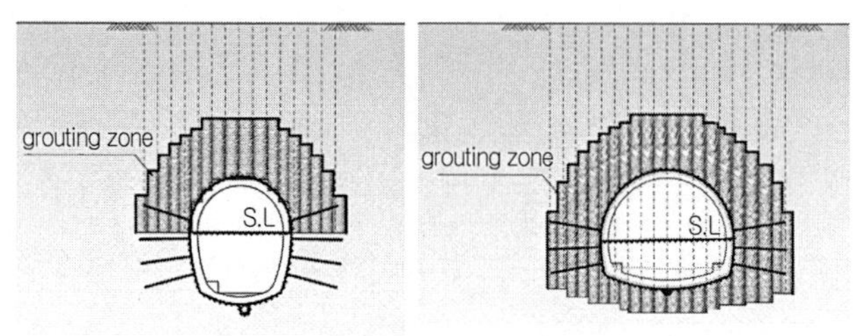

〈해설그림 9.1.11〉 지상그라우팅 예

② 갱내그라우팅

　불량지반에서 지상그라우팅이 곤란한 경우에는 〈해설그림 9.1.12〉와 같이 갱내에서 그라우팅을 수행한다. 갱내그라우팅은 협소한 공간 및 상향천공으로 인해 품질관리가 어렵고 굴착공정이 지연되는 단점이 있다. 반면에 지상교통 및 지장물 등에 영향을 적게 미치는 장점도 있기 때문에 현장여건을 고려하여 적용성을 평가하여야 한다.

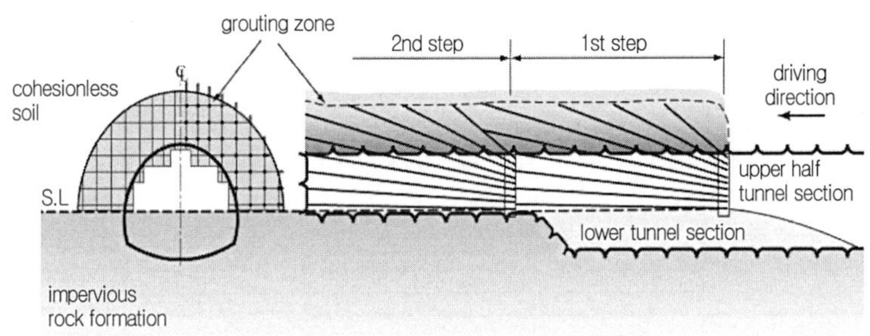

〈해설그림 9.1.12〉 갱내그라우팅 예

4) 배수공법

　차수공법에 의한 지하수문제를 극복하기 어려울 경우에는 물을 적극적으로 배제시키기 위한 배수공법의 도입이 필요하다. 일반적으로 사용되는 배수공법은 Deep Well, Well Point, 굴진면 물빼기공(선진시추 수발공) 등이 있다. 배수공법은 지하수위 저하에 의한 지반침하가 문제가 되지 않는 경우에는 차수공법에 비해 경제적이다. 불량지반에서는 지하수 배수공을 통해 토사가 유실되는 경우에는 공동발생에 의한 지반침하와 지반의 이완이 발생할 수 있기 때문에 주의하여야 한다.

9.2 굴착공법

9.2.1 터널의 굴착공법은 일반적으로 다음 〈표 9.2.1〉과 같이 분류할 수 있으며, 굴진면의 자립성, 원지반의 지보능력, 지표면 침하의 허용값 등을 조사하고 시공성과 경제성을 고려하여 다음 사항을 근간으로 선정하여야 한다.

(1) 전단면굴착은 지반의 자립성과 지보능력이 충분한 경우에 적용하여야 하며, 주로 지반 상태가 양호한 중소단면의 터널에서 적용하여야 한다.

(2) 수평분할굴착은 주로 지반 상태가 양호하고 단면적이 큰 경우에 시공성을 높이기 위하여 적용하거나, 지반 상태가 다소 불량한 경우에 굴진면의 자립성을 높이기 위하여 적용할 수 있다.

(3) 연직분할굴착은 주로 지반 상태가 불량하거나 단면적이 큰 경우에 적용하여야 하며, 안정성

측면에서 임시지보재 설치를 검토하여야 한다.

(4) 선진도갱굴착은 주로 단면적이 크거나 하저 및 해저 통과 등 특수한 조건 하에서 굴진면 전방의 지반 및 지하수 상태를 확인할 목적으로 굴착하여야 하는 경우와 기계굴착공법을 적용하여 선진도갱하고, 발파공법으로 확장하여 굴착하는 경우에 적용할 수 있다.

〈표 9.2.1〉 굴착공법의 분류

굴착공법			정의	비고
전단면굴착			전단면을 1회에 굴착	
분할굴착	수평분할굴착	롱벤치	벤치길이 : 3D 이상	D : 터널의 직경
		쇼트벤치	벤치길이 : 1D~3D	
		미니벤치	벤치길이 : 1D 미만	
		다단벤치	벤치수 : 3개 이상	
	연직분할굴착		연직방향으로 분할굴착	
	선진도갱굴착		단면의 일부분을 먼저 굴착	
가인버트 굴착			벤치 상부에 숏크리트 타설 후 굴착	숏크리트로 가인버트 형성

(5) 지반이 연약하여, 굴착단면의 변형을 억제하거나 벤치의 길이를 길게 할 필요가 있을 경우에 가인버트 설치를 검토하여야 한다.

:: 해설 ::

터널의 굴착공법은 굴착수단(굴착방법)을 이용하여 어떻게 굴진해나갈 것인가(굴진공법) 하는 계획을 의미하며, 굴진면 또는 터널길이방향의 굴착계획을 총칭하는 것으로 일반적으로 전단면굴착과 분할굴착이 있다. 분할굴착은 수평분할굴착, 연직분할굴착 및 선진도갱굴착으로 구분된다. 수평분할굴착은 통상 벤치길이 및 수에 따라 롱벤치, 숏벤치, 미니벤치, 다단벤치 등으로 구분한다. 롱벤치는 벤치길이 50m 이상인 경우, 숏벤치는 50m 미만으로부터 터널직경(1D) 이상인 경우, 미니벤치는 터널직경(1D) 미만인 경우로 구분한다. 다단벤치는 벤치의 수가 3개 이상인 수평분할굴착을 말하며 벤치길이는 일반적으로 터널직경 이하를 말한다. 선진도갱굴착공법은 도갱의 수에 따라 1도갱 혹은 2도갱 방법으로 분류한다.

가. 전단면굴착공법

원칙적으로 단면 전체를 1회에 굴착하는 방법으로서 지반의 자립성과 지보능력이 충분한 경우에 적용할 수 있으며, 주로 지반 상태가 양호한 중소단면의 터널에서 적용할 수 있는 공법으로 그 주된 특징은 아래와 같다.

1) 굴착에 따른 응력의 재배치가 한 공정(cycle)에 완료되므로 조기에 터널을 안정화시킬 수 있는 공법이다.

2) 막장이 균일하므로 작업이 단순하다.

3) 기계화에 따른 급속 시공에 유리하다.

4) 굴착부분이 크기 때문에 지반조건 변화에 대한 대응성이 떨어진다.

5) 단면이 큰 경우 숏크리트 및 록볼트 작업이 늦어지고 큰 작업대 등이 필요하다.

최근에는 연약암반에 굴착보조공법(막장보강 등)을 병행하여 연약암반에서도 전단면굴착공법이 적용되기도 한다.

나. 수평분할굴착공법

일명 벤치컷(bench cut)공법이라고도 하며 단면을 여러 단계 분할하여 굴착하는 공법으로서 벤치의 단수나 길이는 굴착단면의 크기, 지반조건에 따른 설계상 인버트의 폐합시기, 투입되는 기계설비 등에 의하여 결정된다. 이 공법은 주로 지반 상태가 양호하고 단면적이 큰 경우에 시공성을 높이기 위하여 적용하거나, 지반 상태가 다소 불량한 경우에 막장의 자립성을 높이기 위하여 적용한다. 각 공법별 특징은 아래와 같다.

1) 롱벤치굴착

통상 벤치의 길이가 3D(D : 터널폭) 이상으로 지반이 비교적 양호하고 시공단계에 있어서 인버트 폐합을 거의 필요로 하지 않는 경우에 채택되며 넓은 의미로는 상반 선진도갱굴착공법도 포함된다. 이 공법의 장점 및 단점은 다음과 같다.

- 장점
  - 상·하반 병행작업이 가능하다.
  - 일반적인 장비의 운용이 용이하다.
- 단점
  - 사로를 만들지 않으면 버력이 두 번 적재된다.

2) 숏벤치굴착

벤치길이는 보통 1D~3D(D : 터널폭) 정도로 공법의 적용범위가 넓고 재래식 터널공법(NATM 등)에서 주류를 이루는 공법이라고 할 수 있다. 지반에 있어서는 토사에서 경암에 이르기까지 거의 모든 지반에서 적용 가능하며 크기에 있어서는 중단면 이상에서 일반적인 공법이다. 이 공법의 장점 및 단점은 다음과 같다.

- 장점
  - 굴진 도중 지반의 변화에 대처하기가 용이하다.
  - 일반적인 장비의 운용이 용이하다.
- 단점
  - 상반 작업공간의 여유가 적어질 가능성이 있다.
  - 경사로를 만들지 않으면 버력이 두 번 적재된다.
  - 상·하반 중 한 부분만 작업이 가능하므로 작업공정의 균형을 맞추기 어렵다.

3) 미니벤치굴착

팽창성지반이나 토사지반에서 인버트의 조기폐합을 할 필요가 있는 경우 주로 채택되며 벤치의 길이는 터널직경의 1배 이내가 보통이다. 이 공법의 장점 및 단점은 다음과 같다.

- 장점

  • 인버트의 조기폐합이 가능하다.

  • 침하를 최소로 억제하는 것이 가능하다.

- 단점

  • 상반 작업공간의 여유가 적어질 가능성이 있다.

  • 경사로를 만들지 않으면 버력이 두 번 적재된다.

  • 상·하반 중 한 부분만 작업이 가능하므로 작업공정의 균형을 맞추기 어렵다.

4) 다단벤치굴착

일반적으로 이 공법은 벤치의 수가 2개 이상인 분할굴착공법으로서 막장의 자립성이 극히 불량하여 분할굴착을 하여야 할 필요가 있는 경우에 채택되며 그동안의 국내·외의 실적을 보면 주로 막장의 자립성 때문에 선정되는 예가 많다. 이 공법의 장점 및 단점은 다음과 같다.

- 장점

  • 버력의 안정성을 확보하기가 용이하다.

  • 대단면에서도 일반적인 장비의 운용이 가능하다.

- 단점

  • 버력굴착이 각 막장에서 중복되는 일이 많다.

  • 각단의 벤치의 길이가 한정된 경우는 작업공간이 협소해질 가능성이 크다.

  • 일반적으로 쇼트벤치굴착보다 변형 및 침하는 크다.

다. 연직분할굴착공법

하반의 지반조건은 양호하나 상반의 지반조건이 불량하여 지반의 침하량을 최대로 억제할 필요가 있는 경우나 비교적 대단면으로 막장의 지지력이 부족한 경우에 적용되는 공법이다. 따라서, 안전성 측면에서 임시 지보재를 설치할 수 있다. 막장간의 이격거리는 1D~2D(D : 터널폭)를 유지하는 것이 바람직하다. 이 공법의 장점 및 단점은 다음과 같다.

- 장점

  • 침하량을 어느 정도 억제시키는 것이 가능하다.

  • 막장의 안정성을 유지하는 데 유리한 공법이다.

- 단점

  • 중벽으로 분할하기 위해서는 어느 정도의 단면확보가 필요하고, 시공속도가 다소 저하되는 단점이 있다.

  • 작업공간의 제약으로 시공성이 저하될 우려가 있다.

라. 선진도갱굴착공법

주로 단면적이 특히 크거나 하저 통과구간 등 특수한 조건 하에서 막장 전방의 지반 및 지하수 상태를 확인하면서 굴착하여야 하는 경우에 채택되며 측벽도갱을 이용하여 적은 굴착단면을 활용하고, 굴착면을 미리 보강하여 터널의 안정을 도모하는 공법으로 연약지반에서도 침하를 적게 할 수 있다는 특징이 있다. 이 공법의 장점 및 단점은 다음과 같다.

- ■ 장점
  - 대단면 시공에서도 침하를 최소화할 수 있다.
  - 용수가 많은 경우 측벽도갱으로 배수가 가능하다.
  - 대단면에서도 막장의 안정성 확보가 비교적 용이하다.
- ■ 단점
  - 일반적으로 공사비가 타 공법에 비하여 높다.
  - 도갱 내벽 철거에 많은 시간과 비용이 소요된다.

마. 가인버트굴착공법

통상 중단면 이상에서 지반의 변형을 적극 억제하면서 시공성을 높이기 위하여 벤치의 길이를 길게 할 필요가 있을 경우에 벤치 상부에 소정량의 숏크리트를 타설하여 가인버트를 형성시키면서 굴진하는 공법이다. 이 공법의 장점 및 단점은 다음과 같다.

- ■ 장점
  - 상반 벤치의 길이를 크게 할 수 있으므로 상반 작업공간을 넓힐 수 있다.
  - 상반관통 후 하반을 시공하면 경사로가 필요 없다.
- ■ 단점
  - 상반시공 속도가 크게 저하될 가능성이 크다. 즉, 가인버트의 타설시간, 숏크리트가 일정한 강도에 달하는 데 소요되는 시간, 굴착장비의 통행으로부터 인버트를 보호하기 위해 버력 메우기 시간 등 시간 손실이 많다.
  - 별도의 숏크리트가 필요하므로 경제성이 떨어진다.

9.3 계측

9.3.1 터널의 계측설계는 계측항목, 계측위치, 배치간격, 계측기기의 선정과 설치시기, 측정기간과 빈도, 결과정리 및 분석방법을 포함하여야 하며, 설계 시 다음 사항을 고려하여야 한다.

(1) 계측항목은 터널의 용도, 규모, 지반조건, 육상, 하저 및 해저 등의 주변환경, 시공방법 등을 고려하여 터널의 굴착에 따른 지반 및 주변 구조물의 거동을 파악하고 각종 지보재의 지보효과 및 품질을 확인하는 데 적합하도록 선정하여야 한다.

(2) 계측위치 및 배치간격은 터널의 규모, 지반조건, 시공방법 등을 고려하여 계측목적에 부합되어야 하며, 각 계측항목 사이의 상호 관련성을 파악할 수 있도록 선정하여야 한다.

(3) 계측기기의 선정을 위하여 설계자는 터널의 안정관리상 요구되는 기기의 정도와 내구연한을 제시하여야 한다.

(4) 계측기기의 설치시기, 측정빈도 및 측정기간은 터널굴착에 따른 지반 및 지보재의 거동을 충분히 파악할 수 있도록 인버트굴착 및 라이닝타설 시기를 감안하여 계획하여야 한다.

(5) 측정결과의 정리방법은 계측결과를 확인할 수 있도록 계측치와 경시변화를 함께 제시하여야 하며, 분석방법은 계측항목별 측정치를 상호 비교하여, 지반거동과 지보재효과의 상관성에 따른 터널의 안정성을 검토할 수 있도록 제시하여야 한다.

(6) 3차원 변위계측 시 결과는 기존변위 분석방법과 아울러 터널의 3차원 거동 파악이 가능한 분석방법을 도입하여 터널종단선상의 터널변형거동 파악 및 굴진면 전방 선행변위 예측이 가능하도록 분석하여야 한다.

❖ 해설 ❖

터널은 시추 및 각종 물리탐사기법 등 각종 조사기법의 활용에도 불구하고 정확한 파악이 어려운 지반을 대상으로 하기 때문에 굴착 중에 조우하는 지반현황이 예측된 지반조건과 비교해 상당한 차이를 보이는 경우가 빈번하다. 설계 시의 지보 및 굴착 등에 대한 설계개념을 시공 중 조우한 지반평가에 따라 적용하고, 계측을 통해 검증하여 기준상 요구되는 품질을 확보하여야 한다.

가. 계측항목

계측은 일상적인 시공관리 혹은 지반조건 또는 주변여건에 따라 주의가 필요한 지반 및 구조물의 거동을 관찰할 목적으로 필요에 따라 실시한다.

계측항목의 특성에 따라 분류한 일상계측, 정밀계측, 관리계측으로 구분할 수 있으며 각각의 항목은 〈해설표 9.3.1〉과 같다.

〈해설표 9.3.1〉 주요 계측항목

일상계측	정밀계측	유지관리계측

• 터널 내 관찰 조사
• 내공변위 측정
• 천단침하 측정
• 지표침하 측정
• 록볼트인발시험
	• 지중변위 측정
	• 록볼트축력 측정
	• 숏크리트 및 콘크리트라이닝 응력 측정
	• 지중침하 측정
	• 터널 내 탄성파속도 측정
	• 강지보재 응력 측정
	• 지반의 팽창성 측정
	• 지중 수평변위 측정
	• 지반 진동 측정
		1) 일반관리계측
		  • 갱내 관찰조사
		  • 라이닝변형 측정
		  • 용수량 측정
		2) 대표단면계측
		  • 토압 측정
		  • 간극수압 측정
		  • 콘크리트라이닝 응력 측정
		  • 지하수위 측정

나. 계측항목 선정 시 고려사항

1) 터널의 용도

터널은 사용용도에 따라서 도로 및 철도 등의 교통터널, 용수공급용 수로터널, 광산개발 갱도 등으로 구분할 수 있다. 광산의 개발과정에서 한시적으로 사용되는 갱도터널의 계측항목은 운용 중에도 안정성이 확보되어야 하는 교통터널의 계측항목과는 달리 적용되어야 한다. 각종 유류를 저장해야 하는 유류비축기지, 곡물저장을 위한 지하저장기지 등은 각각 저장물의 저장 및 보관에 필요한 조건이 서로 상이하여 계측기 선정 시 이러한 특성이 고려되어야 한다. 또한, 터널 용도별로 사용기간이 다르기 때문에 계측항목, 계측 빈도와 계측기간, 적용지보재, 허용변위량 등을 용도에 적합하도록 계측계획을 수립하여야 한다.

2) 터널의 규모

터널의 경우 용도에 따라 다양한 규모의 터널이 존재한다. 터널의 단면규모가 커지면 변위발생량이 증가할 뿐만 아니라 절리, 단층 및 파쇄대와 조우할 확률도 커지고 또 직접적으로 단층대에 의해 영향을 받을 가능성이 높아지게 된다. 내공변위계측 시에 단면이 작은 터널의 일반적인 구간의 경우에는 천단부와 양측벽부의 3점 계측만으로도 지반변위의 양상을 파악할 수 있으나, 단면이 큰 경우는 3점 계측을 통해서는 국부적인 과다변위 발생을 파악하지 못할 가능성이 있기 때문에 추가적인 계측점을 설치하여 편압 발생여부, 국부적인 지반 이상대의 영향 등의 분석이 가능하도록 하여야 한다.

3) 지반조건

지반조건이 양호한 경우에는 지반 스스로 불평형력을 감당할 수 있기 때문에 굴착 시 지반이 빠르게 안정화되어, 계측기간이 짧고 계측간격을 크게 할 수 있다. 반면, 지반조건이 불량할수록 지반이 안정화되는 데 더 많은 시간이 소요되는 것이 일반적이다. 따라서 지반조건을 고려하여 계측기간 및 간격이 결정되어야 한다.

4) 주변환경

터널이 굴착되는 위치에 의해서 구분하면 산악지에 건설되는 산악터널, 도심지 하부를 통과하는 도심지 천층터널, 강이나 바다의 하부를 통과하는 하저·해저 터널 등이 있다. 산악터널의 경우 일반적으로 터널토피가 크기 때문에 굴착에 의해 지표에 미치는 영향이 작으며, 배수형 터널로 건설되기 때문에 지하수에 의한 하중이 작용하지 않는 것으로 설계된다. 따라서 산악터널의 경우 지표침하 계측이 불필요한 경우가 많다.

도심지 천층터널의 경우 터널굴착에 따른 안정성뿐만 아니라 기존구조물에 대한 안정성을 유지하기 위해 근접시공에 대한 대책을 적용하고 안정성 여부를 확인하는 과정이 주요하게 고려되어야 한다.

하저 및 해저터널의 경우는 해수 혹은 지하수가 무한히 공급되며, 높은 지하수압 혹은 침투수압이 작용하는 경우가 많다. 굴착 시 돌발용수 등의 위험한 상황이 발생할 수 있기 때문에 세밀한 막장관찰과 함께 천공 슬라임 분석과 선진도갱 조사, 선진수평시추, 갱내 물리탐사 등을 통해 전방의 지질상황을 파악해야 한다. 하저 및 해저터널의 경우는 발생수량을 지속적으로 관찰하여 침수피해 가능성 파악에 주의를 기울여야 한다(한국터널공학회, 2004).

다. 계측의 위치 선정

계측의 위치는 교차로 부근, 중요 구조물 부근, 지반 상태와 설계가 변화되는 지점, 재료가 변경되는 지점, 과다한 변위가 우려되는 지점 등 구조적, 재료적 취약부, 큰 응력 및 변위가 발생할 수 있는 부위, 외력 및 내부 응력변화에 따른 영향범위를 명확하게 파악한 뒤 선정하는 것이 바람직하다(김승렬, 2004). 그러나 지중선, 지하철 등과 같이 연장이 긴 구조물 공사에서는 시험구간을 설정하여 집중적인 계측을 수행하는 경우가 많다. 시험구간은 아래와 같은 지점에 선정하는 것이 바람직하다.

• 비교적 단순하고 대표적인 지반 상태를 갖는 지점.

• 주위에 특수시설이 없는 지점.

• 설계와 시공면에서 대표적인 지점.

• 기기의 설치와 그 계측이 용이하며 공사에 지장을 적게 주는 지점.

라. 계측기기 선정

계측기기의 선정조건은 분석에 필요한 정밀도를 확보하고 있어 계측결과에 대한 신뢰성을 갖고 있어야 하고, 사용 및 유지관리가 편리하며, 구조가 견고하여 내구성이 높아야 한다. 또한, 터널 내 혹은 외부환경의 영향에 의해 자체 보정기능을 갖고 있으며, 자동화 기능을 보유한 기기를 선정하는 것이 좋다(임한욱·김치환, 2003).

계측기기는 전 세계적으로 수많은 종류가 개발, 보급되고 있기 때문에 용도에 따라 적정 계측기기를 선정한다는 것은 쉬운 문제가 아니다. 따라서 적정 계측기기를 선정하기 위해서는 각별한 주의와 함께 기기 특성에 대한 사전정보가 요구되며, 계측기기의 검증이 필요하다. 일반적으로 계측기기를 선정할 때는 다음과 같은 사항에 유의하여야 한다.

1) 계측기기의 정도, 반복 정밀도, 감도, 계측범위와 신뢰도가 계측목적에 맞을 것.

2) 구조가 간단하고 튼튼하며 설치가 용이할 것.

3) 온도, 습도 등의 제반 영향인자에 대해 자체 보정이 되거나 보정이 간단할 것.

4) 측정치에 대한 계산과정이나 분석절차가 간단할 것.

5) 가능한 한 측정치의 자체 검증이 이루어질 것.

6) 기기-터미널 간의 연결관 또는 케이블이 물리적, 화학적 작용에 견딜 수 있을 것.

7) 지상부 터미널의 기후변화나 물리적 피해를 견딜 수 있을 것.

8) 부식이나 전기적 방해요인을 극복할 수 있을 것.

9) 대상 터널의 길이가 긴 경우는 원칙적으로 자동화계측이 가능한 기기 쪽으로 선정할 것(유지관리 계측에 필수).

마. 측정빈도

측정빈도는 계획 시에 지반조건과 시공조건을 함께 고려하여 설정한 뒤 시공과정에서 계측에 의한 지반 및 지보의 거동상황을 참조하여 적절히 수정하는 것이 중요하다. 일반적으로 변위와 응력의 변화는 굴착 직후에 크지만 시간이 지나고 막장이 멀어짐에 따라 감소하는 경향이 있기 때문에 막장에 접근하여 측정하는 초기단계에는 조밀한 측정빈도로 정한다.

측정 시 초기치는 이후 측정치의 기준이 되므로 시공상황이 허락하는 한 막장에 근접한 위치에서 조기에 읽는 것이 중요하다. 측정 시 시공조건 등의 제약 때문에 계측항목, 위치 등에 따라 측정시기가 틀려지는 일이 있고 계측결과의 평가에 지장을 주는 경우가 있으므로 읽는 측정시기에 주의하고, 가능하면 각 계측항목 사이에 측정시기를 동일시점으로 유지하여야 연계분석이 용이하다.

바. 측정결과 정리 및 분석

1) 측정결과 정리

측정결과는 시공관리에 필요한 판단을 내리는 데 적합한 표현양식이어야 한다. 이를 위해서는 변위, 변위속도, 부재력, 지하수위, 간극수압 등의 측정결과의 경시변화와 주요 굴착공정 등의 시점이 비교될 수 있어야 한다. 또한 주요 이상대에 대한 분석 및 막장 전방의 지질을 예측하는 데 참조할 수 있도록 동일시점에서의 막장이격거리에 따른 변화곡선과 비교되어야 한다.

편토압을 받는 지형, 단면 내 지질분포가 복잡한 막장, 단층파쇄대, 측압을 많이 받는 지역 등의 경우에는 단면 내의 변위분포도를 작성하여야 한다. 편토압을 받는 경우에는 단면분포가 편토압의 영향으로 단면 내의 변위형상이 좌우대칭 형상이 되지 않는 것이 보통이다. 이러한 비대칭성은 통상 대칭조건으로 설계한 지보 및 복공의 부재력 분포에 영향을 주기 때문에 면밀히 관찰되어야 한다. 또한 필요하다고 판단되는 경우에는 지반안정 및 지보효과 확인과 대책공법을 계획하는 데 유효하게 이용될 수 있도록 단면 내 변위분포도를 막장관찰 자료, 경시변화, 종방향 변위분포 등과 비교하여 정리하여야 한다.

계측결과는 일상 시공관리의 지표로 설계, 시공에 반영시키는 것이 기본이다. 이를 위해서는 원칙적으로 측정 당일에 정리하여 필요한 판단을 내려야 한다.

2) 계측결과의 분석

계측의 결과는 굴착단계별 시점과 함께 분석하는 것이 바람직하다. 분할굴착터널의 경우 분할굴착 및 지보재 타설 등의 단계별로 변위 발생하는 것이 일반적이다. 만약 하반 굴착 후 천단변위 혹은 내공변위의 증가가 뚜렷하다면 하반 굴착 후 지보재의 단면 폐합시기 지연, 측벽 지보강성의 부족 등의 가능성을 의심해 볼 수 있다. 인버트의 타설은 지보재의 강성을 최대한 활용하여 변위억제효과를 극대화하는 지보형태로서 인버트 타설로 인한 영향을 적절히 분석할 수 있도록 계측 시점, 빈도 등을 계획할 때 인버트의 타설 시기도 함께 고려되어야 한다. 또한, 〈해설그림 9.3.1〉과 같이 경향변화 분석그래프를 작성하여 경향성과 영향선의 변화양상 분석을 통해 지반거동을 파악하여 적절한 지보패턴의 적용여부를 확인하는 것이 바람직하다.

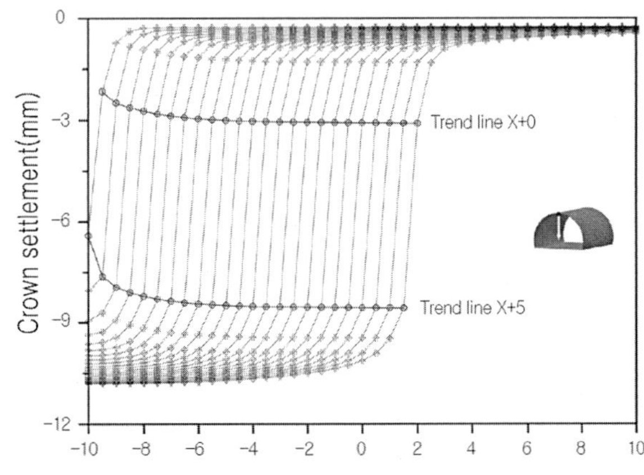

〈해설그림 9.3.1〉 경향변화 분석(수치해석 결과)

사. 3차원 변위계측

기존방식의 터널 내의 변위측정법은 단면이 위치한 평면상의 투영된 변위성분을 대상으로 한다. 터널의 종방향으로 균질하고 대칭인 지반조건, 응력조건을 갖고 있는 경우에는 단면상의 2차원 거동을 분석하는 것이 유효하나 막장의 전후방에 지질 이상대 등의 비대칭성이 존재할 경우 종방향으로 발생하는 변위를 측정할 필요가 있다.

터널굴착 시 굴진면, 천단부 및 측벽부의 변형거동은 막장 전방의 지질상황에 대해 선행적으로 영향을 나타내기 때문에 3차원 절대좌표의 측정을 통해 이러한 분석을 터널굴착 중에 연속적으로 시행할 경우 전방의 지질이상대 등의 주의를 요하는 구간에서 사전에 보강이 가능하다. 특히 설계 시 지반조사 중 단층대 혹은 연약대가 예상되는 구간을 중심으로 선진시추조사 등과 병행하여 계측을 수립하고 적정한 보강을 적용하여 지반불량 구간을 늦게 발견함으로써 발생하는 공사비 증가요인을 낮추도록 하여야 한다.

9.3.2 계측은 일상적인 시공관리를 위한·일상계측과 지반거동의 정밀분석을 위한 정밀계측으로 구분하여 계획을 수립하여야 한다.

9.3.3 일상계측은 일상적인 시공관리상 반드시 실시하여야 할 항목으로서, 터널 내 관찰조사, 내공변위 측정, 천단침하 측정 등을 포함하며, 토피가 얕은 도심지에서는 지표침하 측정을 일상계측에 추가할 수 있으며, 설계 시 다음 사항을 고려하여야 한다.

(1) 터널 내 관찰조사는 매 굴진면마다 실시하는 것을 표준으로 하고, 지반 상태에 따라 유지관리 시의 기초자료인 터널지질도를 작성하는 데 필요한 최소한의 빈도로 조정할 수 있다.

(2) 내공변위 및 천단침하 측정 시 측정단면은 20m 간격을 표준으로, 갱구부 50m 구간과 토피가 터널직경의 2배 이하인 구간은 10m 간격을 표준으로 함을 원칙으로 한다.

(3) 지반조건이 불량한 구간이나 변화가 심한 구간에 대하여는 계측간격을 표준간격보다 좁혀야 하며, 지반조건이 양호하고 구간 내에서 지반변화가 적을 때에는 사전검토 결과를 토대로 계측간격을 표준보다 넓히거나 계측을 생략할 수 있다.

(4) 내공변위의 측선수는 〈그림 9.3.1〉을 기준으로 하여 배치하되 갱구부근, 편압 예상구간, 단층 및 파쇄대, 과도한 지하수용출이 예상되는 구간 등은 측선수를 조정할 수 있으며, 필요한 경우 3차원 거동을 파악하도록 계측계획을 수립하여야 한다.

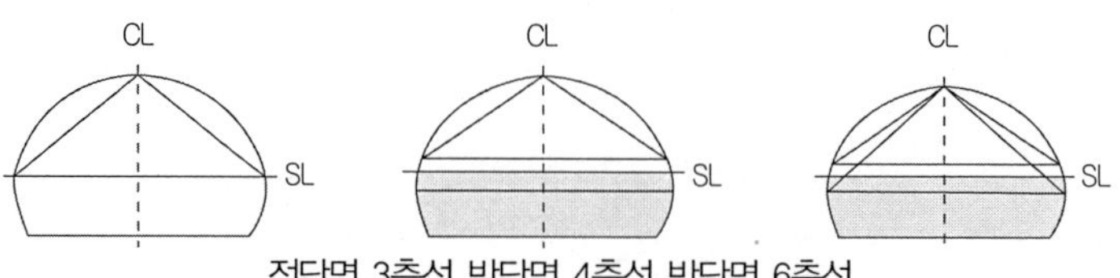

〈그림 9.3.1〉 내공변위 계측의 측선 배치 예

(5) 천단침하는 내공변위 측정과 동일단면에 배치하고 그 측점은 굴진면에 근접한 천단에 설치하여야 한다. 터널이 전체적으로 침하하는지를 확인할 필요성이 있는 경우 천단침하와 더불어 터널 하단부 침하를 측정하여야 한다.

(6) 일상계측으로서 지표침하 측정이 필요한 경우에는 측점을 내공변위 측정과 동일한 단면의 터널 중심선상의 지표면에 배치하고 터널축에 직각방향으로 여러 개의 측점을 거리별로 배치하여야 한다. 이때 가장 바깥쪽의 측점은 가능하면 터널굴진의 영향을 받지 않는 부동점이 되도록 계획하여야 한다.

◑◐ 해설 ◑◐

가. 터널 내 관찰조사

시공 중 굴진면 관찰은 현장의 지반 상태를 파악하고 그에 따른 적절한 지보패턴을 확정하는 중요한 과정으로, 지반 상태의 정확하고 적절한 평가의 수행여부는 지반의 경제성뿐만 아니라 안정성에도 큰 영향을 미친다. 때문에 경험이 많은 엔지니어의 직접적인 수행이 바람직하며, 또한 초중급 엔지니어에 대한 교육이 필수적으로 수행되어야 한다.

굴진면 관찰조사는 엔지니어의 경험과 직관으로 이루어지기 때문에 개개인의 평가에 의한 편차가 큰 편이다. 이러한 차이를 줄이기 위해 공사의 초기에 다수 엔지니어에 대한 현지반 평가의 설문을 통해 엔지니어 간의 편차를 줄여 굴진면에 대한 객관적인 평가가 이루어질 수 있도록 하는 것이 바람직하다. 또한 굴진면의 평가에 도움을 줄 수 있는 전문가시스템, 화상처리, 자료관리시스템을 도입하여 객관적인 평가가 이루어질 수 있도록 하여야 한다.

막장관찰에 대한 상세한 내용은 '3.5 시공 중 보완조사'의 해설내용을 참조한다.

나. 내공변위 및 천단변위

천단침하 및 내공변위 측정은 주변지반의 안정확인 및 주지보재의 효과확인을 위해 수행한다. 얕은 토피에서는 천단침하량이 내공변위량보다 큰 곳이 많아 지표침하 측정위치와 동일한 단면을 측정하여 비교분석하는 것이 중요하다. 특히 연직에 가깝게 발달한 파쇄대, 차별 풍화대, 암반피복 부족구간 등의 붕락위험 구간에서는 지표침하 및 내공변위계측 결과와 함께 천단침하 거동을 면밀히 관찰할 필요가 있다.

1) 내공변위, 천단침하 계측간격

내공변위 측정과 천단침하 측정은 동일단면에 대하여 실시하는 것을 원칙으로 하며, 두 항목 중 한 항목에 중점을 두어 여러 회 측정해야 할 경우는 예외로 할 수 있다. 내공변위 측정, 천단침하 측정의 계측간격은 〈해설표 9.3.2〉를 참조할 수 있고 터널의 길이, 지반변화, 굴착진행, 시공실적(계측데이터) 축적 등에 의해 적절히 변경하여야 한다.

시공 초기단계에서는 계측간격을 좁게 하여 지반 상태, 토피 또는 시공패턴과 변위량의 관계를 세밀하게 조사하도록 하고 지반거동의 특성이 파악되면 계측간격을 넓혀 터널 내 관찰조사에 의해 얻어진 정보나 토피 등에 중점을 두어 행하도록 한다. 또한 내공변위 측정과 천단침하 측정은 정밀계측의 항목이 측정되는 단면에서의 결과를 평가할 수 있도록 반드시 실시한다.

〈해설표 9.3.2〉 내공변위 측정, 천단침하 측정의 계측간격 예(D : 터널의 굴착폭)

지반＼조건	갱구부근	2D이하의 토피	시공 초기단계	시공 진행단계
경암지반(단층의 파쇄대 제외)	10m	10m	20m	30m~50m
연암지반	10m	10m	20m	30m
토사지반	10m	10m	10m~20m	20m

다. 지표침하

토피가 낮고 지반이 불량해 지표에 영향을 미칠 것으로 예상되는 경우에는 지표침하를 일상계측에 포함시켜 침하안정화 여부에 대한 계측을 수행하여야 한다. 지표침하 측정은 천단침하 측정과 같이 지반안정 상태 확인 및 지보효과를 파악할 목적으로 행하지만 여기에 추가로 터널굴착에 의한 지표상의 영향범위와 그 정도를 미리 파악하여 제3자에 대한 피해발생을 미연에 방지하기 위해서도 시행한다. 이 경우 굴착주변 구조물에 대한 사전조사(변형 상태, 균열 등)가 매우 중요하다. 또한 지표침하 측정은 침하 방지를 위해 실시되었던 대책공법의 효과도 확인하면서 주변지반의 이완영역 추정에 유용한 자료를 제공한다.

지표침하는 굴착 이전에 설치하여 굴착하는 과정에서 발생하는 총변위량을 계측할 수 있다는 장점이 있다. 이는 터널 내의 천단침하와 내공변위 경시곡선과 비교함으로써 굴착시점 이전의 지표침하량과 굴착 이후의 지표침하량의 비율을 통해 계측시점 이전의 막장 전방 변위량을 추정하는 유용한 도구로 사용될 수 있으며 전체적인 변위발생 경향에 대한 지표로서 활용될 경우 다른 지반에서의 총변위량을 역산하는 데 활용이 가능하다.

1) 지표침하 측정위치

지표침하의 측정위치는 종방향으로는 터널 내 계측기가 설치된 단면상의 지표면 위치에 설치하고 횡방향으로는 굴착면에 직각으로 측선을 배열하고 침하영향 범위 밖으로 충분한 거리를 확보해야 한다. 이는 종방향으로 동일 위치에서의 내공변위, 천단변위, 지표침하의 비교분석을 통해 정확한 지반거동의 분석이 가능하며, 횡방향으로 침하의 영향범위를 파악하는 데 유용한 정보를 제공한다.

2) 지표침하 계측간격

토피가 얕은 터널은 통상 토사터널이나 연암터널이 되는 경우가 많고, 큰 지표침하가 발생하는 경우가 많다. 따라서 터널 및 주변지반의 안정성을 확보하기 위해 지표침하 측정은 실시되어야 한다. 일반적으로 지표침하 측정은 내공 및 천단침하 측정과 함께 수행되어야 하므로 설치위치를 수직적으로 일치시키는 것이 좋다.

일반적으로 산악에 건설되는 도로터널의 특성상 갱구부 외에는 지표침하 측정을 거의 수행하지 못하나 철도 및 도로구조물 횡단 등 특별한 경우 지표침하 측정을 수행하여야 한다.

토피를 기준으로 한 측점 간격은 〈해설표 9.3.3〉을 참조할 수 있다.

〈해설표 9.3.3〉 지표침하 측정의 터널종단방향 측점간격 예

토피 h와 터널 굴착폭 D의 관계	측점간격
2D < h	20~50m
D < h < 2D	10~20m
h < D	5~10m

3) 지표침하 측정범위

터널횡단방향으로 계측범위는 굴착영향이 없는 범위까지 하는 것을 원칙으로 하되 지상의 교통여건, 지장물 등을 감안하여 적절히 설정하여야 한다.

측점은 막장굴착에 의한 침하 영향이 나타나기 전에 설치하고, 측정기간은 침하량이 일정치에 도달할 때까지 계속한다.

9.3.4 정밀계측은 지반조건 또는 주변여건에 따라 지반 및 구조물의 거동을 보다 상세히 관찰할 목적으로 일상 계측에 추가하여 선정하는 항목으로써 현장조건을 고려하여, 지중변위 측정, 록볼트축력 측정, 숏크리트응력 측정, 강지보응력 측정, 지중침하 측정 등을 포함할 수 있으며 갱구부나 특정 구조물 주변, 도심지 공공주택 또는 다중이용시설의 직하부에는 설계 시 다음 사항을 고려하여야 한다.

(1) 정밀계측 측선의 간격은 500m 간격으로 배치하는 것을 표준으로 하되, 터널의 규모나 지반 및 주변조건 등에 따라 조정할 수 있으며, 가능한 한 설계 시의 터널해석 구간에 설치하여 해석결과와 시공 시의 계측결과의 비교검토가 되도록 하여야 한다.

(2) 지중침하 측정위치는 터널중심선상의 지표면 또는 측정이 요구되는 지점에 배치하고 깊이별로 여러 개의 측점을 계획하여야 한다.

(3) 정밀계측의 여러 항목 중, 계기를 터널 내에 설치할 필요가 있는 항목(지중변위 측정, 록볼트축력 측정, 숏크리트응력 측정 등)에 대하여 1단면마다 3~5점을 표준으로 터널의 설계패턴에 따라 효과적인 계측이 가능하도록 적절한 위치에 배치하여야 한다.

(4) 설계자는 상기 항목 이외의 지반침하, 구조물 균열 및 경사도 등 터널공사에서 수반되는 제반영향을 검토할 필요가 있는 경우에는 관련 계측에 대한 계획을 제시하여야 한다.

(5) 확폭부나 접속부 등의 특수구간에는 정밀계측에 대한 계획을 제시할 수 있다.

(6) 파쇄대, 습곡, 단층, 탄층 등의 연약지반이 예상되거나 정밀계측이 필요한 구간에는 가급적 터널의 3차원적 거동파악이 가능한 계측기법을 도입하여야 하며, 필요시 물리탐사나 선진수평보링을 함께 수행하여 계측결과의 신뢰도를 향상시켜야 한다.

(7) 터널공사로 인하여 환경 피해 및 생태계 변화가 우려되는 구간에는 발파진동 및 소음, 지하수위 등의 환경영향 관련 계측계획을 수립하여야 한다.

가. 개요

일상계측이 시공관리 차원에서 중요한 의미를 갖는 반면에 정밀계측은 시공관리 이외에 터널시공으로 인해 미치게 되는 주변의 영향 및 일상계측으로는 파악하기 힘든 경우에 일상계측에 추가해서 설치하고 분석하는 항목에 대해 시행하는 계측으로서 필요에 따라 다양한 계측항목을 선택 조합하여 적합한 위치에 배치하여야 한다.

정밀계측이 수행되어야 하는 대표적인 경우는 팽창성지반, 함수미고결지반, 토피가 작고 풍화된 지반 등의 특수지반을 통과하는 경우, 일반구간과 구조적으로 다른 단면 확폭부와 접속부 등의 구간, 지표 및 지중에 건축물이나 지하통로 등의 시설이 존재하는 구간 등은 해당 구간의 특성을 고려하여 항목을 선정해야 한다.

계측항목의 선정 예를 간단히 살펴보면, 팽창성지반의 경우 일상적인 계측 이외에 측벽부지반 내부의 지중변위 발생경향을 파악하여야 효과적인 록볼트의 타설길이를 예측할 수 있다. 만약 변위는 발생하는데 록볼트의 축력이 기대 이하로 작게 나온다면 록볼트가 이완영역보다 짧아 강체변위를 하기 때문으로 추정해볼 수 있다. 따라서 이와 함께 록볼트 및 강지보재의 변위와 축력 등의 부재력을 측정하여 비교함으로써 이완영역에 대한 매달기 효과와 봉압효과가 발현되는지, 지보강성은 적합한지, 향후 굴착진행에 따라서 지보기능 유지가 가능한지에 대한 기본정보를 활용할 수 있다. 일반적인 정밀계측 항목은 다음과 같은 것들이 있으며 〈해설그림 9.3.2〉는 정밀계측 항목의 일반적인 계측기 배치사례를 보여준다.

 1) 지중변위 측정.
 2) 록볼트축력 측정.
 3) 라이닝응력 측정(숏크리트 및 콘크리트라이닝).
 4) 지중침하 측정.
 5) 터널 내 탄성파속도 측정.
 6) 강지보재응력 측정.
 7) 지반의 팽창성 측정.
 8) 지중 수평변위 측정.
 9) 지반진동 측정.

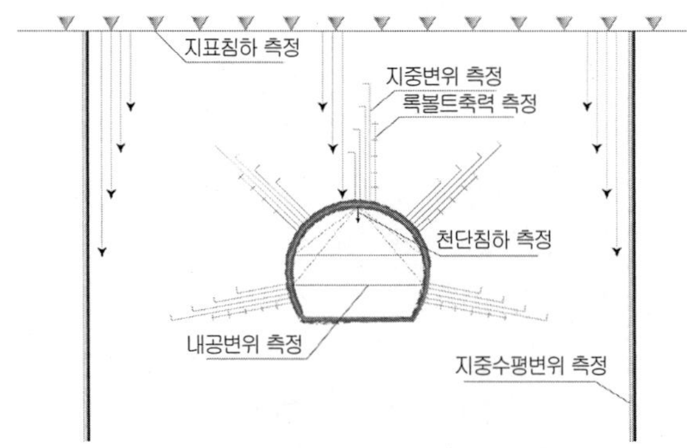

〈해설그림 9.3.2〉 계측기 배치 예(정밀계측)

나. 터널 내의 정밀계측

  1) 지중변위 측정

   굴착에 따른 터널반경방향의 지반 내 변위를 측정하여 이완 형태를 파악하고 주지보재의 적부를 판단하는 정보로 활용할 수 있다.. 일반적으로 심도별 지중변위 분포와 록볼트축력 상태 등으로 볼트의 길이가 적당한가를 판단하지만 숏크리트만으로 주지보재가 되면 숏크리트에 작용하는 배면지반압도 추정할 수 있다.

  2) 록볼트축력 측정

   전면 접착식 록볼트는 설치 초기에 응력이 없는 상태이며, 이후 지반의 거동에 의해 응력이 발생한다. 이 응력으로부터 축력의 크기와 분포를 구하여 설계형식, 피치 등의 타당성을 검토하는 데에 이용한다. 허용축력을 초과하는 축력이 발생하는 경우에는 증설 등의 대책을 강구할 필요가 있다. 인장록볼트는 설치 당초에 장력을 도입하지만 그 후 발파진동 등에 의한 장력변화가 있으므로 축력을 측정 관리할 필요가 있다.

  3) 숏크리트응력 측정

   숏크리트는 주변지반을 밀착 피복하고 있어서 주변지반의 거동에 민감하게 반응하는 부재이다. 따라서 숏크리트의 응력 상태나 균열발생 상황을 파악하는 것은 터널의 안정을 도모하는 데에 중요하다.

   터널주변 지반으로부터 숏크리트에 작용하는 배면토압과 숏크리트 내에 발생하는 응력을 매설된 계기에 의해 직접 측정하는 방법을 주로 사용하고 있으며, 일반적으로 터널라이닝의 수직, 수평방향을 모두 설치하는 것을 기본으로 한다.

  4) 콘크리트라이닝 응력 측정

   콘크리트라이닝은 주지보재에 의해 터널이 안정 상태에 도달된 후에 타설하는 것이 원칙이다. 그러나 지반 상태와 시공조건에 따라서 주지보재만으로 안정시키는 것이 반드시 기술적, 경제적으로 최선의 방법이 아닌 경우도 있을 수 있다. 이 경우에는 콘크리트라이닝을 타설한 후 콘크리트라이닝의 계측을 행하여 그 안전성을 확인할 필요가 있다.

   계기배치는 라이닝 전체의 거동을 파악할 수 있도록 원주방향에 일정한 간격으로 중립축의 내외 측에 배열한다.

다. 지중침하계측

   지중침하 측정은 지중변위 측정과 같이 터널주변 지반의 이완영역을 파악하거나 터널천단 부근의 선행침하(막장 통과 전에 발생한 침하)를 파악하기 위해 주로 시행된다.

   한편, 지중변위 측정이 주로 터널 내로부터 행해지는 것에 비하여, 이 측정은 터널 내 작업에 지장을 주는 일이 없고 터널 외부에서 실시되는 점이 큰 이점이다. 측정법으로는 연통관식 침하계, 층별침하계, 지중침하계 등을 이용하여 전기적·기계적으로 구하는 방법과 수준측량에 의한 방법이 있다.

> 9.3.5 설계자는 계측의 허용오차, 계측기기의 정도, 내구성, 설치시기, 측정기간 및 빈도, 계측기의 유지관리, 계측결과의 정리 및 분석방안, 계측관리기준치 등 계측기기 선정, 계측수행 및 분석에 필요한 제반사항을 포함한 공사시방서를 작성하여야 한다.
>
> 9.3.6 터널시공이 인접구조물에 영향을 미칠 가능성이 높은 경우, 특수한 구조의 터널, 산사태나 지반거동의 가능성이 있을 경우, 지하수위와 지질학적인 문제 예상지역 등 터널완공 후 주변여건 및 지반조건상 터널 및 주변에 악영향이 예상되는 경우에는 준공 후 유지관리 시의 안전성 확보를 위한 유지관리계측계획을 수립하여야 한다.

❖ 해설 ❖

유지관리계측의 위치는 구조물의 구조적, 재료적 취약부나 큰 외력 및 내부응력 변화가 예상되는 곳, 또는 지장물이 근접하여 있거나 주변지반이 열악한 구간 등을 사전에 조사, 분석하여 선정하는 것이 바람직하나 유지관리터널의 길이가 500m를 넘는 경우는 이러한 문제 구간 외에 일반구간도 계측에 포함시켜 계측을 수행하여 터널의 전체적인 안전성을 관리해나가는 것이 바람직하다.

그러나 이러한 유지관리 계측에 있어서 반드시 고려되어야 할 사항으로 계측기를 시공 중 계측기를 유지관리계측으로 활용할 것인가, 또는 준공 후 별도의 유지관리 계측기를 설치하여 할 것인가를 유지관리계측 수립 시 명확하게 해주어야 한다. 시공 중 계측기를 유지관리계측으로 활용한다면 시공 중 계측선정 및 설치 시 내구성과 설치위치, 계측자료 처리방법에 대하여 명확하게 해주어야 한다(우종태, 2006).

■ 참고문헌 ■

1. 김승렬(2004), 도시철도기술자료집(3) 『터널』, 서울특별시 지하철건설본부
1. 우종태(2006), 『터널계측의 이론과 실무』, 구미서관
2. 임한욱·김치환 (2003), 『터널공학』, 구미서관
3. 한국터널공학회(2004), 터널공학시리즈 1 『터널의 이론과 실무』, 구미서관

10 갱구부

10 갱구부

10.1 설계일반

10.1.1 갱구부는 일반적으로 갱문구조물 배면으로부터 터널길이의 방향으로 터널직경의 1~2배 정도의 범위 또는 터널직경 1.5배 이상의 토피가 확보되는 범위까지로 정의함을 원칙으로 한다. 단, 원지반조건이 양호한 암반층 또는 붕적층, 충적층 등의 미고결층에서는 별도의 구간을 갱구 범위로 정의할 수 있다.

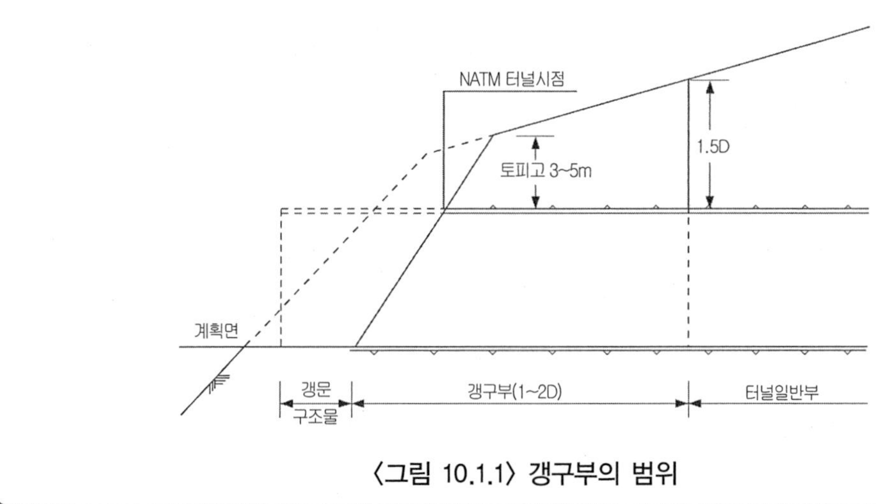

〈그림 10.1.1〉 갱구부의 범위

:: 해설 ::

터널의 일반부는 주로 지반조건, 지질구조, 지하수 등 원지반 내부의 조건에 따라 그 거동이 지배되는데 반해, 갱구부의 터널거동은 지형, 기상 등의 외적 조건에 의해서도 지배된다. 따라서, 갱구부는 터널의 일반부와는 달리 특별한 구조와 시공법이 필요한 곳이다.

각 터널에 따라 지형, 지반조건 및 노선의 위치 등 설계조건이 다르기 때문에 갱구부의 범위를 명확하게 나타낸다는 것은 곤란하나 터널시공이 비탈면이나 지표면에 영향을 미칠 가능성이 있는 범위를 갱구부라 칭하기로 하고 설계의 합리화, 단순화를 위해 다음의 범위를 갱구부로 정의한다.

보통의 갱구부는 갱문 배면에서 터널 내의 지반아치의 형성이 가능한 1D~2D(D는 터널직경) 정도의 토피가 확보되는 범위를 말한다. 위의 그림에서 보듯이 갱구부의 범위를 갱문 구조물에서 1D~2D에 해당되는 거리와 터널상부 토피 1.5D가 확보되는 범위에서 설계자가 지형, 지반의 조건을 고려하여 갱구부를 정의하도록 한다.

원지반조건이 아주 양호한 암반이거나 지반조건이 불량할 경우 기타 갱구가 위치한 지형 여건에 따라 별도로 갱구부의 범위를 축소하거나 연장시킬 수 있다.

도시철도터널과 같은 도심지에 건설되는 천층터널의 경우 위에서 정의한 갱구의 범위와는 달리 정의할 수 있다. 도심지 천층터널은 일반터널에 비하여 낮은 심도, 불량한 지반, 그리고 복합지반으로 구성되어 있어 갱문 구조물에서의 거리와 토피확보 개념에서의 갱구부 범위를 정하는 것은 불합리하다. 갱구부를 정의하는 가장 근본적인 목적인 갱구부 범위 내 설계 및 시공 시 면밀한 검토를 통하여 갱구부의 안정을 추구한다는 의미에서 도심지 천층터널은 그러한 특성에 따라 충분한 고려를 하게 되므로 산악터널과는 구분된다. 그러나 도시철도터널의 갱구부도 토피는 변하지 않으나 기하형상이 3차원적 응력집중이 발생하므로 별도의 보강이 필요하다.

> 10.1.2 갱구부는 일반부와는 달리 지형, 기상, 입지조건, 근접시설물 등의 외적 조건 등을 고려하여 구조 및 시공방법을 선정하여야 한다.

❖❖ 해설 ❖❖

갱구부의 설계에는 지형 및 기상 등 자연조건 이외에도 주로 토피가 작은 터널 위에 철탑, 묘지, 주택, 도로 등의 시설물이 위치하는 등의 인공구조물의 영향을 고려하여야 한다. 따라서 갱구부의 설계에서는 터널의 시공이 이들에 미치는 영향을 파악하고 특수한 시공법의 채택, 대상 구조물의 보강 등 필요에 따라서는 환경보전상의 대책을 고려하여야 한다.

갱구부의 시공에서 기본적인 것은 안정한 원지반을 가능한 한 이완시키지 않는 방법으로 굴착하는 것이다. 부득이하게 안정성이 염려되는 지반에 갱구를 시공할 때는 보조공법 등을 적용하여 원지반을 우선 안정시킬 수 있도록 하여야 한다. 또한 사전설계가 모든 조건을 만족시킬 수는 없으므로 예측하지 못한 현상의 발생에 대해 정확한 대책을 강구할 수 있도록 갱구부 관측 체제를 충분히 계획하여야 한다.

> 10.1.3 갱구부설계 시에는 다음 사항들을 검토하여 안정성을 확보하고 환경훼손을 최소화할 수 있도록 하여야 한다.
> (1) 갱구의 위치 및 설치방법.

(2) 갱구부로 시공되는 범위.

(3) 갱구부의 굴착공법, 지보구조, 보조공법과 콘크리트라이닝의 구조.

(4) 갱구비탈면의 안정검토와 필요한 비탈면 보호 및 안정공법.

(5) 갱구비탈면의 지표수 및 지하수 배수대책.

(6) 기상재해의 가능성과 필요한 대책공법.

(7) 지표침하 등 갱구주변의 구조물에 미치는 영향.

:: 해설 ::

갱구부설계 시에는 갱구부의 안정성을 충분히 확보하고 환경훼손을 최소화하기 위한 노력을 기울여야 하며 이에 대한 설계 시 세부사항에 대하여는 10.2절을 참조한다(건설교통부, 2004).

10.2 갱구부의 설계

10.2.1 갱구부의 위치는 지형이나 기상의 영향을 크게 받으므로 지형과 터널 중심축선과의 위치관계에서 다음 특성을 고려하여야 한다.

(1) 터널중심축선은 지형비탈면과 가급적 직교하도록 하여야 하며, 이 경우 비탈면 하단보다 상부지역에 갱구부가 계획될 때에는 공사용 진입로를 확보하도록 하여야 하고, 인접구조물과의 관계 등도 고려하여야 한다.

(2) 갱구부는 갱구부 깎기 최소화를 위하여 특수한 지형 및 지질조건을 제외하고는 갱구부 상단토피 3~5m 또는 암토피고 1~2m 확보되는 지점에 갱구부를 형성하는 것을 표준으로 한다.

(3) 터널 중심축선이 지형비탈면에 대하여 사각으로 진입하는 경우에는 비대칭의 깎기비탈면이나 갱문이 형성되게 되므로 횡방향 토피확보 여부와 편압에 대한 검토를 하여야 한다.

(4) 터널중심축선과 지형비탈면이 평행한 경우는 가급적 피해야 하며, 골짜기 쪽의 토피가 극단적으로 얇아질 경우가 있으므로 전구간에 걸쳐 편압에 대한 검토와 이에 대한 대책을 수립하여야 한다.

(5) 골짜기에는 일반적으로 지질구조대가 발달하여 있고 지표수 유입과 지하수위가 높을 경우가 많으므로 터널중심축선이 골짜기로 진입하는 경우는 최대한 피하여야 한다. 부득이하게 계획되었을 경우는 수리·수문학적인 검토를 하여 지표수와 갱문배면의 침투수가 원활하게 배수처리되도록 하여야 하며, 낙석, 산사태, 눈사태 등의 자연재해 발생가능성에 대비하여야 한다.

∷ 해설 ∷

갱구부는 위치에 따라 지형이나 기상의 영향을 크게 받는다. 특히 지형과 터널중심축선과의 위치관계에 따라 여러 가지 설계조건이 발생하므로 다음과 같이 그 특성을 고려하여 위치를 선정하여야 한다(건설교통부, 2007).

가. 터널중심축선과 지형과의 위치관계

1) 비탈면 직교형

가장 이상적인 터널축선과 비탈면의 위치관계이다. 노선선정상의 제약을 받아 직교하기가 어려울 경우 터널축선과 비탈면의 등고선과는 가능한 큰 각도로 교차하도록 계획하도록 한다.

2) 비탈면 경사교차형

터널축선이 비탈면에 대해 비스듬하게 진입하기 때문에 비대칭의 절취비탈면이나 갱문이 될 때가 있고, 지반의 변형성이 큰 경우는 편압이 작용할 때가 있다. 따라서 편압 및 횡방향 토피확보 여부에 대한 검토가 필요하다.

3) 비탈면 평행형

경사교차가 극단적일 때이며 긴 구간에 걸쳐 골짜기 쪽의 토피가 매우 얇아질 때가 있어 편압에 대해 특별한 배려가 필요하게 된다. 이 경우는 문제가 생길 때가 많아 될수록 피해야 할 위치관계이다.

4) 능선 평행형

터널 양측면의 토피가 극단적으로 얇아질 때가 있어 횡단면의 검토가 요구된다. 암선이 좌우비대칭일 경우가 많고 암선이 깊게 될 경우가 많기 때문에 지반조사를 철저히 하여야 한다. 선형상으로는 갱구부의 굴착량이 최소가 되어 경제적이며 지반상 문제가 없다면 바람직한 위치관계이다.

5) 골짜기 진입형

일반적으로 골짜기에는 지질구조대가 발달하고 있어 애추(talus) 등 미고결퇴적층이 두텁게 분포하고 있고 지표수가 유입되거나 지하수위가 높을 때가 많다. 또한 토석류, 눈사태 등의 자연재해가 발생하기 쉬운 위치관계이다. 부득이하게 계획되었을 경우는 지표수 배수처리를 각별히 고려하여야 하며 낙석, 산사태, 눈사태 등의 자연재해 발생 가능성에 대비하여야 한다.

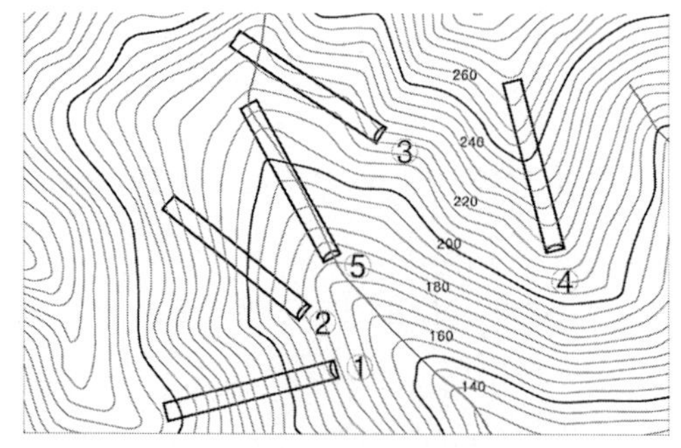

〈해설그림 10.2.1〉 터널중심축선과 지형과의 관계

나. 갱구위치와 토피와의 관계

  1) 갱구토피 기준

   갱구위치 결정 시 토피는 갱구부 상단토피 최소 3~5m, 암토피고 1~2m 정도를 확보하여 설치하는 것을 표준으로 한다. 갱구위치 결정을 위한 상부토피 또는 암토피 기준은 갱구설치에 따른 비탈면의 절취 등 자연 환경훼손을 최소화하기 위한 최소한의 기준을 의미한다. 경제성과 안정성을 고려하여 현장에 적정한 토피고를 정하여야 한다.

  2) 갱구의 안전과 토피

   갱구 설치를 위한 절취면의 안정이나 터널의 안정성이 확보되지 않은 상태에서의 최소 토피기준 적용은 무의미하며 특히 암토피기준의 경우 풍화도, 불연속면의 방향성 등 현지암반의 상태를 충분하게 고려할 필요가 있다. 필요시 깎기면을 숏크리트나 록볼트로 보강하여 비탈면의 충분한 안정성을 확보하여야 하며, 갱구부 안정을 위한 Pipe Roof 등과 같은 보강공법을 적극적으로 활용하여 갱구부의 안정과 환경훼손 최소화의 효과를 동시에 만족하도록 계획하여야 한다.

다. 편압에 대한 검토

 1) 갱구부가 비탈면에 위치하는 경우 일반 터널구간까지 편압의 영향이 미칠 수 있으므로 편압에 대한 영향성을 검토하여 지보재의 추가 설치 등 별도의 대책을 수립하여야 한다.

 2) 앞에서 설명한 바와 같이 터널중심축선이 비탈면과 평행한 경우 편측의 토피가 극단적으로 얇아질 수 있다. 이 경우 10.2.10절을 참조한다.

라. 골짜기 진입형 갱구부 설치 시 검토사항

 1) 터널구간의 노선선정 시 계곡부와의 경합은 가능한 한 피하도록 하여야 한다.

 2) 계곡부는 지질구조대가 발달한 상태로 기반암의 심도가 깊으며 지표수와 지하수가 집중 유입되는 경우가 많으므로 주의하여야 한다.

 3) 부득이 계곡부에 위치하는 경우 수리·수문학적 검토를 충분히 하여 유입수를 완전하게 배제시킬 수 있는 배수공을 계획하여야 한다.

 4) 계곡부는 시공이 완료된 후에 입·출구부 절취비탈면은 장기간 풍화, 동결융해, 집중호우로 인한 비탈면붕괴 및 균열로 낙석이 발생하여 주행차량의 안전사고 우려와 비탈면붕괴 시 유지보수의 어려움이 매우 크므로 면벽식인 경우 낙석방지책, 파라펫트와 같은 보호시설물 설치를 검토하여야 한다.

> 10.2.2 갱구의 위치는 깎기비탈면의 안정과 자연지형 보존을 위하여 깎기를 최소화할 수 있는 위치로 선정하여야 하며, 갱구위치별 깎기량에 대한 경제성, 시공성, 경관성, 환경영향 등을 비교 검토하여야 한다.

❖ 해설 ❖

갱구의 위치는 지형 및 지질여건이 허락하는 한 비탈면의 깎기면적이 최소화되도록 계획하여야 한다. 불가피하게 급경사 지형에 갱구가 위치하거나 지형경사와 평행하게 갱구가 형성되어 비탈면의 깎기가 과다해질 염려가 있는 경우, 갱구 안정성 등을 고려하여 적극적인 보강계획을 수립하여 깎기가 최소화되도록 하여야 한다(건설교통부, 2004).

> 10.2.3 갱구부의 설계에 있어서는 비탈면의 안정성, 지반의 지내력, 터널중심축선과 비탈면의 관계, 갱구비탈면 깎기 및 터널의 안정성 등을 검토하여야 한다.

❖ 해설 ❖

터널이 굴착되는 갱구하부의 깎기경사는 갱구설치부의 시공성과 원지반조건에 따르나 시공성 측면에서 급경사로 하는 것이 바람직하다. 그러기 위해서는 필요에 따라 비탈면 숏크리트나 록볼트에 의한 비탈면 보강도 고려하여 적극적으로 비탈면의 안정화를 기하여야 한다.

일반적으로는 터널굴착의 시공성을 고려하여 갱구하부 경사는 1:0.3~1:0.5로 하고 있다. 갱구부 비탈면이 양호한 암질이고 적당한 비탈면 경사로 놓여 있을 때는 그 비탈면에 직접 갱구를 만들 수가 있다. 터널축선이 갱구비탈면에 비스듬히 교차하고 불안정한 원지반 상태에 있을 때는 성토를 미리 시행하고 비탈면의 안정을 도모한 후 터널굴착을 할 수 있다.

설계 시에는 『건설공사 비탈면 설계기준』을 참조로 하여 갱구상황에 맞는 비탈면의 절취계획, 보강계획을 수립하여야 한다(건설교통부, 2007 ; 한국암반공학회, 2007).

가. 갱구비탈면 안정검토

일반적으로 깎기비탈면의 경우 토층이 균질하다는 가정 하에 안정해석이 이루어지고 있으나, 암반비탈면의 경우 불연속면의 조건에 따라 비탈면의 안정성 여부가 결정된다. 따라서 암반구간과 토사 및 풍화암 구간을 구분하여 비탈면 안정검토를 실시하여야 하며 특히, 암반비탈면 해석 시는 암반절리와 절리면의 협재물의 상태를 감안한 절리면의 강도정수를 산정하여 해석에 사용하여야 한다.

1) 토층 및 풍화암 비탈면 안정해석

지반을 연속체로 가정하여 한계평형해석법을 이용하여, 건기 시와 우기 시, 필요한 경우 지진 시로 구분하여 안정검토를 실시한다.

2) 암반비탈면 안정해석

① 1차 해석

현장 노출암에 대한 지표지질조사 및 시추조사의 암반불연속면을 고려한 평사투영 해석에 의해 평면, 쐐기 및 전도파괴에 대한 개략적인 안정성 평가를 수행한다.

② 2차 해석

1차 해석 결과 파괴가능성 내지 잠재적 파괴가능성을 가진 비탈면에 대하여 2차 해석을 통하여 안전율을 산출한다. 2차 해석은 파괴면을 가정한 한계평형식에 의한 해석, 쐐기파괴 해석프로그램 및 기타 불연속면을 고려한 해석프로그램을 이용하여 실시하며, 2차 해석결과 안전율이 허용안전율에 미치지 못할 경우는 비탈면경사를 조정하거나 보강대책을 수립해야 한다.

3) 설계단계에서의 안정성 검토의 한계

설계단계에서는 갱구부 노출암반의 부족 등으로 지하 지반 상태에 대한 자료조사와 수집에 한계가 있으므로, 시공단계에서 비탈면 절개 후 노출면 지질조사를 실시, 현장지반 상태를 고려한 정밀한 비탈면 안정검토가 필요하며 이에 따라 깎기비탈면 경사 및 보강방법에 대한 재검토가 강구되어야 한다.

나. 갱구부터널의 안정검토

갱구부터널의 경우 일반적으로 지층의 변화가 심하고 낮은 토피 등으로 인하여 지반아치효과를 기대하기 어려운 경우가 발생하므로 이를 고려한 터널구간의 안정성 검토가 필요하다.

이 경우 갱구부 3차원적 지반 상태를 고려한 해석이 가능한 3차원 안정성 해석을 이용하여 갱구부의 안정성을 검토하여야 한다. 또한 터널 갱구의 암반 상태가 불량한 구간에 위치하는 경우 개착터널의 지내력에 대한 검토를 하여야 하며 필요한 경우 보강대책을 수립하여야 한다.

> 10.2.4 갱구비탈면의 기울기는 지반조건에 따라 적절히 선정하여야 하며, 필요시 비탈면 안정성 확보를 위하여 표면보호공법과 활동방지대책 등의 적절한 보강공법을 적용하여야 한다.

∷ 해설 ∷

갱구비탈면의 붕괴를 효과적으로 방지하기 위해서는 설계 시 대상 지역의 지질학적, 지형학적 및 암반공학적 특성을 충분히 검토하여 적절한 대책을 수립하여야 한다(한국암반공학회, 2007).

가. 갱구비탈면의 기울기 선정

1) 설계단계에서 민원발생 등 현장접근 불가로 인하여 조사를 수행하지 못하거나 제한된 조사수량으로 인하여 깎기지반의 정보를 정확히 알아내기 불가능하여 비탈면의 기울기를 결정하기가 매우 어려울 수 있다. 이러한 경우에는 조사단계에서 지질현황 및 인근의 깎기비탈면이나 토질 상태를 참조하고 표준경사를 이용하여 깎기비탈면의 기울기를 잠정적으로 결정하고 시공단계에서 보완조사를 통하여 비탈면 기울기를 결정할 수 있도록 해야 한다.

2) 시공단계에서는 설계단계의 조사결과와 차이가 많이 발생한 상황 또는 설계단계에서 고려하지 못한 상황들이 나타나는 경우가 종종 있을 수 있다. 이 경우 비탈면을 굴착한 상태에서 깎기면 현황도(face map)를 작성하거나 보완조사를 실시하여야 한다. 조사된 내용을 근거로 위험발생 예상구간이나 장기적으로 발생

가능한 문제점을 충분히 검토하여 비탈면 경사를 재설정하거나 부분적인 보완을 실시해야 한다. 설계자는 시공단계에서 이러한 사항들이 반영될 수 있도록 시방서에 명기하여야 한다.

3) 깎기비탈면의 기울기는 지반조건에 따라『건설공사 비탈면 설계기준』의 깎기비탈면 표준경사 및 소단기준에 의하여 적용한다.

4) 연암 이상 암반비탈면의 경사는 암반 내에 발달하는 단층 및 주요 불연속면의 경사 및 방향을 이용한 평사투영 해석을 실시하고 발생 가능한 파괴형태에 대한 안정해석을 실시하여 비탈면의 경사를 결정한다.

5) 깎기비탈면의 높이가 10m 이상인 비탈면에서는 비탈면 유지관리를 위한 점검, 배수시설의 설치공간으로 활용하기 위하여 원칙적으로 소단을 설치하며, 비탈면 중간에 5~20m 높이마다 폭 1~3m의 소단을 설치한다. 장비진입 등과 같은 작업공간의 확보가 필요한 경우에는 소단폭을 여건에 맞게 조정할 수 있다.

나. 비탈면안정대책공법 수립 시 고려사항

1) 토사와 암반, 구성 암종에 따라 붕괴유형이 상이하므로 구성지반의 지질특성을 고려하여 보강공법을 선정한다.

2) 깎기비탈면의 보강시기에 대하여 검토하여야 한다. 특히 경시적 변화에 따른 비탈면 붕괴를 미연에 방지하는 공법, 비탈면 붕괴가 진행 중의 대책공법, 붕괴가 발생한 후의 처리공법으로 구분하여 적용하되 설계단계에서는 대책공법의 내구성과 경제성, 환경성 등을 종합적으로 검토한다.

3) 깎기비탈면의 기울기와 높이, 지하수 및 기후조건 등과 비탈면 주변에 도로, 철도 등 구조물 시설과 가옥 등의 영향을 종합적으로 감안하도록 한다.

다. 대책공법의 종류

비탈면에 대한 대책공법에는 비탈면 안전율이 확보되어 있는 경우 안전율이 감소되지 않게 하는 비탈면보호공법(안전율유지법)과 비탈면안전율이 확보되지 않는 경우에 안전율이 확보되도록 하는 비탈면보강공법(안전율증가법)으로 구분할 수 있다. 전자는 현재의 비탈면의 안전성은 확보되어 있으나 우수의 침투, 세굴 등에 의하여 비탈면 안전율이 감소되는 것을 방지하기 위하여 적용되는 공법을 말하며, 후자는 비탈면 안정성이 확보되지 않은 비탈면을 보강하여 안전율을 높이는 공법을 말한다. 다음의 〈해설표 10.2.1〉은 비탈면안정화공법을 분류한 것이다.

〈해설표 10.2.1〉 비탈면안정공법의 분류

비탈면보호공법(안전율유지법)		비탈면보강공법(안전율증가법)	
물리역학적 방법	생물화학적 방법	활동력감소법	저항력증가법
• 배수공법 • 블록공법	• 피복공법 • 표층안정공법	• 경사완화공법 • 압성토공법	• 억지말뚝공법 • 앵커공법 • Nail공법 • 록볼트공법 • 옹벽공법

> 10.2.5 갱구부는 일반적으로 지반의 강도와 고결도가 낮은 경우가 많고 암반층에서도 균열발달이 심한 경우가 많으므로 지반의 자체 지보력 확보를 위하여 보다 적극적인 보강공법을 적용하여야 하며, 동일 지반조건에서의 일반 구간보다 안전한 굴착공법과 지보패턴의 적용을 검토하여야 한다.

●● 해설 ●●

가. 터널 갱구부를 설계할 때는 아래와 같은 이유 때문에 터널 일반부와는 달리 가능한 한 안전한 지보구조가 되도록 설계한다.

1) 갱구부는 토피가 작아 적당한 지반아치가 형성되기 힘들다.

2) 원지반이 갖는 강도를 효과적으로 이용하기가 힘들다.

3) 전 토피하중이 지보재나 콘크리트라이닝에 토압으로 작용할 때도 있으며, 토압의 작용방향은 터널축방향과 횡단방향에 월등하나 일정치가 않다.

4) 간혹 지진피해에 취약하다.

나. 굴착공법

터널 갱구부의 굴착공법은 상·하반 분할굴착으로 하여도 원지반조건에 따라서는 상반의 지내력이 부족하므로 침하하거나 터널의 안정이나 원지반의 안정을 손상시키기가 쉬우며, 지형상 편압이 심하게 작용할 때는 상반굴착 시 대응이 곤란하므로, 토압에 저항할 수 있는 터널구조로 하고 링컷굴착공법, 선진도갱굴착공법, 연직분할굴착공법을 사용하며 문제가 발생할 수 있는 원지반조건의 예는 다음과 같다.

1) 경사교차 비탈면이며 편압 지형일 때.

2) 애추층이 두껍고 고결도가 낮을 때.

3) 지지지반이 심한 연약지반일 때.

다. 터널의 지보패턴은 터널의 원지반조건, 시공법, 시공순서, 지보의 목적을 고려하여 숏크리트, 록볼트, 강지보재를 단독 혹은 병합하여 설계하는 것이 일반적이다. 그러나 갱구부에서는 원지반 거동이 터널 일반부에 비하여 지형, 기상조건이 악화되고 지표면 침하 억제 등의 환경보존상 제약도 가해질 때가 있다. 따라서 갱구부의 기본적인 지보구조와 더불어 갱구특성에 맞추어서 지반의 자체 지보력 확보를 위하여 적절한 보조공법을 사용하여 설계하는 것을 원칙으로 한다. 갱구부 지보패턴은 비탈면 붕괴나 지표면 침하의 원인이 되는 지내력의 크기, 편압의 정도, 막장 천단의 붕괴 가능성, 지하수의 영향을 충분히 검토하여 선정하여야 한다.

라. 갱구부는 일반적으로 원지반의 안정도가 낮고 터널굴착에 따라 그 안정을 잃을 때가 있으므로 보통의 지보구조로는 터널의 안정을 확보하기가 곤란할 때나 시공의 안정에 지장을 줄 염려가 있을 때에는 지반 자체의 지보력 확보를 위하여 보조공법의 적용을 고려할 필요가 있다. 보조공법은 그 사용목적에 따라 다음과 같이 여러 가지가 있으므로 적용에 있어서는 사용목적, 경제성, 시공성을 충분히 검토하여 채택하여야 한다.

〈해설표 10.2.2〉 갱구부 지보구조설계 시 예상되는 문제점과 보조공법

주요대책＼문제점	사면 활동	지표 침하	막장 붕괴	편토압	지지력부족	기타
비탈면보호공	○					
옹벽	○			○	○	
깎기, 압성토	○			○		
수직볼트	○			○		
앵커공	○					
배수공(지표, 터널 내)	○		○			
지반주입(지표, 터널 내)	○		○		○	
막장안정대책		○	○			
임시폐합(가인버트)		○	○		○	

> 10.2.6 토피가 얇고, 지반 자체의 지보력 형성이 어려울 것으로 예상되는 경우에는 상재된 전토피 하중이 지보재로의 작용여부를 검토하여야 한다.

⁞⁞ 해설 ⁞⁞

토피가 얇아서 지반 자체의 지보력 형성이 어려울 것으로 예상되는 저토피 구간의 경우는 상재된 토피하중이 지보재로 전달될 수 있으므로 이에 대한 검토가 필요하다. 다만 터널의 갱구가 형성되는 지점에서는 이 경우 대부분 개착터널 형성이 가능하므로 가시설 등을 이용하여 주변지형의 영향을 최소화하는 등의 조치를 수립한 후 개착터널로 계획할 수 있다. 부득이 개착터널 적용이 곤란한 경우 주변지반의 지보력을 확보하기 위하여 지반보강공법의 적용을 검토하도록 하며, 지반보강공법과 더불어 지반아치 형성이 가능하도록 적절한 천단보강공법을 추가적으로 시공하여야 한다.

저토피부의 터널굴착 이후 콘크리트라이닝 계획 시 주변지반의 이완영역을 고려한 토피하중을 감안한 설계가 필요하며 지진의 영향을 고려한 동적 안정성 검토도 필요하다. 이완 하중고는 과거 경험식에 의한 방법, 이론식에 의한 방법, 해석적 방법에 의하여 결정할 수 있다.

> 10.2.7 갱구부는 누수, 결빙 등이 발생하기 쉽기 때문에 적절한 방수 및 배수조치를 하여야 하며, 갱구부에 작용하는 하중 및 기상조건에 따른 영향을 고려하여 콘크리트라이닝의 철근보강 여부, 동상방지층, 제설시스템 및 방설시설의 적용여부를 검토하여야 한다.

∷ 해설 ∷

가. 갱구부의 방수·배수설계

　1) 갱구부는 개착터널과 일반터널이 접속되는 지점이므로 방수공법의 상이에 의하여 접합부에서의 누수가 발생하기 쉽고 배수시스템이 연결되는 등 설계 및 시공과정에서 면밀한 검토가 필요하게 된다.

　2) 방·배수 공법의 부적절한 계획으로 인하여 갱구부의 노면으로 지하수가 누수되는 경우 노면이 습윤 상태를 유지하므로 제동거리가 증가하여 사고발생의 우려가 있으며 동절기 결빙에 의한 위험도가 증가하게 된다.

　3) 그러므로 터널 내 발생수의 원활한 처리를 위한 배수시스템을 확보하고 적절한 방수공법과 접속부 처리가 요구된다. 또한 동절기 기온이 낮은 지역(일반적으로 동결지수가 700℃·일 이상인 지역)은 단열재, 열선 등의 동결방지대책 적용을 검토한다.

나. 갱구부의 콘크리트라이닝 설계

　　갱구부의 콘크리트라이닝 설계 시는 터널 내·외간 온도차를 고려하며 상세 내용은 '제6장 콘크리트라이닝의 설계'를 참조한다.

다. 동상방지층

　1) 갱구부 동상방지층의 설치는 현지의 기후 및 현장 여건을 고려하여 설치여부 및 설치연장을 검토한다.

　2) 출구부 동상방지층의 설치를 검토할 때에는, 동절기에도 터널 내부에는 영상의 기온을 유지하고 있으며 주행하는 차량에 의하여 영상의 기온이 터널 출구부까지 영향을 미치므로 출구부의 동상발생 가능성이 낮은 점을 감안하여야 한다.

　3) 대면교통 단선터널의 경우 입·출구부 모두 외기를 유입하므로 일정구간 터널온도가 하강하여 동결가능성이 높으므로 양측 모두 설치를 고려한다.

라. 제설시스템 및 방설시설

　1) 터널 입출구부의 제설 및 방설시설에 대하여는 면밀한 검토를 하여야 한다. 터널 갱구부가 누수나 강설에 의하여 결빙되는 경우 터널에서 진출입하는 차량은 갑작스런 미끄럼 지역의 출현으로 급회전 또는 급차로 변경, 급제동으로 인하여 매우 위험한 상태가 발생할 수 있다. 이에 따른 위험성을 감소시키기 위하여 터널 입출구부는 신속한 제설·방설시설이 필요하다.

　2) 제설 및 방설을 위한 방법에는 터널 입출구부 제설시설을 구축하는 방법과 제빙액 또는 제빙물질을 인력 또는 기계로 포설하는 방법이 있다. 후자의 경우 도로관리기관에서 터널 입출구부의 상태를 파악한 후 제빙액을 탑재한 차량이 결빙지역을 순회하면서 제빙액이나 염화칼슘 등을 신속히 포설하여 결빙요소를 제거하는 방법으로 초기설치비의 과도한 투자를 줄일 수 있다는 장점이 있으나 결빙 상태 파악이 늦어지는 경우 초기대응의 지연이라는 취약성을 가지고 있다.

　3) 최근 도로이용자의 안전을 최우선하는 목표로 제빙 및 방설시설을 위험발생 예상구간(터널 입출구부, 교량부 등)에 미리 설치하여 노면 상태를 자동으로 감지한 후 융설액을 살포하는 자동화된 시스템을 구축하는 예가 늘고 있다. 이 방법에는 염화물을 살포하는 방법과 포장 내 열선을 포설하여 가열에 의하여 결빙 상

태를 용융시키는 방법이 있으나 2가지 모두 과도한 초기투자비, 유지관리비의 증가 등 설치 시 고려하여야 할 요소가 많다.

10.2.8 갱구부에서는 지진영향에 대한 거동특성이 일반구간과는 다를 수 있으므로 지진하중에 의한 영향을 검토하여야 한다.

☷ 해설 ☷

'4.4 터널내진설계'에서는 지반이 취약한 터널의 갱구부 및 주요 접속부를 내진설계 대상의 구조물로 정하고 있다.

터널의 갱구부는 비탈면을 안정구배로 절토하거나 가시설을 설치하여 비탈면을 굴착한 후 터널굴착을 실시하는 구간으로서, 갱구부에 분포하는 비탈면의 영향으로 인하여 굴착 후에도 평면응력 상태가 아닌 3차원 응력 상태로 존재하기 때문에 내진을 고려한 설계를 하여야 한다(한국지반공학회, 2006).

10.2.9 갱구부 시공 시 지반이완과 비탈면 붕괴가 발생할 위험이 있는 경우에는 터널굴착에 앞서 낙석방지와 비탈면안정대책을 수립하여야 한다.

☷ 해설 ☷

갱구부 시공 시 깎기비탈면의 낙석으로 인한 작업자 및 도로 이용자의 안전을 확보하기 위하여 다음과 같은 낙석방지공법과 낙석보호공법을 계획할 수 있다.

가. 낙석방지공법 : 낙석발생이 예상되는 암편을 사전에 제거하거나 절개면에 고정시키는 공법(면정리, 록볼트, 록앵커, 숏크리트 등).

나. 낙석보호공법 : 절개면으로부터 낙하하는 암편이 도로로 유입되는 것을 방지하기 위해 도로변이나 도로시설 위에 설치하는 공법(낙석방지울타리, 낙석방지망, 낙석방지옹벽, 피암터널 등).

다. 갱구부의 비탈면 안정대책은 10.2.4절을 참조한다.

10.2.10 터널중심축선과 비탈면의 위치관계에서 3차원 거동이 예상되거나 편압이 작용되는 경우에는 터널안정성 해석 시 이에 대한 검토를 하여야 하며, 안정성이 확보되지 않는 경우에는 압성토와 깎기로서 지반압의 균형을 맞추도록 하거나 불균형의 응력발생에 대비한 보강대책을 제시하여야 한다.

❖ 해설 ❖

갱구부는 지형조건상 터널중심축선과 비탈면이 경사지거나 평행하게 위치할 때 편토압의 영향이 발생하는 경우가 많다. 그러므로 지형 및 지반조건을 감안하여 편토압 발생이 예상되는 경우 이에 대한 검토를 수행하여야 하며 편토압에 대한 대책을 수립하여야 한다.

가. 편토압 영향 구간의 설정

편토압이 발생하는 구간을 일률적으로 규정한다는 것은 불합리하다. 터널이 위치한 지역의 지형이나 지질조건, 암반 상태 등에 따라 편토압의 영향범위가 가변적으로 변화하므로, 터널설계 시에는 예비해석 등을 통하여 주변조건을 고려한 편토압 영향구간의 범위를 설정하도록 한다.

나. 편토압대책

1) 편토압 발생 억제 성토 옹벽

편토압의 영향이 현저한 경우 갱구부 주변에 옹벽을 설치하고 쌓기를 실시하여 갱구부 토압의 균형을 유지하도록 한다. 이 경우 옹벽설치 및 쌓기재료 부설에 따른 옹벽의 안정성이 확보되도록 하는 것이 중요하며 일반적으로 옹벽설치가 불가능한 경우가 많으므로 이에 대한 면밀한 검토가 필요하다.

2) 편토압 발생대비 지보재 증가

편토압이 발생되는 경우 터널 내 응력분포가 좌, 우 균형을 이루지 못하므로 이에 대한 대책의 방법으로 지보재의 추가설치를 고려한다. 이의 방법으로는 숏크리트 타설 두께 증가, 록볼트 타설 개소 수 증가, 측벽부 보강공법 설치 등의 방법 등이 있다.

3) 지반보강공법 적용

편토압 발생 구간에 대하여 지반보강공법을 적용하여 주변지반의 강성을 증가시켜 편토압 발생을 억제하는 방법이 있다.

> 10.2.11 갱구부는 지표부에 과다한 침하와 지표함몰의 가능성이 있으므로 지표부에 침하의 제한이 필요한 시설물이 있는 경우에는 이에 대한 충분한 대책을 검토하여야 하며, 필요에 따라 보강공법을 제시하여야 한다.

❖ 해설 ❖

갱구부는 일반적으로 토피가 낮고 많은 지장물이 인접한 경우가 많으므로, 터널굴착으로 인해 지상구조물의 손상을 일으킬 확률이 높다. 따라서 터널굴착으로 인한 영향이 우려되는 지상구조물에 대한 현황을 조사하고, 발생할 수 있는 피해에 대해 면밀히 검토하여 대책을 수립하여야 한다.

지표면의 침하와 지표함몰은 터널굴진면의 안정과 관련되어 있으며, 따라서 9.1.6절에 서술된 터널굴진면 안정을 위한 보조공법에 대한 내용을 참조하여 갱구부지표침하방지대책을 수립한다.

10.3 갱문의 설계

10.3.1 갱문의 위치선정에 있어서는 기상 및 자연재해에 의한 영향을 최소화할 수 있도록 갱문 배면의 지형, 지반조건, 깎기 및 비탈면의 안정성 등을 검토하여야 하며, 갱구부 주변의 유지관리 시설과의 관계와 터널 외부의 구조물형식을 고려하여야 한다.

❖ 해설 ❖

터널의 갱문은 일반적으로 갱구의 위치에 따라 결정될 때가 많다. 그러나 터널 개통 후에 낙석, 눈사태, 토석류 등의 자연 기상재해가 발생하기 쉬운 장소에 갱구를 설치할 때에는 이러한 재해와의 관계를 고려하여 갱문의 위치를 결정한다. 갱문의 위치 결정 시 고려사항은 다음과 같다.

① 갱문의 위치는 지형의 횡단면이 터널축선에 대하여 가능한 한 대칭이 되는 위치로 하고 편압을 받지 않도록 한다.

② 갱문의 위치는 늪이나 시냇물과는 교차하지 않도록 선정한다. 그러나 부득이할 때는 충분한 배수설비를 만들어 물을 처리하고 터널에 나쁜 영향을 주지 않도록 한다.

③ 또한 인접한 도로와 건물 등의 영향, 갱문에 연결되는 교량과의 위치관계 등을 고려하여 갱구의 위치를 결정하여야 한다. 교량구조물과 근접할 때의 갱문위치는 원지반조건을 고려하고 갱문 기초의 지반반력 분포범위와 교대 굴착선과의 관계를 충분히 검토하여 터널에 나쁜 영향을 주지 않도록 하여야 한다.

④ 갱문의 위치결정은 갱구부근에 계획된 관리사무소, 운영 중 오폐수 처리시설 등 장래의 유지관리 시설의 배치에 대해서도 고려한다.

이외에도 갱문부위는 시공에 있어서 불안정한 경우가 많으므로 시공방법을 충분히 검토할 필요가 있다. 또한 시공 시나 시공완료 후에 작용하는 토압, 상재하중, 지진 등의 영향을 받는 경우가 있으므로 철근 등의 보강, 인버트의 단면을 폐합하는 등의 설계도 검토하여야 한다.

일반적으로 갱문의 위치를 산허리 깊숙한 계곡부에 선정하는 것은 갱문 배후 및 갱문에 접속하는 비탈면의 안정을 깨드리고 붕괴를 야기시켜 공사 진행이 매우 곤란하며, 유지관리에 많은 노력이 필요하게 되므로 가급적 피하는 것이 좋다.

10.3.2 갱문은 비탈면에서의 낙석, 토사붕락, 눈사태, 지표수 유입 등으로부터 갱구부를 보호할 수 있는 기능을 갖도록 하여야 하고, 지반조건이 허용하는 한 최소 토피구간을 선정하여 자연환경 훼손을 최소화하여야 하며, 역학적으로 안정한 구조로 하여야 한다.

:: 해설 ::

갱문은 지표 비탈면의 낙석, 토사붕락, 눈사태, 지표수 유입 등으로부터 갱문부를 보호하기 위한 것으로서, 갱문 자체에 변위, 침하 등이 생기지 않는 역학적으로 안정된 구조로 하여야 한다. 갱문의 설계에서는 원지반조건, 주변경관과의 조화, 차량 주행에 주는 영향, 유지관리상의 편의를 고려하여 갱문의 위치, 형식, 구조를 정한다. 특히 갱문 배면에는 개통 후 낙석, 눈사태 등의 재해를 미연에 방지할 수 있는 대책을 고려해야 한다. 또한 주변경관과의 조화, 차량주행에 주는 영향을 고려하고 갱구설치 비탈면을 필요에 따라 수정하는 것이 좋다. 이와 함께 자연 비탈면으로부터 본선으로 지표수가 유입되는 것을 방지하기 위하여 적절한 배수공법도 설계하여야 한다.

갱문위치는 지반조건상 터널의 안정성 확보가 가능한 범위에서 최소 토피구간을 선정하여 깎기면적을 최소화하여 자연환경 훼손을 줄이는 노력을 기울여야 한다.

> 10.3.3 갱문의 외관과 형상은 터널의 사용목적에 맞고 주변경관과의 조화를 위한 조경계획과 유지
> 관리상의 편의를 고려하여 선정하여야 한다.

:: 해설 ::

갱문의 종류는 외관과 형상을 기준으로 크게 면벽형, 돌출형으로 나눌 수 있다.

면벽형은 가장 일반적인 형식으로 면벽에 작용하는 외력은 터널축방향의 토압과 같으므로 흙막이 벽으로 설계한다.

돌출형은 갱구의 지형, 지질, 기상 등에 따라 터널의 콘크리트라이닝을 채택하고 갱문옹벽을 설치하지 않는 구조이므로 갱문부의 원지반을 이완시키는 일이 적고 안정성 및 미관이 좋으며 철도터널에서 공기압의 감소효과 등을 기대할 수 있는 매우 이상적인 형식이다.

최근 설치되는 갱문은 갱문표면에 도로의 특성, 지역적 특성 등을 형상화한 경관설계를 도입하고 있는 추세로 노선 전체의 주변경관과 조경계획, 유지관리상의 편의를 고려하여 경관설계를 적용하도록 한다.

〈해설표 10.3.1〉은 갱문의 종류에 따른 특징과 주변지형과의 관계를 비교한 것이며 각각을 세분화한 갱문형식은 10.3.4절을 참조한다.

〈해설표 10.3.1〉 갱문의 종류와 특징

구분	면벽형	돌출형
장점	• 터널 갱구부 시공이 용이 • 터널 상부 되메우기가 불필요 • 지표수에 대한 배수 처리가 용이	• 도로와 자연스럽게 접속 유도되므로 운전자에게 안전감을 준다. • 주변지형과 조화를 이루어 미관 수려
단점	• 운전자에게 위압감을 줌 • 인위적 구조물 설치에 따른 주변경관과의 조화를 이루기 어려움 • 정면벽의 휘도 저하를 고려할 필요 있음	• 갱구부 개착 터널길이가 길다. • 갱구부 상부에 인위적인 성토가 필요 • 상부 지표수에 대한 배수처리 필요

〈해설표 10.3.1〉 갱문의 종류와 특징(계속)

구분	면벽형	돌출형
적용 지형	• 갱구부 지형이 편측으로 경사진 경우 • 배면 배수처리가 용이한 지형 • 갱문이 암층에 위치한 경우 • 갱구부 지형이 종단상 급경사인 경우	• 지형이 편측경사가 없고 갱문 전면 깎기가 적어 개착 터널설치 후 자연스럽게 조화를 이룰 수 있는 지형

10.3.4 갱문의 형식은 다양한 형식으로 적용할 수 있고 주로 면벽형과 돌출형으로 구분하며 갱구부의 지형, 지반조건, 주변여건을 고려하여 다음과 같이 선정하여야 한다.

(1) 면벽형은 구조적으로 중력식과 날개식 등으로 나눌 수 있고 갱문배면의 지반압을 받는 토류옹벽 구조로 하여야 한다.

(2) 돌출형은 터널 본체와 동일한 내공단면이 터널 갱구부에 연속하여 지반으로부터 돌출한 형식으로서 그 형상에 따라 파라펫트식, 원통절개식, 벨마우스식 등이 있으며 각 형식별로 장·단점을 고려하여 선정하여야 한다.

(3) 해빙기와 집중호우 시 낙석, 눈사태, 산사태로부터 이용자의 안전을 확보할 수 있도록 갱문 형식을 선정·설계하여야 한다.

❈❈ **해설** ❈❈

갱문형식은 크게 면벽형과 돌출형으로 구분할 수 있다. 세부적인 형태에 따라 〈해설표 10.3.2〉, 〈해설표 10.3.3〉과 같이 면벽형은 중력·반중력식, 날개식, 아치날개식으로 분류할 수 있으며 돌출형은 파라펫트식, 돌출식, 원통절개식, 벨마우스식으로 세분할 수 있다.

〈해설표 10.3.2〉 면벽형 갱문의 종류와 특징

항목 \ 형식	중력·반중력식	날개식	아치날개식
형상	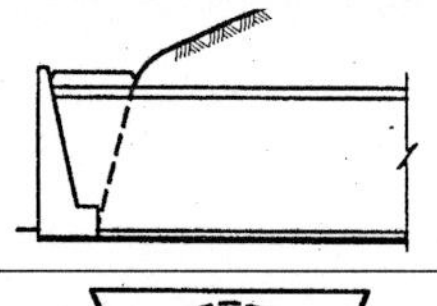	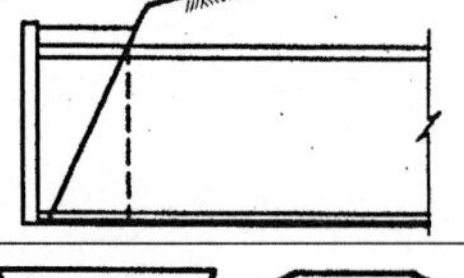	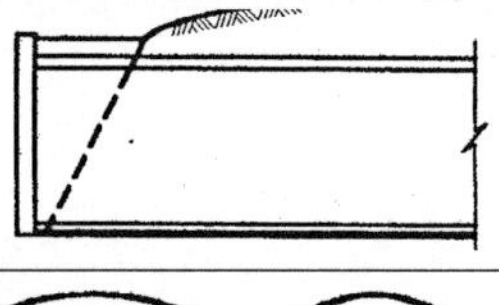
지반조건에 따른 적용성	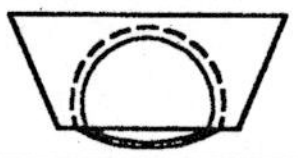 • 지형이 비교적 급경사인 경우 • 토류옹벽 구조가 필요한 경우 • 낙석이 예상되는 경우 • 배면 배수처리가 용이한 경우	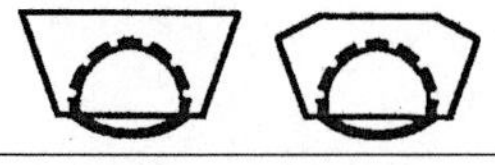 • 양측면 깎기가 필요한 경우 • 배면토압을 전면적으로 받는 경우 • 적설량이 많은 경우 방설공 병용	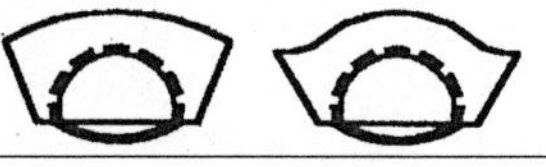 • 지형이 비교적 완만한 경우 • 좌·우측면 깎기가 비교적 적은 경우

〈해설표 10.3.2〉 면벽형 갱문의 종류와 특징(계속)

항목＼형식	중력·반중력식	날개식	아치날개식
시공성	• 지반이 불량한 경우 깎기량이 많아져 깎기비탈면의 안정대책 필요	• 지반이 불량한 경우 깎기량이 많아져 깎기비탈면의 안정대책 필요 • 터널 본체와 일체 구조	• 지형에 따라 일부 갱외라이닝이 필요 • 다소의 보호성토 필요
경관	• 중량감에 인한 안정성 • 진입 시 위압감 발생	• 중량감에 인한 안정성 • 진입 시 위압감 발생	• 아치부 곡선과 주변지형이 조화된 계획 필요

〈해설표 10.3.3〉 돌출형 갱문의 종류와 특징

항목＼형식	파라펫트식	돌출식	원통절개식	벨마우스식
형상				
지반조건에 따른 적용성	• 능선 끝단의 지형에서 좌우 구조물과의 관계가 적은 경우 • 적설지 설치 가능	• 압성토할 경우 • 갱구부 지반조건이 불량한 경우 • 적설지 설치 가능 • 갱구 주변절취 등 성형이 비교적 용이한 경우	• 갱문주변의 지형이 완만한 경우 • 주변조경 필요 • 갱구부 적설 발생 가능	• 지형·지질이 비교적 양호하고 갱문주변이 열린 장소에 적합 • 갱구부 적설 발생 가능
시공성	• 터널 본체 구조물 갱구까지 연결 필요	• 지형·지질이 안정된 경우는 가장 경제적임 • 압성토를 할 경우는 구조물이 커짐	• 공사비 고가	• 공사비 고가
경관	• 갱문벽 면적이 적기 때문에 진입 시 위압감 없음 • 갱문주변 지형과 조화감	• 갱문벽 면적이 적기 때문에 진입 시 위압감 없음 • 갱문주변 지형과 조화감	• 갱문주변 조경으로 갱문과 조화	• 진입 시 위압감이 최소 • 주변지형과 조화

10.3.5 갱문의 구조설계는 소요하중 외에 지진, 온도 변화, 콘크리트의 건조수축 등의 영향을 고려하여야 하며, 갱문구조물의 기초 안정성도 검토하여야 한다.

10.3.6 갱문구조물의 일부로서 터널과 연결된 복개식 터널구조물은 개착구조물로 간주하여 설계하여야 하며, 편압이 작용할 경우에는 이에 대한 영향을 고려하여야 한다.

❖ 해설 ❖

갱문의 구조설계는 개착터널과 같은 방법에 의하여 다음과 같이 구조설계를 시행하여야 한다.

개착터널은 지반을 굴착하고 구조물을 설치한 후 복개시키는 모든 터널을 말하며 설계 시 지형, 지질조건, 지하수조건, 기상 등의 자연조건과 민가, 구조물의 유무 등의 사회적 조건, 경사의 안정, 편압, 기상재해의 가능성, 주변경관과의 조화 등을 고려하여야 한다.

개착터널부는 특별한 경우를 제외하고는 갱구부 설계에 준하여 설계를 하여야 한다.

가. 개착터널의 종류

개착터널은 터널 본체와 동일한 내공단면인 터널을 연속해서 설치하여야 하며 완성 후의 쌓기에 대한 상재하중, 토압 등의 하중을 고려하여야 한다. 따라서 개착터널은 상기항목을 하중으로 고려하여 단면력, 지반의 지지력을 계산하여야 한다.

그리고 외기의 영향을 받는 특성상 온도변화, 건조수축, 지진의 영향 등을 받기 쉽기 때문에 필요에 따라 이를 고려하여 설계하여야 한다.

개착터널은 크게 〈해설그림 10.3.1〉과 같이 구별할 수 있다.

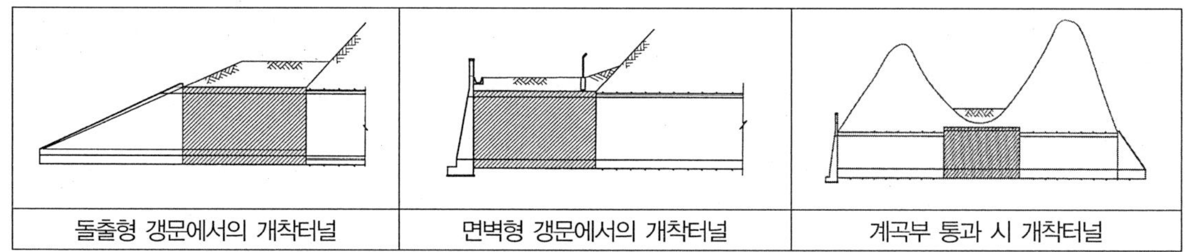

〈해설그림 10.3.1〉 개착터널의 종류

1) 돌출형 갱문에서의 개착터널

돌출형 갱문에서의 개착터널은 터널 본체와 동일한 내공단면의 아치형 구조물이 터널 갱구부에 연속해서 만들어지며, 완성 후에 쌓기에 의한 상재하중, 토압, 적설하중 등이 재하된다. 따라서 개착터널의 설계에서는 이들 하중을 고려해서 단면력, 지반의 지지력을 계산하여야 한다. 또한 인버트의 모양은 터널 안의 중앙 배수공사의 연속성에서 터널단면과 동일한 곡률을 갖는 형상으로 하는 것을 원칙으로 하나 지지지반이 연약하고 기초말뚝이 필요한 경우에는 수평인버트로 하는 것이 유리할 때도 있으므로 주의하여야 한다. 일반적으로 인버트 밑면이 탄성영역 내의 지반에 위치할 때는, 인버트 하부의 원지반의 응력이 곡률에 원활하게 흐르기 때문에 터널구조로서 유리하다.

2) 면벽형 갱문에서의 개착터널

면벽형 갱문에서의 개착터널은 구조상 터널 본체에서 독립하여 외력에 저항하는 형식이다. 면벽형 갱문의 개착터널은 입체적 형상을 하고 있으므로 갱문 뒷면의 되메우기 흙에 대한 재하중과 주동토압이 작용했을 때 구조적으로 안정하여야 하며 또한 연직벽에 대해서도 외력에 대해 충분히 저항할 수 있는 단면으로 설계하여야 한다.

3) 저토피부 통과 시 개착터널

저토피부터널의 상부 토피고가 낮으면 터널굴착에 따른 붕괴의 우려가 있어 개착식 터널을 시공하는 경우가 있으며, 이때 지표수의 누수가 발생될 가능성이 있으므로 누수방지대책을 수립하여야 한다. 또한, 계곡을 따라 흐르는 계곡수가 개착터널 상부의 쌓기 재료를 세굴시킬 우려가 많으므로 세굴 방지를 위한 대책공법으로 U형 박스 혹은 표면마무리 구조물을 설치하여 세굴을 방지하여야 한다.

나. 설계하중 산정

개착터널의 설계 시에는 터널의 외부에서 작용하는 하중, 자중, 터널 내부의 하중 및 이에 의해 생기는 지반반력을 고려하여야 한다. 터널의 외부에서 작용하는 하중은 터널 상부의 상재하중, 토압, 수압 등이며, 터널 내부의 하중이란 터널 내의 주행하중, 차량하중 등이다. 개착식 터널의 설계 시 고려해야 할 하중들은 다음과 같다. 지반이 불량한 지역에 갱문이 위치하는 경우 구조물 기초의 안정성도 검토하여야 한다.

- 상재하중.
- 토피하중.
- 토압.
- 수압.
- 자중.
- 터널 내부의 하중.
- 온도변화 및 건조수축.
- 지진하중.
- 시공 시 하중.

10.3.7 갱문구조물과 본선터널의 접합부는 분리구조로 하고 적합한 조인트를 설치하여야 하며, 재질이 서로 다른 두 종류의 방수막이 접합되는 경우, 방수막 상호간 접합이 용이한 재료를 선정하여 사용한다. 특히, 접합부에는 누수에 대비하여 구조물횡방향을 따라 도수로를 설치하여야 한다.

:: 해설 ::

갱문구조물과 본선터널, 개착터널과 본선터널의 접합부는 두 구조물 간 거동의 차이가 있으므로 접합부는 분리구조로 하고 조인트를 설치하여 구조물 손상을 방지하여야 한다. 또한, 이 접속부는 서로 다른 두 종류의 방수막이 접합하는 경우 누수의 원인이 되는 사례가 많기 때문에 방수막의 선정, 방수막 접합 및 누수 시 용수를 처리할 수 있는 도수로 설치 등을 하여야 한다.

방수막 선정 시는 단일종류의 방수막을 적용하거나, 2가지 종류의 방수막을 선정 시에는 방수막 간 접합이 원활한 재료를 선정하여야 하며 방수막 접합은 충분한 겹이음을 하여야 한다.

구조물 간 부등침하가 발생할 경우 방수막이 인장파손되어 누수가 우려되기 때문에 방수막의 인장파손을 막기 위해서는 신장률이 큰 것을 사용한다. 그리고 접합부에서는 시공 후 예상하지 못한 여러 가지 이유에서 누수의 우려가 있기 때문에 만약을 대비하여 구조물횡방향을 따라 도수로를 설치하도록 한다.

접합부에서 방수막 설치 및 도수로 설치 예는 〈해설그림 10.3.2〉와 같다.

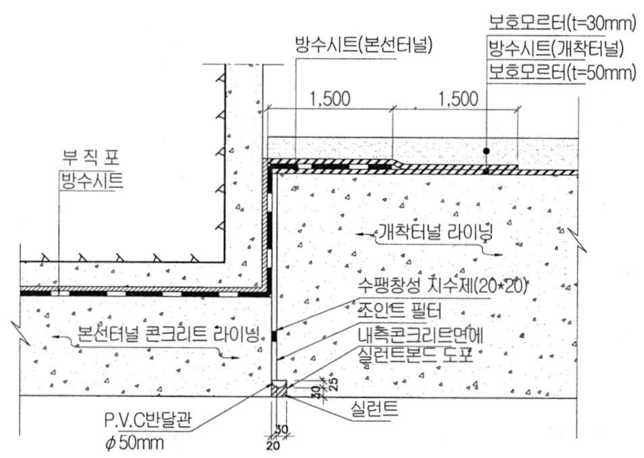

〈해설그림 10.3.2〉 구조물 접합부 방수막 접합 및 도수로 설치 예

> 10.3.8 갱구부 개착구조물 설치 시 원지반의 특성을 감안하여 바닥슬래브의 설치여부를 검토하여야 한다.

❖❖ 해설 ❖❖

갱구부 개착구간의 바닥슬래브 설치는 다음의 조건을 고려하여 다음과 같이 결정한다(한국도로공사, 2005).

가. 큰 편압을 받는 경우에는 수동토압이 적절하게 작용하여 전체적으로 좌우의 균형이 유지되도록 바닥슬래브를 타설하는 방법 등으로 콘크리트라이닝이 폐합 단면이 되게 한다.

나. 바닥슬래브를 설치하는 경우 점착력, 내부마찰각, 단위중량 등의 지반조건 및 토피고, 지반변형계수, 콘크리트라이닝 두께 등의 구조해석 조건에 따른 허용지지력 확보 유·무 등의 안정성을 검토한다. 지반안정성을 확보할 수 없을 경우에는 시공성 및 경제성을 고려하여 바닥부 콘크리트 슬라브 설치, 콘크리트라이닝 단면 변경, 지반개량공법 등으로 보강 등을 검토하여야 한다.

다. 개착 구조물 되메우기 시 지형적으로 불가피하게 큰 편압이 발생이 예상되는 경우 시공성 및 경제성을 고려하여 바닥슬래브 설치 등을 검토하여야 한다.

▪ 참고문헌 ▪

1. 건설교통부(2004), 『환경친화적인 도로건설 지침』, pp.18-20
2. 건설교통부(2007), 『산악지 도로설계 매뉴얼』, pp.141-152
3. 한국도로공사 설계처, 개착터널 인버트 설치기준설계처-2161(2005. 7. 26)
4. 한국암반공학회(2007), 암반공학시리즈 2 『사면공학』, pp.329-408
5. 한국지반공학회(2006), 지반공학시리즈 8 『지반구조물의 내진설계』, p.520

11 단면확폭부 및 접속부

11 단면확폭부 및 접속부

11.1 설계일반

11.1.1 단면확폭부 및 접속부는 터널 용도에 따라 다음 〈표 11.1.1〉과 같이 구분되며, 터널 일반부에 비하여 단면이 크고 복잡한 형상이므로 그 기능과 지반조건을 감안하여 터널과 주변지반의 안정을 확보할 수 있도록 설계하여야 한다.

〈표 11.1.1〉 단면확폭부와 접속부의 구분

구분	단면확폭부	접속부
도로터널	• 비상주차대 구간 • 오르막차로 설치구간 • 갱구부 확폭구간 • 2-아치/3-아치 터널구간	• 피난연결통로 설치구간 • 환기용터널 설치구간 • 연직갱 설치구간 • 경사갱 설치구간
철도터널	• 분기기 설치구간 • 구난정거장 구간 • 단복선 변화구간 • 정거장 구간 • 신호장 구간	• 변압기 설치구간 • 대형대피소 설치구간 • 환기용 및 대피용터널 설치구간 • 연직갱 설치구간 • 단복선 연결구간 • 경사갱 설치구간
도시철도터널	• 정거장 구간 • 유치선 구간 • 신호소 설치구간 • 단복선 변화구간	• 단복선 연결구간 • 변전실 설치구간 • 대피용터널 설치구간
기타	• 일반부보다 확폭된 단면이나, 터널 간 접속되는 구간	

단면확폭부와 접속부는 터널 일반부에 비하여 단면이 크고, 복잡하며 특수한 형상이 되기 때문에, 그 기능과 목적, 지반조건을 감안해서 터널과 주변지반의 안정을 충분히 확보하도록 설계하여야 한다.

단면확폭부와 접속부를 갖는 터널의 대표적인 예는 〈표 11.1.1〉과 같으며 도로터널 중 환기용터널의 설치구간, 2-Arch/3-Arch 터널의 분기 및 합류점과 같이 단면확폭 및 접속부 동시에 해당되는 경우도 있다.

> 11.1.2 단면확폭부와 접속부는 지반조건이 양호한 구간에 설치하여야 하며, 지반조건이 불량한 구간에 위치하는 경우에는 설치목적에 위배되지 않는 범위 내에서 위치변경이 가능하도록 계획하여야 한다.

❖ 해설 ❖

단면확폭부와 접속부는 당초 계획에 있어서 지반의 조건이 대체로 양호하다고 예측되는 위치에 설치하는 것이 중요하다. 또, 지반의 상황에 따라서는 위치의 변경이 가능하도록 계획하는 것이 바람직하다. 그러나 위치변경에는 여러 가지 어려운 조건이 따르므로 지반조건에 적합하도록 시공상의 대응이 필요한 경우가 많다. 따라서 지반조건이 불량한 경우 위치변경에 따른 설계변경의 범위가 광범위해지는 경우 전체적인 공기에 지장을 초래할 수 있으므로 계획단계에서의 예정위치에 대한 상세한 지반조사를 실시하여 적절한 보강대책을 수립하여야 한다. 아울러, 시공 중에는 대상 구간의 지반특성을 사전에 파악하여 확대굴착 및 접속부 굴착 시 불안정성을 해소할 수 있도록 시공계획을 수립하여야 한다.

> 11.1.3 단면확폭부와 접속부는 터널과 주변지반이 역학적으로 충분히 안정하고 경제적인 시공이 되도록 확폭부와 접속부의 형상, 시공방법 및 순서, 지보재, 콘크리트라이닝, 보강공법 등을 검토하여야 한다.

❖ 해설 ❖

단면확폭부와 접속부에 있어서는 기하학적 특성상 3차원적 응력집중이 발생하는 구간이므로 터널과 주변지반이 역학적으로 충분히 안정하고 그 시공이 가장 경제적이 되도록 하여야 한다. 따라서 접속부와 확폭부의 형상, 시공방법 및 순서, 지보재, 콘크리트라이닝, 보강공법 등을 검토해야 한다.

특히, 지반조건이 불량한 경우와 단면확폭부와 접속부의 형상이 특수한 경우에는 지반조사를 상세히 실시하고, 터널의 안정성에 관해 충분한 검토를 실시할 필요가 있다. 일반적으로 이러한 경우에는 적절한 보강공법을 필요로 하는 경우가 많으므로 이에 대한 검토도 필요하다. 불량한 지반에 위치하는 단면확폭부와 접속부는 지진하중에 취약하다고 판단될 경우에는 본 해설서의 '4.2 내진설계'의 내용에 의거 지진에 따른 안정성도 검토하여야 한다.

단면확폭부와 접속부의 설계에는 아래의 방법이 유효하다.

가. 유사조건에서 기 시공된 사례를 이용한 설계

접속부에 관한 기존 설계·시공사례를 상세히 조사한다. 단면형상, 지반조건, 시공법, 보조공법, 보강영역 등의 설계제원의 조사는 물론 시공 시와 완공 후 터널의 거동을 충분히 조사하고 설계와 거동을 관련지어 평가할 필요가 있다.

1) 지반의 안정성을 확보하기 위해 가능한 한 원지반조건이 양호한 위치에 계획하며 본선터널의 영향을 고려하여 과도한 이완하중이 작용하지 않도록 록볼트와 숏크리트를 이용하여 적절히 보강한다.

2) 접속부의 보강범위 및 대책은 아래 사항을 참조하여 설계하지만 소성이 발생하기 쉬운 지반에서는 유사설계 및 시공사례를 참조한다.

① 접속부에서 원지반의 응력이 집중되는 범위와 일반구간에 비하여 응력이 증가되는 범위는 접속각도와 밀접한 관계가 있으므로 이에 대한 고려를 충분히 하여야 한다.

② 접속부의 콘크리트라이닝에 작용하는 이완하중은 본선부에 비해 최대 2배 정도 크게 작용한다.

③ 접속부의 콘크리트라이닝은 기하형상의 아치구조가 파괴되어 축력부재로 작용하지 않고 휨부재로 작용하기도 한다.

나. 수치해석적 방법에 의한 설계

단면형상과 지반조건이 특수하고 기존 사례를 참조로 하는 설계에서는 검토가 불충분하다고 생각되는 경우에는 수치해석이 적용될 수 있다. 접속부의 형상과 구조는 복잡하고 지반아치도 일반부와 다르므로 지반을 포함한 유한요소법 등의 연속체 해석방법이 유용하다. 단면확폭부와 접속부의 해석은 기본적으로 굴착과정을 포함한 3차원 문제라는 것을 인식하고 해석의 전제조건과 입력값을 항상 유념하면서 결과를 종합적으로 판단할 필요가 있다.

11.2 단면확폭부의 설계

> 11.2.1 단면확폭부는 안정성과 경제성을 고려하여 단면계획을 하여야 하며, 시공과정에서 단면의 형상이 여러 형태로 변화하므로 이를 감안하여 변화된 터널단면의 안정성을 확보하여야 한다.

❖ 해설 ❖

단면확폭부는 시공과정에서 단면의 형상이 변화하므로 주변지반 응력분포의 변화에 따라 불안정한 구조가 되기 쉽다. 설계에서는 이러한 지하공간 내 단면의 변화에 따라 변화구간의 어느 단면에서도 터널주변 지반의 안정성이 확보되어야 한다. 단면확폭부의 형태는 다음의 〈해설그림 11.2.1〉과 같이 편측확폭, 양측확폭의 경우로 크게 구분된다.

〈해설그림 11.2.1〉 단면확폭부의 예

〈해설그림 11.2.1〉 터널(a), (b)와 같이 단면확폭부에서는 단면의 폭이 점차 확대되고 편평해진다. 그 결과, 터널과 주변지반이 불안정해지기 쉬우므로, 적절한 보강공법이 필요하게 된다. 양측 확폭터널(a)는 양방향 대면교통터널에서의 양측 비상주차대 시공 등으로 이용된다. 지반이 양호한 경우에는 전단면으로 확폭을 하는 것도 가능하지만, 지반 상태가 불량한 경우, 단면이 크기 때문에, 4차로 대단면터널의 시공과 같이 중앙과 측벽부를 나누어 측벽부를 우선 굴착하고, 나중에 중앙부를 굴착하는 방법이 자주 이용된다. 편측 확폭터널(b)는 일방향터널에서의 비상주차대 등으로 계획되지만, 확폭범위가 그다지 크지 않으므로 지보패턴의 변경으로 대처하는 경우가 많다.

> 11.2.2 단면확폭의 범위가 크지 않을 경우에는 지반조건을 파악하여 지보패턴의 변경으로 대치할 수 있으며, 이 경우 지보재 증가수량을 합리적으로 산정하여야 한다.

:: 해설 ::

편측에 설치되는 비상주차대터널과 같이 단면확폭이 크지 않은 경우에는 기존 지보패턴보다 보강된 지보패턴 변경으로 대처하고 그 지보효과는 3차원 해석 등으로 검증하는 것이 바람직하다. 〈해설그림 11.2.2~11.2.4〉는 단면확폭부의 보강범위 설정과 도로터널의 비상주차대 편측 설치 시 보강 예를 제시한 것이다. 이 경우 숏크리트, 록볼트 등 지보재 증가수량은 단면의 크기 등을 고려하여 합리적으로 선정하여야 한다(한국도로공사, 2002).

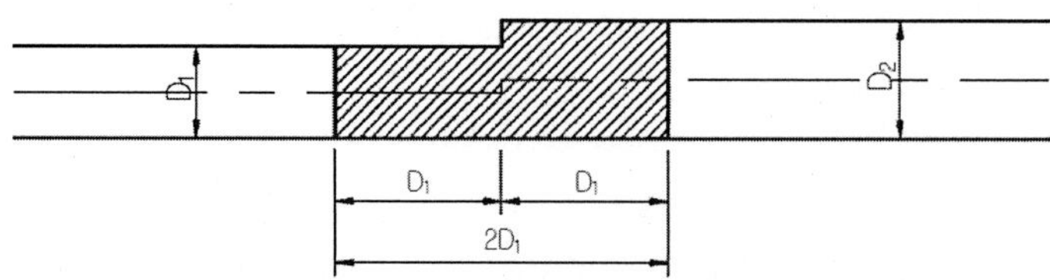

〈해설그림 11.2.2〉 단면확폭부 보강범위의 예(평면도)

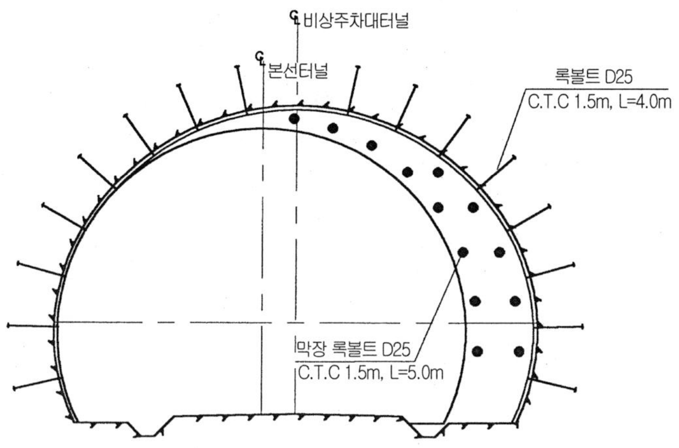

〈해설그림 11.2.3〉 터널의 확폭부 보강 예(정면도)

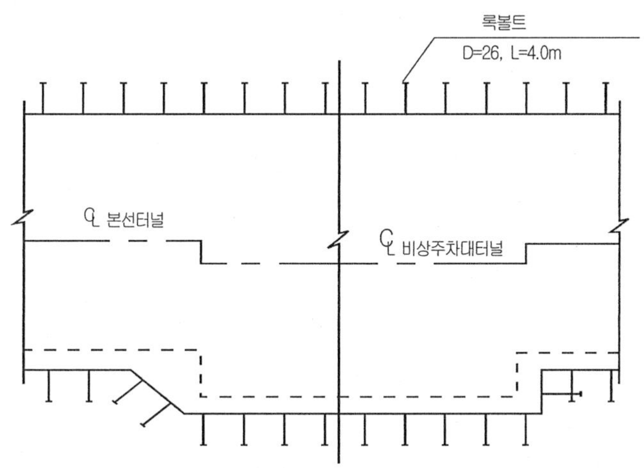

〈해설그림 11.2.4〉 단면확폭부 보강 예(평면도)

11.2.3 단면확폭부의 시공순서는 확폭단면의 크기, 확폭단부의 공간처리, 지반조건, 공기 등을 고려하여 결정하여야 한다.

❈ 해설 ❈

편측에 설치되는 비상주차대터널과 같이 단면확폭이 크지 않은 경우에는 (1) 본선 터널단면 선 굴착 후 확폭부를 2차적으로 횡방향으로 굴착하는 방법과 (2) 굴착진행방향에 순응하여 확폭단면 구간에서 점증적으로 확대 굴착하는 방법, (3) (1)과 (2)의 혼합형 등의 예를 찾을 수 있다.

이 경우 적절한 시공순서는 굴착의 난이도, 지보재 또는 보강재의 설치 가능성 등을 종합적으로 검토하도록 한다. 시공순서가 터널의 안정성에 영향을 미칠 것으로 판단되는 경우 시공순서를 고려한 3차원 해석 등을 통하여 주변지반의 거동을 사전에 예측하여 적절한 보강공법을 적용하거나 응력거동에 유리한 방향으로 시공순서를 정하는 것이 좋다.

11.2.4 단면확폭부가 부득이하게 지반조건이 불량한 위치에 계획된 경우에는 별도의 상세한 지반조사를 시행하여야 하며, 필요시 3차원 해석을 통하여 안정성을 검토하여야 한다.

:: 해설 ::

단면확폭부는 굴착 시 3차원적 응력집중이 발생하므로 가능한 한 견고한 지반에 설치하는 것이 바람직하다. 도시철도터널의 분기기 또는 단복선 변화구간과 같이 설치위치의 변경이 불가한 경우 지반조건에 관계없이 설치되어야 하므로 만일 해당 지역의 지반이 연약하다면 시공 중 붕락이 발생할 가능성도 염두에 두어야 한다. 그러므로 설계단계에서는 3차원 거동이 예상되는 구조물 구간은 위치변경이 불가하다고 판단되는 경우에 상세한 지반조사를 실시하여 정확한 지반 상태를 확인하는 것이 중요하다. 확인된 지반조사 결과를 바탕으로 보강공법이 필요하다면 적절한 대책을 수립하여야 하며 굴진장의 축소 조정, 지보재 보강수량의 증가 등도 함께 검토하여야 한다.

계획된 지보패턴과 보강공법의 적정성은 필요시 3차원 거동을 모사할 수 있는 3차원 수치해석법을 활용할 수 있다.

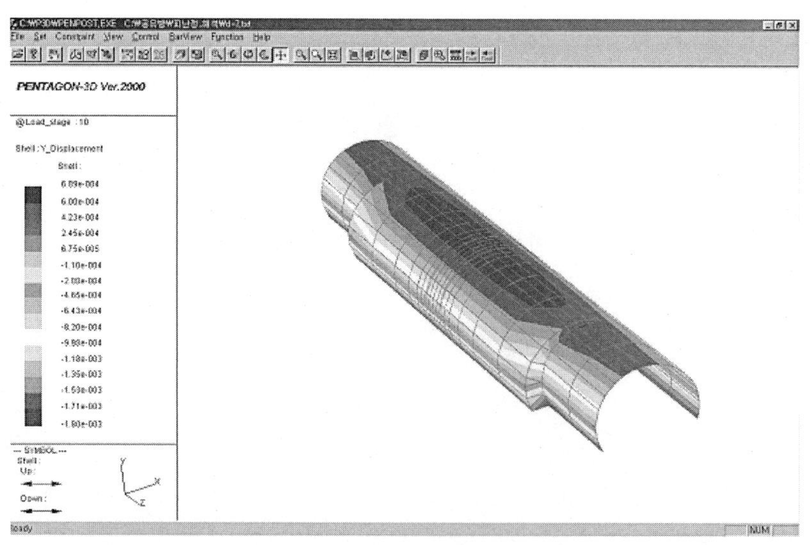

〈해설그림 11.2.5〉 단면확폭부 3차원 안정성 검토 예

11.3 접속부의 설계

11.3.1 접속부는 터널단면들이 여러 형태로 연결되므로 이를 감안하여 접속된 터널단면들에 대하여 안정성을 검토하여야 한다.

:: 해설 ::

접속부터널의 형태는 〈해설그림 11.3.1〉과 같이 편측접속, 양측접속, 우회접속의 경우로 분류할 수 있다. 접속부터널이 확폭부터널과 다른 점은 터널단면의 변화보다는 진행되는 터널에서 분기터널이 발생하여 분기되는 터널과 근접된 터널이 추가적으로 설치됨으로써 분기위치에서의 3차원 거동은 물론 횡방향 아칭효과가 감소된다는 점이 상이한 것이다. 그 결과, 터널과 주변지반이 불안정해지기 쉬우므로, 적절한 보강공법이 필요하다.

접속부는 본선에 비하여 터널과 지반이 불안정한 상태가 되기 쉽고, 비교적 짧은 구간에서 발생하므로 시공사례와 수치해석 등을 통하여 안전측의 설계가 되도록 하는 것이 바람직하다.

대표적인 접속부터널은 집진기실, 환기갱 및 설치부와 피난연결통로 설치부 등으로 계획되지만 본선터널이 통과하고 막장이 충분히 진행한 시점에서 굴착되는 경우가 많다. 이 경우 안정화되었던 지반은 분기터널의 굴착으로 다시 이완되게 되므로 이에 충분한 검토가 필요하게 된다.

접속부 중 교차부에 대한 보강방안의 해외사례는 〈해설표 11.3.1〉과 같다.

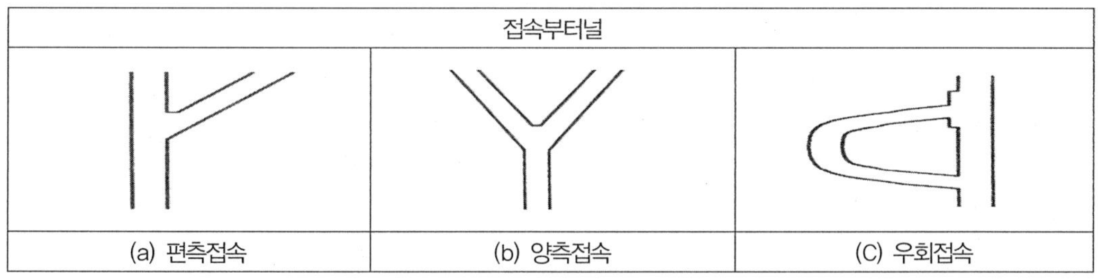

〈해설그림 11.3.1〉 접속부터널의 설치 예

〈해설표 11.3.1〉 접속부 보강방안 해외사례

구분	보강방안	참조자료
일본	• 교차각도에 따라 1.6~2.7배까지 원지반의 응력집중이 예상되므로 접속부 지보보강	터널구조설계 시공 (일본도로공단)
노르웨이	• 접속부에 대한 절리 항목을 보정하여 지보 상향조정	Norweigian Design Guide Road Tunnels

11.3.2 접속부의 시공방법, 시공순서 및 시공 이격거리는 선행굴진터널의 지보재 및 주변지반에 미치는 영향을 충분히 고려하여 결정하여야 한다.

❗해설❗

접속부의 설계에 있어서는 접속부의 시공이 본선터널과 동시시공 혹은 본선터널 완성 후의 시공 등의 시공순서에도 유의할 필요가 있다. 접속부의 시공이 본선터널 완성 후에 실시되는 경우, 본선터널은 이미 콘크리트라이닝으로 강한 구조물이 되므로 단면확폭부와 접속부의 굴착에 따른 해방응력은 콘크리트라이닝에 직접 작용한다.

접속부의 시공방법과 순서는 현장의 암반조건을 면밀하게 검토한 후 기 완성된 터널구조물에 영향을 최소화시킬 수 있도록 계획한다. 접속부가 부득이하게 암반 상태가 불량한 구간에 위치하게 되는 경우에는 이미 완성된 터널구조물의 거동을 파악할 수 있도록 충분한 계측계획을 수립하여야 한다.

접속부의 굴착을 위한 보강공법에서 터널굴착에 일반적으로 사용되는 보조공법이 이용되는 경우가 많다. 즉, 록볼트의 본수와 길이의 증가, 숏크리트 두께의 증가, 강지보재의 크기 변경 등의 강성 강화가 주로 이용되고, 지반조건에 따라서는 약액주입공법, 동결공법 등이 필요에 맞게 이용된다.

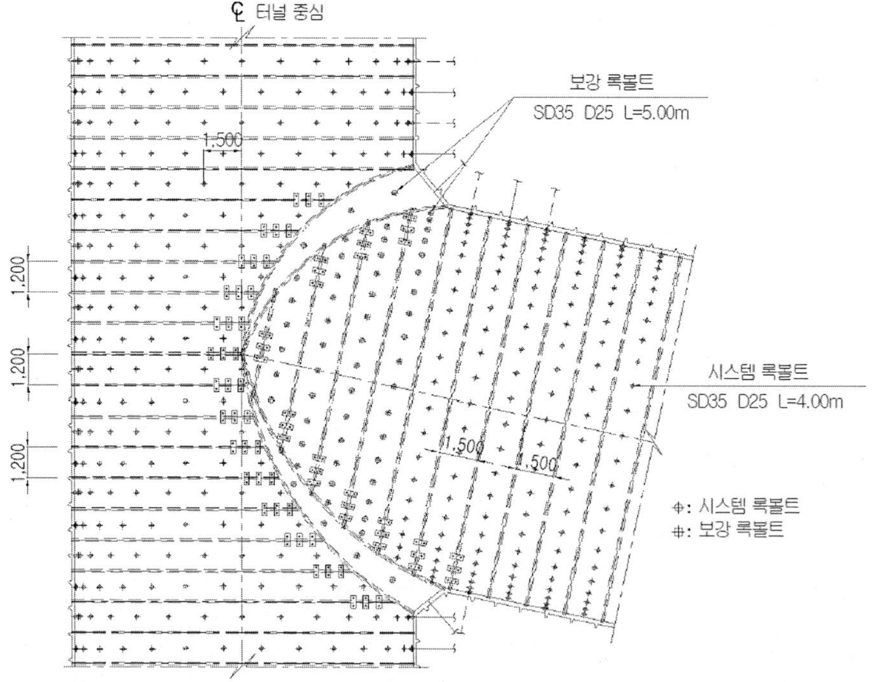

〈해설그림 11.3.2〉 접속터널의 보강 예(평면도)

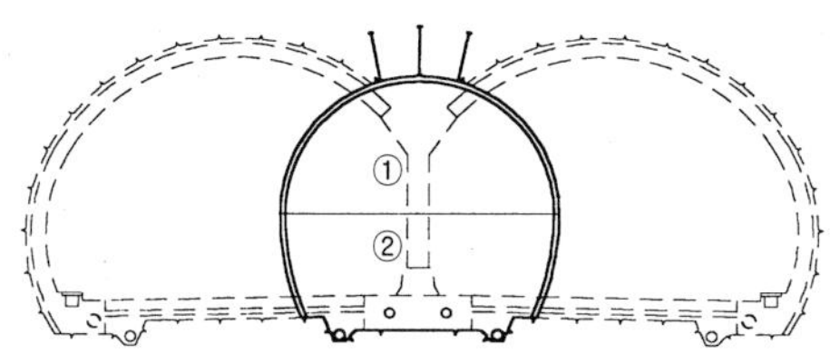

① 중앙터널 상반굴착(록볼트)
② 중앙터널 하반굴착

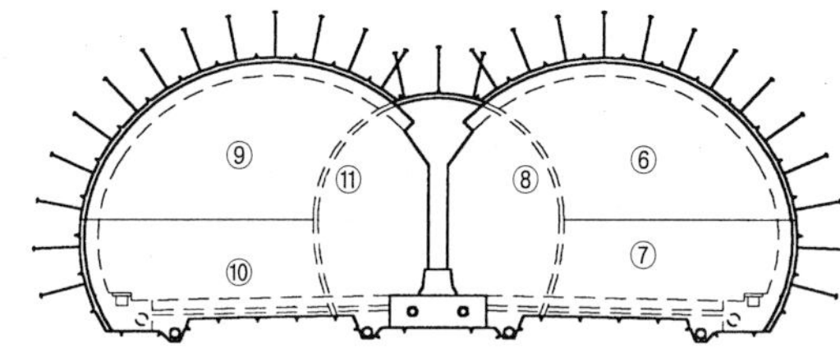

⑥ 우측터널 상반굴착(록볼트)
⑦ 우측터널 하반굴착
⑧ 가벽 제거

⑨ 좌측터널 상반굴착(록볼트)
⑩ 좌측터널 하반굴착
⑪ 가벽 제거

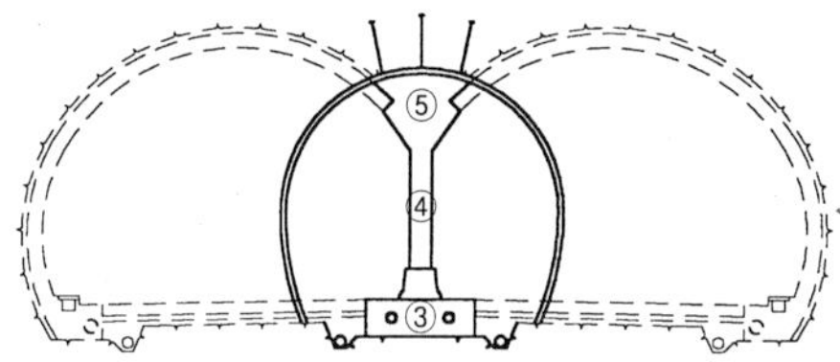

③ 중앙터널 하부 콘크리트 타설
　(방수, 보호모르터, 철근)
④ 중앙터널 중벽 콘크리트 타설(철근)
⑤ 중앙터널 상부 콘크리트 타설
　(방수, 보호모르터, 철근)

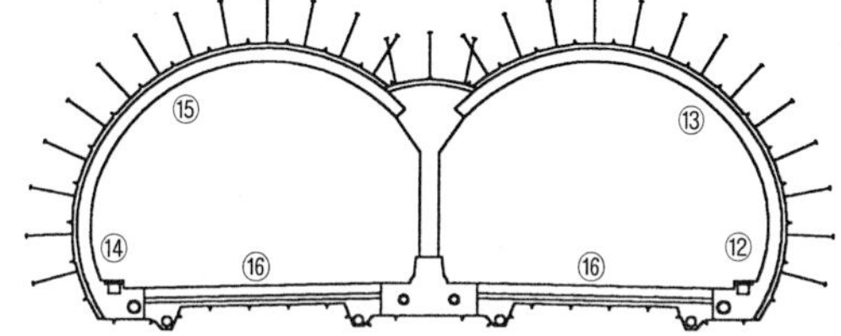

⑫ 우측터널 하부 콘크리트 타설
　(방수, 보호모르터, 철근)
⑬ 우측터널 아치 콘크리트 타설
　(방수, 철근)

⑭ 좌측터널 하부 콘크리트 타설
　(방수, 보호모르터, 철근)
⑮ 좌측터널 아치 콘크리트 타설
　(방수, 철근)
⑯ 도로포장(배수로, 기층 ,포장)

〈해설그림 11.3.3〉 양측 분기인 복선터널~2Arch 터널 시공순서 예

11.3.3 접속부는 터널의 크기와 지반조건에 적합한 필러(pillar)의 폭을 유지하여야 한다.

11.3.4 접속부 소요의 필러폭 확보가 곤란하거나 지반조건이 불량한 경우에는 강성이 충분한 지보
　　　재로 필러를 보강하거나 단면확폭부를 이용한 분기를 적용할 수 있다.

❖ 해설 ❖

　분기 후, 2개 터널 사이의 벽체필러는 지반조건에 따라 1D~4D의 이격거리까지 상호간에 영향을 미치며 터널의 굴착에 따라 응력이 가장 집중되는 장소이다.

　필러폭이 협소할 경우, 필러부 자체에서 상부 토피하중을 지지하거나 하중의 종방향 전달효과를 발휘할 수 없으므로 터널안정성 확보를 위해서는 충분한 보강이 필요하며 후속터널 시공 시 필러부에 균열 또는 변위가 발생하게 되므로 안정성 확보를 위하여 미리 보강해두는 것이 좋다.

　필러폭이 좁아 필러의 형성이 어려울 경우에는 이 구간을 굴착하고 철근콘크리트 구조물로 대체하는 것이 바람직하며 어느 정도 필러의 기능유지가 가능한 구간에는 록볼트보강, 숏크리트 두께 증가, 콘크리트 치환 등으로 안정성이 확보될 수 있다(김승렬, 2004).

지반조건이 취약한 경우에는 필러 부분에도 천단보강공법을 적용하여 양쪽에 위치한 터널과 일체가 되어 거동하도록 유도할 필요가 있다. 필러보강의 대표적인 방법으로는 강지보재를 설치한 후 록볼트를 양쪽 터널에 설치하여 상호 체결하면 필러부의 전단강도를 증가시킬 수 있다.

필러를 그라우팅 등으로 보강하는 것은 자칫 원지반을 손상시킬 수 있으므로 기대하는 정도의 보강효과를 얻기 어려운 경우가 많으므로 그라우팅 보강의 효과를 면밀히 판단한 후 적용한다.

필러에는 연직방향 응력이 크게 작용하여 횡방향 변위를 촉진시켜 터널의 불안정을 초래할 수 있으므로 필러부 횡방향 변위를 억제시키는 공법을 적용하면 연직방향의 지지능력을 향상 시킬 수 있다.

지반조건에 적합한 필러폭과 보강범위의 산정방법에는 시공사례 검토에 의한 방법, 이론식에 의한 필러강도 안전율평가방법, 축소모형실험에 의한 방법, 2·3차원 수치해석에 의한 방법 등이 있다.

필러의 손상방지를 위해 발파굴착보다는 브레이커 등에 의한 기계굴착을 적용하고 또한 발파 시 심발의 배치도 필러의 반대쪽에 이동하여 배치하는 것이 바람직하다.

다음의 〈해설그림 11.3.4〉는 접속부터널에서 필러폭이 좁은 경우 시공 예를 나타낸 것이다.

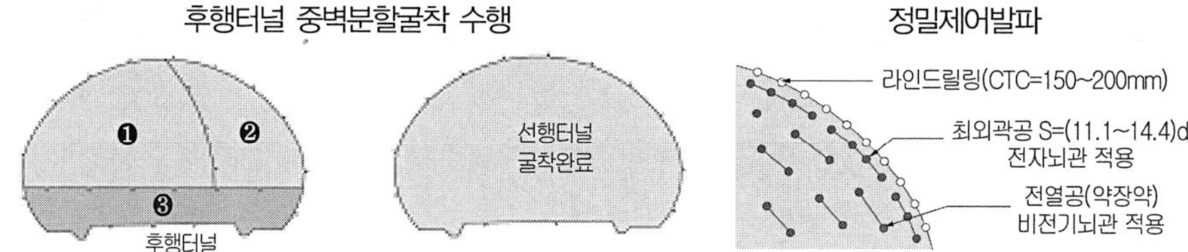

- 후행터널 중벽분할굴착 ➡ ❷ 영역 발파 시 2자유면 효과로 필라이완 감소
- 라인드릴링 + 전자뇌관 적용 ➡ 암반손상 최소화 가능

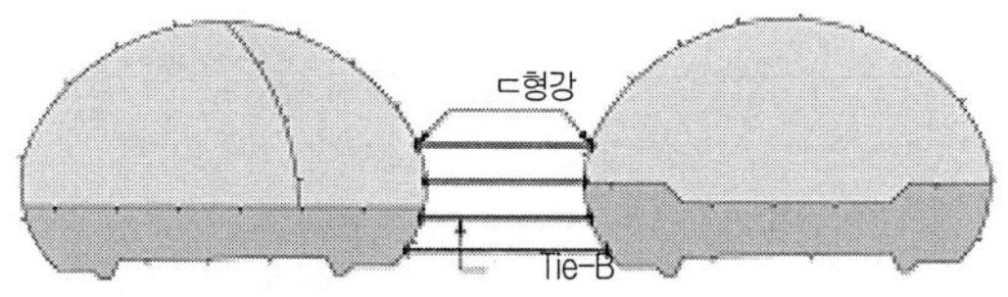

- Tie-Bolt : 굴착 후 즉시 체결, 필라이완 최소화
- ㄷ형강 : 휨강성 증진, 숏크리트와 일체화 거동
- 축소모형실험을 통한 보강효과 검증

〈해설그림 11.3.4〉 필러부 시공 예

> 11.3.5 접속부의 구조 및 형상은 안정성이 확보되도록 계획하여야 하며, 부득이하게 지반조건이 불량한 위치에 계획되거나 형상이 특수한 경우에는 별도의 상세한 지반조사를 시행하여야 하고, 필요시 3차원 해석을 통한 안정성을 검토하여야 한다.

∷ 해설 ∷

접속부의 지반조사는 단면확폭부와 유사한 경우로 3차원 거동이 예견되는 위치이므로 현지지반을 충분히 모사하는 3차원 수치해석을 실시하게 된다. 접속부의 암반 상태를 충분히 파악할 수 있도록 충분한 지반조사를 수행하며, 지반조사 결과, 지반 상태가 불량하다고 판단되는 경우 접속부의 위치변경도 고려하여야 하므로 이에 대한 사전조사는 충실히 수행되어야 한다.

> 11.3.6 접속부의 보강범위는 접속각도 90°인 경우 접속터널은 접속터널 최대폭(d)의 1d, 본선터널은 본선터널 최대폭(D)의 1D를 표준으로 하는 것을 원칙으로 하되, 상세검토를 통하여 보강범위를 별도로 선정할 수 있으며, 기타 접속각도의 경우 접속각도에 따른 응력집중 및 증가를 검토하여 보강범위를 선정하여야 한다.

∷ 해설 ∷

접속터널의 설계에서는 지반의 안정성은 접속각도가 가능한 한 직각에 가까운 것이 바람직하고 이 경우에도 접속터널 설치부, 본선터널 측벽부, 본선터널 바닥슬래브부의 적절한 보강이 필요하다. 보강범위는 터널형상, 지반조건, 보강공법 등에 따라 다르지만, 본선터널의 축방향으로 전후 1D~2D 정도로 하는 경우가 많다.

도로터널에서 환기용터널 접속부 보강범위의 예를 〈해설그림 11.3.5〉와 〈해설그림 11.3.6〉에 수록하였으며, 피난연결통로의 설치 예를 〈해설그림 11.3.7〉에 예시하였다.

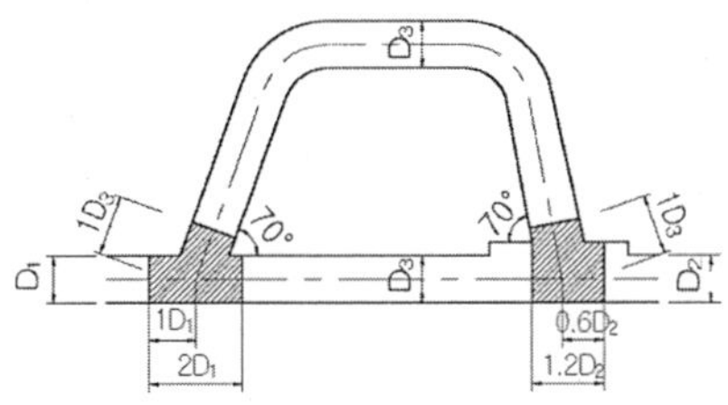

〈해설그림 11.3.5〉 원지반조건이 비교적 양호한 때의 보강범위의 예

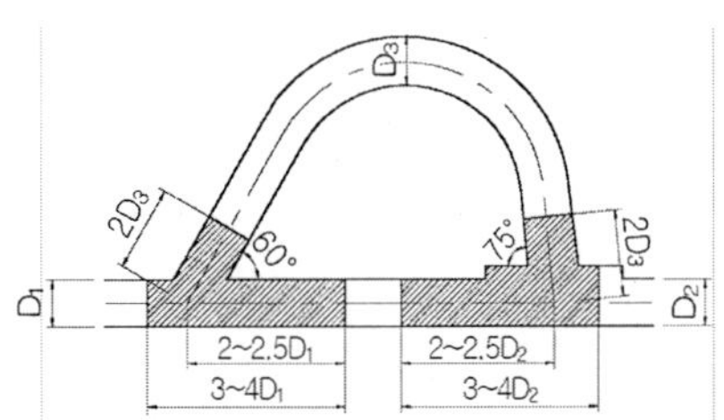

〈해설그림 11.3.6〉 원지반조건이 나쁠 때의 보강범위의 예

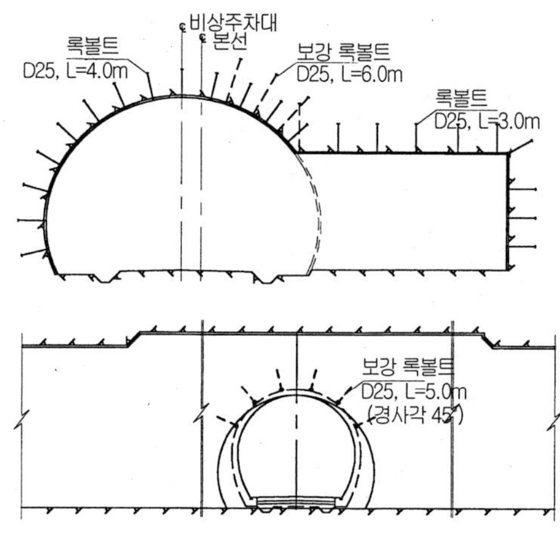

〈해설그림 11.3.7〉 직각교차터널의 보강 예

가. 일본도로공단 접속부 보강 예

〈해설그림 11.3.8〉은 일본도로공단에서 제시하고 있는 접속부의 교차각도에 따른 보강범위를 산정한 예를 나타낸 것이다. 일본도로공단에서는 접속터널이 본선부와 교차하는 교차각에 따라 응력이 집중되는 범위가 달라지므로 이를 고려하여 보강범위를 정하고 있으며 지반조건이나 접속되는 터널의 단면형상, 크기 등에 의하여 응력집중의 범위를 달리할 수 있으므로 설계 적용 시 참조사항으로 활용하는 것이 바람직하다.

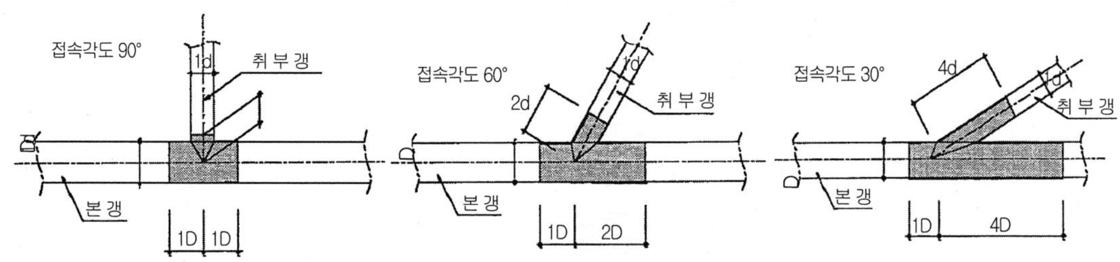

접속 각도	보강범위	비고
90°	본선터널의 축방향의 영향범위는 접속부터널 직경의 1.0배 정도 접속부터널의 축방향에의 영향범위는 본선터널 직경의 1.0배 정도	
60°	본선터널의 축방향에의 영향범위와 양방의 교점에서 측정하고 예각의 측정 시 본선터널 직경의 2.0배, 둔각 측정 시 본선터널 직경의 1.0배 정도	
30°	본선터널의 축방향에의 영향범위와 양방향의 교점에서 측정하고 예각의 측정 시 본선터널 직경의 4.0배, 둔각 측정 시 본선터널 직경의 1.0배 정도	

〈해설그림 11.3.8〉 교차부 보강사례(일본도로공단, 1997)

나. 한국도로공사 피난연결통로 보강 예

〈해설표 11.3.2〉와 〈해설그림 11.3.9〉는 한국도로공사에서 제시하고 있는 피난연결통로의 록볼트 보강 예이다. 한국도로공사에서는 피난연결통로와 본선통로가 연직으로 교차하는 경우에 접속구간의 암반 상태에 따라 굴진장 및 지보패턴을 달리하고 있다.

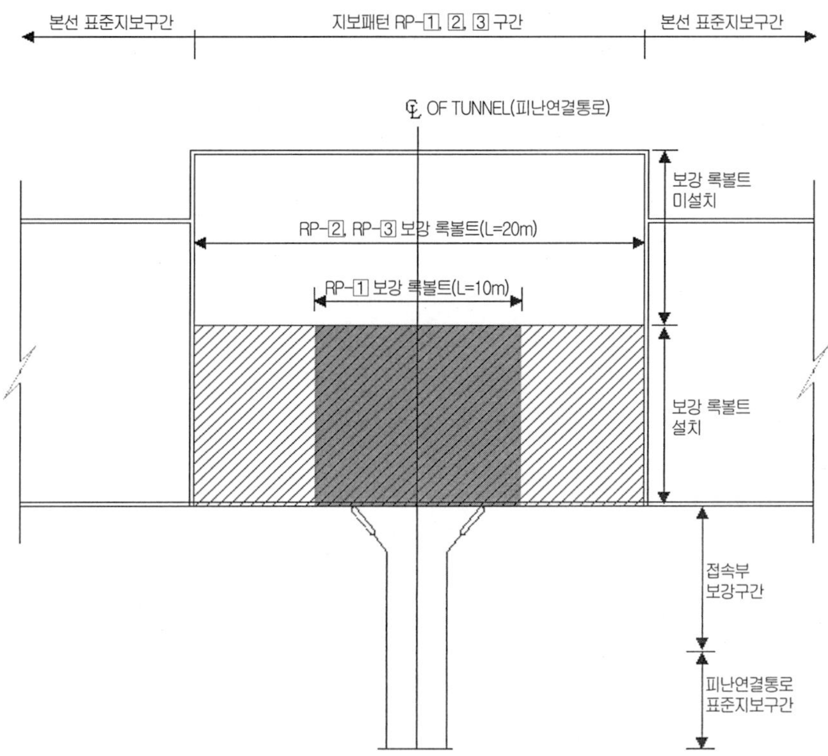

〈해설그림 11.3.9〉 피난연결통로 록볼트 보강사례(한국도로공사, 2007)

1) 일방향 2차로터널의 차량진행방향과 직각으로 설치되는 차량용 및 대인용 피난연락갱 본선교차부의 지보패턴은 암반등급을 고려하여 아래와 같은 3가지 형식의 지보패턴을 설정하여 설계 시 적용.

2) 일방향 3차로, 4차로 터널 등은 별도의 설계가 필요하며, 제시된 개선안은 대상 터널의 지형, 토질, 교차단면 및 시공조건 등에 따라 차이가 있으므로 설계적용 시에는 3차원수치해석방법 등을 적용하여 안정성을 검증하고 지형 및 토질조건 등이 특수한 경우에는 해석결과에 따라 별도의 본선교차부 보강방법을 강구.

3) 피난연락갱은 부득이한 경우를 제외하고는 설치간격 등을 기준에 맞게 조정하여 양호한 암질구간에 위치토록 설치함이 바람직함.

〈해설표 11.3.2〉 피난연결통로 확폭부 보강 예(한국도로공사)

구분	암반등급	굴착	숏크리트	R/B		격자지보
				시스템	보강	
RP-1	I	전단면 (3.5/3.5m)	강섬유 8cm	종 2.0m 횡 2.0m L=3.0m	종 2.0m 횡 2.0m L=3m	–
	II					
RP-2	III	전단면 (2.0/2.0m)	강섬유 12cm	종 2.0m 횡 1.5m L=4.0m	종 2.0m 횡 1.5m L=4m	50×20×30 간격 : 2.0m
RP-3	IV	반단면 (1.5/3.0m)	강섬유 16cm	종 1.5m 횡 1.5m L=4.0m	종 1.5m 횡 1.5m L=4m	70×20×30 간격 : 1.5m

주1) RP-1A ⇨ RP-1, RP-1B ⇨ RP-2, RP-2A ⇨ RP-3 으로 표기.
주2) 굴착장은 본선 우선 굴착 시 굴착장이며, 굴착방법 등 현지여건에 따라 변경 가능.
주3) 격자지보는 강지보로 변경 가능.
주4) 부득이하게 암반IV등급에 피난연락갱이 설치되는 경우에는 다른 지보패턴에 비해 변위가 상대적으로 크고, 본선 굴착 후 숏크리트응력 및 록볼트축력이 지반물성치에 따라 설계허용값을 초과하는 경우가 발생되어 세부 보강방안이 필요하므로 본 검토안에서는 제외.

■ 참고문헌 ■

1. 김승렬(2004), 도시철도기술자료집(3) 『터널』, 서울특별시 지하철건설본부, p.149

2. 일본도로공단(1997), 『도로설계요령』

3. 한국도로공사(2002), 도로설계요령 제4권 『터널』, pp.212-218

4. 한국도로공사(2007), 「터널피난 연락갱 설치구간의 본선 교차부 굴착보강방안」, 기술심사실-1640

12 연직갱 및 경사갱

12 연직갱 및 경사갱

12.1 설계일반

12.1.1 연직갱의 설계는 연직이거나 연직에 가까운 터널에 적용하여야 한다.

∷ 해설 ∷

터널공사 또는 광산 등에서 본터널과 연결되도록 연직방향으로 굴착한 터널을 연직갱이라 하며 연직갱의 설계 관련기준에 따라 설계하여야 한다. 연직갱은 본터널 양방향으로 버력반출, 자재반입 등의 굴착작업을 할 수 있도록 일정한 거리를 두고 〈해설그림 12.1.1〉과 같이 계획할 수 있다. 본터널을 TBM 으로 굴착하는 경우 TBM이 출발하는 연직갱은 발진연직갱, 굴착완료 후 해체하는 연직갱은 도달연직갱이라 한다.

12.1.2 경사갱의 설계는 경사진 터널에 적용하여야 한다.

∷ 해설 ∷

경사방향으로 굴착한 경사진 터널을 경사갱이라 하며 경사갱의 설계관련기준에 따라 설계하여야 한다. 경사갱은 본터널 양방향으로 버력반출, 자재반입 등의 굴착작업을 할 수 있도록 일정한 거리를 두고 〈해설그림 12.1.2〉와 같이 계획할 수 있다.

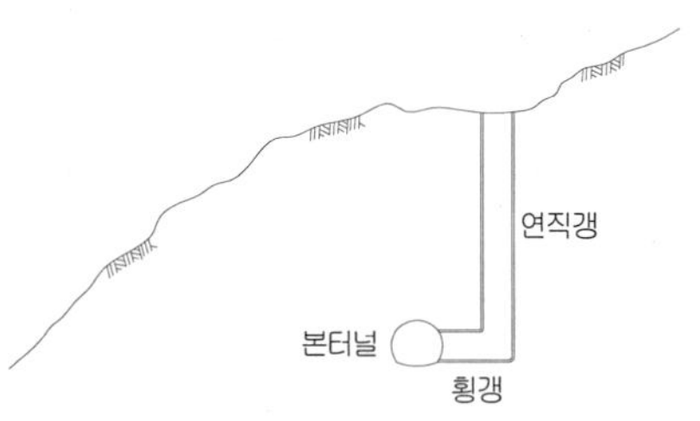

〈해설그림 12.1.1〉 연직갱의 정의

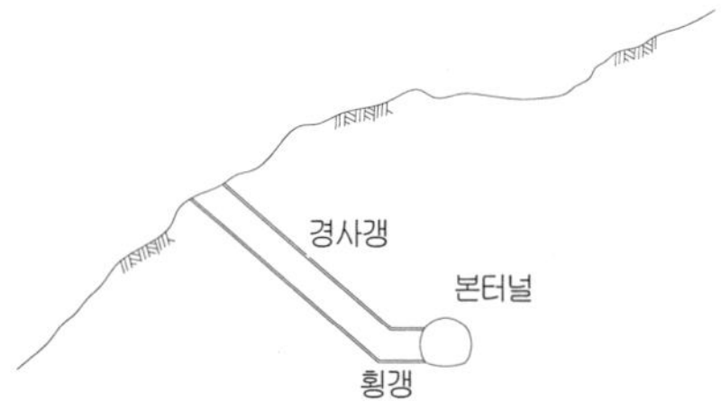

〈해설그림 12.1.2〉 경사갱의 정의

12.1.3 연직갱 및 경사갱의 설계 시에는 다음 사항을 고려하여야 한다.

(1) 연직갱 및 경사갱의 설계 시에는 사전에 충분한 지반조사를 실시하여 지반의 상태 및 특성을 파악하고 이를 설계에 반영하여야 한다.

(2) 연직갱에서는 특수한 작업기계를 사용하게 되므로 지형 및 지반조건에 적합한 장비를 선정하여 제시하여야 하고, 지하수 유입에 대비하여 안정성, 시공성을 충분히 고려한 계획을 세워야 한다. 특히, 동절기 시공 중 지표부근의 누수로 인한 고드름 및 기타 낙하물에 대한 안전대책을 사전에 강구하여야 한다.

(3) 연직갱을 작업용으로 사용하고 공사완공 후 타 목적으로 전용하지 않는 경우에는 터널 본체 및 지표에 영향을 미치지 않도록 보강, 폐쇄, 매립 등의 적절한 방안을 제시하여야 한다.

(4) 경사갱의 설계 시에는 용도, 지반조건, 버력 및 기자재의 반출입, 터널내부설비, 측량, 시공, 유지보수, 점검 시의 안정성 등을 충분히 고려하여 위치, 유효단면, 기울기, 수평부의 연장, 수평분기점의 위치, 본터널과의 교차각도 등을 정하여야 한다.

(5) 경사갱 수평부의 연장은 터널내부설비 외에 측량의 정도, 버력설비, 차량의 교체작업 등을 고려하여 정하여야 한다.

(6) 경사갱과 본터널과의 교차각도는 직각을 표준으로 하되 연결부의 구조, 시공성, 차량의 선회반경 등 운행조건을 고려하여 교차각도를 별도로 정할 수 있다.

(7) 연직갱 및 경사갱의 위치는 용도, 지반 및 지형조건, 유입 지하수, 연장 및 유지관리를 고려하여 경제적으로 유리한 장소를 선정하여야 한다. 유지관리하여야 할 연직갱의 경우에는 인력 및 장비수송용 승강기를 연직갱 내에 설치하여야 하며, 심도에 따른 안전대책을 수립하여야 한다.

(8) 연직갱 및 경사갱을 작업용으로 사용하는 경우에는 본터널과 연결되는 갱저설비의 배치, 측량, 완성 후의 처리 등을 고려하여 위치를 선정하여야 한다.

(9) 연직갱 및 경사갱을 환기, 배수, 비상용 통로 등 본설비로 사용하는 경우에는 향후 지하시설의 확장에 대비하여 위치를 선정하여야 하며, 갱에서 배출되는 오염물질이 주변환경에 미치는 영향을 검토하여야 한다.

(10) 연직갱 및 경사갱의 굴착대상인 지층에 대수층이 있거나 유입 지하수가 많을 것으로 예상되는 경우에는 지하수위 저하, 지수, 지반강화 등의 보조공법을 계획하여야 한다.

❁ 해설 ❁

가. 지반조사

연직갱이나 경사갱은 터널 전체의 공사비나 공기에 큰 영향을 미치므로 설계단계에서 사전조사를 충분히 수행하여 적정 위치 및 공법을 선정하여야 한다. 연직갱이나 경사갱 설계 시의 지반조사 항목은 본터널의 지반조사 항목과 기본적 차이는 없다. 다만, 연직갱은 연직시추 조사를 통하여 전구간의 지반조건을 파악할 수 있으므로 특별한 제한조건이 없는 한 연직갱 위치는 연직시추를 수행할 필요가 있다.

나. 연직갱 설계 시 고려사항

연직갱에서는 RBM(Raise Boring Machine), RC(Raise Climber) 등 특수한 굴착방법을 사용할 수 있으므로 지상지형, 지반조건, 작업여건 등을 고려하여 적합한 장비를 선정하여야 한다. 연직갱에서 사용하는 특수장비와 관련된 내용은 12.2.2절을 참조한다.

연직갱에서는 지하수 유입에 대비하여 일정한 간격으로 배수시설을 계획하여야 한다. 굴착 중 누출되는 지하수는 일반적으로 숏크리트 결함부나 콘크리트 흙막이벽의 시공이음부에서 발생하는 경우가 많다. 따라서, 연직갱 내벽에 20~30m 간격으로 집수시설을 계획하고 용수량에 따라 그 규모를 달리하여야 한다. 〈해설그림 12.1.3〉은 운영 중 배수를 위한 설계 예를 나타내고 있다(코오롱건설, 2002).

동절기 시공 중 용수가 있는 연직갱에서는 시공이음부의 누수로 인해 연직갱 측벽에 고드름이 발생할 수 있다. 고드름은 환기용 연직갱의 통기단면을 감소시키거나 융해 시 낙하하여 갱내설비의 손상이나 안전사고를 야기할 수 있다. 따라서, 이러한 문제를 방지하기 위해 지수판과 표면배수공 등을 이용하여 확실한 배면용수 처리를 계획하는 것이 중요하다.

시공 중 지표나 상부로부터 공구, 잡석 등의 낙하물에 의한 안전사고 및 바닥설비 파손 가능성이 있으므로 지상에는 안전펜스를 설치하고 갱내에는 일정한 높이의 간격으로 갱벽주변에 안전망 등을 설치하여야 한다.

터널연장이 길어 공기단축을 위해 작업용 연직갱을 계획하는 경우가 있다. 작업용 연직갱을 장기적으로 방치하게 되면 지반이완 등으로 인하여 터널 본체 및 지표면에 영향을 미칠 수 있으므로 시공성 및 경제성을 고려한 운영 중 활용계획을 세운 후 영구보강을 하거나 폐쇄, 매립 등의 적절한 조치를 취해야 한다. 예를 들어 숏크리트 및 록볼트 등의 지보재를 추가 보강하는 방법, 토사, 암버력, 버림콘크리트로 되메우는 방법, 콘크리트라이닝을 타설하는 방법 등을 검토할 수 있다.

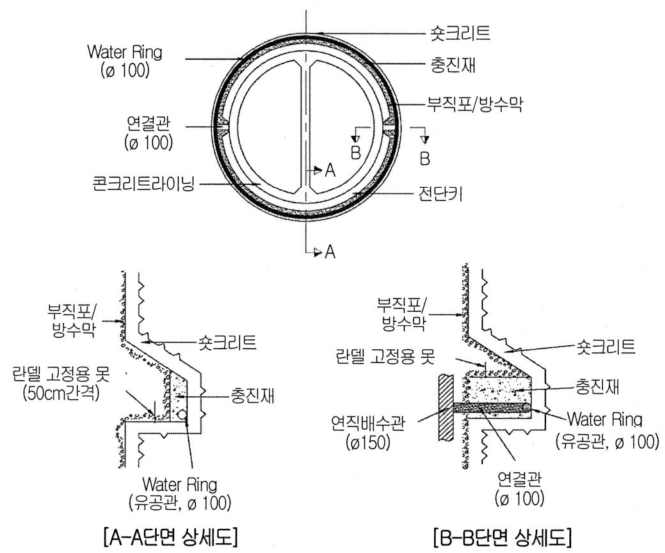

〈해설그림 12.1.3〉 연직갱 운영 중 배수공설치 예

다. 경사갱 설계 시 고려사항

경사갱 설계 시에는 경사갱의 위치, 유효단면, 기울기, 수평부의 연장, 수평분기점의 위치, 본터널과의 교차 각도 등을 결정하여야 한다. 이때, 공사용, 환기용, 대피통로용과 같은 경사갱의 용도, 지반조건, 버력 및 기 자재의 반출입방법, 터널내부설비의 종류 및 규모, 측량방법, 시공방법, 유지보수 편의, 점검 시의 안정성 등 다양한 제반조건을 충분히 고려하여야 한다. 자세한 내용은 '12.3 경사갱의 설계'를 참조한다.

경사갱과 본터널의 교차각도는 차량의 운전 및 연결부의 안정성 확보 측면에서 직각으로 하는 것이 가장 유 리하다. 그러나, 부득이하거나 필요한 경우 교차각도를 별도로 정할 수 있다. 이때는 교차부의 터널안정성 확 보를 위한 숏크리트 두께증가, 록볼트 간격축소 및 길이 증가, 콘크리트라이닝 철근보강 등의 추가적인 보강대책 을 검토하여야 한다. 〈해설그림 12.1.4〉는 경사갱과 본터널과의 교차각도에 따른 보강범위를 나타내고 있으며 지반조건 및 단면크기에 따라 보강범위는 조정될 수 있다(한국도로공사, 2000).

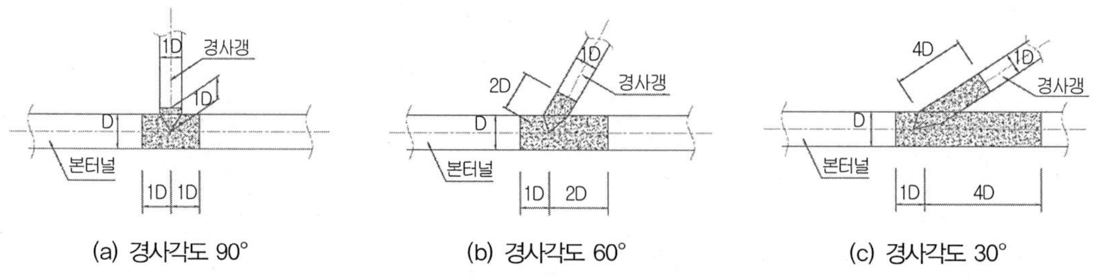

〈해설그림 12.1.4〉 경사갱과 본터널 교차각도에 따른 보강범위 예

라. 연직갱 및 경사갱의 위치선정

연직갱 및 경사갱의 위치는 터널 전체의 공사기간 및 공사비에 미치는 영향이 크므로 위치선정 시 신중한 검토가 필요하다. 기본적으로 시공성, 경제성, 유지관리 면에서 연직갱의 깊이 및 경사갱의 길이는 가급적 짧게 되도록 적정위치를 선정하되 지반조건, 환경조건, 지형조건, 민원 등을 고려하여야 한다. 특히, 연직갱과 경사갱은 운영 중 홍수 시 지표수 유입경로가 되어 본선터널의 침수사고를 유발할 수 있으므로 주변지역의 홍수위에 대비하여 안전한 위치에 계획되어야 한다. 경사갱의 경우에는 상향굴착이 가능한 위치를 선정할 경우 공사 중 배수가 용이하고 운영 중 침수방지에 큰 도움이 된다.

환기용 연직갱 및 경사갱은 오염된 공기가 지속적으로 배출되므로 민원 및 주변환경에 미치는 영향을 검토하여 영향이 최소화되는 위치에 설치하여야 하며, 대기오염물질 저감시설을 설치하는 방안을 검토하여야 한다. 연직갱 및 경사갱을 작업용으로 사용하는 경우에는 갱구 작업부지 확보, 진입도로 개설여부, 주변 주거지역의 민원 등을 검토하여야 한다. 연직갱 및 경사갱을 환기, 배수, 비상용 통로 등 본설비로 사용하는 경우에는 향후 교통량의 증가 등으로 인하여 본터널 확장 시 간섭영향이 없는 위치를 선정하여야 한다.

〈해설표 12.1.1〉은 연직갱과 경사갱을 작업용으로 사용하는 경우를 개략적으로 비교한 것이다(일본토목학회, 1994).

〈해설표 12.1.1〉 작업용 연직갱 및 경사갱 비교

비교항목	연직갱	경사갱
연장	짧다	길다
운반시간	짧다	길다
버력반출 능력	느리다	빠르다
측량	정밀도가 낮다	정밀도가 높다
출수영향	크다	작다
안전관리	중요(낙하대책)	중요(탈선, 급주행대책)

마. 지하수처리대책

시공 중 연직갱이나 경사갱 내로 유입되는 지하수가 많을 경우에는 지반의 연약화에 따른 안정성 저하뿐만 아니라 배수설비의 증가 및 작업환경의 저하로 인하여 시공성 및 경제성이 매우 불리해진다. 따라서, 굴착대상 지층에 대수층이 있거나 유입 지하수가 많을 것으로 예상되는 경우에는 지하수위 저하, 차수, 지반강화 등의 보조공법을 계획하여야 한다.

공사 중 지하수위 저하공법에는 심정(deep well), 선행배수공 등이 있으며, 지수 및 지반강화공법에는 다양한 재료를 지반 내에 주입하는 주입공법과 지반 내에 천공 후 액체질소와 같은 냉각제를 흐르게 하여 지반을 동결시켜 차수 및 강도증진을 목적으로 하는 동결공법 등이 있다(일본토목학회, 1994).

심정은 투수성이 양호한 지반에서 양수량이 많아 단기간에 지하수위 저하가 필요한 경우에 적용한다. 선행배수공은 깊은 심도에서 하부에 보조터널이 위치하여 선행배수공에서 발생하는 용수의 강제배수가 필요 없는 경우에 많이 사용된다.

주입공법은 지반 내의 공극, 암반균열 등에 주입재를 충전하여 지반고결 및 지수, 이완된 지반의 보강으로 짧은 기간 동안 지하수 유입을 차단하여 지반의 역학적 특성을 개선하고 지하수압을 경감시키는 효과가 있다. 동결공법은 주입공법에 비해 비교적 균일한 지반개량효과를 얻을 수 있고 신뢰성이 높으며 환경오염이 없는 공법이나 공사비가 고가이고 유속에 제한을 받으며 국내 적용실적이 적은 점을 고려할 필요가 있다.

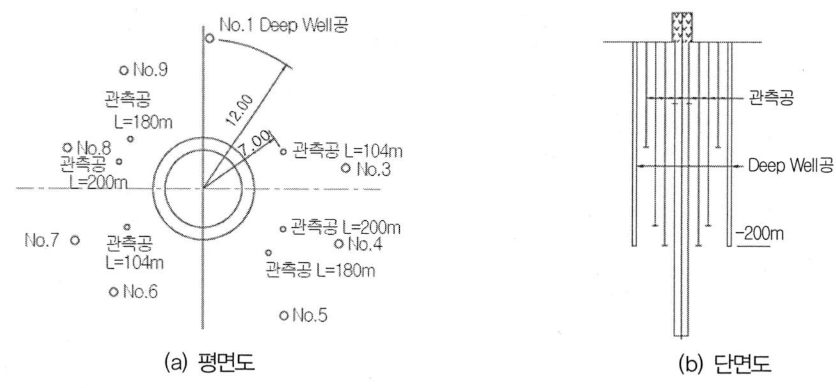

(a) 평면도   (b) 단면도

〈해설그림 12.1.5〉 심정(Deep well) 예

12.2 연직갱의 설계

12.2.1 연직갱의 단면 결정 시 다음 사항을 고려하여야 한다.

(1) 연직갱의 단면은 용도에 따른 소요내공단면, 시공방법, 연직갱 내에 설치될 모든 설비의 배치, 반입 기자재의 크기, 지반조건 등을 종합적으로 고려하여 그 크기와 형상을 정하여야 한다.

(2) 도로터널의 환기용 연직갱은 터널 내의 소요환기량을 충분히 확보할 수 있는 단면적을 확보하여야 한다. 연직갱의 단면은 연직갱 내 풍속이 20m/sec 이하로 되는 단면으로 결정하여야 한다.

(3) 도로, 철도터널 등의 작업용 연직갱의 설계 시에는 케이지(cage), 스킵(skip) 등의 버력처리 설비 및 배수관, 환기관, 급기관, 각종 배선류, 비상계단 등의 설치와 반입 기자재의 크기 등을 종합적으로 검토하여 단면을 결정하여야 한다.

(4) 지보설치 후의 연직갱 유효단면은 지하시설 건설공사를 가장 경제적으로 수행하기 위한 시간당 버력, 인원, 소요자재 운반량과 반입될 장비, 설비의 크기, 시간당 환기량과 각종 설비, 지반조건을 고려하여 결정하여야 한다.

❖❖ 해설 ❖❖

가. 연직갱의 크기와 형상

연직갱의 크기와 단면형상은 용도에 따라 필요한 내공단면, 라이닝 두께와 같은 목적구조물 측면과 시공방법, 시공을 위한 기계설비의 크기와 같은 시공측면을 종합적으로 검토하여 결정해야 한다.

연직갱의 단면형상에는 일반적으로 원형단면이 채택되고 있지만 이 밖에도 〈해설그림 12.2.1〉과 같이 사각형, 타원형과 이것들을 조합한 형상 등의 시공 예도 있다. 연직갱의 형상은 심도가 깊을 때는 지반압을 고려하여 원형이 유리하고 얕은 경우에는 사각형이 유리하다(일본토목학회, 1994).

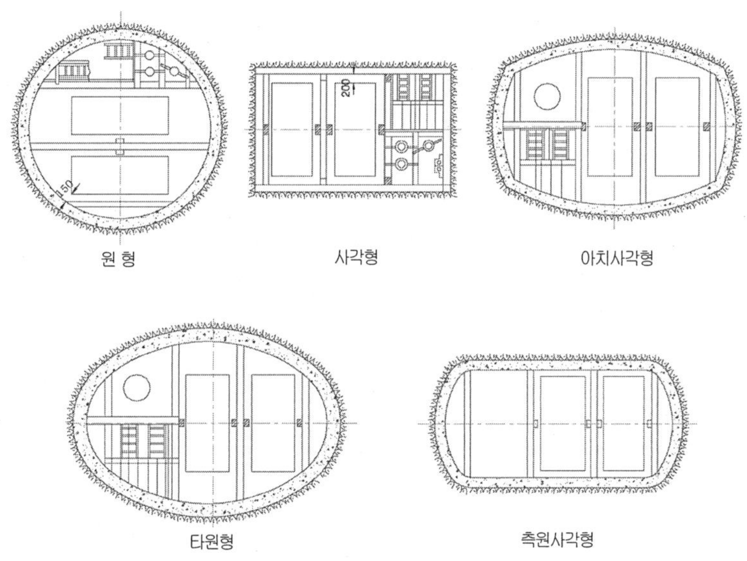

〈해설그림 12.2.1〉 연직갱의 단면형상 예

나. 환기용 연직갱의 크기 및 설비

환기용 연직갱은 터널연장이 길어 터널 내부에 신선공기 공급 및 오염공기 배출이 필요한 경우에 설치 계획한다. 연직갱단면은 소요환기량을 충분히 만족하는 풍도단면과 라이닝 두께를 확보할 수 있도록 계획되어야 한다. 또한 환기용 연직갱은 내부를 격벽으로 구분하여 급기 및 배기구로 사용하고 있는 예(〈해설그림 12.2.2〉(a) 참조)가 많다(장은식 등, 2000).

환기용 연직갱 내 풍속은 풍도구조물 안정성, 운전효율, 등을 고려하여 일반적으로 20m/sec 이하로 제한된다. 연직갱 단면크기는 형상요소에 따라 영향을 받으나 초당 소요공기량을 풍속으로 나누면 개략적으로 구해진다.

급기구에는 전기, 통신, 급수와 같은 케이블 및 각종 관로가 설치될 수 있다. 또한 환기구에는 유지관리를 위한 계단, 사다리, 엘리베이터 등이 설치될 수 있다. 이러한 경우에는 환기구 내 설비설치로 인한 단면손실을 고려하여 풍도단면을 계획하여야 한다.

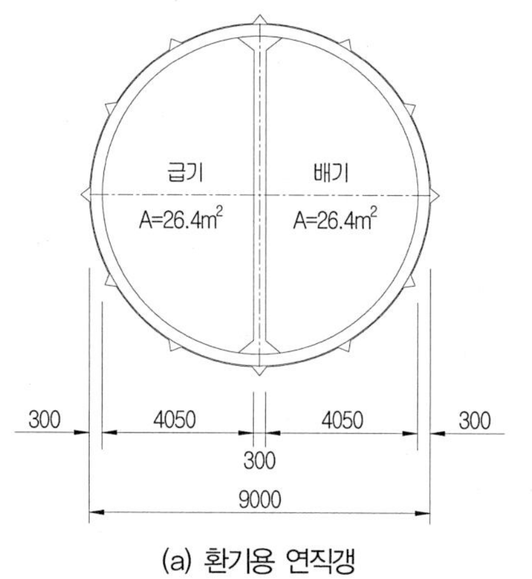

(a) 환기용 연직갱

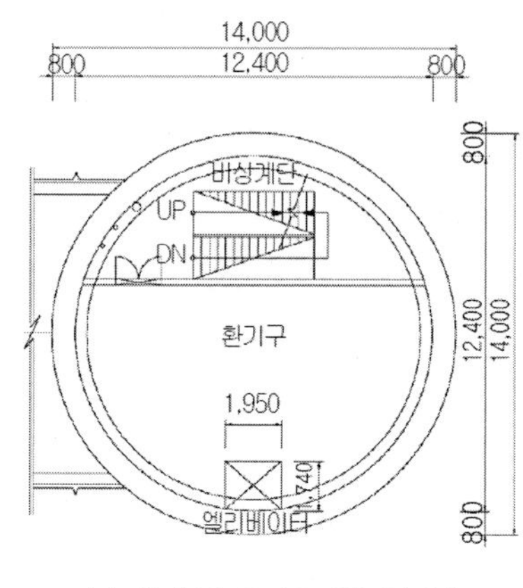

(b) 환기 및 유지관리용 연직갱

〈해설그림 12.2.2〉 환기 및 유지관리용 연직갱의 단면 예

다. 작업용 연직갱의 크기

　도로, 철도터널 등의 작업용 연직갱에서는 본터널굴착 시의 버력을 처리하기 위한 버력처리설비와 배수관, 환기관, 급기관, 각종 배선류, 비상계단 및 반입 기자재의 크기를 종합적으로 고려한 단면이 필요하다.

　연직갱의 버력처리설비에는 〈해설그림 12.2.3〉과 같이 케이지(cage)와 스킵(skip)이 있는데 케이지는 주로 자재 반출입용 또는 작업자 출입용으로 사용되고 스킵은 연직갱이 깊은 경우 버력반출용으로 사용된다. 연직 갱이 얕은 경우에는 크레인에 버켓을 매달아 사용하는 예가 많다.

(a) 케이지(cage)

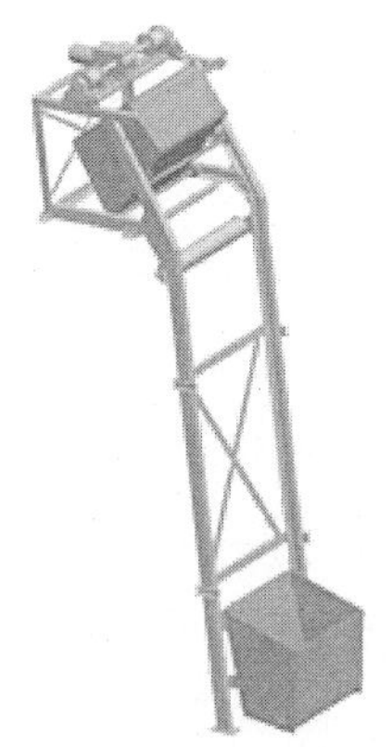

(b) 스킵(skip)

〈해설그림 12.2.3〉 연직갱 버력처리설비 예

한편, 본터널에서 발생되는 버력의 상차시간을 줄여 버력처리 시간을 단축하거나 콘크리트라이닝 타설을 위한 레미콘차량의 출입을 위해 〈해설그림 12.2.4〉와 같은 카 리프트(car lift)를 사용하는 경우도 있다.

작업용 연직갱의 최소내경은 상기한 필요설비와 기자재 반입을 고려하면 일반적으로 6.0m 정도가 필요하다. 〈해설그림 12.2.5〉는 작업용 연직갱의 단면계획 예를 나타내고 있다.

〈해설그림 12.2.4〉 카 리프트(car lift) 예

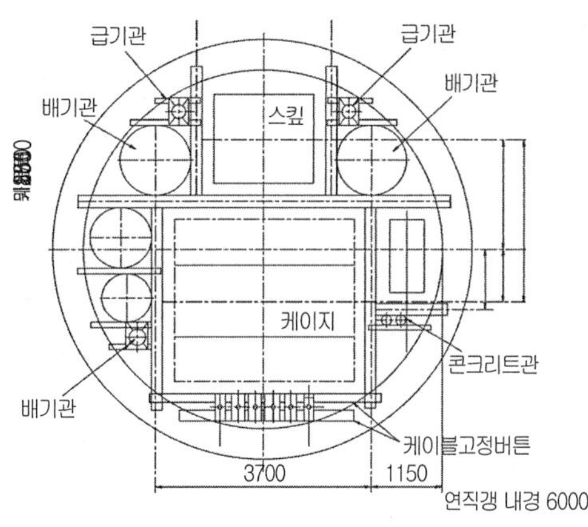

〈해설그림 12.2.5〉 작업용 연직갱 예

지보설치 후 연직갱의 유효단면은 각종 전기 및 기계시설과 같은 지하시설건설공사와 도시철도터널의 궤도건설공사 등을 가장 경제적으로 수행할 수 있도록 반입될 장비 및 설비의 크기를 고려하여 결정한다. 또한, 콘크리트라이닝 내측의 운영 중 유효단면의 크기는 환기용량 및 각종 설비배치를 고려하여 결정한다.

12.2.2 연직갱의 굴착설계는 다음 사항을 고려하여야 한다.

  (1) 연직갱의 굴착공법은 전단면하향굴착, 전단면상향굴착, 선진도갱확대굴착으로 구분되며 연직갱의 용도, 심도, 단면크기, 지반조건, 입지조건, 공사기간, 공사비 등을 종합적으로 검토하여 적절한 굴착공법 및 버력반출방법 등을 선정하여야 한다.

  (2) 굴착방법으로서 인력 또는 발파방법 외에 기계굴착방법도 고려할 수 있다.

  (3) 연직갱 내 발파계획 시 지반조건, 지하수위, 굴착단면의 크기, 암질, 굴진장 등을 고려하여 수립하여야 한다.

❖ 해설 ❖

가. 굴착공법

연직갱의 굴착공법은 전단면하향굴착, 전단면상향굴착, 선진도갱확대굴착으로 구분된다.

1) 전단면하향굴착공법

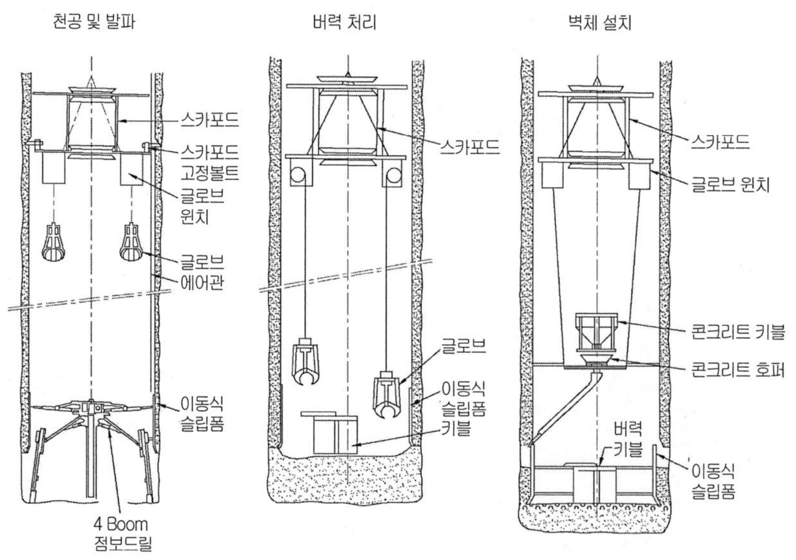

〈해설그림 12.2.6〉 콘크리트 흙막이 벽체를 타설하는 전단면하향굴착공법의 예

전단면하향굴착공법은 수평으로 된 본터널을 시공하기 위한 작업용 연직갱굴착 시 가장 일반적으로 적용되는 굴착공법이다. 주요 시공법은 천공, 장약, 발파, 버력반출, 지보설치 또는 콘크리트 타설을 상부에서 하부로 순차적으로 설치하는 방법이다. 연직갱 벽면의 안정성을 고려하여 콘크리트 흙막이 벽체와 같은 지보재를 지반조건에 따라 굴착 즉시 설치하거나 굴진면이 일정거리를 진행한 후 지보재 설치 및 굴착을 반복할 수 있다. 일반적으로 지반조건이 불량한 경우에는 1.0~2.5m 깊이로 굴착 후 지보재를 설치하고, 지반조

건이 양호한 암반지반에서는 지보재로 숏크리트와 록볼트를 이용하는 발파공법으로 굴착을 완료한 후 콘크리트라이닝을 타설하는 방법이 많이 사용되고 있다. 전단면하향굴착공법에 의해 굴착 시 버력반출방법은 주로 케이지, 스킵 또는 카리프트를 적용하며, 깊이가 깊은 경우에는 연직갱용 컨베이어시스템을 적용할 수 있다(일본토목학회, 1994).

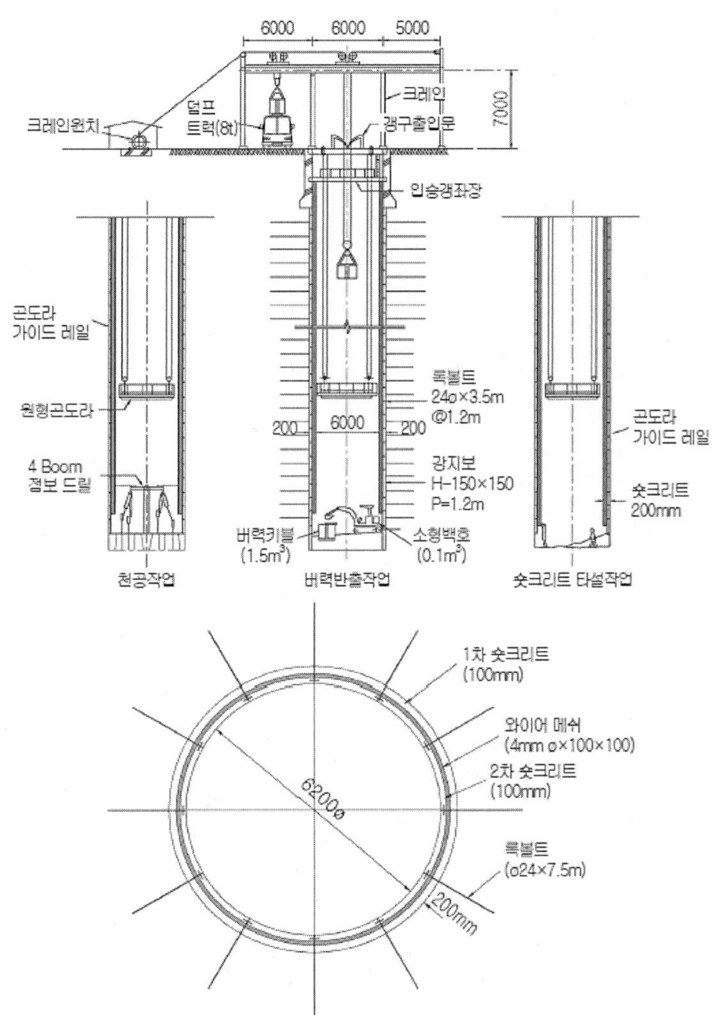

〈해설그림 12.2.7〉 숏크리트 및 록볼트를 이용한 전단면하향굴착공법의 예

2) 전단면상향굴착공법

전단면상향굴착공법은 RC(Raise Climber)공법, RBM(Raise Boring Machine)공법, 스테이지컷발파(stage cut blasting)공법 등이 있다. 전단면상향굴착공법은 전용대차를 이용하여 상향으로 발파굴착하는 공법으로

자유낙하하여 연직갱 바닥에 쌓인 발파버력을 운반 및 배출한다. 이 공법은 상부로 버력을 반출하는 하향굴착공법과는 달리 연직갱 내부에 버력운반설비가 불필요하다. 반면에 상향으로만 굴착이 가능하므로 굴진면 내에서의 분할굴착은 곤란하여 지반조건이 불량한 경우에는 적용이 곤란하여 양호한 경암반에서 주로 사용된다.

RC공법은 스웨덴에서 개발된 공법으로서 경암과 같은 양호한 지반을 상향으로 굴착하는 공법이다. 또한, 궤도를 이용하여 상하로 이동이 가능한 대차를 사용하여 상향으로 천공, 장약, 발파 후 바닥에 쌓인 버력을 하부의 수평터널을 이용하여 외부로 반출하는 공법이다. 적용 가능한 연직갱의 직경 3m 정도까지 한번에 굴착이 가능하고, 연직갱의 심도는 디젤전동식의 경우 약 300m, 공압동력식의 경우 약 200m까지 시공이 가능하나 일반적으로 100~200m가 적당하다(일본토목학회, 1994).

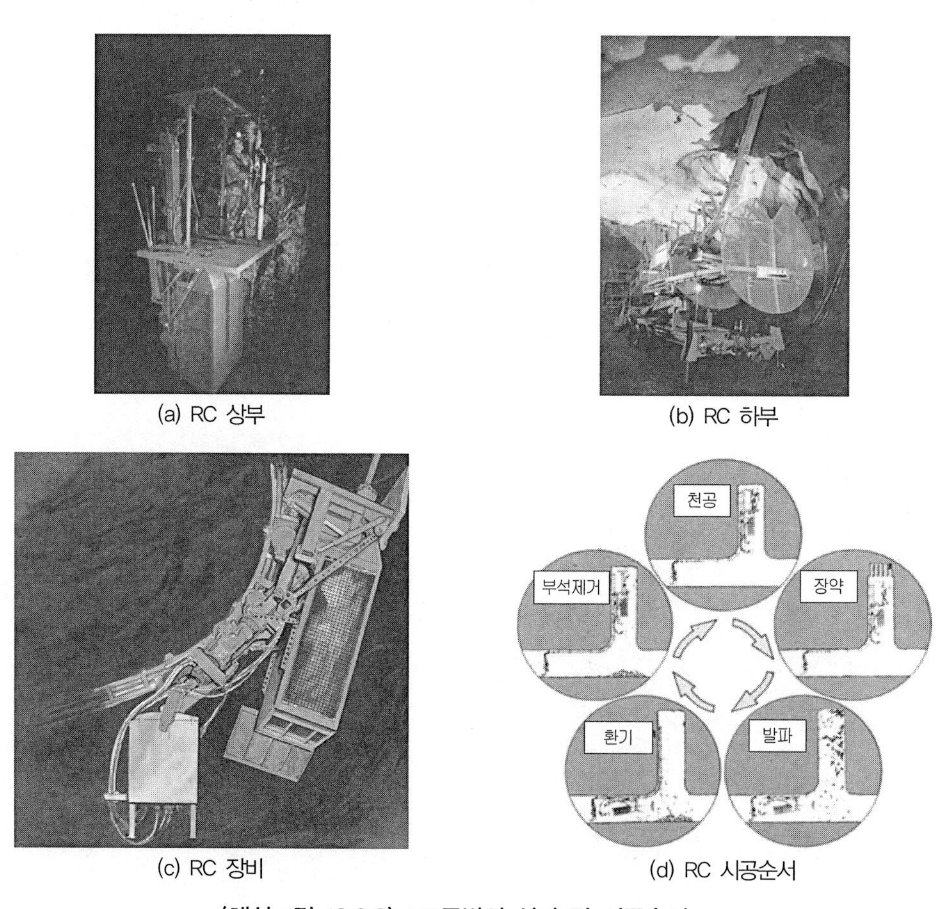

〈해설그림 12.2.8〉 RC공법의 설비 및 시공순서

연직갱굴착에 사용되는 기계굴착장비로는 RBM이 있다. 이 공법은 크기가 작은 연직갱굴착이나 선진도갱 확대굴착공법 적용을 위한 도갱굴착에 주로 사용된다. 상부로부터 약 300mm 정도의 크기로 유도공을 천공하여 하부터널로 관통 후 하부에 리머(reamer)를 부착하여 상향굴착하는 공법이다. 일반적으로 굴착직경은 2.0~3.0m이며 최대 6m의 굴착직경까지 굴착 가능하다. 굴착심도는 약 400m 정도가 한계이나, 국내에서는 예천양수발전소 연직갱굴착 시 회전식 연직천공시스템(RVDS, rotary vertical drilling system)을 사용하여 직경 2.4m로 굴착깊이 530m를 연직편차 0.03%의 정밀도로 시공한 사례가 있다. 대만의 고속도로 환기용 연직갱 설치를 위해서 직경 6.0m, 깊이 510m를 시공한 사례가 있으며, 세계적으로는 최대직경 7.1m, 최대굴착깊이 1,260m의 시공사례가 있다. 지반조건이 불량한 경우에는 케이싱을 삽입하는 경우도 있지만 파쇄대 등 지반조건이 연약한 경우에는 적용이 곤란하다. 이 공법은 갱내에 사람이 들어가지 않으므로 안전성이 높고 굴착효율도 높은 공법이다. 〈해설그림 12.2.9〉는 RBM 장비 사진과 굴착순서를 나타내고 있다.

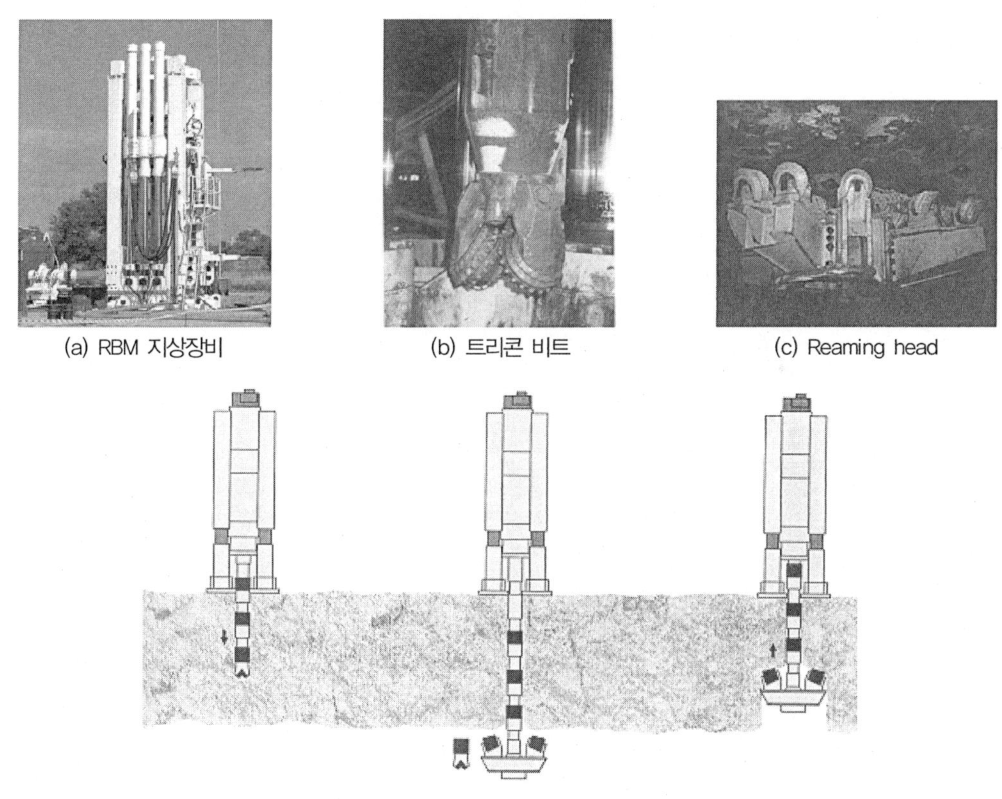

〈해설그림 12.2.9〉 RBM 장비 및 시공순서

스테이지컷발파공법은 연직갱 상부로부터 하부 수평터널로 천공 후 상부로부터 폭약을 장전하고 하부로부터 1.5~5.0m로 분할하여 발파하는 공법이다(〈해설그림 12.2.10〉 참조). 이 공법은 연직갱 상부에서 작업을 수행하므로 연직갱 하부로 사람이 들어가지 않는 안전한 공법이다. 그러나 연직갱 심도가 깊은 경우 상부에서의 천공연직도 관리가 매우 중요하다. 천공연직도 관리를 통한 양호한 발파효과를 얻을 수 있는 50~60m가 한계로 알려져 있다. 이 공법은 매끄러운 굴착벽면을 얻기 곤란한 단점이 있다.

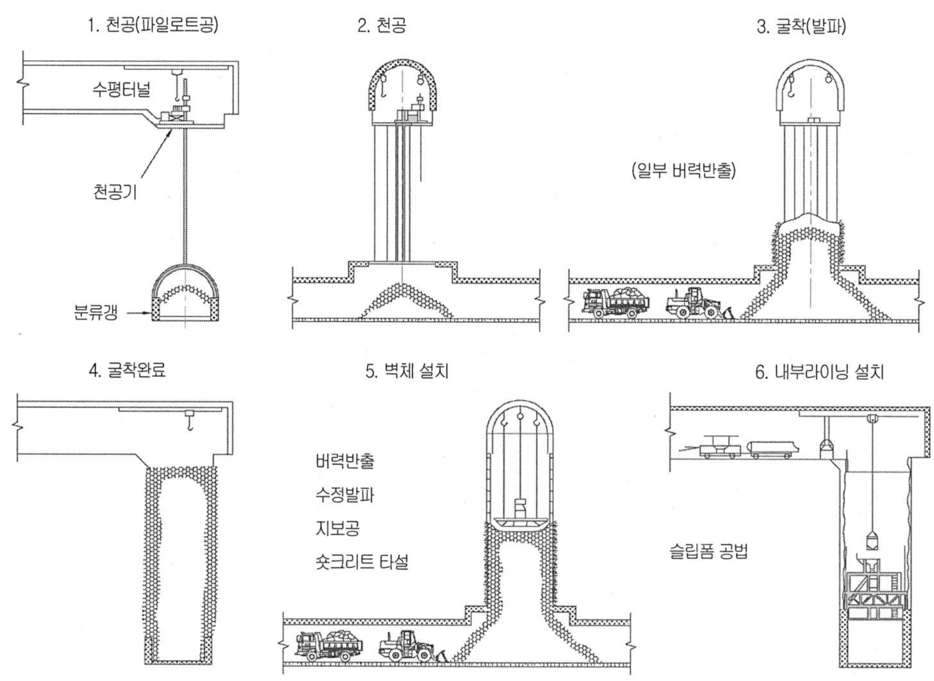

〈해설그림 12.2.10〉 스테이지컷발파공법 시공순서

3) 선진도갱확대굴착공법

선진도갱확대굴착공법은 연직갱의 본단면보다 작은 단면의 연직선진도갱을 굴착한 후 본단면을 확대굴착하면서 발생한 암버력을 선진도갱을 통하여 하부의 수평터널로 자유낙하시켜 외부로 배출하는 공법이다. 또한, 선진도갱을 굴진면 환기 및 배수공으로 이용할 수 있다. 본 공법은 버력을 하부로 자유낙하시켜 처리하므로 권양설비가 작아도 되므로 경제적인 공법이다. 그러나, 선진도갱의 시공 가능한 한계높이는 약 200m이다. 또한, 도갱을 통하여 다량의 암버력을 낙하시키므로 지반조건이 불량한 경우에는 도갱벽면이 붕괴될 수 있으므로 도갱벽면에 강관케이싱을 삽입하는 경우도 있다. 일반적으로 도갱굴착에는 RC공법이나 RBM공법이 많이 사용된다(일본토목학회, 1994).

전단면상향굴착공법 및 선진도갱확대굴착공법은 수평으로 된 본터널의 굴착 후 적용 가능한 공법으로 환기용 연직갱이나 유류비축기지의 연직갱 시공 등에 적용되는 공법이다.

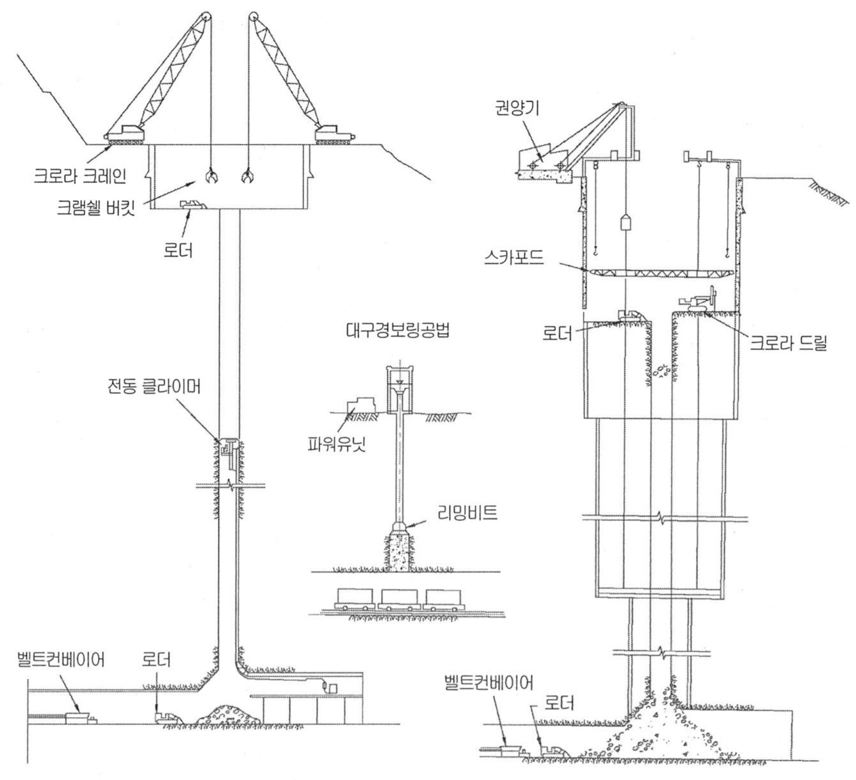

〈해설그림 12.2.11〉 선진도갱확대굴착공법 시공개요

나. 굴착방법

굴착방법으로 인력 또는 발파방법 외에 기계굴착방법도 고려할 수 있는데, 〈해설표 12.2.1〉은 연직갱굴착방법의 장단점을 나타내고 있다.

연직갱굴착에 사용되는 기계장비로는 앞에서 기술한 RBM 외에 연직갱용 Shield와 TBM장비도 있지만 많이 사용되지는 않는다. 최근에는 VSM(Vertical Shaft Sinking Machine)을 이용한 하향굴착공법이 개발되어 선진도갱확대굴착이나 전단면하향굴착공법에 적용되고 있다. VSM은 〈해설그림 12.2.12〉와 같이 고정된 위치에서 직경 5~33m, 깊이 33m까지 굴착 가능한 연직갱용 로드헤더를 부착한 장비로 최대 160m 깊이까지 굴착 가능한 것으로 알려져 있다(www.herrenknecht.com).

〈해설표 12.2.1〉 연직갱굴착방법 비교

구분	일반 하향발파굴착	RC	RBM
굴착방법	• 운반기계+인력천공의 하향발파굴착	• 운반기계+인력천공의 상향발파굴착	• 전단면 기계식상향굴착
보강	• 굴착과 동시에 라이닝 타설 가능	• 굴착 중 보강 불가능	• 굴착 중 보강 불가능
지수	• 가능	• 불가능	• 불가능
적용지반	• 토사~극경암(제한 없음)	• 연암~경암(양호한 암반)	• 연암~경암(양호한 암반)
적용성	• 굴착단면 : 제한 없음 • 굴착심도 : 제한 없음 • 주로 수평갱이나 짧은 연직갱(도시철도, 통신분기구 등)의 굴착에 적용	• 굴착단면 : 2.0m×2.0m (3.0m×3.0m까지 가능) • 굴착심도 : 100~400m (200m 내외가 최적) • 30~90°의 범위의 연직도 유지 가능 • 사갱굴착 가능 • 파쇄대 시공 곤란	• 굴착단면 : ϕ2.0~6.0m • 굴착심도 : 100~400m (200m 내외가 최적) • 모든 굴착이 가능하나, 사갱굴착 시 천공정밀도 유지를 위한 정밀기술 필요
안전성	• 양호	• 불량	• 양호
공사기간	• 가장 김	• 짧음	• 가장 짧음
시공성	• 암반강도 영향 작음 • 문제발생 시 대처 용이 • 굴착 및 보강의 동시 시공 가능 • 장공굴착이 가능 • 버력처리에 시간이 많이 소요되어 공사기간이 김 • 용수발생에 대비한 사전 대책이 필요 • 소구경 연직갱굴착 거의 불가	• 문제점 발생 시 대처 용이 • 암반의 강도가 매우 큰 경우 RBM 공법보다 효율적일 수 있음 • 낙석, 낙반, 용출수 발생 시 매우 불리 • 용출수 발생 시 측량 불가능 • 대심도 경우 사이클 타임이 길다	• 여굴량이 적음 • 버력사이즈가 작아 소형버력처리장비 사용 • 용출수 발생 시 작업가능 • 굴착 중 지반보강 불가 • 천공정밀도를 유지하지 못할 경우 추가 작업 곤란 • 암반강도가 매우 큰 경우 시공효율이 저하 • 지표부 기계기초 필요
경제성	• 버력처리 비용 고가 • 인력굴착으로 인건비 투입 과다 • 부대시설(환기, 급·배수 등) 필요	• 소규모 설비로 초기투자비 저렴 • 장비운반 및 소모품 저렴 • 인건비 투입 비교적 많음 • 부대시설(환기, 급·배수 등) 필요	• 작업효율이 높음 • 인건비 투입이 적음 • 초기투자비가 상대적으로 고가 • 운반비용, 소모품 고가
작업환경	• 작업공간 확보에 크게 구애받지 않음 • 발파 및 진동, 소음이 크므로 안전상 위험을 내포	• 연직갱 상부의 작업공간 확보 곤란 시 적용성 유리 • 하부터널 선굴착 필요 • 발파 시 주변지반 이완으로 낙석, 낙반 등 안전상 불리 • 하향환기로 환기 불량	• 연직갱 내 인원투입이 없어 안전 • 저소음, 저진동공법 • 환기장비 불필요 • 상부 부지확보 필요 • 하부터널 선굴착 필요 • 필요시 헬기운반 가능

(a) VSM 장비

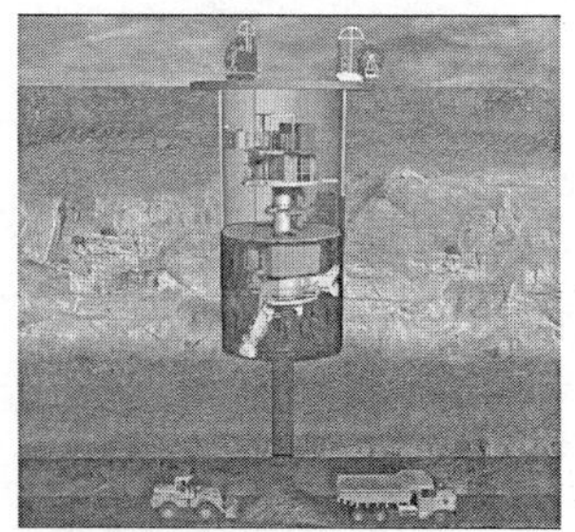

(b) VSM 시공개요도

〈해설그림 12.2.12〉 VSM 장비 및 시공개요도

다. 발파계획

일반적으로 연직갱발파와 수평터널발파의 차이점은 중력방향에 있다. 연직갱의 경우 하향굴착 시는 자유면이 중력방향과 반대방향을 향하므로 단위체적당 보다 많은 화약량을 필요로 한다. 반대로 상향굴착 시는 보다 작은 화약량으로도 효과적인 발파가 가능하다. 이러한 차이점 외에는 수평터널발파계획과 마찬가지로 연직갱 내 발파도 지반조건, 지하수위, 굴착단면의 크기, 암질, 굴진장 등을 종합적으로 고려하여 발파공의 간격이나 깊이를 결정하여야 한다.

한편, 주택가와 인접한 연직갱의 발파 시에는 소음·진동 및 비석에 대한 대책을 수립하여야 한다. 〈해설그림 12.2.13〉은 연직갱 하향발파굴착 시 차음 및 비석방지 매트의 예를 보여주고 있다.

〈해설그림 12.2.13〉 연직갱발파 시 차음 및 비석방지 매트

12.2.3 연직갱지보재의 설계 시 다음 사항을 고려하여야 한다.
　(1) 연직갱지보재는 지반조건, 함수대 유무, 단면형태, 심도, 시공법, 라이닝의 시기 등을 고려하여 안전하고 능률적으로 터널내부작업을 수행할 수 있도록 설계하여야 한다.
　(2) 강지보재의 크기와 간격 결정 시 연직갱단면의 크기 및 지반조건 등을 고려하여야 하며, 지반이 양호한 경우에는 강지보재를 록볼트와 숏크리트로 대체할 수 있다.
　(3) 연직갱지보재의 설계는 '제5장 터널지보재'에서 정하는 바에 따르는 것을 원칙으로 하며, 지반의 급격한 변화, 지하수의 유동성 등을 감안하여 안전측으로 설계할 수 있다.
　(4) 숏크리트의 탈락방지를 위하여 철망이나 섬유보강숏크리트를 사용하여야 한다.

❖❖ 해설 ❖❖

일반적으로 지반이 연약한 경우에는 H-Pile을 지중에 근입 후 타설하는 콘크리트 흙막이 벽체가 주 지보재로 사용된다. 콘크리트 벽체의 일회 타설높이와 두께는 연직갱단면의 크기, 지반조건 등을 충분히 고려하여야 한다. 특히, 지반조건이 불량한 경우에는 측벽붕괴 방지를 위한 콘크리트 벽체의 일회 타설높이를 짧게 하거나 강지보재(ring wale)를 설치하는 등의 대책을 강구해야 한다.

강지보재의 크기와 간격은 연직갱단면의 크기 및 지반조건 등을 고려하여 적절히 결정해야 한다. 원형의 강지보재를 설치하는 경우 강지보재 규격은 일반적으로 H-300×300×10×15를 많이 사용하며, 양 끝단 연결부에 스크류잭이나 유압잭을 설치한 후 강지보재에 압축력을 가하여 지반이완을 최소화하도록 계획할 수 있다.

지반조건이 양호하여 록볼트와 숏크리트를 사용하는 경우 숏크리트의 탈락방지를 위하여 철망을 설치하거나 섬유보강숏크리트를 사용하여야 한다. 다만, 연직갱은 작업공간의 제약 및 시공장비 특성을 고려하여 건식 숏크리트를 적용하는 경우가 많으므로 설계 시 이를 고려하여야 한다.

12.2.4 연직갱의 라이닝설계 시에는 다음 사항을 고려하여야 한다.

(1) 라이닝에 사용되는 재료는 터널의 사용목적에 적합한 것이어야 하며, 일반적으로 콘크리트 사용을 기본으로 하고 지반조건에 따라 콘크리트 블록(concrete block), 세그먼트(segment), 라이너플레이트(liner plate) 등을 사용할 수 있다.

(2) 라이닝의 길이 및 두께의 설계 시에는 연직갱의 용도에 적합한 단면의 크기 및 형상, 지반특성, 심도, 작용하중, 라이닝 재료, 시공법, 시공성, 기존 시공실적 등을 고려하여야 한다.

(3) 지질구조가 복잡하지 않은 경우 적용하중이 균등하게 작용하는 것으로 간주하여 설계할 수 있다. 그러나 지질구조의 변화가 급격히 변하거나 지형 및 지반특성상 현저하게 비대칭인 경우 편하중이 작용하는 것으로 설계하여야 한다.

(4) 내리막굴착 시 굴착, 발파, 버력처리 후 즉시 측벽을 라이닝으로 유지하는 경우에는 라이닝이 지반압을 받는 것으로 설계하여야 하며, 불량한 지반의 경우에는 측벽붕괴를 방지하기 위하여 라이닝 길이를 짧게 하고 강지보재를 추가하는 등 대책을 강구하여야 한다.

(5) 굴착과 라이닝을 20~30m 정도로 교대로 시공하는 경우에는 굴착 후 지반변형을 숏크리트 등으로 억제하고, 지반 상태에 따라 일정 구간 일시에 라이닝을 시공하는 것으로 설계할 수 있다. 라이닝의 설계 시 지반압은 라이닝이 받는 것으로 설계하여야 한다.

(6) 숏크리트와 록볼트를 시공하는 경우 콘크리트라이닝의 두께는 시공성, 단면의 크기 등을 고려하여 설계하고, 단면의 증감을 고려하여 두께도 적합하도록 증감시켜야 한다.

(7) 콘크리트라이닝에 사용되는 콘크리트의 배합은 소요강도, 내구성 및 양호한 시공성을 얻을 수 있도록 설계하여야 한다.

☷ 해설 ☷

가. 라이닝 재료

지표부근의 토사 및 풍화대층과 같이 지반조건이 불량한 경우 굴착과 동시에 지반을 지지하는 라이닝에는 일반적으로 현장타설콘크리트를 사용한다.

콘크리트 블록(concrete block)은 거의 사용되지 않지만 일본의 경우 지반변형이 지속적으로 발생되는 팽창성지반 등에서 압축력에 의한 벽체형성으로 외부하중을 지지하기 위해 사용된 사례가 있다.

지반조건이 불량한 경우 콘크리트 또는 강재 세그먼트(segment)나 라이너플레이트(liner plate)가 사용되기도 한다(〈해설그림 12.2.14, 12.2.15〉). 세그먼트나 라이너플레이트는 공장제작제품을 이용하여 설치하므로 시공성이 양호하고 공사기간 단축이 가능한 장점이 있다. 특히, 라이너플레이트의 경우 두께가 얇아 굴착량이 감소하고 강판을 구부려 제작하므로 경량으로도 우수한 단면성능을 확보할 수 있는 장점이 있으나 콘크리트 벽체와 비교하여 공사비가 높은 단점이 있다.

〈해설그림 12.2.14〉 연직갱 콘크리트 세그먼트 적용 예

(a) 타원형 연직갱

(b) 원형 연직갱

〈해설그림 12.2.15〉 연직갱 라이너플레이트 적용 예

나. 라이닝 길이 및 두께

라이닝의 일회 타설길이는 시공방법에 따라 결정되며, 라이닝 두께는 연직갱단면의 크기 및 형상과 라이닝

에 작용하는 지반압 및 수압을 고려하여 산정되어야 한다. 현재 연직갱의 라이닝에 작용하는 지반압 및 수압을 산정하는 방법은 매우 다양하므로 구조계산과 더불어 지반조건, 단면형상 및 크기가 유사한 기존 시공사례를 참조하여 결정하는 것이 적절하다.

숏크리트와 록볼트를 시공하는 경우 콘크리트라이닝의 두께는 시공성, 단면의 크기 등을 고려하여 설계하여야 한다. 작용하중이 커 철근보강이 필요한 경우 철근조립 시공성을 고려하여 라이닝 두께를 결정할 수 있다. 콘크리트라이닝의 두께는 일반적으로 30~50cm로 설계되는 예가 많다.

다. 라이닝 지반하중 형상

지질구조가 복잡하지 않은 경우 하중이 라이닝에 균등하게 작용하는 것으로 간주하여 설계할 수 있다. 그러나 지질구조의 변화가 급격히 변하거나 지표부의 지형이 편경사 지형과 같이 지형 및 지질구조가 현저하게 비대칭인 경우 편하중이 작용하는 것으로 설계하여야 한다. 편하중의 크기는 지형과 절리 등 지반의 지질구조를 고려한 수치해석 등을 통하여 결정할 수 있으며, 일본의 경우 발주기관에 따라 다르지만 토사 및 풍화암지반에서 5~20%의 편하중을 고려하여 콘크리트라이닝을 설계하도록 제시하고 있다.

라. 측벽을 라이닝으로 유지하는 경우 고려사항

하향굴착 시 발파와 버력처리 후 즉시 측벽을 라이닝으로 유지하는 경우에는 라이닝에 지반하중이 작용하게 되므로 라이닝이 지반압을 받는 것으로 설계하여야 한다. 지반조건이 불량한 경우에는 측벽붕괴를 방지하기 위하여 라이닝의 일회 타설높이를 짧게 하고 라이닝에 원형띠장과 같은 강지보재를 보강하는 등 대책을 강구하여야 한다.

공사기간에 여유가 없고 지반조건이 양호한 경우 굴착과 콘크리트라이닝을 20~30m 정도로 교대로 시공할 수 있다. 이 경우에는 굴착 후 지반변형을 숏크리트 및 록볼트 등으로 억제하고, 지반 상태에 따라 20~30m의 일정구간을 일시에 콘크리트라이닝을 시공하는 것으로 설계할 수 있으나 시공성은 저하된다. 이때, 지반압은 라이닝에 작용하는 것으로 설계하여야 한다.

마. 콘크리트라이닝 타설방법 및 배합설계

콘크리트라이닝에 사용되는 콘크리트의 배합은 소요강도, 내구성 및 양호한 시공성을 얻을 수 있도록 설계하여야 한다. 짧은 깊이 굴착 후 콘크리트 벽체타설을 반복하는 경우에는 비교적 짧은 시간에 근접하여 발파, 버력적재 및 탈형작업을 수행하기 때문에 벽체콘크리트는 조기강도가 요구된다. 또한, 굴착완료 후 〈해설그림 12.2.16〉과 같은 슬립폼을 이용하여 콘크리트라이닝을 연속 타설하는 경우에는 낮은 슬럼프가 요구되므로 적절한 배합설계가 필요하다.

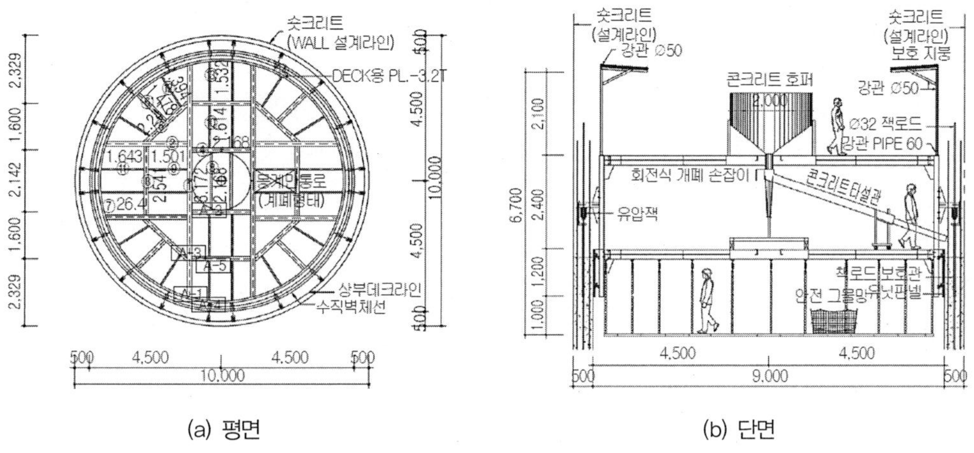

〈해설그림 12.2.16〉 콘크리트라이닝 타설용 슬립폼 예

12.2.5 연직갱의 터널바닥설비의 설계 시 다음 사항을 고려하여야 한다.

(1) 연직갱의 터널바닥설비에는 배수설비와 버력처리설비가 있으며 지반조건, 본선터널의 시공법, 연직갱의 운반방법, 굴진공정 등을 고려하여 그 규모, 용량, 배치 등을 정하여야 한다.

(2) 공사 중 배수설비는 '14.5 공사 중 설비'에서 정하는 바에 따르는 것을 원칙으로 한다.

(3) 배수설비설계 시 침전조, 저수조, 배수펌프, 터널 내 배수관, 펌프장, 배전실 및 충전실, 재료적치장 등에 대하여 검토하여야 한다.

(4) 연직갱 본체에 설치할 각종 부대시설 등은 지반조건, 운반방법 등을 고려하여 그 규모와 배치를 결정하여야 한다.

(5) 안전설비로서 전화, 점멸장치, 사이렌 등의 비상용 경보장치와 소화기의 설치, 비상용 자재로서 가스마스크 등이 계획되어야 한다.

:: 해설 ::

가. 바닥설비

연직갱 바닥의 배수설비에는 일반적으로 연직갱 또는 본터널에서 유출된 지하수를 퍼올리기 위한 펌프설비와 이를 이용하여 외부로 배출하기 위한 지하수를 일시적으로 저장하는 저수조 등이 있다. 이때, 정전에 대비한 예비전원과 배수펌프 고장에 대비한 예비펌프 등의 설치를 계획해야 한다.

본터널에서 발생한 버력을 일시적으로 연직갱 바닥에 적재한 후 권양기 등으로 연직갱 상부로 반출하는 경우가 많다. 이때, 연직갱 바닥에는 버력임시적치장, 권양기 확보공간 등이 필요하다.

나. 공사 중 배수설비

　　연직갱 바닥의 배수설비설계 시 부유물을 가라앉히기 위한 침전조, 배수펌프가 위치하는 저수조, 배수펌프 및 예비펌프, 지하수를 지상으로 배출시키기 위한 터널 내 배수관, 펌프장, 배전실 및 충전실, 재료적치장 등의 설치를 검토하여야 한다. 저수조의 유효용량은 충분한 저수량을 확보하고 정전 시 예비전원으로의 전환 및 작업시간을 고려하여 30분간 저수할 수 있는 용량으로 계획하여야 한다.

다. 부대시설의 규모와 배치

　　케이지, 스킵, 카리프트, 비상계단, 급배기관, 각종 전선류 등의 연직갱 본체에 설치할 각종 부대시설 등은 바닥의 지반조건, 운반방법 등을 고려하여 그 규모와 배치를 결정하여야 한다.

라. 안전설비

　　연직갱에 설치되는 안전설비에는 비상전화, 점멸장치, 사이렌 등의 비상용 경보장치와 소화기, 가스마스크 등이 있다. 작업상황의 상시 관리를 위하여 CCTV 등을 설치하기도 한다. 연직갱의 갱구부에는 추락방지를 위한 안전펜스를 설치하여야 하며 연직갱 내로 낙하물방지책을 고려하여야 한다.

12.2.6 연직갱의 터널외부설비의 설계 시 다음 사항을 고려하여야 한다.
　(1) 공사 중 발전설비는 '14.5 공사 중 설비'에서 정하는 바에 따르는 것을 원칙으로 한다.
　(2) 연직갱 내 과도한 지하수 유입으로 인하여 배수설비가 침수되는 경우에 대비하여, 인원탈출을 위한 케이지 권양기와 배수펌프의 전선을 별도계통으로 나누어 배선하여야 한다.

∷ 해설 ∷

가. 공사 중 발전설비

　　공사 중 발전설비는 '14.5 공사 중 설비'에서 정하는 바에 따르는 것을 원칙으로 하되, 정전을 대비하여 조명시설 및 배수설비의 작동이 멈추지 않도록 별도계통으로 2회선의 수전을 계획하거나 비상용 자가발전설비 등 예비전원을 배치하여야 한다.

나. 공사 중 지하수침수대책

　　연직갱 내 과도한 지하수 유입으로 인하여 배수설비가 침수되는 경우에 대비하여, 작업인원 탈출을 위한 비상계단과 케이지 권양기를 설치하여야 한다. 정전에 대비하여 배수펌프의 전선을 별도계통으로 나누어 배선하거나 자가발전설비를 설치계획하고 배수펌프의 고장에 대비하여 예비펌프를 계획하여야 한다.

12.3 경사갱의 설계

12.3.1 경사갱의 기울기 및 단면 결정 시 다음 사항을 고려하여야 한다.

(1) 경사갱의 기울기는 용도, 연장, 본터널과의 위치관계, 지반조건, 시공법, 공기, 운반방법의 특성, 환기방법, 경제성 등에 대하여 검토를 하고 정하여야 하며, 버력반출용 경사갱의 경우에는 장비의 등판능력을 고려하여 계획하여야 한다.

(2) 경사갱에서는 설치하는 설비의 반출입, 설치의 용이성, 유지보수, 점검 시의 안전성 등을 충분히 고려하여 기울기 및 연장을 정하여야 한다.

(3) 경사갱의 단면은 용도, 시공을 위한 운반설비, 작업용 통로 및 공사용 제설비의 배치 등을 종합적으로 고려하여 크기와 형태를 정하여야 한다.

(4) 작업용 경사갱의 단면은 버력반출설비, 배수관, 환기관, 급기관, 각종 배선류와 반입 기자재의 크기 등을 종합적으로 검토하여 정하여야 한다.

(5) 배수관은 지하수의 유입 상태에 따라 증설의 필요성이 발생하므로 여유를 갖는 배치가 되도록 내공단면을 확보하여야 한다.

❖❖ 해설 ❖❖

가. 경사갱의 기울기 및 연장

경사갱의 기울기는 작업용 또는 수압관로용 등의 용도, 갱구부 작업부지 확보 용이성, 연장, 본터널과의 위치관계, 지반조건, 시공법, 공기, 운반방법의 특성, 환기방법, 경제성 등에 대하여 검토 후 정하여야 한다. 일반적으로 산악지에서는 기울기가 급할수록 경사갱의 연장은 짧아지지만 시공 및 운반작업이 어렵게 된다.

경사갱의 기울기는 환기용 경사갱과 같은 특별한 경우를 제외하고는 공사용 장비의 등판능력보다 작은 기울기로 계획한다.

버력반출용 경사갱의 경우에는 장비의 등판능력을 고려하여 계획하여야 한다. 〈해설표 12.3.1〉은 몇몇 공사용 장비의 등판능력을 나타내고 있다. 덤프트럭방식에 의한 버력반출 시는 일반 덤프트럭이 버력적재 후 차량에 무리 없이 운행 가능한 7°(약 12.5%)로 계획한다. 벨트컨베이어 방식이나 궤도방식의 경우는 일반적으로 14°(약 25%)로 계획한다.

운반장비의 성능향상으로 이보다 급한 기울기로 작업이 가능할 경우에는 운반장비의 성능에 맞게 계획한다.

〈해설표 12.3.1〉 공사용 장비의 등판각도(공차시)

장비명	규격	폭(mm)	회전반경(mm)	최대등판각도(°)
페이로더(대우)	3.89m³	–	8,450	19~30
페이로더(삼성)	3.45m³	–	8,500	25
덤프트럭	15톤	2,495	7,850	40.4
점보드릴 (3-boom)	Boomer H175	2,500	9,400	14
	Boomer H178	3,050	9,400	14
	Boomer 353E-1238	2,500	10,400	14
백호	0.75m³	2,720	7,250	31.2

경사갱의 연장은 경제성, 본터널의 공사기간 및 대피통로로 이용 시의 대피시간을 고려하여 짧을수록 유리하다. 따라서, 갱구위치 선정의 용이성, 설비의 반출입, 유지보수 차량 및 인원통행의 편의성 및 안전성이 유리한 기울기를 확보한 범위에서 가능한 한 짧은 연장으로 계획한다.

나. 경사갱의 크기 및 형태

경사갱의 단면은 용도, 시공방법, 시공을 위한 운반설비, 작업용 통로 및 공사용 제설비의 배치 등을 종합적으로 고려하여 크기와 형태를 정하여야 한다. TBM을 이용한 전단면 기계굴착방법 적용 시는 대부분 원형으로 시공하게 되며 NATM에 의한 발파굴착 시는 경제성을 고려하여 마제형 단면으로 계획하는 경우가 많다. 경사갱의 내공단면은 환기용일 경우 환기용량을 감안한 필요면적을 확보하고 대피통로로 활용할 경우 원활한 대피가 가능한 공간을 확보하여야 한다. 〈해설그림 12.3.1〉은 경사갱단면 예를 나타내고 있다.

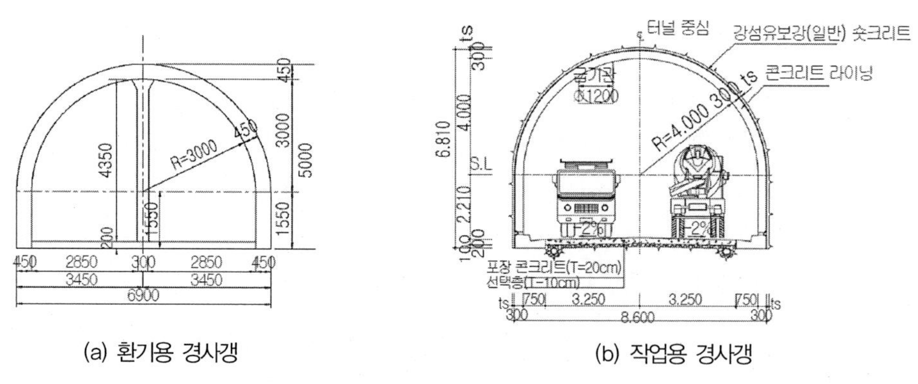

(a) 환기용 경사갱　　　　　(b) 작업용 경사갱

〈해설그림 12.3.1〉 경사갱단면 예

작업용 경사갱의 단면은 버력의 운반방식 및 반입 기자재의 크기를 고려하고 급배수관, 급배기관, 작업용 통로, 각종 배선 등의 크기 및 설치위치 등을 고려하여 정하여야 한다. 〈해설그림 12.3.1〉(b)는 작업용 경사갱의 단면 예를 보여주고 있다. 경사갱은 일반적으로 하향굴착을 하게 되므로 지하수의 중계배수를 위하여 경사갱 바닥부에는 일정한 간격으로 집수정 설치를 계획하여야 한다.

12.3.2 경사갱의 굴착방법설계 시 다음 사항을 고려하여야 한다.

(1) 기울기 및 유효단면에 적합한 굴착, 보강, 운반, 환기, 배수방법 등을 확립하여야 한다.

(2) 경사갱의 굴착공법은 전단면내리막굴착, 전단면오르막굴착, 분할굴착, 선진도갱확대굴착 등으로 구분되며, 경사갱의 용도, 연장, 기울기, 단면의 형태 및 크기, 지반조건, 입지조건, 굴착방향, 공사기간, 공사비 등을 종합적으로 검토하여 적절한 굴착공법 및 버력반출방법 등을 선정하여야 한다.

(3) 굴착방법으로서 인력 또는 발파방법 외에 기계굴착방법도 고려할 수 있다.

(4) 경사갱 내 발파계획은 지반조건, 지하수위, 굴착단면의 크기, 암질, 굴진장 등을 고려하여 수립하여야 한다.

❖❖ 해설 ❖❖

가. 경사갱설계 시 고려사항

경사갱시공 시 기울기 및 유효단면에 적합한 굴착 및 보강, 운반, 환기, 배수방법 등을 정하여야 한다. 굴진면 부근에 지하수가 모이는 경우에는 작업에 지장을 초래하므로 배수계획 수립에 유의해야 한다. 경사갱의 연장이 긴 경우에는 적절한 간격으로 집수정을 설치하고 수중펌프를 이용한 중계방식을 적용할 수 있다.

나. 굴착공법

경사갱의 굴착공법은 전단면내리막굴착, 전단면오르막굴착, 분할굴착, 선진도갱확대굴착 등으로 구분된다. 전단면내리막굴착공법은 수평터널의 전단면굴착공법과 같이 천공, 장약, 발파, 버력반출 후 지반조건에 따라 숏크리트와 록볼트로 보강하는 공법이다.

전단면오르막굴착공법은 대차를 이용하여 위쪽으로 NATM방법에 의해 굴착하는 공법으로 연직갱에서 RC를 이용한 전단면상향굴착공법과 동일한 공법이다. 이 공법은 경사갱의 길이가 길거나 지반조건이 불량한 경우 적용이 곤란하다. 또한 작업원의 안전확보를 위해서 작업원 이동공간과 버력반출 공간은 격벽 등을 이용하여 분리하는 것이 좋다.

분할굴착공법은 전단면내리막굴착에서 지반조건이 불량한 경우 분할굴착하는 공법으로 전단면오르막굴착공법에서는 적용이 곤란하다.

선진도갱확대굴착공법은 양수발전소의 수압관로와 같이 기울기가 급한 경사갱에서 RC공법이나 RBM공법으로 작은 단면의 선진도갱 굴착 후 도갱을 이용하여 하부로 버력을 반출하면서 상부로부터 하부로 확대굴착하는 공법이다. 이 경우 도갱의 기울기는 버력이 자유낙하할 수 있는 정도의 기울기로 계획하여야 한다.

다. 버력반출방법

경사갱의 버력반출방법은 벨트컨베이어 방식, 궤도방식, 덤프트럭 방식이 있다(일본토목학회, 1994).

1) 벨트컨베이어 방식

벨트컨베이어의 폭은 일반적으로 0.9~1.2m이며, 필요 운반능력은 터널의 싸이클타임으로부터 산정되지만 일반적으로 300ton/hr 이상의 것을 사용한다. 벨트폭은 버력의 최대직경의 3배 정도가 일반적이고 벨트의 속도는 버력의 상태, 벨트폭, 캐리어의 구조 등에 따라 다르지만 100m/min 정도가 일반적이다. 벨트컨베이어 방식은 연속운반식이기 때문에 운반능력은 일반적으로 궤도방식이나 덤프트럭 방식보다 크다. 경사갱의 기울기는 버력의 미끄러짐을 고려해서 최대 18° 정도까지 가능하지만 일반적으로 14° 정도(약 25%)가 적용된다.

2) 궤도방식

궤도방식은 주로 레일 위를 이동하는 광차를 로프로 권양기에 연결하여 버력을 반출하는 방식이다. 수송능력은 벨트컨베이어 방식보다 작으나 경사갱바닥설비가 간소화되고 설비비가 경제적인 장점이 있다. 궤도방식의 경사갱 기울기는 버력의 미끄러짐이 없으므로 벨트컨베이어 방식의 기울기보다 급해도 되지만 권양기의 능력을 고려해서 일반적으로 14°(약 25%)를 적용한다. 궤도방식을 사용한 경우 벨트컨베이어 방식보다 경사갱 기울기를 급하게 할 수 있으므로 경사갱의 연장을 짧게 계획할 수 있는 장점이 있다. 그러나 경사갱의 연장이 긴 경우에는 운송능력이 부족하고 광차주행 안전에 문제가 있다.

3) 덤프트럭 방식

덤프트럭 방식은 본갱의 버력을 로더 등으로 덤프트럭에 상차하여 직접 갱외로 반출하는 방식이다. 이때 경사갱 연장이 긴 경우에는 운반능률을 감안해서 경사갱 중간에 적당한 간격으로 수평의 대피소를 설치하여야 한다. 특히 덤프트럭에서 배출되는 매연을 고려하여 환기방법 및 환기설비의 용량 등을 충분히 검토하여야 한다.

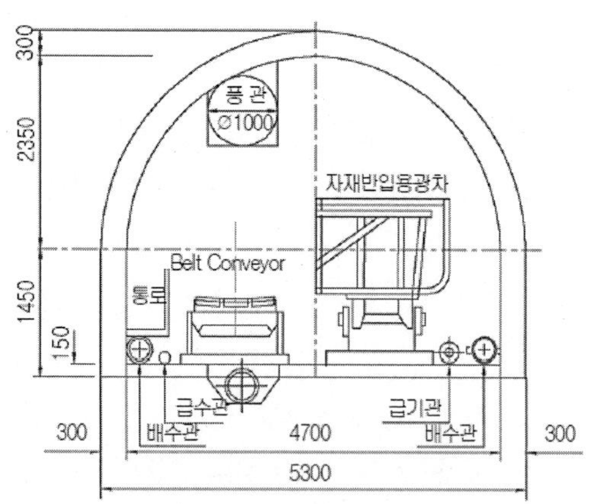

〈해설그림 12.3.2〉 벨트컨베이어 버력반출방식의 예

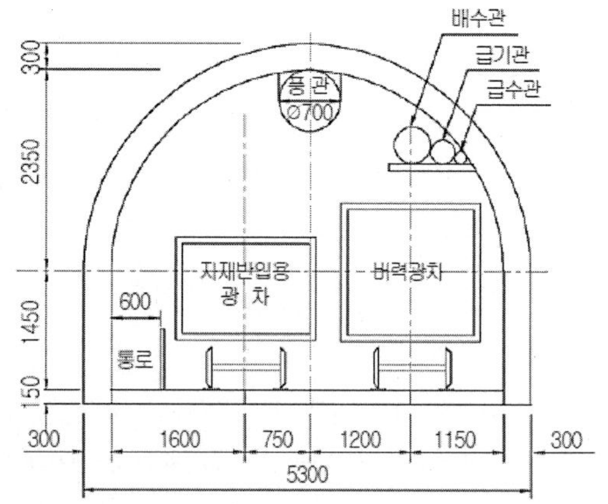

〈해설그림 12.3.3〉 궤도버력반출 방식의 예

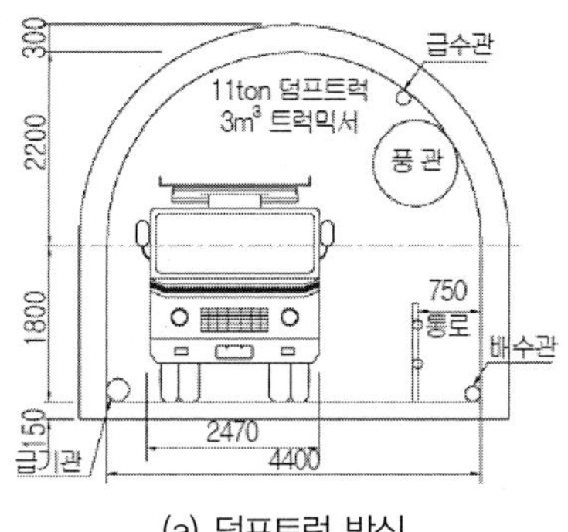

(a) 덤프트럭 방식

(b) 방향전환소설치 예

〈해설그림 12.3.4〉 덤프트럭 버력반출방식의 예

덤프트럭 방식의 경우는 덤프트럭과 로더의 주행성을 고려하여 가능한 한 완만한 것이 좋지만 경사갱의 연장이 길어지므로 7°(약 12.5%)를 표준으로 한다. 경사갱의 연장이 짧고 기울기가 완만한 경우 궤도방식에 비해 운반능력이 좋은 장점이 있다. 이때 덤프트럭의 방향전환을 용이하게 하기 위하여 100~200m 간격으로 방향전환소를 설치하고 덤프트럭의 브레이크 고장에 대비하여 모래턱을 설치하는 예가 많다.

〈해설표 12.3.2〉 경사갱의 버력반출 방식의 비교

구분	벨트컨베이어 방식	궤도방식	덤프트럭 방식
버력반출능력	양호	연장이 길면 저하	양호(벨트컨베이어 방식보다 불리)
작업환경	양호	안전성에 주의 필요	배기가스 처리 및 노면보호 등 관리 필요
바닥설비	홉바, 크랏샤 등 대규모	스킵을 사용하는 경우 적재설비 필요	불필요
외부설비	적재설비 필요	적재설비 필요	불필요
경사갱 기울기 및 연장	25% 내외	25% 내외가 많고 급경사도 가능	15~8%의 완경사 필요로 연장 길어짐

경사갱이 긴 경우 덤프트럭 등 공사용 차량의 고장 시 수리 및 교체, 발생버력의 중간적재 등을 위하여 수평부를 두며, 경사갱 측벽면에서 횡갱을 굴착할 경우에도 수평부를 둔다. 이때 수평부의 개수가 많고 수평부의 연장이 길수록 경사갱의 연장이 길어지므로 수평부의 개수 및 연장은 용도에 따라 적정하게 정하여야 한다. 〈해설그림 12.3.5〉는 경사갱에서의 수평부 설치 예를 보여주고 있다.

313

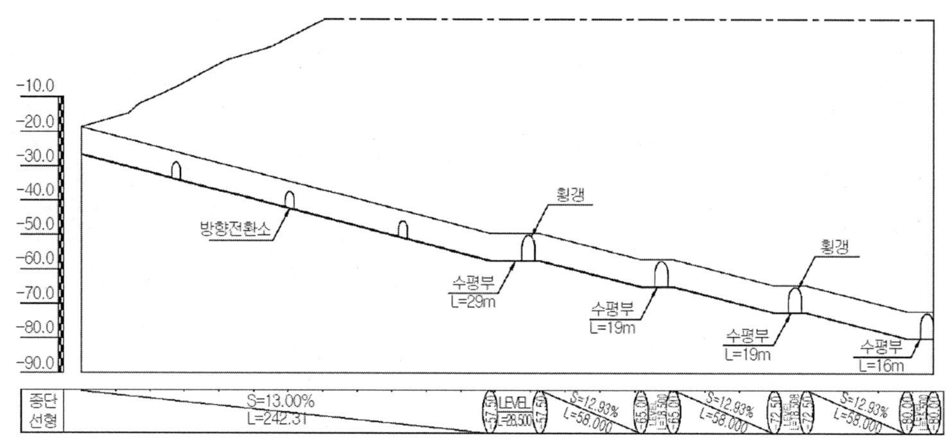

<해설그림 12.3.5> 경사갱에서의 수평부 설치 예

라. 굴착방법

경사갱의 굴착방법으로서 인력 또는 발파방법 외에 기계굴착방법도 고려할 수 있으나. 일반적으로 발파방법이 주로 사용된다. 기계굴착방법도 사용될 수 있는데 기계굴착방법은 RBM과 TBM을 이용한 방법이 있다.

RBM공법은 경사갱의 선진도갱확대굴착공법의 버력반출용 도갱의 굴착을 위해 이용된다. 경사갱에 사용되는 RBM은 연직갱에서 사용되는 것과 동일하지만 기울기에 대한 정밀도가 좋아야 한다. 따라서, 길이가 긴 경사갱의 시공에는 적용이 곤란하다. 일본에서 연장 110m, 기울기 60°의 경사갱에서 사용된 예가 있다.

TBM공법은 연장이 긴 경사갱을 하부로부터 굴착하는 경우에 유리하다. 경사갱을 하부로부터 굴착하는 경우 RC공법으로 선진도갱 굴착 후 발파공법에 의한 확대굴착이 일반적이다. 그러나, 연장이 긴 경우 RC공법의 적용이 곤란하므로 이때 TBM공법의 적용을 고려할 수 있다. 일본에서는 연장 488m, 기울기 37°의 시공 예가 있으며, 오스트리아에서는 직경 4.6m, 연장 1,135m, 기울기 38.67°로 시공한 예와 직경 5.8m, 연장 772m, 기울기 45°로 시공한 예가 있다(www.swietelsky.at).

마. 발파계획

경사갱 내 발파계획은 지반조건, 지하수위, 굴착단면의 크기, 암질, 굴진장 등을 고려하여 수립하여야 한다. 기본적으로는 기울기가 급한 경우에는 연직갱의 발파방법과 유사하고 기울기가 완만한 경우에는 수평터널의 발파방법과 거의 유사하다.

12.3.3 경사갱의 지보재설계 시 다음 사항을 고려하여야 한다.

(1) 지보재는 시공법, 지반조건 등을 고려하여 굴착 후 지반의 자체 지보능력이 발휘될 수 있도록 설계하여야 한다.

> (2) 강지보재는 경사갱의 직각방향, 연직방향, 직각방향과 연직방향의 중간방향으로 설치할 수 있으며 초기응력 및 지반 상태를 고려하여 가장 적합한 방법을 선택하여야 한다.
>
> (3) 지보재와 지보패턴은 수평터널의 경우에 준하여 설계하여야 하며, 경사갱의 특수성을 감안하여 수평터널의 지보재보다 안전측으로 설계할 수 있다.

∷ 해설 ∷

경사갱의 지보재설계는 '제5장 터널지보재'를 참조하여 수평터널과 마찬가지로 굴착 후 지반의 자체 지보능력이 발휘될 수 있도록 설계하여야 한다.

경사갱의 강지보재 설치방향은 일반적으로 〈해설그림 12.3.6〉과 같이 3가지가 있으며 지반의 초기응력과 지반상태를 고려하여 선정한다. 상부로부터 하부로의 내리막굴착 시에는 굴착면에 직각방향 또는 직각방향과 연직방향의 1/2방향으로 설치하는 것이 시공성 및 안정성 측면에서 유리하다. 그러나, 하부로부터 상부로의 오르막굴착 시에는 연직방향으로 설치하는 것이 시공성 및 작업안전성 측면에서 유리하다.

수평터널의 경우는 주응력방향인 연직방향으로 강지보재를 설치하게 된다. 그러나, 경사갱의 경우는 주응력방향이 굴착면의 직각방향과 연직방향의 사이에 있게 된다. 따라서, 연직갱의 경우 강지보재를 앞의 3가지 방향 중한 방향으로 설치하게 되므로 주응력방향과 강지보재설치방향이 다르게 된다. 또한, 록볼트의 경우는 굴착면에 직각방향으로 설치하게 되므로 강지보재와 마찬가지로 주응력방향과 록볼트설치방향이 다르게 된다. 따라서, 경사갱의 지보재는 수평터널의 지보재보다 다소 안전측으로 설계할 필요가 있다(일본토목학회, 2006).

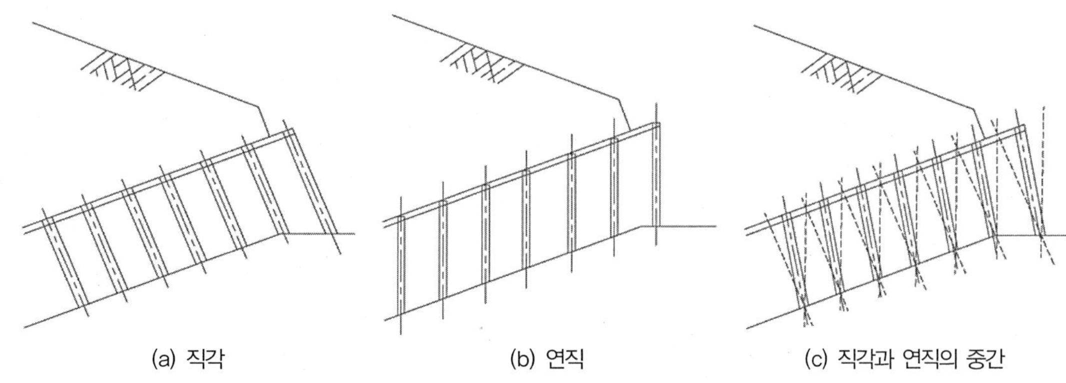

〈해설그림 12.3.6〉 경사갱의 강지보재 설치방향

> 12.3.4 경사갱의 라이닝설계 시 다음 사항을 따라야 한다.
>
> (1) 라이닝설계는 용도, 기울기, 지반조건, 시공법, 시공시기 등을 고려하여 행하여야 한다.

> (2) 라이닝설계는 수평터널의 설계에 준하지만 기울기가 급한 경사갱이나 수압관로의 라이닝은 주변지반의 상태 혹은 수압크기 및 형태에 따라 적절한 두께와 구조를 확보하도록 하여야 한다.
>
> (3) 라이닝 두께는 단면의 형태와 크기, 라이닝에 작용하는 하중, 지반조건, 라이닝 재료, 시공성 등을 고려하여 정하여야 한다.
>
> (4) 콘크리트라이닝에 사용되는 콘크리트의 배합은 소요강도, 내구성, 양호한 품질과 시공성을 얻을 수 있도록 설계하여야 한다.

❖❖ 해설 ❖❖

경사갱의 라이닝은 환기용, 수로용, 공사용, 대피통로용 등의 용도, 기울기의 크기, 라이닝 시공방법 및 시공시기 등을 고려하여 설계해야 하며, 일반적으로는 수평터널의 설계에 준한다.

다만, 기울기가 연직방향에 가까운 경사갱은 연직갱의 라이닝설계방법에 준하여 설계하되 기울기를 고려하여 안전측으로 설계할 수 있다. 수압관로의 라이닝은 내수압의 크기 및 형태에 따라 적절한 두께를 확보하고 필요한 경우 철근보강 또는 강재라이닝을 계획할 수 있다.

경사갱의 라이닝 두께는 단면형태 및 크기, 라이닝에 작용하는 하중, 지반조건, 라이닝에 사용되는 재료의 강도 등을 고려하여 적절하게 정하여야 한다. 일반적인 조건에서는 수평터널과 비슷한 두께로 결정된다. 한편, 수압관로와 같이 내압이 작용하는 경우에는 내압의 크기에 대응하는 적절한 두께로 결정해야 한다.

경사갱의 라이닝용 콘크리트 배합은 소요강도, 내구성, 양호한 품질과 시공성을 얻을 수 있도록 설계하여야 하며, 기울기 및 라이닝시공방법에 따라 연직갱 또는 수평터널에 준하여 설계한다.

> 12.3.5 경사갱의 터널바닥설비설계 시 다음 사항을 고려하여야 한다.
>
> (1) 경사갱 내부의 터널바닥설비는 배수설비와 버력처리설비 등이 있으며 지반조건, 본선터널의 시공법, 경사갱의 운반방법 등을 고려하여 그 규모, 용량, 배치 등을 정하여야 한다.
>
> (2) 버력처리설비는 기울기, 연장, 접속터널의 운반방법, 안전성, 능률 등을 고려하여 선정하여야 한다.
>
> (3) 공사 중 배수설비는 '14.5 공사 중 설비'에서 정하는 바에 따르는 것을 원칙으로 한다.
>
> (4) 공사 중 발전설비는 '14.5 공사 중 설비'에서 정하는 바에 따르는 것을 원칙으로 한다.

❖❖ 해설 ❖❖

경사갱 내부의 터널바닥설비에는 배수설비와 버력처리설비가 있으며 본선터널의 시공법, 경사갱의 운반방법, 시공연장, 공사기간, 굴진공정 등을 종합적으로 고려하고 경사갱의 지반조건 및 시공성을 고려하여 그 규모, 용량, 배치 등을 정하여야 한다.

　본터널에서 발생한 버력을 일시적으로 경사갱 바닥에 적재한 후 경사갱 상부로 반출하는 경우에는 경사갱 바닥에 버력임시적치장 등이 필요하다.

　경사갱의 버력처리방식은 12.3.2 (2)에 기술한 바와 같이 벨트컨베이어 방식, 궤도방식, 덤프트럭 방식이 있으며 덤프트럭 방식을 제외한 앞의 두 버력처리 방식은 경사갱 바닥에 관련설비의 설치가 필요하다. 따라서, 버력처리설비는 경사갱의 기울기 및 연장, 접속터널의 운반방법, 안전성, 능률 등을 종합적으로 고려하여 버력처리방식 선정 후 그에 적합한 설비를 선정하여야 한다.

　경사갱의 공사 중 배수설비와 경사갱의 공사 중 발전설비는 수평터널의 발전설비와 유사하므로 '14.5 공사 중 설비'에서 정하는 바에 따르는 것을 원칙으로 한다.

> 12.3.6 경사갱을 화재 시 배연통로로 이용할 경우 별도의 대피통로계획을 수립하여야 한다.

❖❖ 해설 ❖❖

　경사갱을 본터널에서 화재 시 발생되는 연기의 배연통로로 이용할 경우에는 터널 이용자의 피난 시 연기의 영향을 받지 않도록 배연통로와 격벽 등으로 구분된 별도공간의 대피통로를 계획하여야 한다. 또한, 대피통로에 연기가 유입되지 않도록 별도의 가압급기설비 등을 계획할 수 있다.

▪ 참고문헌 ▪

1. 일본토목학회(1994), 「산악터널의 입갱과 사갱」, 터널라이브러리 제7호
2. 일본토목학회(2006), 「제10편 입갱 및 사갱」, 『터널표준시방서 산악공법·동해설』, pp.301-322
3. 장은식·오인석(2000), 「고속도로터널의 수직갱·사갱 설계 및 시공」, 대한터널협회지, Vol.2, No.1, pp.42-52
4. 코오롱건설(2002), 「죽령터널 수직갱 시공사례 연구」, p.55
5. 한국도로공사(2000), 「터널 비상주차대 설치 및 보강방안 검토」, 설심이 13201-242
6. Herrenknecht AG Company Homepage, Germany(www.herrenknecht.com)
7. Swietelsky Construction Company Homepage, Austria(www.swietelsky.at)

13 TBM 터널

13 TBM 터널

13.1 TBM 적용일반

13.1.1 본 장은 터널을 TBM으로 굴착할 경우의 설계기준이며, 이 기준에 기재되지 않은 사항은 별도로 정할 수 있다.

13.1.2 설계자는 현장조건에 맞는 TBM을 선정할 수 있도록 기기의 종류와 그 특성을 사전에 숙지하여야 한다.

:: 해설 ::

기존의 터널설계기준(1999)은 TBM 장비의 굴진을 위한 지반반력을 암반층에 대한 그리퍼(gripper) 반력으로 얻는 open TBM(또는 gripper TBM)과 세그먼트에 대한 반력을 활용하는 쉴드 TBM으로 구분하여 기술하였다(日本土木學会, 2006a). 하지만 최근에는 암반굴진 시에도 안정성과 시공성을 확보하기 위해서 쉴드 TBM이 널리 적용되고 있으며, 도심지를 위주로 암반과 토사지반이 혼재된 복합지반에 대한 TBM 시공사례가 증가되고 있다. 이로 인해 단순히 과거의 open TBM과 쉴드 TBM만으로 TBM을 분류하는 것이 어려워졌다. 따라서 이번 설계기준에서는 이러한 기술발전과 동향을 고려하여 과거의 TBM(open TBM)과 쉴드 TBM의 내용을 통합하여 기술하였다.

13.2 계획

13.2.1 TBM 터널계획은 터널의 선형, 토피, 내공단면, TBM 형식, 라이닝, 유지관리계획, 공사계획, 환경보존계획 등을 포함하여야 하며, 공용 중의 유지관리 등에 대하여 고려할 필요가 있다. 본 절에 기술되지 아니한 사항에 대하여는 '제2장 계획' 편에서 정한 바에 따르는 것을 원칙으로 한다.

13.2.2 선형계획 시에는 다음 사항을 고려하여야 한다.

(1) 선형계획 시에는 사용목적, 설계조건, 입지조건, 지형조건, 지장물 및 지반조건, 시공성, 장비특성, 인접구조물, 방재설계 등을 고려하여야 한다.

(2) 노선계획은 지반조건을 고려하여 단층, 습곡 등 지질구조대, 파쇄대, 팽창성지반 등을 피하고 가급적 균질한 지반을 통과하도록 하여야 한다.

(3) 평면선형은 가능한 한 직선으로 계획하도록 하며, 곡선으로 계획하는 경우에도 곡선반경을 가능한 한 완만하게 하여야 한다.

(4) TBM 터널의 최소 곡선반경은 지반조건, 굴착단면의 크기, 시공방법, 장비특성, 라이닝 등을 고려하여 설계하여야 한다.

(5) 쉴드 TBM에서 현장여건상 현저하게 작은 곡선반경을 적용하는 경우에는 굴진반력에 의한 터널변형 방지와 세그먼트의 안정성을 고려하여야 하며, 지반보강, 쉴드 TBM의 구조 및 세그먼트의 개량, 여굴에 의한 뒤채움주입량, 또는 방향전환 작업구, 지중접합 등을 검토하여야 한다.

(6) 터널을 2개 이상 병렬로 계획하는 경우, 터널 간의 순간격은 TBM 굴착외경 이상을 표준으로 하고, 그 이하로 근접계획할 경우에는 지반조건을 고려하여 적절한 설계를 하여야 한다.

(7) TBM 터널을 다른 구조물에 근접하여 계획하는 경우 근접구조물의 설계조건이나 현황을 조사하여 편압, 침하, 진동 등의 영향을 주지 않도록 필요한 간격을 두어야 하며, 필요시 구조물 주변의 보강을 고려하여야 한다.

(8) 터널갱구부는 TBM 장비의 조립 및 부대장비의 설치에 필요한 공간을 감안하여 계획하여야 한다.

❖ 해설 ❖

가. 터널의 노선은 가장 짧게 직선화하는 것이 좋지만, 단층파쇄대 등과 같이 시공 트러블이 발생할 수 있는 지역을 가능한 피해 우회함으로써 공사 중 붕괴 가능성을 줄이고 보강 공사비 등을 절감하도록 계획하는 것이 좋다.

나. 터널의 평면선형은 사용목적, 설계조건, 굴진 등을 고려하여 가능한 직선으로 계획해야 하고, 곡선인 경우에도 가능한 곡선반경이 큰 선형으로 계획하는 것이 바람직하다.

다. 쉴드 TBM으로 곡선을 굴진하는 경우에는 통과위치의 지반조건, 굴착단면의 크기, 쉴드 TBM의 형식과 길이, 기울기의 크기, 쉴드 TBM의 각종 기구, 세그먼트 종류와 링의 폭 및 테이퍼량 등의 요소에 따라 시공성이 달라지므로 주의를 기울여야 한다.

라. 곡선반경이 작은 선형조건에 대한 설계 고려사항

1) 지반안정을 위한 지반개량공법, 장비의 각종기구나 세그먼트 종류 및 구조 등에 대한 검토가 필요하다.

2) 교차점, 곡선반경이 작은 지점 또는 장비접속이 필요한 지점에서는 급곡선 대책 이외에 방향전환용이나 접속용 작업구 또는 장비간의 지중접합 등을 별도로 검토하여야 한다.

3) Open TBM의 경우, (극)경암구간에는 선형을 확보하기 위해서 발파 또는 그에 상응하는 방법으로 연결 작업구를 만들 수 있다.

마. 병렬터널 : TBM으로 병행 굴진하는 경우에는, 후속장비의 굴진에 따라 발생하는 일시적인 하중이나 뒤채움에 의한 주입압이 단독굴진과는 다르게 작용할 수 있으므로 지반침하나 인접터널의 변형을 억제하기 위해 터널과 터널 사이에 적절한 이격이 필요하다. 이격거리는 지반조건, 굴착단면의 크기, 굴착방법, 터널배치, 토지보상비, 방재대피계획 등에 따라 다르지만 터널직경 이상을 확보하는 것이 일반적이다. 발진 직후의 구간이나 도로폭, 지장물의 제약조건 등으로 인하여 충분한 이격거리를 확보하기 어려우면 터널의 상호영향을 검토하여 필요에 따라 그라우팅이나 고압주입공법 등의 보조공법을 병용하여 지반을 강화함으로써 이격거리를 최소화할 수 있다.

바. 근접구조물의 계획 : TBM 공법은 시공 중 소음·진동 등에 의한 공해와 인접구조물의 피해를 최소화할 수 있기 때문에 근접시공에 유리하다. 그러나 기본적으로 TBM 굴착 시 예상되는 소음·진동의 제한기준을 설정하고 구조적으로 안전한 지반 상태를 유지하여 인접구조물에 영향이 없도록 필요에 따라서는 적절한 방호공이나 지반개량을 실시하여야 한다. 다음과 같은 경우에는 하중의 평가와 경시변화를 고려하는 합리적인 계산방법으로 계산할 필요가 있다.

1) 터널의 직상부나 인접지역에 새로운 구조물이 신설되어 상재하중이 증가하는 경우.

2) 터널의 직상부, 직하부 및 인접지역이 굴착되어 연직토압이나 수평토압 등의 하중조건과 지반특성이 변화하는 경우.

3) 터널주변의 지반이 교란되어 토압이나 지반반력이 변화하는 경우.

4) 터널에 작용하는 수압이 변화하는 경우.

사. 갱구부 : TBM 터널공사 시 장비투입, 도달 및 외부인양 등을 위한 작업부지를 확보하여야 한다. 산악터널의 갱구부나 도심지 작업구에 작업준비공간을 설계 시 고려하여 장비의 투입과 회전(U턴) 및 외부반출이 가능하도록 한다. 또한 공사 중에 필요한 자재 및 인력의 갱내 반입과 버력의 효율적인 외부반출 등도 고려하여 TBM의 가동률을 극대화하여야 한다. 이수식 쉴드 TBM을 투입할 경우에는 작업구 근처에 침전조 설치용 부지나 이수 플랜트(separation plant) 설치용 부지 등도 설계 시에 고려하여야 한다.

13.2.3 종단기울기계획 시에는 다음 사항을 고려하여야 한다.

(1) 종단기울기는 사용목적, 유지관리, 시공성, 공사 중 및 운영 시 배수처리문제, 지하수처리 및 오염방지문제 등을 고려하여 결정하여야 한다.

> (2) 종단기울기의 기준은 터널정거장처럼 부득이한 경우를 제외하고는 TBM 장비의 굴진효율 향
>   상과 시공 중 및 운영 중 용출수를 자연유하시킬 수 있도록 0.3% 이상의 오르막을 원칙으로
>   하여야 한다. 또한 작업구 조건이나 지장물의 제약으로 종단기울기가 2%를 초과하는 경우에
>   는 배수, TBM의 추진, 시공 중의 버력 및 재료의 운반 등 작업능률 저하와 안전을 고려하여
>   야 한다.
> (3) 내리막굴착계획 시에는 터널 내 배수 및 굴진능률 저하 등을 고려하여야 한다.
> (4) 급기울기설계를 지양하며, 급기울기설계 시에는 운반장비의 견인력과 제동력을 고려하여 굴
>   진저하 요인을 최대한 감소시켜야 한다.
> (5) 수로터널의 경우 목적에 적합한 통수량, 통수단면적, 유속 등 상호관계를 고려하여 기울기계
>   획을 세워야 한다.

❖❖ 해설 ❖❖

가. 종단기울기계획 시의 고려사항

 1) 입지조건이나 지장물의 제약으로 종단기울기가 큰 경우에는 안전측면에서 주의가 필요하므로 대책을 강구
    하여야 한다.

 2) 일본의 노동안전위생규칙(제150조 및 제202조 참조)에서는 대차 또는 광차의 궤도 기울기가 5%를 넘을 경
    우, 마찰력에 의존하지 않는 설비를 권장하고 있다(日本土木學会, 2006b).

 3) 터널의 종단기울기는 최소 0.3% 이상으로 계획하여 자연유하로 터널누수를 처리하는 것이 바람직하다(日
    本土木學会, 2006b).

나. 내리막굴착계획 : 지하수와 버력처리 문제로 내리막굴착 시 시공에 어려움이 발생하므로 유의하여야 한다.

다. 급기울기 시공조건은 기울기에 대한 대책이 필요한 경우로서 터널 내부의 반송설비나 안전설비의 준비,
    TBM의 성능향상, 세그먼트의 형식변경과 강성보강 등에 대하여 일반적인 경우와는 달리 다음과 같은 특별
    한 대책이 필요한 경우를 의미한다.

 1) 굴진면 안정 : 급기울기 조건에서는 굴진에 따라 굴진심도와 지반조건이 변화되므로 적절한 굴진관리가 필
    요하다. 내리막기울기에서는 챔버(chamber) 내에 굴착토사나 버력이 끼어서 배출되지 않을 수가 있으므로
    굴착버력의 관리에도 신중을 기하여야 한다.

 2) 쉴드 TBM : 일반적으로 커터헤드의 자중이 커서 TBM의 무게중심이 전방에 위치하기 때문에, 연약지반의
    오르막구간에서는 쉴드 하반부의 잭 중량을 크게 하는 경향이 있다. 특별한 경우에는 후속대차나 쉴드
    TBM의 견인방법에 대하여 추가로 검토할 필요가 있다.

 3) 갱내운반설비 : 통상의 궤도형식은 급기울기 구간에서 운용상 어려움이 있으므로 다음과 같은 갱내반송설
    비의 검토와 일반적인 브레이크 대신에 전자브레이크 등의 다중 안전장치에 대한 검토도 필요하다.

라. 수로터널의 기울기계획 : 최대 통수능력을 갖기 위하여 통상 수평으로 설계하므로 TBM 굴착이 적합하며, 지반이 불량하여 보강비가 많이 들거나 토피가 낮고 투수계수가 커서 통수량 일부가 외부로 누수될 가능성이 있는 지역에서는 교통 터널에 비해서 선형변경이 용이하므로 양호한 지반으로 노선을 변경하는 것이 바람직하다.

13.2.4 TBM 터널의 토피는 다음 사항을 고려하여 계획하여야 한다.
  (1) 터널의 토피는 굴착외경의 1.5배 이상을 기준으로 하고, 지표와 지하구조물의 현황, 지반조건, 굴착단면적의 크기, 터널의 사용목적, 시공방법 등을 충분히 검토하여 결정하여야 한다.
  (2) 터널의 토피가 굴착외경의 1.5배 미만인 경우는 상응하는 터널의 안정성을 확보할 수 있도록 하여야 한다.

✹ 해설 ✹

가. 터널의 토피가 굴착외경의 1.5배 이상인 경우의 주요 고려사항 : 토피가 상당히 큰 경우에는 TBM 장비뿐만 아니라 세그먼트 또는 지보재에 작용할 수 있는 고수압이나 고지압에 대한 검토가 필요하다. 예를 들어 외국의 대심도 쉴드 TBM 시공 시 약 1MPa의 고수압이 발생한 사례가 보고된 바 있다. 따라서 고지압·고수압 조건에서는 다음과 같은 대책을 검토하는 것이 바람직하다(정경환 등, 2005).
 1) 고지압·고수압에 따른 추력증가에 대하여 커터 실, 중절 실, 테일 실, 배토장치 및 추진장치 등을 검토하여야 한다.
 2) 대심도용 세그먼트에 대해서는 실재, 볼트공, 주입공 등에 대하여 고수압지수뿐만 아니라 잭 추력, 뒤채움 주입압, 테일 그리스 압력 등의 시공 시 하중의 영향에 대해서도 검토할 필요가 있다.
 3) 작업구설비 : 지상에서 작업구 바닥까지의 연직 반송거리가 길어지면 기자재 반출입의 소요시간이 늘어나 사이클 타임에 영향을 주므로, 반출입 시간의 단축을 고려한 설비와 안전 및 승강설비 등을 검토할 필요가 있다.
 4) 발진 및 도달 : 높은 수압이 작용하는 갱구부에서는 누수나 출수사고가 발생할 가능성이 높고 지반개량의 시공정밀도나 품질이 저하하기 쉬우므로, 발진이나 도달을 위한 벽체의 굴착방법이나 대심도에 적합한 지반개량공법 선정 및 엔트런스 패킹(entrance packing)방법 등도 검토할 필요가 있다.
나. 터널의 토피가 굴착외경의 1.5배 미만인 경우의 주요 고려사항 : 토피가 낮으면 함몰, 붕락 및 과대한 침하의 위험성이 있으므로 필요에 따라 지반을 보강하기 위한 보조공법도 검토하여야 하며, 다음과 같은 항목에 유의하여 계획하여야 한다.
 1) 굴진면 압력관리 : 토피가 낮으면 지반 작용하중도 작아서 허용되는 굴진압력의 변동 폭이 감소하고 굴진 관리 시 작은 오차가 굴진면에 큰 영향을 미칠 수가 있으므로, 지표면이나 지하매설물에 미치는 영향이 최

소가 되도록 계획하여야 한다.

2) 뒤채움 : 토피가 낮으면 테일 보이드의 영향이 곧바로 지표면이나 지하매설물에 영향을 미치므로 지반변형을 최소화할 수 있도록 뒤채움 관리에 신중하여야 한다. 뒤채움 재료는 조기에 강도를 발휘할 수 있고, 지하수에 의한 용탈이 발생하지 않으며 동시주입에 적합한 유동성이 큰(또는 점성이 작은) 것을 사용하는 것이 바람직하다.

13.2.5 내공단면계획 시에는 다음 사항을 고려하여야 한다.

(1) TBM 터널의 내공단면은 원형을 표준으로 하고, 터널의 사용목적에 따른 소요 내공단면적을 결정하며, 인버트부의 여유공간에 배수로, 대피시설 등 부대설비계획을 검토하여야 한다.

(2) 소요 내공단면을 확보할 수 있도록 상하좌우의 선형오차, 변형 및 침하 등에 의한 시공오차를 감안하여야 한다.

(3) 내공단면의 시공오차는 지반 상태에 따른 허용변위량, 지보 및 라이닝의 시공편차, 터널의 용도, 구조물의 특성, 방재 및 구난설계 등을 고려하여 합리적으로 결정하여야 한다.

(4) 원형 이외에도 터널의 사용목적에 따라 다른 단면형상을 선택할 수 있으며, 이 경우 TBM 장비, 라이닝의 강도, 형상 및 시공상의 문제점에 대하여 충분히 검토하여야 한다.

(5) 소요 내공단면의 크기별 TBM 구경을 정형화할 수 있는 경우는 TBM 단면표준화를 검토하여 장비 또는 부품이 재활용될 수 있도록 하여야 한다.

:: 해설 ::

가. TBM 터널의 내공단면설계 시 고려사항 : 적용대상 구조물(철도, 도로, 공동구 등)의 용도와 건축한계, 2차 라이닝의 설치여부, 유지관리를 위한 여유공간, 조명과 환기, 배수와 누수, 피난통로와 같은 비상용시설, 내화재 설치여부 등과 같은 제반조건에 필요한 공간을 고려하여야 한다. 원형단면을 TBM 터널의 표준으로 선택하는 이유는 다음과 같다.

1) 구조적으로 안정성 확보가 용이하다.

2) 기하학적으로 TBM 굴진, 세그먼트 제작 및 조립에 유리하다.

3) TBM 장비가 롤링(rolling)해도 단면 이용상 지장이 적다.

나. 소요 내공단면 : TBM의 시공 시 롤링(rolling), 피칭(pitching) 및 요잉(yawing) 등으로 발생하는 선형 오차(13.6.8절 참조)와 지반거동에 따른 세그먼트링의 변형이나 침하에 대해서도 고려하여야 한다. 쉴드 TBM 굴진 시에는 쉴드 외주면과 세그먼트 사이에서 갭(annular gap)이 발생하므로 이에 따른 단면의 시공오차 등도 고려하여 터널의 내공단면을 계획하여야 한다.

다. 내공단면의 오차 : 쉴드 TBM의 시공오차는 상하좌우의 사행(蛇行)이나 변형 및 침하에 의해 발생하며 굴착단면의 크기, 지반조건, 2차 라이닝의 유무, 곡선과 기울기 등에 따라 다르다. 일본에서 철도터널에 대한 허용오차는 50~150mm 정도이다(日本土木學会, 2006b).

라. 터널의 단면형상 : TBM 굴진과 세그먼트의 제작·조립 및 구조적인 안정성 측면에서 유리한 원형단면이 표준으로 적용되고 있다. 그러나 단면활용의 효율성을 높이기 위하여 이중원형이나 사각형 등의 특수단면을 적용할 수 있다. 다만, 특수단면 TBM인 경우에는 시공성과 경제성 등을 사전에 검토할 필요가 있다.

마. TBM 단면의 표준화(또는 재활용)를 위한 주요 고려사항

1) 관통 후 장비상태와 재사용 가능성.

2) 동일 단면에 대한 향후 시장성.

3) 시공조건(토압, 수압 등)의 유사성.

4) 굴착대상 지반의 조건.

5) 장비구입 시 제작사와의 buy back 협약.

6) 발주처가 장비를 구입하는 OPP(Owner Procure Process) 방식의 검토 등.

13.2.6 TBM 터널계획 시에는 지반조건, 현장여건, TBM 종류 등을 고려하여 작업장 및 작업에 대한 공간계획, 버력처리장 및 설비계획, 기타 부속설비계획 등을 합리적으로 수립하여야 한다.

13.2.7 TBM 터널작업장의 부지와 공간은 터널공사의 규모, 굴착공법에 따른 TBM 종류, 터널 외부설비(환기설비, 수전설비, 급수 및 배수설비, 급기설비 등) 및 각종 가시설(커터숍(cutter shop), 레일조립장, 컨베이어조립장, 버력처리장, 침전지, 재료적치장 등)의 기능과 규모 등을 감안하여 계획하여야 한다.

❆ 해설 ❆

장비가 대형화되므로 분해한 상태로 현장에 반입하고 재조립하여 공사에 들어가며, 장비 본체뿐만 아니라 터널 내부나 외부에 설치하는 부대장비나 설비의 운반 시에도 어려움이 있다. 이런 문제점을 해결하고 공사효율을 높일 수 있도록 터널의 단면크기, 연장, 장비규모 등을 고려하여 충분한 공간을 확보할 수 있는 작업장이 요구된다. 작업장에 대한 자세한 내용은 13.9절에 기술되어 있다.

13.2.8 TBM의 최초 터널 내부로의 진입을 위한 벽면지지용 발진터널 또는 발진반력대와 같은 반력설비를 계획하여야 한다.

∷ 해설 ∷

반력설비에 대한 자세한 내용은 13.10절에 기술되어 있다.

13.2.9 공사 중 TBM 장비의 원활한 작동 및 유지관리를 위하여 사전에 부품수급계획을 수립하여야 하며, 토질과 암질에 따른 커터의 적정 교체시기 등도 함께 고려하여야 한다.

∷ 해설 ∷

커터의 교체시기는 커터의 마모시험 등을 통하여 결정하는 것이 좋다. 커터의 교체가 늦어지면 메인 베어링(main bearing)에 부하가 발생하여 장비에 치명적인 고장을 야기할 수 있으며, 선정된 커터가 굴진대상 지반조건에 부적합하여 커터교체가 너무 잦으면 이로 인한 작업중단으로 장비가동률이 떨어지고 커터 소모량이 늘어나서 공기 지연과 공사비 증가의 직접적인 원인이 될 수 있으므로 유의할 필요가 있다. 이에 대해서는 13.6.4절과 13.6.9절에 기술되어 있다.

13.2.10 계측계획의 수립 시 일반적 사항에 대하여는 원칙적으로 '제9장 굴착 및 계측' 편에 따르는 것을 원칙으로 하되, 기계굴착의 장점을 고려하여 계측위치, 계측항목, 계측간격, 측정빈도 등을 조정하여 경제적인 계측계획을 수립하여야 하며, 정밀계측장비를 이용하여 계측오차를 최소화하여야 한다.

∷ 해설 ∷

최근의 TBM에는 레이저스캐닝시스템(laser-scanning system) 등의 자동화된 고속정밀 계측시스템을 탑재한 경우도 있다. 계측계획에 대한 일반적인 사항은 제9장에 기술되어 있다.

13.2.11 TBM 굴착 시 지반붕괴로 인한 장비의 함몰이나 과굴착으로 인하여 과다 지반침하 등이 우려되는 경우에는 굴진면 관찰 또는 조사장비에 의한 굴진면 예측과 과굴착 측정 등을 사전에 계획하여야 한다.

13.2.12 터널시공에 따른 주변 지하구조물에 침하, 손상 등의 변위가 예측되는 경우에는 사용성, 안전성, 경제성, 공사기간 및 환경조건 등을 고려하여 효과적인 보조공법을 검토하여야 한다.

◼◼ 해설 ◼◼

가. 연약한 지반이나 토피가 낮은 경우에는 터널 상부가 붕락되는 경우가 있다. 이러한 경우 복구에 상당한 시간과 비용이 소요될 수 있으므로, 지반조건으로 인한 안정성 문제가 예상되는 경우에는 사전에 적절한 지반보강계획을 수립하여 지표침하를 억제하거나 공사 속도를 줄이는 등의 안전한 TBM 굴진계획을 세워야 한다.

나. 굴진면 전방의 단층파쇄대나 지층의 변화를 사전에 예측함으로써 돌발적인 용수나 붕락의 가능성을 미연에 방지하기 위한 방안으로 선진시추, 반사법 탄성파탐사 등을 활용한 굴진면 전방예측을 사전에 계획하면 효과적이다.

다. 연약지반이나 파쇄대 구간의 경우, 굴진에 의해 지반침하가 발생할 수 있으므로 이로 인한 피해를 최소화하기 위해서 보조공법으로 주변지반을 사전에 보강한 후 TBM을 굴진하면 효과적이다.

> 13.2.13 TBM 터널의 공용기간 동안 보유하여야 하는 성능의 수준을 유지하도록 적절한 유지관리계획을 세워야 한다.

◼◼ 해설 ◼◼

TBM 터널에서는 점검, 조사, 평가와 판정, 대책 및 기록 등의 자료와 터널 현장경험을 합리적으로 조합하여 유지관리계획을 수립하여야 한다.

> 13.2.14 터널시공 시의 자연환경의 보전에 충분히 주의를 하여야 하며, 건설부산물의 감소와 재활용, 적절한 처리 및 처분에 대하여 충분한 계획을 하여야 한다.

◼◼ 해설 ◼◼

가. TBM 굴진으로 인하여 주변환경이 훼손되지 않도록 충분히 주의를 기울여야 한다.

  1) 작업구 구축 또는 TBM 굴진작업 중의 크레인, 양수펌프, 환기설비, 이토 또는 이수처리설비 등에서 발생하는 소음·진동 등의 영향에 대해 적절한 계획을 수립하여야 한다.

  2) 터널 완성 후의 지하수문제와 환기탑 등의 부속구조물에 의한 일조량 감소, 전파장해, 소음 및 진동, 대기오염 등에 의한 환경적인 영향을 고려하여야 한다. 적용공법과 사용재료 및 장비선정 시에도 환경영향이 적은 것을 선정하여야 한다.

나. 건설부산물에 대해서는 다음의 사항들을 계획하여야 한다.

  1) TBM 공법은 굴진에 따라 대량의 폐석 혹은 건설오니(버력, 이토 또는 이수)가 발생하므로, 적절하게 처리·처분하도록 계획하여야 한다.

2) 버력의 크기와 모양은 커터헤드의 설계와 관련이 있으므로, 버력처리와 운반이 순조롭게 이루어질 수 있도록 커터헤드 등을 설계하여야 한다.

3) 굴진 시 발생하는 폐석 혹은 건설오니 등을 재생이나 재활용해야 하는 경우, 유해물질 함유량시험을 실시하여 재활용 자재에 규정되어 있는 품질이나 요구성능과 TBM 설비의 중간처리를 위한 토질조건, 갱내 및 작업구 운반방법, 작업구 용지확보 등을 검토하여 계획하여야 한다.

4) 환경기준을 초과하는 특정 유해물질로 오염된 폐석 혹은 건설오니를 반출하는 경우에는 관련법규와 오염도에 따라서 적절한 조치와 처분을 하도록 계획하여야 한다.

13.2.15 TBM 공법설계 도서에는 터널의 설치위치, 세그먼트의 형상, 길이, 단면강도 등과 함께 설계하중, 허용응력 또는 안전율, 사용재료의 종류 및 재질, 지반조건, 시공조건 등 세부사항을 명기하여야 한다.

13.2.16 TBM 터널에서는 효율적인 굴착이 이루어질 수 있도록 TBM 조작자와 관련기술자 등의 상호협조가 유지될 수 있는 현장운영조직을 계획하여야 한다.

❖ 해설 ❖

TBM 굴진 시 지반조사 결과와 일치하지 않는 경우에 대비하여 경험 있는 현장 터널기술자들의 기술력이 필요하며 효율적인 갱내 작업을 위해서 갱내 작업자들의 조직화가 필요하다. 세그먼트의 저장 시에는 균열, 부식, 적재에 의한 변형이 발생하지 않도록 주의를 기울여야 한다. 특히 콘크리트계 세그먼트는 중량이 커서 손상하기 쉬우므로 자중에 의한 적재의 부등침하가 발생하지 않도록 저장할 장소나 충분한 공간확보가 필요하다. 세그먼트에 대한 상세내용은 13.8절에 기술되어 있다.

13.3 조사

13.3.1 본 절에 기재되지 않은 조사 및 시험에 관한 사항에 대하여는 '제3장 조사' 편에서 정한 기준에 따르는 것을 원칙으로 하며, 특수한 경우에는 별도로 정할 수 있다.

13.3.2 'TBM의 적용을 위한 입지 건의 조사'는 주로 노선선정과 적용 TBM 종류의 결정, 터널의 규모설정 등에 이용하며, 조사 시에는 TBM 장비운반을 위한 도로망, 교통상황, TBM 조립 및 해체를 위한 공사용 부지, TBM에 소요되는 전력 및 급배수 시설과 사토장부지 등에 대한 조사를

반드시 실시하여야 한다.

13.3.3 노선결정에 앞서 지상구조물, 지중매설물 및 지하구조물, 우물 등 터널굴착에 지장을 주거나 굴착영향 범위에 있는 지장물에 대하여는 충분히 조사하여야 한다. 특히, 지중매설물의 경우 매설도면이 없거나 매설위치가 도면과 다를 수 있기 때문에 의심이 가는 구간에 대하여는 적정한 지하지장물 탐사방법을 사전에 적용하여 지장물의 위치 및 규모를 파악하여야 한다.

13.3.4 지형 및 지반조사는 TBM 터널의 노선선정, TBM 종류 선정, 지보패턴의 적용, 보조공법의 선정, 공사기간 산정 등, 설계 및 시공단계에서 중요한 자료를 제공하므로 정확한 조사를 수행하여야 한다. 특히 TBM 공법의 적용 시에는 팽창성지반이나 복합지반, 단층대, 지하수위가 높은 모래 자갈층이나 전석층 또는 토사와 암반의 경계부, 유해가스의 발생가능 지역 등에서 문제가 발생할 수 있으므로 이와 관련한 집중적인 지반조사를 실시하여야 한다.

❖❖ 해설 ❖❖

TBM 공법은 발파에 의한 기존 터널공법과 비교하여 시공방법이나 설비를 공사 중에 변경하기가 곤란하므로 터널의 계획 시 충분한 조사와 시험을 실시하여야 한다.

가. 입지조건의 조사는 터널이 통과하는 주변지역의 환경을 조사하는 것으로서 주로 노선선정과 TBM 공법의 선정여부, 터널의 설계 등에 이용되며 다음의 항목들을 검토하여야 한다.

1) 토지이용 및 권리관계.

2) 장래계획.

3) 도로의 종류와 교통상황.

4) 공사용지 확보의 난이도.

5) 하천, 호수 및 바다의 상황.

6) 공사용 전력 및 급배수시설.

나. 지장물조사 시에 검토할 항목은 다음과 같다.

1) 지상 및 지하구조물 : 지상구조물에 대해서는 구조형식, 기초구조, 지하실의 유무, 기초의 근입심도 등을 검토하고 지하구조물(지하주차장, 지하상가 및 지하철)에 대해서는 구조형식, 구조물 하부의 심도 등에 대하여 검토한다.

2) 매설물 : 가스관, 상하수도관, 전력 및 통신 케이블 등에 대해 조사를 실시하여야 한다. 특히, 작업구 주변에 대해서는 상세한 조사가 필요하다.

3) 우물 : TBM 굴진 시 이수에 의한 분발(噴發)의 위험성을 조사할 필요가 있다.

4) 구조물이나 철거되지 않은 가시설 : TBM 굴진 시 철거되지 않은 건물의 기초, 흙막이 가시설(흙막이 벽체

및 앵커)을 만나 철거할 필요가 있는 경우와 가설구조물에 의해 지반이 교란된 경우 TBM 굴진 시 발생하는 영향을 조사한다.

5) 폐광, 자연동굴 등 조사.

6) 기타 지하구조물이나 매설물의 계획이 있는 경우는 규모와 심도 등을 조사하여 상호 영향이 적도록 구조, 시공방법, 공정 등에 대하여 협의할 필요가 있다. 필요에 따라서는 자기탐사, 지중레이더탐사(GPR) 등의 조사를 실시한다.

다. TBM의 경제성·타당성과 굴착성능에 큰 영향을 미칠 수 있는 지반조건에 유의하여 지형 및 지반조사를 실시하여야 한다. 특히, 안전하고 경제적인 TBM과 세그먼트의 설계를 위해 다음과 같은 지반특성을 파악할 필요가 있다.

1) TBM의 설계를 위해서는 작용하중 설정을 위한 단위중량, 강도정수, 지반반력계수 등이 필요하다.

2) 커터헤드나 컨베이어(토압식 쉴드), 배니관(이수가압식 쉴드)의 설계를 위해서는 지층의 입도분포나 자갈의 형상, 크기, 함유율, 강도 및 투수계수 등의 조사가 필요하다.

3) 커터헤드와 커터·비트 등의 최적 선정을 위한 조사와 시험이 필요할 수 있다. 대표적으로 LCM(Linear Cutting Machine)에 의한 실물절삭시험, 노르웨이 NTNU 모델시험과 같은 간편 굴진율 예측시험 및 커터수명 예측시험 등을 들 수 있다(장수호 등, 2007 ; 장수호 등, 2005). 이에 대한 자세한 내용은 13.5절과 13.6절에 기술되어 있다.

> 13.3.5 터널주변의 환경보전을 위하여 필요에 따라 소음 및 진동의 영향, 지반침하, 지하수 영향 등에 대하여 조사를 실시하여야 한다.

∷ 해설 ∷

터널주변의 환경보전을 위한 조사는 필요에 따라서 다음 사항에 대하여 실시한다.

1) 소음, 진동 : 소음, 진동의 정확한 파악을 위하여 관련법규를 숙지함은 물론, 병원이나 학교 등과 같은 시설은 사전에 조사하여야 한다.

2) 지반침하 : TBM 굴진에 따른 지반융기나 침하 등 지반의 변형에 따른 주변 구조물에의 영향을 파악하도록 한다.

3) 지하수 현황 : 우물의 이용에 따른 지하수위의 변동과 수질변화에 대한 조사와, 뒤채움주입에 의해 누출이 예상되는 우물이나 하천 등에 대한 수질조사를 하여야 한다.

4) 건설부산물의 처리와 재활용 : 생활환경의 보전을 위하여 건설부산물의 발생억제와 재활용화의 촉진에 노력하고, 운반경로와 최종처분지도 조사할 필요가 있다.

5) 토양오염 : 토양 속의 유해물질에 의한 인체의 영향을 방지하기 위하여 토양오염에 관련된 법규에 의거 휘

발성 유기화합물이나 중금속 등을 조사하여야 한다.

6) 기타 : 현장주변을 통과하는 차량의 교통량조사나 예측을 실시할 필요가 있다.

13.3.6 TBM 가동률 예측을 위하여 커터의 성능시험과 커터의 마모에 영향을 미치는 지반조사 및 시험을 실시하여야 한다.

❖ 해설 ❖

가. TBM 설계 시 장비를 주문하기 전이라도 가동률(utilization)과 그에 따른 굴진률(advance rate)을 사전에 예측하여 최적의 TBM 굴진이 이루어지도록 계획하는 것이 바람직하다.

나. 굴착대상 지반조건에 적합한 커터헤드와 절삭도구를 선정하면 커터의 소모량을 줄이고 TBM의 가동률을 높여 공사비를 절감할 수 있으므로, 설계단계에서 TBM 장비의 요구사양을 검토하여 사전에 과다한 사양의 장비설계·제작을 방지하도록 한다.

다. 상세한 내용은 13.6절에 자세히 기술되어 있다.

13.3.7 조사 및 시험성과의 정리 시에는 다음 사항을 고려하여야 한다.

(1) 조사 및 시험성과의 정리는 조사 및 시험결과를 종합적으로 판단하여 터널노선의 지질과 시공상의 문제가 발생할 수 있는 지형 및 지질 등을 상세히 기입하여야 한다.

(2) 지반조사 및 시험결과에 따라 TBM 공법의 기종과 세부 설계사항을 검토하여야 한다.

❖ 해설 ❖

가. TBM 장비선정에 필요한 자료를 조사하여 정리하여야 한다. 굴착대상 지반의 제반특성, 주변현황, 작업부지, 환경성 등을 종합적으로 고려하여 장비형식을 결정하도록 한다.

나. 기술발전에 따라 TBM의 성능이 크게 향상되었지만 단층대, 파쇄대 및 압착성 암반(squeezing rock) 등에서는 굴착 중 시공 트러블이 발생할 수 있으므로, 설계단계에서 굴진대상 지반조건을 상세히 분석하여 최적의 장비와 공법을 선정하여야 한다.

13.4 설계일반

13.4.1 본 절에 기재되지 않은 설계일반 사항에 대하여는 '제4장 설계일반' 편에서 정한 기준에 따르는 것을 원칙으로 한다.

13.4.2 TBM 터널은 조사결과를 기초로 하여 사용목적의 적합성, 안전성, 경제성, 시공성이 확보되도록 설계하여야 하며, 지보재는 기계굴착의 장점을 최대한으로 활용할 수 있도록 설계하여야 한다.

13.4.3 시공 중 관찰과 계측결과로부터 실제 지반조건이 설계 시의 예측 지반조건과 상이할 경우 설계변경을 통하여 조정하여야 한다.

13.4.4 TBM 터널의 설계 시에는 다음 항목을 반드시 검토하여야 한다.
   (1) TBM 터널 내공단면의 크기.
   (2) TBM 장비의 선정.
   (3) 커터헤드 설계.
   (4) TBM 조립장.
   (5) 발진기지 및 도달기지.
   (6) 버력처리 및 운반시스템.
   (7) 지보 및 변형 여유량.
   (8) 라이닝(세그먼트라이닝 및 콘크리트라이닝).
   (9) 배수 및 방수.
   (10) 인버트.
   (11) 보조공법.
   (12) 가시설.
   (13) 작업자 통로.
   (14) 방재, 조명 및 환기.
   (15) 수전설비 등 각종 설비.
   (16) 부대시설 규모 및 소요공간.

❖ 해설 ❖

가. 암반을 TBM으로 굴진할 경우, 발파굴착보다 주변지반에 대한 손상영향이 적고 터널주변의 이완대 발생이 적으므로, NATM 터널에 비해서 지보재의 설계물량을 줄일 수 있는 장점을 가지고 있다. 이에 대한 내용은 13.7.4절에 기술되어 있다(日本土木學会, 2003).

나. TBM 터널의 설계 시에는 다음과 같은 항목들을 검토하여야 한다.

1) TBM 터널 내공단면의 크기 : 13.2.5절 참조.

2) TBM 장비의 선정 : 13.5절 참조.

3) 커터헤드 설계 : 13.6.3절 참조.

4) TBM 조립장 : 13.9.1절 참조.

5) 발진기지 및 도달기지 : 13.10절 참조.

6) 버력처리 및 운반시스템 : 13.11절 참조.

7) 지보 및 변형 여유량 : TBM 굴진에 따른 지반변형은 선형계획이나 설계조건, 지반조건, 시공조건 등에 따라 달라지므로 공사조건에 적절한 공법을 선택하여 신중하게 시공관리를 함으로써 주변에의 영향을 최소한 억제할 수 있도록 하여야 한다.

8) 라이닝(세그먼트라이닝 및 콘크리트라이닝) : 1차 라이닝은 세그먼트 재질, 형상, 크기, 중량 등을 고려하여 정확하게 조립하고 취급이 용이하도록 설계되어야 한다. 대구경 쉴드 TBM 터널에서는 고공작업이나 중량물을 취급하므로, 안전성 확보를 위해 세그먼트 조립을 자동화한 장치를 설치하는 경우가 있다.

9) 배수 및 방수 : 13.14절 참조.

10) 인버트 : 6.6절 참조.

11) 보조공법 : TBM의 발진부, 도달부, 지중접합, 지중절단부, 커터·비트 교환부, 지장물 제거부, 급곡선부, 토피가 낮은 곳, 근접시공부 등에서는 용수나 지반불량으로 불안정할 우려가 있으므로 필요에 따라서 지반개량 등의 적절한 보조공법을 계획하여야 한다.

12)~16) 가시설, 작업자 통로, 방재, 조명, 환기, 수전설비, 부대시설 등 : 13.12절 참조.

13.5 TBM의 선정

13.5.1 TBM 선정 시에는 다음 사항을 고려하여야 한다.

(1) TBM 적용구간의 지반조건, 굴진속도, 단면형상 및 크기, 시공연장, 터널의 선형, 사용목적, 시공성, 작업장 용지와 굴착버력처리방법 등을 고려하여 안전하고 경제적인 시공이 가능한 종류 및 형식을 선정하여야 한다.

(2) 터널 굴진면에 지하구조물 또는 기초말뚝 등의 지하장애물이 있는 경우에는 장애물의 제거나

변위발생 등을 고려하여 종합적으로 검토하여야 한다.

13.5.2 기타 장비의 제원으로 다음의 항목 등을 고려하여야 한다.

 (1) TBM 장비의 주요 설비.
  ① 커터헤드(cutter head).
  ② 커터헤드 구동부(cutter head drive).
  ③ 세그먼트 이렉터(segment erector).
  ④ 전기설비(electrics).
  ⑤ 작업장 가스제어설비(methane gas control).
 (2) 운영 관리자료 획득설비(data acquisition system).
 (3) 버력처리장비.
  ① 신축 연장가능 벨트컨베이어(extendable belt conveyor).
  ② 트럭(truck)과 호퍼(hopper).
  ③ 기관차(locomotive)와 광차(muck car).
 (4) 이수처리설비.
 (5) 뒤채움주입설비.

❖❖ 해설 ❖❖

가. TBM 형식의 선정 : TBM 장비의 기본구조를 이해한 상태에서 각 형식의 특징, 지반조건, 굴착계획, 지보의 종류 및 수량 등을 고려하여 안전하고 경제적인 설계가 될 수 있도록 종합적으로 판단하여야 한다. 특히, 이완영역이 크게 발생하는 지반조건, 절리나 균열이 많은 암반, 연약층 등에서는 TBM과 보조공법의 적용성 및 경제성을 비교·검토하여야 한다(日本トンネル技術協会, 2000).

나. TBM 형식의 분류 : 대부분의 TBM 장비가 주문제작인 점과 현재의 TBM 제작기술 수준을 고려하면, 매우 다양한 형태와 기능을 가지는 TBM의 제작이 가능하기 때문에 어떠한 특정 기준으로 TBM을 분류하는 것은 쉽지 않다. 더구나 장비의 분류기준을 마련하는 것이 오히려 자유로운 형상과 기능 창출에 걸림돌이 될 수 있다는 우려도 있다(배규진, 2008). 참조자료로서 ITA WG-14(2000)에서 제시하고 있는 TBM을 포함한 기계화 시공장비의 분류항목을 소개하면 다음과 같다.

1) 쉴드의 유무.
2) 지보방법.
3) 추진반력방법.
4) 굴진면안정화방법(개방형과 밀폐형).

5) 전단면 굴착과 부분단면 굴착.

다. 한국터널공학회의 분류기준(안) : 한국터널공학회(2001)에서 ITA WG-14(2000)의 분류방법과 프랑스터널협회의 분류기준(AFTES, 2005)을 참조로 하여 제시한 터널기계화시공법의 분류기준(안)은 〈해설그림 13.5.1〉과 같다.

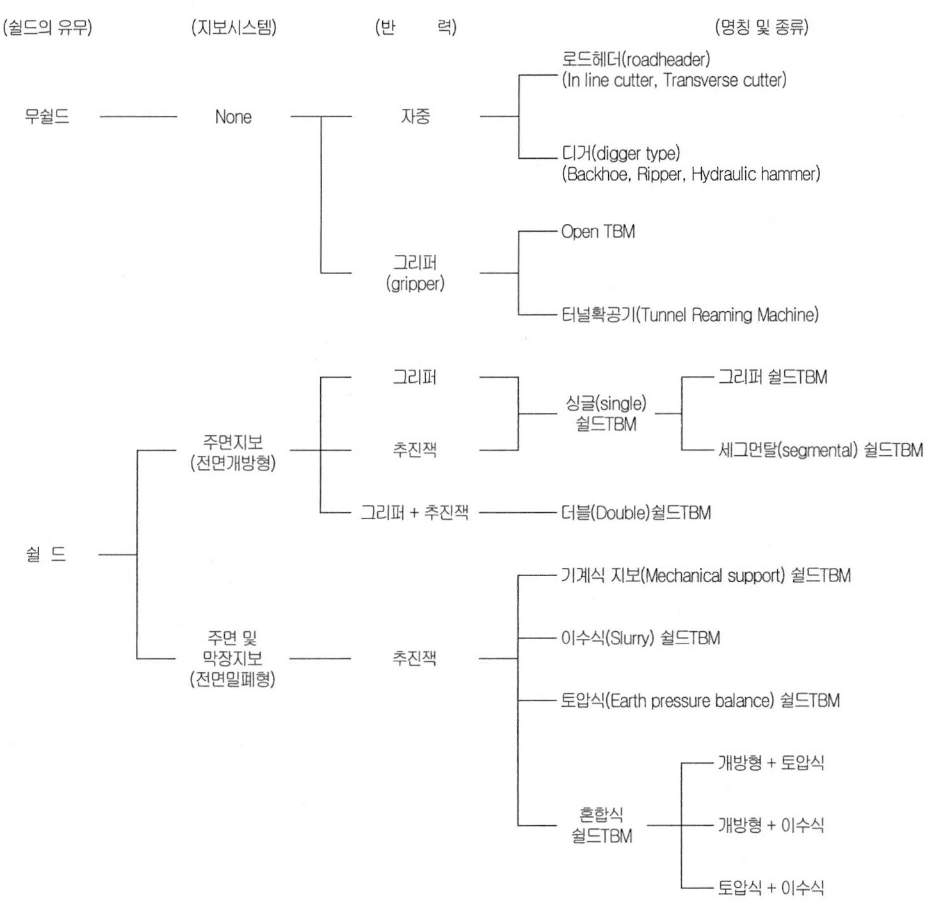

〈해설그림 13.5.1〉 터널기계화시공법의 분류기준(안) (한국터널공학회, 2001)

라. TBM의 종류 : 전 세계적으로 가장 널리 사용되고 있는 open TBM과 쉴드 TBM의 특징을 간략히 소개하면 다음과 같다(배규진, 2008).

1) Open TBM : 터널 굴진면을 지지하고 내부 작업공간을 보호하기 위한 쉴드가 없으며, 굴진면에 대한 그리퍼 반력으로 추진력을 얻고 디스크커터(disc cutter)가 장착된 회전식 커터헤드의 가압에 의해 굴진한다. 과거 그리퍼시스템은 open TBM의 전유물로 여겨져왔으나, 최근에는 부분적으로 쉴드가 포함된 현대식 그리퍼 TBM(modern gripper TBM)이 개발·적용되고 있어서, 과거의 open TBM과 쉴드 TBM의 구분이 모

호할 뿐만 아니라 무의미해지고 있다. 일반적으로 적용되는 지반조건은 연암~경암이나 지반조건이 양호할수록 더욱 유리하다.

2) 싱글 쉴드 TBM : 굴진면에 대한 지지시스템이 없는 전면 개방형의 쉴드 TBM을 의미한다. 추진반력을 얻는 방법에 따라 그리퍼 쉴드 TBM과 세그멘탈 쉴드(segmental shield) TBM으로 구분된다.

3) 토압식 쉴드 TBM : 커터헤드 후면의 챔버를 굴착 토사 또는 버력으로 충만시켜 굴진면을 지지하면서 굴진하게 된다. 일반적으로 스크루컨베이어의 회전력에 의해 굴진면에 주동토압이 발생하지 않도록 해야 하기 때문에, 굴진면 토압이 확실하게 스크루컨베이어에 전달되어야 하므로 소성 유동화된 굴착토를 챔버 내에 충만시키는 것이 매우 중요하다. 토압식 쉴드 TBM은 일반적으로 지반조건의 변화가 다양한 복합지반이나 풍화암조건에서 적용성이 높은 것으로 알려져 있다.

4) 이수식 쉴드 TBM : 챔버 내에서 굴착토사 대신 이수(slurry)를 가압·순환시켜 굴진면을 안정시키며, 버력과 굴착토 역시 이수의 유동에 의해 배출된다. 비중이 크고 점성이 높은 이수를 사용하여 굴진면의 안정도를 증가시킬 수 있기 때문에 연약지반뿐만 아니라 해저 및 하저 등 수압이 큰 조건에서 많이 활용되고 있다. 특히 지상에서 굴진면까지 파이프로 송·배니를 하고 굴진면을 완전히 밀폐시키므로 안정성이 높고 시공성이 양호하다. 하지만 이수처리를 위한 지상설비의 설치에 상당한 부지가 필요하다는 단점이 있다.

5) 컨버터블 쉴드(convertible shield) TBM : 터널 굴진면에 대해서 능동적인 지보시스템을 갖추고 있으며 전단면 굴착기로 분류된다. 가장 큰 특징은 밀폐형 및 개방형 모두로 작동될 수 있으며 다양한 형태로 굴진면을 지지할 수 있고, 버력의 배출도 각 작업 모드별로 다양하게 사용된다. 대표적인 적용사례로는 프랑스 파리 A86도로의 Socatop 프로젝트에 적용된 TBM을 들 수 있다.

6) 더블 쉴드(double-shield) TBM : 2개 또는 그 이상의 쉴드를 가지고 있으며 중간에 신축(telescopic) 쉴드가 설치되어 있어 세그먼트라이닝의 시공과 동시에 굴진이 가능하여 고속시공이 가능한 장비로 그리퍼 TBM과 쉴드 TBM을 결합한 개념이다. 더블 쉴드 TBM은 아주 양호한 암반부터 불량한 암반까지 적용할 수 있지만, 전단면 TBM 가운데 가장 고가이며 유지관리가 매우 복잡하기 때문에 제작 시에는 시공구간의 지질조건과 기타 여건을 면밀하게 검토하여야 한다.

13.6 TBM의 제작

13.6.1 TBM의 제작 시에는 다음 사항을 고려하여야 한다.
  (1) TBM은 연직 및 수평토압, 수압, 자중, 상재하중의 영향, 편압, 굴진면 전면압 등의 하중을 지지할 수 있어야 한다.
  (2) TBM 구조는 각각의 작용하중과 조합된 하중에 대하여 TBM 각부가 안전하고 확실하게 가동될 수 있는 구조여야 한다.

(3) TBM은 무겁고 대형이므로 분할, 수송, 작업구로의 투입 등 제반조건을 고려하여 제작하여야 하며, 또한 연약지반에서 TBM을 추진하는 경우에는 TBM의 중량 및 중심위치가 그 운전 성능에 영향을 미치므로 TBM 제작 설계 시 이를 고려하여야 한다.

☷ 해설 ☷

TBM의 설계 시 쉴드 TBM 자중 및 TBM에 작용하는 하중으로 고려할 내용은 다음과 같다.

가. 연직토압 및 수평토압 : TBM에 작용하는 하중 중에서 가장 큰 요소인 토압을 정적인 하중만으로 취급하는 것은 바람직하지 않다. 굴진이나 하중지지방법, 확굴 상태, 곡선시공 등에 따라 TBM에는 복잡한 정적 또는 동적 하중이 작용하므로 이를 설계에 충분히 고려해야 한다.

나. 수압 : 라이닝에 작용하는 수압은 터널시공 중의 시공 상태에 따른 수압으로서 원지반의 수압과는 다르다. 또한 시공 후에는 장기간에 걸친 자연 또는 인위적인 영향으로 지하수위가 변동하여 장기적인 수압의 예측은 어려우므로 안전한 설계가 되도록 지하수위를 설정하여야 한다.

다. 자중 : 라이닝의 도심선에 따라 분포하는 연직방향의 하중을 의미한다.

라. 상재하중의 영향 : 노면의 교통하중, 구조물하중, 성토하중에 의한 상재하중의 영향은 라이닝에 작용하는 하중의 실제 상황을 재현할 수 있도록 재하하고, 지중응력 전파를 고려하여 결정한다.

마. 변동하중 : TBM으로 곡선시공 또는 방향을 수정하는 경우 편심추력에 부합하는 지반반력을 주변지반으로부터 받는데 이를 변동하중이라 한다. 변동하중의 크기와 분포형식은 조건에 따라 다르지만 최대치는 수동토압에 상당하는 반력을 편심으로 받는 것으로 하든지 TBM 장비의 쉴드 잭 절반을 한쪽에 작용시키는 경우에 발생하는 지반반력을 받는 것으로 구하는 경우가 많다.

바. 굴진면 전면압 : 토압식 쉴드 TBM의 굴진면 토압, 이수식 쉴드 TBM의 굴진면 이수압 등으로 격벽이나 강각 보강재인 거더(girder)에 작용하는 힘이다.

사. 기타 : 장비의 추력과 토크 등에 의해 TBM이 굴진되므로 이에 대한 반력을 고려하여 장비 각 부위의 강도를 검토할 필요가 있다. 굴진 시 특수한 하중이 작용하는 경우에는 별도의 고려가 필요하다.

13.6.2 쉴드를 갖는 TBM의 제작 시에는 다음 사항을 고려하여야 한다.

(1) TBM은 굴착, 추진, 라이닝 설치를 동시에 할 수 있는 기능을 갖는 장치군으로 구성되므로 외부에서 작용하는 하중에 대하여 내부를 충분히 보호할 수 있어야 한다.

(2) TBM의 외경은 외판(skin plate)의 외경을 말하며, 세그먼트 외경, 테일 클리어런스(tail clearance) 및 테일 스킨 플레이트(tail skin plate) 두께를 고려하여야 한다.

(3) 테일 클리어런스는 20~40mm가 일반적이나 세그먼트의 형상과 크기, 터널의 선형, 선형 수정,

세그먼트 조립 시 여유, 테일 실(tail seal)의 설치 등을 고려하여 결정하여야 한다.

(4) TBM의 길이는 지반의 조건, 터널의 선형, 쉴드 TBM 형식, 중절장치의 유무, 세그먼트의 폭, K형 세그먼트의 삽입형식, 테일 실(tail seal)의 단수 등을 고려하여야 한다.

(5) 후드부의 형상은 직형, 경사형, 단절형 등이 있으며, 구조와 치수는 지반의 조건, 쉴드 TBM 의 형식에 적합하고 충분한 강도를 가질 수 있도록 결정하여야 한다.

(6) 거더부의 구조는 잭, 커터 축, 커터헤드 구동장치, 중절장치 및 배토장치 등의 부착공간을 고려하여 충분한 강도와 강성을 갖는 것으로 하여야 한다.

(7) TBM의 길이는 외경과의 조화, 운전조작 면에서는 가능한 한 짧은 것을 선택하여야 한다. 단, 길이가 극단적으로 짧으면 접지압이 커져 조향성이 나빠지므로 이를 고려하여야 한다.

(8) 테일부의 길이는 세그먼트폭과 형상 및 시공성을 고려하여 결정하여야 한다.

(9) 테일 스킨 플레이트 두께는 유해한 변형이 발생하지 않는 범위 내에서 가능한 얇게 하여야 한다.

(10) 테일 실은 뒤채움주입재나 토사를 동반하는 지하수의 역류방지를 위하여 내구성, 내압성 등을 고려하여 선정하여야 한다.

❖❖ 해설 ❖❖

가. 쉴드의 외경은 다음과 같이 표현된다.

$$D = D_o + 2(x + t) \tag{13.6.1}$$

여기서 D : 쉴드 TBM 직경

D_o : 세그먼트 링의 외경

x : 테일 클리어런스

t : 테일 스킨 플레이트 두께

나. 테일 클리어런스(tail clearance)는 곡선시공에 필요한 최소여유, 세그먼트 조립 시 여유 등을 고려하여 결정되는데 20~40mm의 실적이 가장 많다. 테일 클리어런스와 테일 스킨 플레이트(tail skin plate) 두께의 합이 테일 보이드(tail void)이므로 테일 클리어런스의 크기를 지나치게 크지 않게 할 필요가 있다(日本土木學會, 2006b).

다. 쉴드 TBM의 길이는 다음과 같이 쉴드 TBM 전체길이(L), 쉴드 TBM 장비길이(L_I) 및 쉴드 TBM 본체길이(l_M)로 표현된다.

$$L_I = l_c + l_M \text{ 및 } l_M = l_H + l_G + l_T \tag{13.6.2}$$

여기서 L : 쉴드 TBM 전체길이

L_I : 쉴드 TBM 장비길이

l_M : 쉴드 TBM 본체길이

l_C : 커터부 길이

l_H : 후드부 길이

l_G : 거더부 길이

l_T : 테일부 길이

라. 후드부 형상

1) 후드부 내부는 굴진면의 안정을 위하여 굴착토사와 이수를 채우는 공간인 동시에 굴착토사의 이동경로이다. 밀폐형인 경우는 굴진면 안정과 굴착토사의 배출 상태를 고려하여 후드부의 구조를 결정하는데, 토압식 쉴드인 경우는 굴착토사가 충분히 교반되도록 하여야 한다. 비트나 커터교환, 지장물 제거작업이 필요한 경우는 후드공간이 작업공간이 되므로 그 역할을 고려하여 후드부의 길이를 결정할 필요가 있다.

2) 후드부의 형상과 치수는 지반의 조건에 적합하도록 결정하며 직형과 경사형 및 단절형 등으로 분류된다(〈해설그림 13.6.1〉).

3) 후드부의 구조를 결정할 때는 토압과 수압에 대한 강도도 검토되어야 한다.

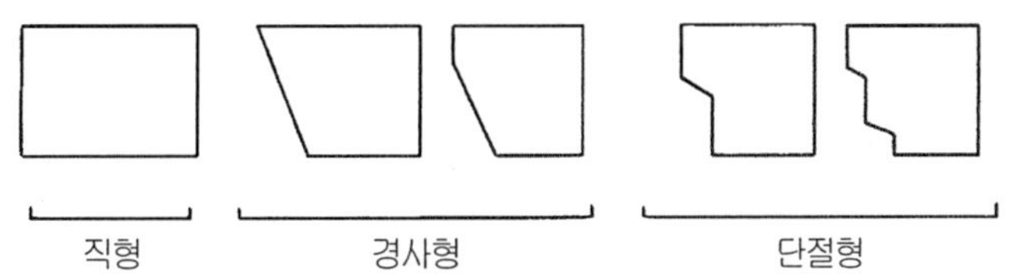

〈해설그림 13.6.1〉 후드부의 형상

마. 거더부는 TBM의 주 구조체로 작용하는 전하중을 받는 골격이므로 충분한 강도가 필요하다. 후드부와 테일부는 모두 거더부가 충분한 강성을 가지도록 설계되므로, 거더부의 설계도 충분한 강성을 가져야 한다. 중·대구경 거더부의 설계 시에는 지주나 보로 보강하는 경우가 많으며 거더부가 충분한 강성을 갖도록 하여 테일부의 두께를 줄일 수 있다. 지주나 보는 거더로부터의 하중을 지지할 뿐만 아니라 이렉터(erector), 배토장치, 후방 잭의 하중을 지지하고 유압 및 전기기기, 배관 및 배선 등의 설비공간이나 유지관리를 위한 작업공간을 확보하도록 설계할 필요가 있다.

바. 테일부 길이

1) 테일부 길이는 세그먼트폭과 형상을 고려하여야 한다. 테일부 길이는 쉴드 TBM 본체 내에서의 세그먼트의 조립길이와 테일 실의 형상 및 단수로 결정할 필요가 있다. 테일부 길이는 일반적으로 다음과 같이 표현된다.

$$l_T = l_j + C + l_s + C' + l_p \tag{13.6.3}$$

여기서 l_T : 테일부 길이

C : 세그먼트 조립여유(반경방향 K형 세그먼트 : 150~200mm)

l_j : 쉴드 잭부 길이

C : 기타 여유(일반적으로 50~100mm)

l_s : 세그먼트폭

l_p : 테일부 길이

2) 테일부는 세그먼트 조립, 측량작업 및 동시주입을 실시하는 경우에 안전하고 작업능률을 좋게 할 수 있는 공간을 확보하도록 검토되어야 한다.

사. 테일 스킨 플레이트

1) 테일 스킨 플레이트의 두께는 유해한 변형이 발생하지 않는 한 얇은 것이 바람직하다. 다만, 테일실 부의 설치, 뒤채움주입관 또는 테일실 그리스 주입관 설치에 필요한 두께에 대한 검토가 필요하다.

2) 주형, 종리브, 이음판은 스킨 플레이트와 배판(背板)의 일부가 함께 하중을 지지한다. 이때, 스킨 플레이트 또는 배판의 유효폭은 응력 상태, 스킨 플레이트와 배판의 두께, 주형과 종리브 및 이음판의 크기는 물론 결합방법에 따라서도 달라져서 획일적으로 결정하기 어려우므로 구조나 단면력에 따라서 결정할 필요가 있다.

3) 상자형 세그먼트에 작용하는 하중은 스킨 플레이트 또는 배판을 통하여 주형, 종리브, 이음판으로 전달된다. 따라서 스킨 플레이트 또는 배판은 구조적으로 주변을 지지하는 판으로, 하중은 전면에 작용하는 등분포하중으로 취급할 수 있다.

4) 2본 주형 상자형 세그먼트는 종리브 간격이 세그먼트 폭이나 반경에 비하여 작은 것을 고려하여 배판의 내력을 검토한다.

아. 테일 실

1) 세그먼트가 반드시 테일부와 동심원상으로 조립되지 않고 편심을 이루거나 변형되는 수도 있으므로 테일 클리어런스의 변화에 대한 고려가 필요하다.

2) 곡선시공인 경우는 테일 클리어런스가 2배 정도가 된 상태에서도 뒤채움주입압, 지하수압 또는 이수압에 견디도록 하여야 한다.

3) 사용재질은 고무, 수지, 강, 스테인리스 등이 있지만 최근에는 지수성, 내구성 등을 고려하여 가는 강선으로 만든 브러시형의 테일 실을 복수로 설치한다.

4) 브러시 사이의 지수를 위하여 테일 실용 그리스를 충전재로 사용하며 굴진에 따라서 정기적으로 충전한다.

5) 설치 단수는 고수압이거나 시공연장이 길수록 증가하며 곡선시공의 유무, 시공 중의 교환 등을 고려하여야 한다.

13.6.3 TBM의 커터헤드 설계 시에는 다음 사항을 고려하여야 한다.

(1) 커터헤드는 지반조건에 적합하고 시공연장, 선형, 시공조건 등을 고려하여 기능을 발휘할 수 있는 것으로 선정하여야 한다.

(2) 커터헤드는 커터의 굴착성능 예측자료와 굴착대상 지반특성을 고려하여, 각각의 커터에 유사한 부하가 분배되도록 커터의 개수, 커터의 적정간격 및 위치 등을 고려하여야 하며, 이를 바탕으로 장비의 운영조건인 커터헤드의 추력, 회전력, 회전속도 등을 결정하여야 한다.

(3) 커터헤드의 지지방식은 TBM 외경, 원지반조건 등에 적합하도록 선정하여 버력반출기구와의 조합 등에 대하여 고려하여야 한다.

(4) 커터헤드의 개구부는 원지반조건, 굴진면 안정기구 및 굴삭능률을 고려하여 개구 형식과 크기 및 개구율을 정하여야 한다.

(5) 커터 구동부는 시공조건 및 기계형식에 맞추어, 축(軸) 및 구동기어를 선정하여야 한다. 커터 축의 실(seal)은 토사, 지하수 등의 유입에 대하여 커터 축을 보호할 수 있어야 한다.

(6) 확굴장치는 TBM의 곡선시공 등에 필요한 확굴을 시행하기 위한 장치로서 지반·시공조건에 적합한 기능을 발휘할 수 있어야 한다.

:: 해설 ::

가. 커터헤드는 TBM의 가장 중요한 부분 중의 하나로서 각종 시험(예 : 선형절삭시험 등)과 설계모델(예 : CSM 모델) 등을 활용하여 굴착대상 지반조건에 대한 최적의 커터헤드 및 TBM 사양을 도출하는 것이 바람직하다 (전석원·장수호, 2008).

1) 적정 커터 또는 비트의 선정.

2) 커터헤드 1회전당 커터 또는 비트의 적정 절삭깊이(단위 예 : mm/rev).

3) 커터 또는 비트의 적정간격.

4) 커터 또는 비트 작용력 예측결과를 토대로 한 TBM의 소요추력, 토크, 동력, 회전속도 등.

5) 커터 또는 비트의 배열.

나. 커터헤드의 구조(전석원·장수호, 2008)

1) 토사용 커터헤드 : 토사용 커터헤드에는 토사지반을 절삭하기 위한 다수의 커터비트(cutter bit)들이 장착된다. 토사용 커터헤드의 형상은 〈해설그림 13.6.2〉와 같이 스포크형(spoke), 면판형(face plate) 및 프레임형(frame)의 3종류로 구분될 수 있다. 또한 토사용 커터헤드의 개구율(opening ratio)은 다음 식과 같이 정의된다.

$$w_o = \frac{A_s}{A_r} \tag{13.6.4}$$

여기서 w_o는 개구율, A_s는 커터헤드의 개구부 총면적(커터비트의 투사면적은 고려하지 않음)이며, A_r은 커터헤드의 면적을 의미한다.

이수식 쉴드 TBM의 일반적인 개구율은 10~30% 정도이며, 토압식 쉴드 TBM의 개구율은 이수식보다 크다. 또한 점성이 높은 점성토지반에서는 개구율을 증가시키는 것이 바람직하지만 지반의 붕괴 위험성이 크면 개구율에 대한 신중한 검토가 필요하다. 만약 개구부가 필요하다면 TBM의 가동을 정지시킬 때 개구부를 통해 TBM 내부로 토사가 붕괴되거나 유입되는 것을 방지하기 위한 슬릿 개폐 장치가 포함되어야 한다.

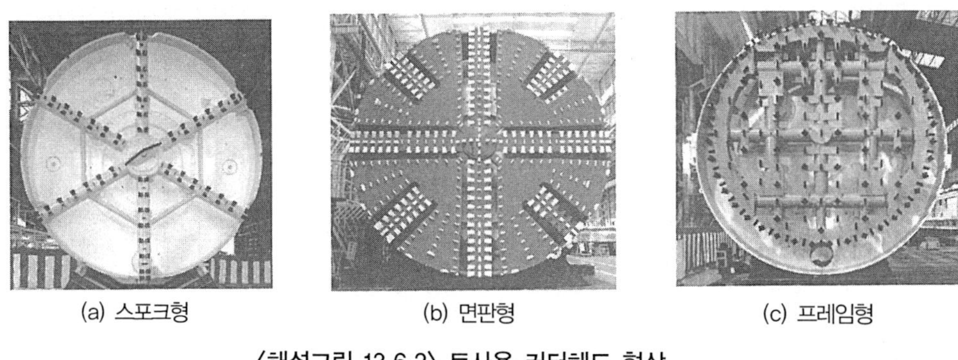

(a) 스포크형   (b) 면판형   (c) 프레임형

〈해설그림 13.6.2〉 토사용 커터헤드 형상

2) 암반용 커터헤드 : 암반용 커터헤드에는 암반을 절삭하기 위한 다수의 디스크커터(disc cutter 또는 roller cutter)들이 설치된다. 지반조건이 경암 또는 극경암인 경우에는 큰 추력을 가할 수 있고 절삭효과를 높일 수 있는 돔(dome) 형식의 커터헤드 단면형상이 적용된다(〈해설그림 13.6.3)〉(a). 반면, 암반조건이 불리해질수록 굴진면의 자립을 위하여 보다 편평한 형상인 심발형(deep flat face)이나 평판형(shallow flat face 또는 flat face)이 적용된다(〈해설그림 13.6.3)(b) 및 〈해설그림 13.6.3)〉(c).

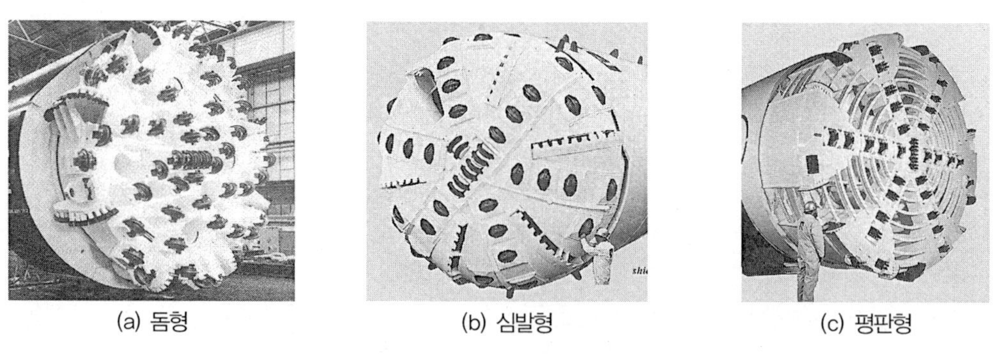

(a) 돔형   (b) 심발형   (c) 평판형

〈해설그림 13.6.3〉 암반용 커터헤드의 형상

3) 복합지반용 커터헤드 : 도심지의 일반적인 굴착심도에서 흔히 분포하는 복합지반의 경우에는 암반용과 토

사용 커터헤드의 특성을 동시에 고려하는 커터헤드의 설계가 필요하다. 예를 들어 굴착이 용이한 토사지반에서는 커터비트만으로 굴착할 수 있지만 굴착이 어려운 토사지반이나 굴착이 비교적 용이한 암반조건에서는 〈해설그림 13.6.4〉와 같이 암반용 디스크커터와 토사용 커터비트를 동시에 채용하거나 〈해설그림 13.6.7〉(d)와 같이 풍화대 지역에 적합한 쉘 비트(shell bit) 등의 특수 비트를 사용한다.

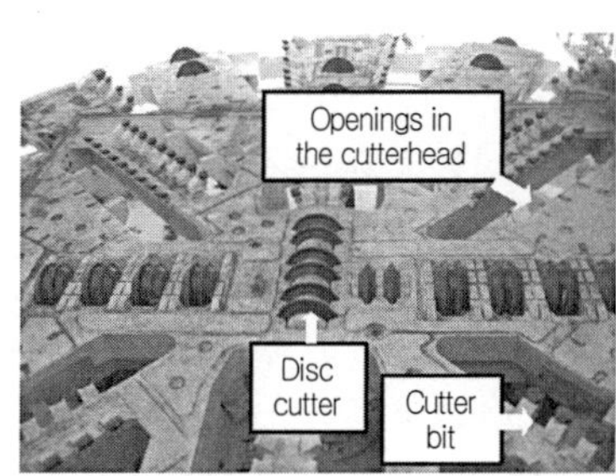

〈해설그림 13.6.4〉 복합지반용 커터헤드 예

다. 커터 구동부와 실(seal)

1) 커터 축 : 작용하는 하중을 받으며 회전하는 커터를 지지하므로, 지반조건이나 시공연장에 적합하고 내구성 있는 것으로 계획하여야 한다.

2) 커터 구동기어 : 커터 구동기어는 구동모터의 토크를 커터헤드에 전달하는 역할을 하므로 내구성 있는 것으로 계획하여야 한다. 일반적으로 토사나 물의 유입을 방지하기 위하여 기어박스에 격납시킨다.

3) 커터 축 실 : 토사나 지하수 및 첨가제 등이 축으로 유입되는 것을 방지하기 위한 것으로 단수 또는 복수 리브(rib)의 형상을 갖는다.

4) 커터 링(ring)의 재질 및 부피 : 커터 링은 암종에 따라 초경에서 특수강에 이르기 까지 다양하며, 재질의 입자규격을 작게 하거나 입자 경계를 통한 균열의 발달을 없애기 위해서 입자가 없는 통입자 재질을 개발하기도 한다. 링은 교체하여 사용할 수가 있으며, 일반적으로 부피가 클수록 사용기간이 늘어난다.

라. 확굴장치(〈해설그림 13.6.5〉 및 〈해설그림 13.6.6〉 참조)

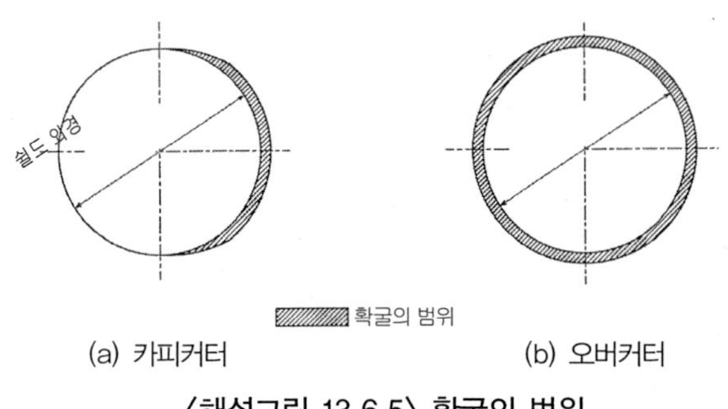

〈해설그림 13.6.5〉 확굴의 범위

〈해설그림 13.6.6〉 카피커터 예

1) 카피커터(copy cutter) : 커터헤드에서 쉴드 TBM 외측방향으로 돌출시켜 임의 범위까지 확굴시키는데, 통상 유압을 사용하여 돌출시킨다.

2) 오버커터(over cutter) : 커터헤드에서 쉴드 TBM 외측방향으로 돌출시켜 전주(全周)에 일정한 양을 확굴시키는데, 유압잭을 사용하는 것과 최외주 고정비트를 사용하는 것이 있다.

13.6.4 TBM 커터는 다음 사항을 고려하여야 한다.

(1) 커터는 지반조건에 적합하도록 그 종류, 형상, 재질 및 커터헤드에서의 배치를 결정하여야 한다.

(2) 굴착대상 지반의 상태에 따라 디스크커터 혹은 커터비트를 선정하거나 이들을 혼용하여 사용하는 것을 고려하여야 한다.

(3) 디스크커터의 선정 시 굴착대상 암석의 압축강도, 인장강도, 경도, 석영 함유량, 커터의 마모도 등을 고려하여야 한다.

(4) 커터(디스크커터와 커터비트)는 마모특성을 평가하고 굴진과정에서 교환 방법 및 지점에 대한 계획을 수립하여야 한다.

(5) 디스크커터의 크기는 터널의 굴착직경, 암석의 강도 등을 고려하여 결정하여야 하며, 선정된 커터에 대하여 사전에 선형절삭시험 등을 수행하여 성능 평가를 실시하는 것을 검토하여야 한다. 이때 커터에 작용하는 추력, 회전력, 압입깊이에 따른 굴착성능을 예측할 필요가 있다.

∷ 해설 ∷

가. 디스크커터 및 커터비트의 종류와 역할(〈해설그림 13.6.7〉 참조).

1) 티스비트(teeth bit) 또는 커터비트 : 토사지반의 굴삭.

2) 디스크커터(또는 롤러커터) : 암반의 절삭, 선행굴삭 및 티스비트의 보호.

3) 선행비트 : 발진, 도달부나 경질지반의 선행굴삭 및 티스비트의 보호.

4) 쉘비트(shell bit) : 자갈이나 풍화대지반의 선행굴삭 및 티스비트의 보호.

 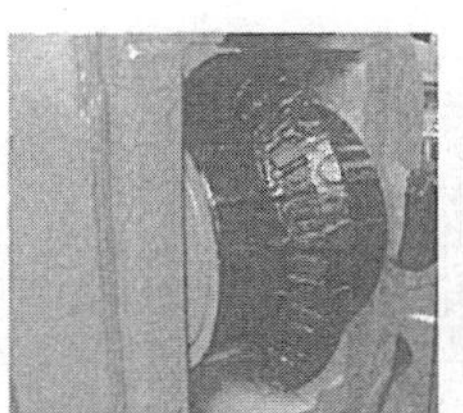  

(a) 티스비트   (b) 디스크커터   (c) 선행비트   (d) 쉘비트

〈해설그림 13.6.7〉 디스크커터 및 커터비트의 형상

나. 절삭도구의 선정 : 13.6.3절의 해설 참조.

다. 디스크커터의 선정 시 고려사항 : 굴착대상 암반에 부적합한 디스크커터를 사용하게 되면 절삭성능이 떨어지고 커터의 마모로 경제성과 시공성이 불리해진다. 따라서 선형절삭시험과 각종 TBM 설계모델(CSM 모델, NTNU 모델, KICT 모델 등)로 굴착대상 암반에 대한 디스크커터의 절삭성능과 마모수명을 예측할 필요가 있다. 이때 압축 및 인장강도와 같은 일반적인 암석물성 이외에도 설계모델에 따라 암석의 마모도, 경도, 커터 마모율의 주원인인 석영의 함유량 등에 대한 정보가 필요할 수 있다. 일반적으로 커터의 크기에 따라 추력도 커지므로 굴진효율과 굴진속도가 향상되며, 1회전당 디스크커터의 절삭깊이도 길어져서 커터 전주거리 수명도 향상된다. 하지만 소구경의 TBM에 큰 직경의 디스크커터를 채용하기 어렵기 때문에, TBM의 크기와 사양을 함께 고려하여 최적의 디스크커터를 선정하는 것이 유리하다(전석원·장수호, 2008).

라. 커터비트의 선정 시 고려사항 : 커터비트는 마모 이외에도 칩의 결손이나 탈락이 발생할 경우 교환할 필요가 있다. 마모는 쉴드 TBM의 형식, 토질조건, 접동(摺動)거리, 커터비트의 형상과 재질 등에 따라 좌우되므로 비트의 내구성과 마모량을 사전에 검토하고 교환이 필요한 지점은 지반조건 등을 고려하여 대책을 마련하여야 한다. 일본지반공학회(1997)에서는 커터비트의 마모량이 8~13mm가 되면 커터비트를 교환해야 한다고 추천하고 있다. 또한 커터비트의 돌출길이는 토질조건, 예상 마모도, 굴착률, 커터헤드 회전속도, 커터헤드 1회전당 굴삭깊이 등과 같은 인자들을 고려하여 결정되어야 한다.

13.6.5 TBM의 추진기구에 대하여는 다음 사항을 고려하여야 한다.

(1) Open TBM의 추진은 그리퍼를 사용하고 쉴드를 갖는 TBM에서는 추진잭 사용을 표준으로 함을 원칙으로 하며, TBM의 총 추진력은 TBM 총 추진저항에 안전율을 고려하여야 한다.

(2) 그리퍼와 추진잭의 선정과 배치는 TBM의 조향성, 시공성 그리고 필요에 따라 세그먼트라이닝의 특성 등을 고려하여야 하며, 가급적 간단한 구조가 되도록 하고 경량으로 내구성이 크고, 보수·교환이 가능하여야 한다.

(3) 추진잭은 쉴드 TBM 외판 내측에 근접하여 등간격으로 배치하고 세그먼트에 가급적 균등하중이 가해지도록 하여야 하며, 그리퍼는 TBM 자중을 지지하면서 추진력을 얻을 수 있도록 적절히 배치하여야 한다.

(4) 그리퍼와 추진잭의 작동속도는 굴진속도 및 시공능률을 고려하여 결정하여야 한다.

(5) 추진잭의 스트로크(stroke)는 세그먼트 폭의 소요 여유를 고려하여 결정하여야 하며, 쉴드 TBM의 곡선시공을 위한 적정 길이가 되도록 하여야 한다.

❖❖ 해설 ❖❖

가. Open TBM 또는 그리퍼 TBM은 그리퍼를 터널벽에 지지하여 추력에 대한 반력을 얻는 장비이며, 쉴드 TBM

은 세그먼트를 반력대로 사용하여 추력을 얻는다. 이런 메커니즘을 혼용한 것이 더블 쉴드(double shield) TBM으로서 암질이 좋으면 굴진과 세그먼트 설치를 동시에 할 수 있다(13.5절 해설 '라' 참조).

1) 총추력은 굴진 시에 작용하는 굴진저항의 합으로 결정되며, 단위면적당 장비추력의 실적을 토대로 안전율을 확보하도록 계획하는 것이 바람직하다.

2) 굴진 시 작용하는 쉴드의 굴진저항은 쉴드 외주면과 지반의 마찰저항, 굴진면 전면저항, 곡선시공의 변동하중에 의한 추진저항, 세그먼트와 테일 실부와의 마찰저항 및 후속대차 견인저항의 합으로 산출된다.

나. 그리퍼의 선정과 특징 : 그리퍼는 싱글 그리퍼(single gripper) 타입과 더블 그리퍼(double gripper) 타입으로 구분될 수 있다.

1) 싱글 그리퍼 : 수평방향으로 좌우 1쌍의 그리퍼 1조로 구성되며, 구동 유니트는 커터헤드 직후방에 위치한다. 방향제어는 굴착 전과 후에 모두 가능하지만 기계 앞부분에 무게중심이 있기 때문에 지질조건에 따라 상하방향의 제어 정도가 다르게 나타나는 경향이 있다.

2) 더블 그리퍼 : X형 또는 T형으로 배치된 2조의 그리퍼로 구성되며, 구동 유니트는 뒤쪽 그리퍼에 위치하고 메인 빔 내의 구동 샤프트에 의해 커터헤드가 구동된다. 더블 그리퍼 TBM에서는 2조의 그리퍼에 의해 TBM이 터널벽면에 견고하게 고정될 수 있다는 장점을 가지고 있다. 반면 싱글 그리퍼 TBM에 비해 방향제어성, 특히 상하방향의 제어가 좋지만 굴진 중의 제어는 불가능하다는 한계를 가지고 있다.

3) 그리퍼 하중의 설계 : 각 그리퍼(또는 bearing pad)에 작용하는 하중은 TBM의 추력, 토크, 암반과 그리퍼 사이의 마찰특성, 그리고 적절한 안전율을 함께 고려하여 설계되어야 한다. 특히 그리퍼 하중이 크면 TBM을 굴착벽면에 견고하게 고정할 수 있지만 굴착면의 손상을 야기할 수 있으므로 유의하여야 한다.

다. 추진잭의 선정과 특징

1) 추진잭의 선정

① 가능하면 고유압(30~40MPa) 잭을 사용하여 간단한 구조가 되도록 계획한다.

② 내구성이 뛰어난 경량의 잭을 사용하여 보수나 교환이 용이하도록 계획한다.

2) 추진잭의 배치

① 스킨 플레이트 내측에 등간격으로 배치하여 세그먼트 전주에 균등한 하중이 작용하도록 한다. 지반이나 특수한 조건에 따라서 간격을 다르게 할 수 있다.

② 추진축이 쉴드 축선에 평행하도록 장치한다. 굴진 시 롤링에 의한 영향을 고려하여 잭의 일부를 경사지게 가동하도록 장착하는 경우도 있는데, 이때 추진축에 휨 하중이 발생하지 않도록 유의하여야 한다.

③ 커터헤드 전면에는 토압이나 수압이 작용하므로 세그먼트 조립을 위해 굴진이 정지 상태에 있는 동안에는 쉴드 TBM이 후퇴하지 않도록 유압계통에 잠금장치를 고려할 필요가 있다.

3) 추진잭의 추력과 개수 : 추진잭의 추력과 개수는 쉴드 TBM의 총 추력, 세그먼트 종류, 터널선형 등의 관계를 고려하여 결정한다. 중소구경의 경우에는 500~1,500kN, 대구경에는 2,000~5,000kN 용량의 추진잭이 일반적으로 사용되고 있다(日本土木學会, 2006b).

4) 추진잭의 작동속도

　① 추진잭의 작동속도는 40~60mm/분이 일반적이다. 일반적인 시공실적에 따르면, 직선부에서는 20~45mm/분, 곡선부에서는 약 15~35mm/분, 고속시공인 경우는 60~100mm/분 정도이다.

　② 발진 및 도달부의 가설 벽체나 지반개량부는 굴진속도를 낮추어 수 mm/분 정도로 하는 경우도 있다.

　③ 잭의 회수속도는 세그먼트 조립 시의 작업능률을 향상시킬 수 있도록 최대한 빠르게 한다.

5) 스트로크(stroke)

　① 추진잭의 스트로크는 세그먼트설계와 1회분 링의 굴진장에 따라서 결정되는데 터널규모와 장비동력에 따라서 0.9~2.0m 정도로 다양하며 시공능률을 향상시키기 위해 가능한 스트로크를 길게 한다. 다만, 연약지반인 경우 스트로크가 길어지고 세그먼트의 단면이 커지면 침하가 증가할 가능성이 높아지므로 유의할 필요가 있다.

　② 세그먼트 조립 시 스트로크의 여유가 필요하다. 반경방향 K형 세그먼트의 스트로크는 세그먼트의 폭에 100~200mm를 더한 값이 필요하며, 축방향 K형 세그먼트의 스트로크는 세그먼트 높이, 삽입각도, 연결각도에 따라서 세그먼트 폭의 1/3~1/2 정도의 삽입여유가 필요하다(日本土木學会, 2006b).

13.6.6 TBM의 가동에 필요한 유압, 전기, 제어기구에 대하여는 다음 사항을 고려하여야 한다.

　(1) TBM용 유압기기는 일반 건설기계의 경우와 달리 고압 대용량이고 사용환경도 나쁘므로 내구성, 효율, 소음 등을 고려하여 기종을 선정하여야 한다.

　(2) 유압기구는 자가점검장치가 있거나 점검이 용이한 것으로 선택하여 사용조건 하에서 적절한 상태로 유지관리가 가능하여야 한다.

　(3) 유압회로는 가능한 한 간단하여 각 기기가 확실하게 작동하고, 오조작이 발생할 경우에도 안전을 보장하여야 한다.

　(4) 유압작동유는 유압기기에 적합한 양질의 것이어야 한다.

　(5) 전기기기류는 방수, 방습, 방진 등에 유의하여야 하며, 가능한 한 조작 및 점검보수가 용이한 위치에 설치하여야 한다.

　(6) 제어기기는 각 기기가 확실하게 작동하여 굴착, 추진, 버력처리 등을 위한 기기들과 상호 연관성을 양호하게 하고 이상 시에도 안전하게 대처할 수 있어야 한다.

❖ 해설 ❖

가. 일반 건설기계와는 달리 TBM용 유압기기는 고온 다습하고 토사와 분진 등이 많으므로 사용조건과 고효율, 저소음, 내구성 등을 고려하여 선정해야 한다.

나. 유압회로는 쉴드잭계, 커터계, 이렉터계 등 각 계통별로 구성되지만 동력원은 각 계통별로 분리된 형식과 공

통으로 사용하는 형식이 있다. 유압기기는 각 기기가 확실하게 작동하도록 하여, 이상발생으로 정지되는 경우에는 동작부가 정지위치를 안전하게 유지하도록 하여야 한다.

다. 유압 작동유는 일반적으로 광물성 작동유가 사용되고 있다(JIS K 2213 터빈유 참조). 작동유의 청정도는 유압기기의 내구성에 미치는 영향이 크기 때문에, 배관계통의 방진을 고려하여 결정하여야 한다.

라. 전기기기류

1) 전동기는 통상 옥외형으로 한다.

2) 동력반, 분전반, 조작반 등은 방수, 방습, 방진 등을 고려하거나 위험이 없는 곳에 설치하여야 한다.

3) 누전차단기는 전기설비에 관한 제반 규칙을 따라 계획하도록 한다.

마. 제어기기

1) 제어명령에 따라 확실하게 작동되어야 하고, 외력을 받는 동작부는 외력에도 그 위치를 확보할 수 있도록 고려하여야 한다.

2) 전원차단 및 비상정지 등의 이상발생 시에는 각 동작부위가 즉시 멈추거나 안전위치에서 정지할 수 있도록 안전성을 확보하여야 한다.

3) 각 기구의 운전 상태를 표시하고 이상발생 시에는 그 정보를 알기 쉽게 표시하여야 한다.

4) 조작오류에 대해 장치를 보호하기 위하여 인터록킹(interlocking)이나 경보기능을 설치한다.

5) 굴진면의 안정성을 확보하고 굴진면 전방의 지질변화를 예측하기 위하여, TBM 굴진관리시스템을 설치하여 실시간으로 추력, 토크, 회전수, 배토량, 굴진속도 등을 관리하는 것이 유리하다.

13.6.7 세그먼트라이닝을 설치하는 경우 세그먼트의 조립기구는 다음 사항을 고려하여야 한다.
  (1) 이렉터(erector)는 쉴드 TBM의 형식과 규모, 세그먼트의 분할과 형상, 굴착토처리방법, 작업주기 등을 고려하여 세그먼트의 조립이 정확하고 능률적인 것으로 선정하여야 한다.
  (2) 이렉터의 능력은 세그먼트의 종류, 형상, 중량 및 조립순서 등을 고려하여 결정하여야 한다.

❖❖ 해설 ❖❖

이렉터는 테일부에서 세그먼트를 소정의 형상으로 조립하는 장치로서, 주로 유압에 의해 회전 및 승강장치가 작동된다. 이렉터의 종류에는 링 방식과 중공축 방식이 있다.

가. 이렉터의 동력 : 이렉터의 동력에 따라 설치하고자 하는 세그먼트의 크기가 좌우된다. 1 링의 세그먼트 피스(piece) 수를 줄이고 세그먼트를 대형화하여 조립시간을 단축시키면 굴진율 향상에 유리하지만 이렉터의 용량을 고려하여 결정하여야 한다.

나. 이렉터의 능력(日本土木學会, 2006b)

1) 삽입력 : 조립 중 또는 조립 완료된 세그먼트의 위치를 수정하기 위한 삽입능력을 의미하며, 세그먼트 1링

이상의 중량을 삽입할 수 있는 용량을 가지도록 제작하는 것이 유리하다.

2) 인양력 : 일반적으로 세그먼트 최대피스 중량의 1.5~2.0배로 한다.

3) 회전력 : 세그먼트의 최대피스를 인양한 상태로 승강장치가 최대 스트로크에서 회전할 수 있어야 한다.

4) 회전속도 : 작업능률을 고려하여 2단계로 제어하는데, 일반적으로 고속은 250~400mm/sec이고 미속(微速)은 10~50mm/sec 정도이다.

5) 승강속도 : 터널의 반경방향으로 신축하는 속도이며, 50~200mm/sec 정도가 일반적이다.

6) 전후 접동거리 : 세그먼트 조립 시 세그먼트를 축방향으로 이동 가능한 거리로, 150~300mm 정도가 일반적이다.

7) 세그먼트 자동조립장치의 부가능력 : 세그먼트 자동조립장치에는 제어기구나 조립방법에 따라 따르다.

8) 작동유압 : 이렉터계의 유압은 10~20MPa의 것이 일반적이다.

13.6.8 부속기구에 대하여는 다음 사항을 고려하여야 한다.

(1) 중절장치는 원지반조건, 터널의 선형, 쉴드 TBM의 형식 등에 적합하고, 그 기능이 확실하게 발휘될 수 있는 방식과 기구를 선정하여야 한다.

(2) 방향제어장치는 지반조건, TBM의 형식, 터널의 선형 등을 고려하여 확실한 TBM의 방향제어가 가능한 것으로 선정하여야 한다.

(3) TBM에 탑재하는 측량장치는 TBM의 자세, 움직임 방향의 파악 등 측량 목적에 맞추어 선정하여야 하며, 터널 내 고온, 다습 등의 환경조건에서도 충분한 내구성을 확보하여야 한다.

(4) 뒤채움주입장치가 필요한 경우는 주입재료, 주입방법, 주입량 등을 고려하여 확실하게 충전될 수 있는 기구를 선정하여야 한다.

(5) 후방대차는 TBM 굴진을 위한 기계장치 설치 및 굴진면 작업에 이용하는 재료 및 각종 작업받침대, TBM 굴진과 동시이동 등의 기능과 규모를 지닌 것이어야 한다.

❖ 해설 ❖

가. 중절장치 : 곡선시공 시 선형확보를 위해 쉴드 TBM의 본체를 전통부와 후통부로 나누어 굴곡시킴으로써 굴진 시의 여유량을 감소시키며 굴진분력을 발생시켜 곡선시공을 용이하게 하는 장치이다. 쉴드 TBM의 외경에 따라 다르지만 곡선반경이 300m 이하인 경우에는 쉴드 TBM의 길이, 세그먼트의 형상과 크기 및 재질, 지상이나 지중구조물의 근접에 따른 중절장치의 필요성에 대하여 검토할 필요가 있다.

나. 방향제어장치 : 터널선형(곡선, 기울기)에 따라 정확하게 굴진하기 위하여 TBM의 방향을 제어하는 장치이다. 그리퍼를 사용하는 TBM에서는 그리퍼의 하중을 조절하여 방향을 제어하는 반면, 쉴드 TBM에서는 일반적으로 쉴드잭의 조작만으로 방향을 제어하기 어려운 경우에 방향제어장치를 사용한다. 방향제어장치를 설

계·제작할 경우에는 지반조건, 터널선형, 지반의 연경도 및 쉴드 형식 등을 충분히 고려하여야 한다. 또한 방향제어장치는 TBM의 굴진저항에 대해 충분한 기능과 강도를 가져야 한다. 이상과 같은 방향제어장치에는 다음과 같은 것들이 포함된다.

1) 확굴장치 : 13.6.3절의 해설 참조.

2) 롤링 수정장치 : 쉴드잭을 원주방향으로 일정한 각도를 갖게 하여 추진반력의 분력을 이용하여 방향을 수정하는 장치.

3) 가동 활 장치 : 쉴드 TBM 하부에 설치하여 활 모양의 출입에 따라 자동적인 침강을 방지함과 동시에 피칭을 수정하는 장치.

다. 측량 및 방향제어장치 : TBM의 위치와 방향을 자동으로 계측하기 위하여 레이저, 광파기, 자이로컴퍼스(gyrocompass), 수준계 등을 조합하고 시스템화하여 사용한다.

1) 측량장비 : 레이저(laser), 광파기 등.

2) 방향제어장치 : TBM 장비의 자세를 제어하기 위한 탑재장치는 계측목적에 맞추어 선정해야만 하며 다음과 같은 것이 있다.

① 피칭 : 진행방향의 좌우방향으로 TBM이 이동하는 현상으로 경사계, 진자추 등으로 측정한다.

② 롤링 : TBM의 종단상에서 두부와 후미가 상하 독립적으로 종단선을 이탈하여 이동하는 현상으로 경사계, 진자추 등으로 측정한다.

③ 요잉 : 터널진행방향과 TBM의 진행방향이 이루는 수평면상의 편차를 말하며, 자이로스코프(gyroscope), 자이로컴퍼스 등으로 측정.

라. 뒤채움주입 : 13.13절의 해설 참조.

마. 후방대차 : 후방대차에는 TBM 외경, 형식, 장치의 용량 등에 따라서 TBM 내부에 설치할 수 없는 운전석, 유압장치, 전기장치 등을 설치함과 동시에 굴착토사반출설비, 주입설비, 세그먼트 하역작업용 호이스트 등을 설치한다. 장거리 시공인 경우에는 휴식대차, 화장실, 세그먼트 야적설비 등을 설치하는 경우가 있다.

13.6.9 설계단계에서 TBM의 굴진율, 공사기간, 커터의 마모 수명 등을 예측할 수 있도록 굴진과 관련한 시험들의 결과, 예측모델, 유사 시공사례 분석결과 등을 활용하여야 한다.

13.6.10 TBM 장비의 굴진율은 굴착성능과 가동율에 의하여 결정되므로, 지보재설치, 장비의 유지보수, 커터 교체, 작업자 교대 등에 소요되는 시간을 고려한 가동율을 사전에 예측하여 공사기간을 산정하여야 한다.

❖ 해설 ❖

일반적으로 TBM의 설계단계에서 굴진율 예측 모델과 실물절삭시험 등에 의해 굴진성능, 커터의 마모 수명, 공사기간 등을 예측할 수 있다.

가. TBM 장비의 가동율에 따라서 공사효율과 공사기간이 달라지므로, 작업 중단에 대한 대책을 강구하여 효과적인 굴진이 되도록 하여야 한다.

나. TBM의 가동율은 다음 식과 같이 순수하게 굴진에 소요된 시간을 전체 시공시간에 대한 백분율로 나타낸 것으로서, 전체 시공시간 가운데 시공 지체시간(downtime)을 제외한 비율이다. 불량한 지반조건에서 TBM의 가동율은 평균 10~30%까지 나타나며, 주의 깊게 TBM과 부대장비들을 설계하고 시공관리를 철저한 경우에는 75%의 높은 가동률(utilization)을 기록한 사례도 보고되고 있다(전석원·장수호, 2008).

$$\text{Utilization(\%)} = \text{Machine excavation time} \div \text{Total shift time} \times 100$$

다. TBM의 순관입속도(net penetration rate)는 커터헤드 1회전당 커터·비트의 압입깊이(penetration depth, 단위 예 : mm/rev)와 커터헤드의 회전속도(단위 예 : rpm)를 곱하여 결정되는 값으로서, 순굴진에 소요된 시간(단위 예 : mm/min)을 의미한다. 이것은 TBM의 굴진율(advance rate)과는 다른 값으로서, 굴진율은 다음과 같이 순관입속도에 앞선 가동률을 곱하고 일별 또는 월별 작업시간(working time)을 고려하여 환산된 값이다.

$$\text{Advance rate} = \text{Net penetration rate} \times \text{Utilization(\%)} \times \text{Working time} \div 100$$

라. TBM 장비를 정기적 또는 수시로 점검·보수하여 고장이나 사고를 미연에 방지함으로써 TBM 성능을 최대한 발휘하도록 하여야 한다.

마. 커터나 비트의 교환은 접동거리, 지반조건 등을 고려하여 마모에 대한 내구성 확보와 장수명화 및 교환방법을 검토하여야 한다.

13.7 터널지보재 및 보조공법

13.7.1 터널지보재는 TBM의 기계적 특성과 지보재 작업의 시공성 등을 고려하여 설계하여야 하며, 기타 일반적인 설계사항은 '제5장 터널지보재' 편에 따르는 것을 원칙으로 한다.

13.7.2 지보재설계를 위한 암반분류 시에는 반드시 TBM의 특성을 고려하여야 한다.

13.7.3 Open TBM 터널의 지보재의 경우 양질의 지반조건에서는 생략이 가능하다.

13.7.4 TBM 터널해석 시에는 발파굴착에 비하여 주변지반의 응력분포와 지반변형 특성이 상이한

점을 특별히 반영하여야 하며, 경우에 따라서는 지보패턴의 등급을 조절하거나 지보재설계의 경량화를 고려하여야 한다.

13.7.5 Open TBM 터널의 철망은 숏크리트의 부착력과 보강효과의 증가를 위하여 설치하는 철망과 낙반방지용 철망으로 구분하고, 낙반방지용 철망은 암질 상태에 따라 철망의 종류를 달리 하여야 한다.

13.7.6 보조공법은 사용목적에 적합하고, 원지반조건, 환경조건, 안전성, 시공성, 경제성 등이 확보되도록 설계하여야 한다.

13.7.7 쉴드 TBM의 주지보재 역할을 하는 세그먼트라이닝의 설계는 13.8절에 따르는 것을 원칙으로 한다.

:: 해설 ::

본 절은 open TBM에 의한 암반을 굴진할 경우의 지보재에 대한 내용을 소개하고 있으며, 쉴드 TBM에서 주지보재 역할을 하는 세그먼트라이닝에 대해서는 13.8절에 상세히 기술되어 있다.

가. TBM에 의한 굴착은 발파굴착에 비해 일반적으로 주변지반에 미치는 손상이 적기 때문에, 굴진에 의한 손상영역과 이완영역이 상대적으로 적다. 또한 단면형상이 원형이고 굴진면이 평활하여, 지반아칭효과를 기대할 수 있다. 따라서 발파굴착과 비교할 때 지보량을 경감시킬 수 있는 가능성이 크다.

나. Open TBM에서는 TBM의 크기에 따라 지보재 설치시기에 차이가 있다. 대구경 TBM에서는 커터헤드 바로 후방에 받침대를 설치할 공간이 있으므로, 여기서 숏크리트, 록볼트, 강지보재 등의 주지보재를 설치할 수 있다. 그러나 소구경 TBM에서는 커터헤드로부터 0.5D~2.0D(D : 굴착외경) 떨어진 위치에 지보재를 설치할 수 있으므로 지보재의 설치시점이 상대적으로 길어진다. 따라서 지반의 자립시간이 지보재의 설치시점보다 짧은 단층대 또는 파쇄대 등 불량한 지반에서는 조기에 지보재를 설치할 수 있는 장치를 TBM 제작 시에 고려하여야 한다.

다. 균열이나 용수가 있는 불량한 지반에서는 굴진면 붕괴나 그리퍼의 반력부족 등이 예상되므로 굴진면 전방의 사전보강이나 라이너에 의한 반력확보가 필요할 수 있다.

라. 과거 인력작업에 의존하던 철망작업이 최근에는 기계화방식으로 개선되고 있다. TBM 터널에서 사용되는 철망은 숏크리트의 부착력과 보강효과를 증가시키기 위해 설치하는 철망과 낙반방지용 철망으로 구분된다.

마. 숏크리트는 보강재료에 따라 철망보강 숏크리트와 강섬유보강 숏크리트로 구분한다. 과거에 TBM 터널에서는 철망을 이용한 숏크리트를 주로 타설해왔지만, 현재는 강섬유보강 숏크리트(SFRS, Steel Fiber Reinforced

Shotcrete)가 널리 활용되고 있다. 다만, 최근 들어 유럽 등의 선진국에서는 강섬유보강 숏크리트의 폐기물 처리, 시공 시 설계물량 및 시공성 등의 문제로 다시 철망보강 숏크리트의 사용이 증가되고 있다.

바. 불량한 지반에서 터널의 붕괴위험이 있거나 지나친 침하가 예상되는 구간에 대해서는 지반보강을 실시하여 안전한 TBM 시공이 되도록 해야 한다.

13.8 세그먼트라이닝

13.8.1 세그먼트라이닝의 설계 시에는 다음 사항을 고려하여야 한다.

(1) 세그먼트라이닝은 추진잭의 추력, 주변지반의 토압, 수압 등의 하중에 견딜 수 있어야 하며, 소정의 터널내공을 확보함과 동시에 터널의 사용목적 및 시공조건에 따른 역할과 기능을 보유할 수 있도록 안전하고 견고하게 설계하여야 한다.

(2) 쉴드 TBM 터널에서는 지반의 조건 및 터널의 단면형상, 시공법 등에 따라 터널의 역학적 거동이 상이하므로 세그먼트라이닝의 설계 시 이를 고려하여야 한다.

(3) 세그먼트라이닝의 설계계산서에는 계산상의 제반조건, 가정 및 계산과정을 명기하여야 한다.

(4) 세그먼트라이닝은 허용응력설계법으로 설계하는 것을 원칙으로 하며, 필요시 검증된 유사 설계법도 적용할 수 있다.

❖ 해설 ❖

가. 세그먼트의 특징 : 현장타설 콘크리트라이닝과 달리 쉴드 TBM 터널의 세그먼트라이닝은 공장이나 작업장에서 미리 제작하여 터널 내에서 조립·설치하는 라이닝을 의미한다. 세그먼트라이닝은 공사 중 안정성 확보는 물론이고 영구적인 터널라이닝의 역할을 한다. 또한 세그먼트의 설계·제작 시에는 지반하중과 수압을 지지하는 일반적인 구조적 기능 이외에도 운반 및 적치와 관련된 하중, 쉴드 이렉터에 의한 설치 시 하중, 쉴드 TBM의 추진을 위한 반력대로 활용할 수 있도록 고려해야 한다. 세그먼트의 제작비는 일반적으로 터널공사비의 약 20~40%에 이르고, 세그먼트의 치수 및 크기는 쉴드 TBM의 굴진율 및 작업시간에 미치는 영향이 크므로 쉴드 TBM 터널의 설계에서 중요한 부분이다(장석부·정두회, 2008).

나. 세그먼트의 역할

1) 터널에 작용하는 하중에 대해 내력을 가지면서 터널 내공을 확보할 수 있어야 한다.

2) 터널의 사용목적에 적합한 기능과 내구성을 가져야 한다.

3) 터널의 시공조건에 적합한 세그먼트 구조를 가져야 한다.

4) 장대산악터널인 경우에는 지반의 상태에 따라서 무근 세그먼트, 단철근 세그먼트, 복철근 세그먼트 등을 적용할 수 있으며 파일럿 TBM 등에는 공사용 가설 세그먼트도 사용될 수 있다.

5) 연장이 비교적 짧은 연약지반에서는 가장 불리한 조건에 대해 설계된 세그먼트를 전 구간에 사용한다.

다. 설계계산서의 명기사항 : 설계계산서에는 계산조건, 가정사항, 검토방법, 계산과정, 설계결과 등을 명기하여야 한다.

  1) 지반 및 지하수 조건.

  2) 설계하중.

  3) 사용재료의 종류 및 특성.

  4) 허용응력도 또는 안전율.

라. 설계방법

  1) 일본에서는 허용응력설계법 이외에도 비록 실적은 적지만 설계법의 합리화를 위하여 한계상태설계법에 의한 세그먼트라이닝의 설계를 허용하고 있다(日本土木學会, 2001). 우리나라에서는 한계상태설계법에 대한 기준이 아직 마련되어 있지 않으므로 허용응력설계법으로 설계하는 것을 원칙으로 하되, 향후의 기술발전을 고려하여 한계상태설계법 등을 적용할 수 있는 가능성을 열어 이번 설계기준에 포함시켰다.

  2) 콘크리트 세그먼트계의 부정정 및 탄성변형의 계산에서는 철근의 단면적이나 단면2차모멘트를 무시해도 큰 차이가 없으므로 일반적으로 콘크리트 전단면을 유효한 것으로 계산한다.

13.8.2 세그먼트라이닝에 걸리는 하중 산정 시에는 추진잭의 추력, 연직 및 수평지반압, 수압, 자중, 상재하중의 영향, 지반반력, 내부하중, 시공 시 하중, 병설터널의 영향, 지반침하의 영향 등을 고려하여야 한다.

:: 해설 ::

세그먼트설계 시에 고려되는 하중은 다음과 같으며, 콘크리트구조설계기준(건설교통부, 2007)에서 제시한 하중계수와 하중조합을 고려하여 세그먼트 보강을 수행하여야 한다. 세그먼트라이닝의 작용하중들은 일반적으로 정적하중으로 고려되지만, 지진이나 동적하중을 고려하는 특수조건에서는 동적해석수법을 적용할 수 있다.

가. 지반하중(또는 토압) : 토피가 낮고 연약한 지반의 연직하중은 전토피(total overburden)를 적용하여 산정한다. 양호한 지반조건에서는 이완하중 개념을 도입하여 전토피보다 작은 연직하중을 적용한다. 수평하중은 연직하중에 토압계수 또는 측압계수를 곱한다.

나. 수압 : 터널시공 중이나 향후 유지관리 시의 지하수위 변동을 고려하여 안전한 설계가 되도록 공용기간 중에 발생할 수 있는 최악의 조건을 산정하여 적용한다.

다. 세그먼트라이닝의 자중 : 라이닝의 도심선을 따라 분포하는 연직하향의 하중으로 고려한다.

라. 상재하중 : 터널상부 지표면(또는 지중)에 작용하는 교통하중, 건물하중, 성토하중 등에 의한 상재하중의 영향을 필요에 따라 재현하는 것이 바람직하다.

마. 지반반력 : 구조계산방법에 따라 다르지만, 최근에는 널리 활용되고 있는 빔-스프링 모델을 이용한 수치해석에서는 지반반력을 별도로 산정할 필요가 없다. 빔-스프링 모델에서는 상응하는 지반반력스프링을 고려하면, 세그먼트 변형량에 비례하는 반력이 자동적으로 고려된다. 지반반력은 압축력만 발생하므로 압축스프링 요소를 적용하거나 또는 인장부의 스프링을 제거하여야 한다.

바. 내부하중 : 터널완성 후에 라이닝 내측에 작용하는 하중으로서 라이닝에 영향을 미치는 경우에 검토해야 한다. 터널 내부하중에는 노반, 인버트 등의 고정하중과 차량에 의한 활하중이 있다. 일반적으로 이러한 하중은 세그먼트 구조설계에 미치는 영향은 작지만 연약지반인 경우에는 검토가 필요할 수 있다.

사. 시공 시 하중 : 세그먼트 조립 시부터 뒤채움주입재가 경화될 때까지, 즉 조립 중인 세그먼트와 조립된 세그먼트에는 여러 가지 하중이 작용한다. 곡선부에서는 주입재의 경화 후에도 잭 추력이나 그에 따라 발생하는 지반반력 등의 영향을 받는다. 대단면이나 대심도터널인 경우는 잭 추력이나 뒤채움주입압 등의 영향이 커지므로 주의가 필요하다. 최근에 증가하는 2차 라이닝의 생략, 세그먼트의 광폭화 및 분할수 저감에 의한 세그먼트의 대형화, 특수연결고리에 의한 간편화, 급곡선 및 급기울기 등의 터널선형 채용에 따른 시공 시 하중으로 세그먼트가 손상될 우려가 있으므로 주의해야 한다. 세그먼트 검토 시 고려할 시공 시 하중은 다음과 같다(日本土木学会·日本下水道協会, 1990 ; 日本土木學會, 2006b).

　1) 쉴드잭 추력.

　2) 뒤채움주입압.

　3) 이렉터 조작하중.

　4) 운반 및 취급하중.

　5) 부력.

　6) 기타.

아. 지진의 영향 : 지진의 영향이 예상된다고 판단되는 경우에는 사용목적이나 중요도에 따라 입지조건, 지반조건, 지진동의 규모, 터널의 구조와 형상 및 기타 필요한 조건을 고려하여 4.4절에 의거하여 검토한다. 암반이 양호한 경우에는 고려하지 않을 수 있다.

자. 근접시공 및 병설터널의 영향

　1) 근접시공 : TBM 터널의 시공 시나 완성 후에 다른 구조물의 근접계획이 예상되면 근접시공에 따른 주변지반의 교란영향이나 작용하는 하중의 변화에 따른 영향을 고려하여 검토해야 하는데 필요에 따라서는 라이닝 보강, 보강공 및 지반개량 등을 검토하여야 한다.

　2) 병설터널의 영향 : 원지반과 시공조건을 고려하여 터널 상호간의 간섭에 의한 편토압이나 지반의 이완영향 또는 시공 시 하중에 의한 영향을 고려하여 필요에 따라서는 라이닝 보강이나 지반개량 및 변형 방지공 등의 적절한 대책을 강구하여야 한다.

차. 지반침하의 영향 : 연약지반에 터널을 구축하는 쉴드 TBM인 경우에는 시공으로 야기된 침하와는 별도로 지반특성에 따른 지반침하의 영향을 검토하여야 한다. 지반침하에 따른 터널의 종방향 및 횡방향 침하에 대한

검토가 필요하고, 터널과 작업구와의 연결부에는 이종 구조물이 접속하기 때문에 상대변위가 발생하기 쉬우므로 필요에 따라서는 이음부를 가동구조물로 계획하여 응력의 집중을 방지하는 방안과 작업구 기초를 부상기초로 하여 일정구간의 터널이음을 연성구조로 하여 부등침하를 감소시키는 방안, 그리고 터널 내공단면을 키워서 보강하는 방안 등을 고려할 수 있다(日本土木學会, 2006b).

카. 기타 하중 : 라이닝이 앞서 설명한 이외의 하중을 받는 경우에는 실제 작용하는 하중의 상태에 따라 필요한 검토를 실시하여야 한다.

13.8.3 세그먼트라이닝의 구조해석은 다음 사항을 고려하여야 한다.

(1) 세그먼트라이닝의 구조계산방법은 간편법, 스프링 모델 및 수치해석법 등이 있으며, 구조계산은 횡단면과 종단면으로 나누어 수행하고, 시공 도중의 각 단계 및 완성 후의 상태에 작용하는 하중을 고려하여 수행하여야 한다.

(2) 터널횡단면의 설계하중은 설계의 대상이 되는 터널구간 내의 가장 불리한 조건을 대상으로 결정하여야 한다.

(3) 세그먼트 단면력은 그 구조특성을 고려하여 계산한다.

(4) 종단면해석 시에는 시공단계 및 완성 후의 하중 상태와 세그먼트의 구조특성 등을 고려하여야 한다.

❖ 해설 ❖

구조해석 위치로는 지반조건이 불량한 곳을 기준으로 하되 토피가 가장 낮은 구간, 수압이 가장 높은 구간, 지반자립성이 낮은 구간, 상재하중이 큰 구간 등과 같이 대표적인 구간이 반드시 포함되어야 한다.

가. 구조해석방법 : 구조해석방법에는 해석적 방법, 관용적 방법 및 수치해석적 방법이 있지만, 근래에는 수치해석적 방법의 발달로 수치해석의 비중이 증대되고 있다.

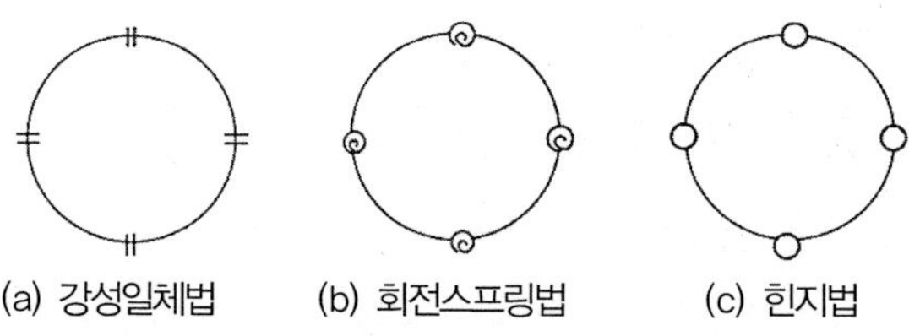

〈해설그림 13.8.1〉 세그먼트라이닝의 빔-스프링 모델 예

1) 수치해석적 방법 : 지반을 반력스프링으로 고려하는 빔-스프링 모델과 탄소성 요소로 고려하는 연속체 모델이 있는데, 세그먼트라이닝의 구조해석에는 빔-스프링 모델이 주로 사용되고 지반침하거동과 같은 해

석에는 후자의 방법이 사용되는 것이 일반적이다. 빔-스프링 모델은 이음부를 고려하는 방법에 따라 〈해설그림 13.8.1〉과 같이 강성일체법, 회전스프링법, 힌지법 등으로 구분된다. 강성일체법은 이음부를 고려하지 않고 연속된 부재로 계산하는 방법으로 모멘트가 가장 크게 산출된다. 반면에 힌지법은 이음부에서 모멘트가 해소되기 때문에 모멘트가 가장 작게 산출된다. 회전스프링법은 두 방법의 중간 정도의 모멘트가 산정되기 때문에 일반적으로 많이 사용되고 있다. 최근 국내 설계 시에는 이보다 더 발전된 2링 빔-스프링 모델(〈해설그림 13.8.2〉 참조)이 적용되고 있는데, 반경방향 이음부는 회전스프링으로 고려하고 링 이음부는 전단스프링을 이용하여 지그재그로 연결된 2개 링의 구속조건을 고려하며 세그먼트에는 지반반력스프링을 연직으로 설치하여 해석한다.

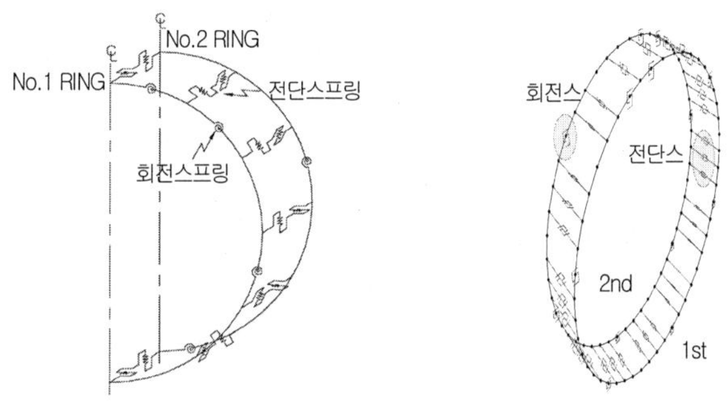

〈해설그림 13.8.2〉 세그먼트라이닝의 2링 빔-스프링 모델 예

2) 관용 및 수정관용계산법 : 세그먼트 단면력은 구조특성을 고려하여 계산하여야 하며, 일반적인 관용계산법과 일부 수정된 수정관용계산법은 〈표 13.8.1〉과 같다(日本土木學会, 2006b). 수정관용계산법은 관용계산법으로 계산할 때 고려할 수 없었던 볼트이음과 세그먼트의 첨접효과를 감안하기 위하여 시험과 해석결과를 토대로 도입한 휨강성의 유효율 η과 휨모멘트의 할증율 ζ 개념을 고려한 것이다. 다만. η와 ζ는 경험적으로 산정해야 하는 문제점이 있다.

〈해설표 13.8.1〉 관용계산법 및 수정관용계산법에 의한 세그먼트 단면력의 계산식

하중	휨 모멘트	축력	전단력
연직하중 $(p_{e1}+p_{w1})$	$M=\dfrac{1}{4}(1-2\sin^2\theta)(p_{e1}+p_{w1})R_c^2$	$N=(p_{e1}+p_{w1})R_c\cdot\sin^2\theta$	$Q=-(p_{e1}+p_{w1})R_c\cdot\sin\theta\cdot\cos\theta$
수평하중 $(q_{e1}+q_{w1})$	$M=\dfrac{1}{4}(1-2\cos^2\theta)(q_{e1}+q_{w1})R_c^2$	$N=(q_{e1}+q_{w1})R_c\cdot\cos^2\theta$	$Q=(q_{e1}+q_{w1})R_c\cdot\sin\theta\cdot\cos\theta$
수평삼각형 하중 $(q_{e2}+q_{w2}-q_{e1}-q_{w1})$	$M=\dfrac{1}{48}(6-3\cos\theta-12\cos^2\theta+4\cos^3\theta)(q_{e2}+q_{w2}-q_{e1}-q_{w1})R_c^2$	$N=\dfrac{1}{16}(\cos\theta+8\cos^2\theta-4\cos^3\theta)(q_{e2}+q_{w2}-q_{e1}-q_{w1})R_c$	$Q=\dfrac{1}{16}(\sin\theta+8\sin\theta\cdot\cos\theta-4\sin\theta\cdot\cos^2\theta)(q_{e2}+q_{w2}-q_{e1}-q_{w1})R_c$

〈해설표 13.8.1〉 관용계산법 및 수정관용계산법에 의한 세그먼트 단면력의 계산식(계속)

하중	휨 모멘트	축력	전단력
수 평 지반반력 $(q_r = k \cdot \delta)$	$0 \leqq \theta < \dfrac{\pi}{4}$ 인 경우 $M = (0.2346 - 0.3536\cos\theta)\,k \cdot \delta \cdot R_c^2$ $\dfrac{\pi}{4} \leqq \theta \leqq \dfrac{\pi}{2}$ 인 경우 $M = (-0.3487 + 0.5\sin^2\theta + 0.2357\cos^3\theta)k \cdot \delta \cdot R_c^2$	$0 \leqq \theta < \dfrac{\pi}{4}$ 인 경우 $N = 0.3536\cos\theta \cdot k \cdot \delta \cdot R_c$ $\dfrac{\pi}{4} \leqq \theta \leqq \dfrac{\pi}{2}$ 인 경우 $N = (-0.7071\cos\theta + \cos^2\theta + 0.7071\sin^2\theta \cdot \cos\theta)k \cdot \delta \cdot R_c$	$0 \leqq \theta < \dfrac{\pi}{4}$ 인 경우 $Q = 0.3536\sin\theta \cdot k \cdot \delta \cdot R_c$ $\dfrac{\pi}{4} \leqq \theta \leqq \dfrac{\pi}{2}$ 인 경우 $Q = (\sin\theta \cdot \cos\theta - 0.7071\cos^2\theta\,\sin\theta)k \cdot \delta \cdot R_c$
자중 $(P_{g1} = \pi \cdot g_1)$	$0 \leqq \theta \leqq \dfrac{\pi}{2}$ 인 경우 $M = \left(\dfrac{3}{8}\pi - \theta \cdot \sin\theta - \dfrac{5}{6}\cos\theta\right)g \cdot R_c^2$ $\dfrac{\pi}{2} \leqq \theta \leqq \pi$ 인 경우 $M = \left(-\dfrac{1}{8}\pi + (\pi - \theta)\sin\theta - \dfrac{5}{6}\cos\theta - \dfrac{1}{2}\pi \cdot \sin^2\theta\right)g \cdot R_c^2$	$0 \leqq \theta \leqq \dfrac{\pi}{2}$ 인 경우 $N = \left(\theta \cdot \sin\theta - \dfrac{1}{6}\cos\theta\right)g \cdot R_c$ $\dfrac{\pi}{2} \leqq \theta \leqq \pi$ 인 경우 $N = \left(-\pi \cdot \sin\theta + \theta \cdot \sin\theta + \pi \cdot \sin^2\theta - \dfrac{1}{6}\cos\theta\right)g \cdot R_c$	$0 \leqq \theta \leqq \dfrac{\pi}{2}$ 인 경우 $Q = \left(\theta \cdot \cos\theta + \dfrac{1}{6}\sin\theta\right)g \cdot R_c$ $\dfrac{\pi}{2} \leqq \theta \leqq \pi$ 인 경우 $Q = \left[(\pi - \theta)\cos\theta - \pi \cdot \sin\theta \cdot \cos\theta - \dfrac{1}{6}\sin\theta\right]g \cdot R_c$
세그먼트 링 수평직경점의 수평방향변위 (δ)	라이닝 자중에 의한 지반반력을 고려하지 않은 경우 $\quad \delta = \dfrac{\{2(p_{e1} + p_{w1}) - (q_{e1} + q_{w1}) - (q_{e2} + q_{w2})\}R_c^4}{24(\eta \cdot EI + 0.0454\,k \cdot R_c^4)}$ 라이닝 자중에 의한 지반반력을 고려하는 경우 $\quad \delta = \dfrac{\{2(p_{e1} + p_{w1}) - (q_{e1} + q_{w1}) - (q_{e2} + q_{w2}) + \pi g\}R_c^4}{24(\eta \cdot EI + 0.0454\,k \cdot R_c^4)}$ 여기서, EI는 단위폭당 휨강성임		

나. 단면별 검토 : 쉴드 TBM 터널은 통상 세그먼트 이음과 링 이음을 이용하여 세그먼트를 원주방향과 축방향으로 연결하여 구축하는 원통형 구조물이므로 터널에 작용하는 하중, 선형, 구속조건 및 지반변형에 따라 횡단면 내의 변형과 종단방향변형이 동시에 발생한다. 그러나 계산의 편이성을 감안하여 세그먼트라이닝의 구조계산은 횡단방향과 종단방향으로 나누어 수행된다.

다. 단계별 작용하중의 고려 : 세그먼트라이닝의 구조계산은 완성 후 장기간에 걸쳐 작용하는 하중에 대하여 검토하는 것 이외에 필요에 따라서 다음 사항도 검토하여야 한다.

1) 세그먼트 조립 직후부터 뒤채움주입재가 경화할 때까지 세그먼트 링의 안정성, 단면력 및 변형에 대한 검토.

2) 잭 추력 및 뒤채움주입에 의한 세그먼트 단면력과 변형에 대한 검토.

3) 급곡선 시의 검토.

4) 지반이 급격하게 변화하는 경우의 검토.

5) 터널과 작업구의 접합부 검토.

6) 장래에 예상되는 하중변동이나 근접시공의 영향 등 각종 상황에 대한 검토.

7) 내수압 등의 내부하중에 의한 세그먼트 단면력과 변형에 대한 검토.

라. 횡단면 설계하중의 설정 : 하중설정을 위해 필요한 토피와 지반조건은 터널종단방향에 따라서 변화하는 것이 일반적이다. 그러나 터널종단방향의 하중조건 변화에 따라 세그먼트라이닝을 설계하는 것은 시공성과 경제성 관점에서 좋지 않으므로 하중조건이 급변하는 경우는 경제성을 감안하여 터널을 종단방향으로 구분하고 가장 불리한 조건으로 설계하는 것이 바람직하다.

마. 세그먼트 단면력 : 세그먼트의 단면력 계산 시에는 사용하는 세그먼트의 종류, 이음방식, 라이닝 구조의 특성 등을 적절하게 평가하여야 한다.

바. 종단면 해석 : 세그먼트 링으로 되는 터널종단방향의 구조계산은 필요에 따라 다음과 같은 항목을 검토한다.

1) 급곡선 시공 및 급기울기 시공.

2) 지진의 영향을 받는 경우.

3) 병설터널의 영향을 받는 경우.

4) 근접시공 및 지반침하의 영향을 받는 경우.

5) 내부하중의 영향을 받는 경우 .

13.8.4 세그먼트의 종류는 재질에 따라 콘크리트, 강재, 합성(콘크리트+강재 또는 주철) 세그먼트로, 형상에 따라 상자형, 평판형 세그먼트 등으로 분류하며, 터널의 용도, 세그먼트의 강도, 내구성, 내화성, 시공성 및 경제성 등을 고려하여 선정하여야 한다.

13.8.5 세그먼트에 사용하는 재료는 한국산업규격(KS)을 표준으로 하는 것을 원칙으로 하며, 무근 및 철근 콘크리트에 관해서는 건설교통부 제정 '콘크리트 구조설계기준' 및 '콘크리트 표준시방서'의 규정에 따라야 한다.

13.8.6 세그먼트 구조 및 형상설계는 다음 사항을 고려하여야 한다.

(1) 세그먼트의 강도, 구조, 형상 등은 터널의 용도, 지반조건, 시공법 등을 고려하여 선정하여야 한다.

(2) 상자형 또는 평판형 세그먼트를 볼트이음으로 조립한 링구조는 강성이 같은 링으로 취급할 수 있으며, 재질에 따라 콘크리트, 강재, 합성 세그먼트로 구별하여 설계하여야 한다.

(3) 세그먼트의 형상치수는 사용목적, 시공성, 경제성을 고려하여 설계하여야 한다.

(4) 세그먼트의 이음구조는 소요강도와 강성을 가짐과 동시에 조립의 확실성, 작업성 및 지수성을 고려하여 설계하여야 하며, 볼트 체결방식의 경우 적정 토오크치를 산정하여야 한다.

(5) 세그먼트의 이음각도는 단면력의 전달, 조립의 작업성, 시공조건 및 세그먼트의 제작성을 고려하여 결정하여야 한다.

(6) 세그먼트는 원칙적으로 수밀성을 확보하여야 한다.

(7) 뒤채움주입을 균등하게 행하기 위하여 각 세그먼트에는 1개소 이상의 주입공을 설치하고, 주입공의 직경은 사용하는 주입재를 고려하여 결정하나 일반적으로 내경 50mm를 기준으로 하며, 주입공을 고리로 사용하는 경우는 작업성은 물론, 작업의 안전성과 자체 하중에 대한 인발력을 고려하여 주입공의 직경과 위치를 결정하여야 한다.

> (8) 소구경의 철제 세그먼트를 손으로 조립하는 경우는 고리를 필요로 하지 않으나 일반 세그먼트에서는 운반, 조립 등을 위하여 고리를 설계하여야 한다.
>
> (9) 테이퍼링은 터널 선형, 지반조건, 보조공법, 이음의 강성, 세그먼트의 제작성, 시공성 등을 고려하여 그 수, 폭, 테이퍼량을 설계하여야 한다.

❖ 해설 ❖

가. 재질에 따른 세그먼트의 종류 : 쉴드 TBM 터널의 적용 초기에는 강재 세그먼트가 많이 사용되었으나 콘크리트의 성능이 향상되면서 최근에는 철근보강 콘크리트 세그먼트가 일반적으로 사용되고 있다. 철근보강 콘크리트 세그먼트는 제작비가 저렴하며 강재에 비하여 경제성이 높다. 강재 세그먼트는 방청처리를 위한 비용증가나 부식의 우려로 적용사례가 드물지만, 횡갱 연결부와 같이 향후 추가공사에 의하여 제거해야 하는 경우에 제한적으로 적용될 수 있다. 강섬유보강 콘크리트 세그먼트는 콘크리트의 취급 및 조립 시 발생할 수 있는 균열억제에 도움이 되지만 공사비가 높아서 외국에도 일반적으로 적용되지는 않고 있다.

나. 형상에 따른 세그먼트의 종류 : 일반적으로 공장제품인 상자형이나 평판형 세그먼트를 터널횡단방향 및 종단방향에 볼트이음 등으로 연결한다. 국내에서는 주로 사각형 세그먼트를 사용하고 있지만, 외국에서는 육각형, 사다리꼴, 평형사변형, 여러 형상을 혼합한 형식도 사용되고 있다(장석부·정두회, 2008). 또한 쉴드 TBM의 굴진과 동시에 세그먼트를 조립해가는 방식이나 세그먼트를 짝수로 분할하여 절반씩의 세그먼트를 동시에 조립하는 형식과 조립 후에 프리스트레스(pre-stress)를 작용시키는 경우도 있다.

다. 세그먼트의 구조 및 치수

1) 세그먼트 외경 : 세그먼트 링의 외경크기는 터널의 내공과 라이닝 두께로부터 결정된다. 세그먼트 외경의 치수는 터널설계에 있어서 가장 기본적인 요소이다.

2) 세그먼트 두께 : 세그먼트의 두께는 터널단면의 크기, 지반조건, 토피, 하중조건 등에 따라서 결정되지만, 터널의 사용목적이나 세그먼트의 시공성에 좌우되는 경우도 있다. 과거의 시공실적에 의하면, 세그먼트의 두께는 일반적으로 세그먼트 외경의 4% 전후 범위이고 대구경의 상자형(중자형) 세그먼트에서는 5.5% 전후로 많이 적용되었다(김상환 등, 2006).

3) 세그먼트 폭 : 운반 및 조립상의 편리함, 터널곡선구간의 시공성, 쉴드 테일 길이 등의 측면에서는 작은 것이 바람직하다. 한편, 터널연장당 세그먼트 제작비의 저감, 누수 등의 약점이 되기 쉬운 이음개소나 볼트구멍의 감소, 그리고 시공속도의 향상 측면에서는 큰 것이 바람직하다. 세그먼트의 폭은 터널단면에 따른 시공실적을 감안하여 경제성과 시공성을 고려하여 결정하여야 한다.

4) 세그먼트 분할 : 일반적으로 세그먼트 링은 여러 개의 A세그먼트와 2개의 B세그먼트 및 마지막으로 조립되는 K형 세그먼트로 구성된다. K형 세그먼트는 터널 내측에서 삽입하는 반경방향 삽입형과 터널축방향으로 삽입하는 축방향 삽입형 또는 이 2가지를 겸용하여 사용하는 것도 있으며, 최근에는 하부에서 삽입하는

독일식 방식이 개발되어 효율적으로 사용되고 있다. 터널 내측에서 삽입하는 K형 세그먼트(반경방향 삽입형)의 길이는 A 및 B세그먼트와 비교해서 작게 하는 것이 좋다.

라. 세그먼트 이음구조 : 세그먼트 이음에는 세그먼트를 원통방향으로 결합하는 세그먼트 이음과 종단방향으로 연결하는 링 이음이 있다. 세그먼트라이닝의 주 구조가 되는 세그먼트 본체 및 이음구조는 터널 공용 후에 필요한 기능은 물론 시공 중의 안전을 만족할 수 있도록 설계하여야 한다. 볼트 이음의 경우 갱구부를 제외한 구간은 체결을 풀어 지반 내에서 세그먼트가 자연스럽게 구속되도록 하는 경우도 있다. 갱구부의 영구 체결용 볼트는 스텐리스 재료를 사용하여 부식을 방지하도록 한다.

1) 세그먼트의 이음은 세그먼트 링의 단면력 계산방법에 따라 계산하여야 한다.

　① 강성일체 링.

　② 다(多) 힌지계 링.

　③ 빔-스프링 모델 링.

2) 링 이음 : 링 이음은 시공 시 하중 등을 고려하여 터널축방향의 연속성이 확보될 수 있도록 검토하여야 한다. 다 힌지계 세그먼트 링에서는 세그먼트의 조립에서 뒤채움주입재가 경화하기까지 변형을 방지하기 위해 그 구조특성을 침해하지 않는 이음을 사용함과 동시에 변형방지의 보조수단도 강구하여야 한다.

3) 볼트 이음 : 볼트 직경에 비하여 볼트 구경이 너무 크면 세그먼트에 큰 결함을 발생시켜 시공 시 하중증가의 원인이 될 수도 있으므로 주의하여야 한다.

마. 세그먼트 이음각도

1) 반경방향으로 삽입하는 K형 세그먼트의 이음각도는 $\alpha_r = \theta_k/2 + \omega$로 표기된다. 여기서 ω는 K형 세그먼트 삽입의 여유에 필요한 각도이며, 콘크리트 및 강재 세그먼트에서는 $2.5 \sim 3.5°$를 적용하지만 시공상 문제가 없는 범위에서 가능한 작은 값이 바람직하다.

2) 축방향으로 삽입하는 K형 세그먼트의 이음각도 α_l은 장비의 길이를 포함한 시공조건, 세그먼트와 링 이음 간의 간섭을 고려하여 결정하며 통상은 $7 \sim 22°$를 사용한다.

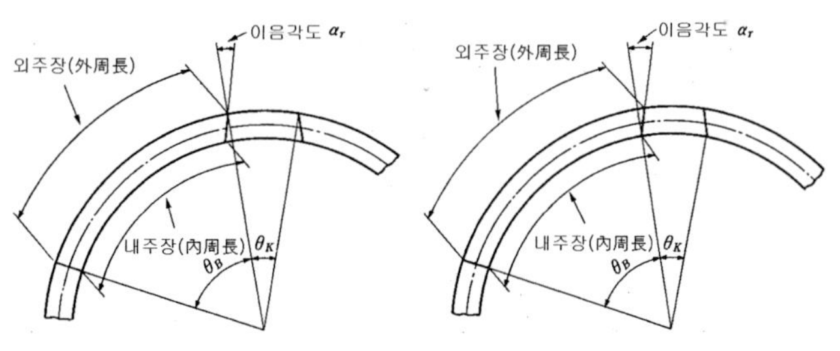

(a) 강재 세그먼트　　　　　　(b) 콘크리트계, 덕타일 세그먼트

〈해설그림 13.8.3〉 세그먼트 링의 단면

바. 세그먼트의 수밀성

1) 세그먼트 이음면에는 터널의 지수성을 확보하기 위해 지수공에 지수재를 설치하여야 한다.

2) 작업구나 터널 갱구부 등 터널과 다른 구조물과의 접속부에는 지수성을 확보하기 위해 지수공을 설치하여야 한다.

3) 세그먼트에 발생하는 균열은 수밀성의 저하나 누수 및 그에 따른 철근의 부식으로 세그먼트라이닝의 내구성을 저하시키는 원인이 될 수 있다. 건습이 반복되는 조건에서의 터널균열은 세그먼트라이닝의 내구성에 영향을 미치므로 발생하는 균열이 쉴드터널의 기능, 사용기간이나 목적에 손상이 없도록 검토하여야 한다.

사. 뒤채움주입을 위해 세그먼트에 설치한 주입공은 누수의 원인이 될 수 있으므로 링을 구성하는 일부 세그먼트에만 설치하는 경우도 있다. 중규모 이상의 쉴드 TBM에서는 동시주입을 실시함으로써 주입공 개소를 줄이거나 설치하지 않는 경우도 있다. 주입공에는 통상 역류 밸브를 설치한다. 주입공 직경은 사용재료를 고려하여 결정하지만 통상 50mm 정도로 하며 체결력과 지수성을 고려하여 재질, 형식, 형상 및 크기를 결정한다.

아. 콘크리트 평판형 세그먼트나 연성(ductile) 세그먼트는 주입공을 고리로 사용하는 경우가 많다. 콘크리트 중자형 세그먼트는 링 이음 볼트공을 고리로 사용하며 강재 세그먼트는 고리용 금구를 별도로 만든다.

자. 테이퍼 링

1) 테이퍼 링은 테이퍼량이 큰 곡선용과 테이퍼량이 적은 사행수정용으로 구분되며, 편 테이퍼형과 양 테이퍼형이 있다.

2) 곡선용 테이퍼 링 중에서 완곡선용 테이퍼 링은 사행수정용 테이퍼 링의 테이퍼량과 합하여 테이퍼 링의 종류가 많지 않도록 설계한다.

3) 사행수정용 테이퍼 링의 사용량은 일반적으로 직선구간의 약 3~5% 정도로 한다(日本土木學会, 2006b).

4) 강재 세그먼트 테이퍼 링의 최대폭은 표준폭과 같거나 작은 것으로 한다. 급곡선용 테이퍼 링의 최소폭은 강재 세그먼트인 경우 곡선의 정도에 따라 250mm까지, 콘크리트계 세그먼트는 제작상의 제한에서 750mm까지로 한다(日本土木學会, 2006b).

5) 테이퍼량과 테이퍼 각은 세그먼트 종류와 폭, 세그먼트 링의 외경, 곡선구간에서의 테이퍼 링의 사용비율, 세그먼트의 제작성 외에 테일 클리어런스를 감안하여 정해진다.

13.9 작업장 및 작업구

13.9.1. TBM 터널의 작업장은 다음 사항을 고려하여 설계하여야 한다.

(1) TBM 조립장의 규모는 TBM 및 후속 대차의 조립에 지장이 없도록 결정하여야 하며, 추후 조립장이 노선상에 속하도록 하여 보다 경제적인 설계가 되도록 하여야 한다.

(2) TBM 조립장의 폭과 길이는 TBM 본체의 폭과 크레인 작업폭, TBM 본체의 길이와 후속 대차의 길이를 함께 고려하여 결정하여야 한다.

(3) 환기설비, 수전설비, 급수 및 배수설비, 커터숍, 레일조립장, 침전지, 급기설비 등 각종 가시설의 기능과 규모를 감안하여 배치계획을 수립하여야 한다.

(4) 버력운반장비의 규격에 따라 버력하치장과 버력운반장비의 대기공간을 확보하여야 한다.

(5) 버력하치장은 최소한 2~3일 분의 굴착버력량을 터널 외부에 적치할 수 있는 공간을 확보하여야 하며, 버력 적하가 가능하도록 필요시 석축 또는 옹벽 등을 설치하여야 한다.

(6) 이수식 쉴드 TBM인 경우는 이수처리설비의 부지를 확보하여야 한다.

(7) 사토장 여건을 고려하여 임시적치장의 필요성을 검토하여야 한다.

13.9.2 TBM 터널작업구의 계획은 다음 사항을 고려하여야 한다.

(1) 작업구는 TBM 통과지의 지반조건과 현장여건을 고려하여 시공이 안전하고 능률적으로 행해지도록 위치, 규모 및 기능 등을 계획하여야 한다.

(2) TBM의 반입, 조립, 세그먼트 등의 재료 및 모든 기계기구의 반입, 굴착버력의 반출, 작업원의 출입 등을 위한 발진작업구를 계획하여야 하며, 필요에 따라 방향전환용, 또는 TBM 인양을 위하여 터널노선의 중간 또는 종점에도 작업구 설치를 계획하여야 한다.

(3) 각 작업구의 규모, 형상 및 시공방법은 그 사용목적 및 TBM의 단면, 본 구조물과의 연결 등을 고려하여 결정하여야 한다.

(4) 작업구 내 TBM 발진을 위한 발진부의 설계 시에는 지수, 작업구 벽체의 안전성 등을 고려하여야 한다.

❖ 해설 ❖

작업구는 TBM 굴진을 위한 발진작업구, 굴진완료 후 장비회수를 위한 도달작업구 및 터널연장에 따라 달라지는 장비점검 및 시공편의를 목적으로 하는 중간작업구 등으로 구분된다. 발진작업구의 시공계획은 작업장 배치계획과 함께 전체적인 TBM 공사에 큰 영향을 미친다(日本土木學会, 2006a).

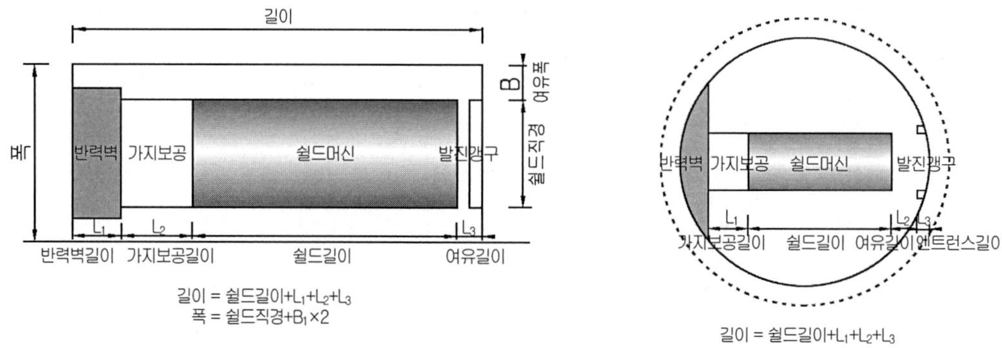

〈해설그림 13.9.1〉 쉴드 TBM 터널에서 작업구의 크기를 결정하기 위한 설계고려 항목(최해준·이호성, 2008)

가. 작업구의 위치 및 규모 : 작업구 위치는 지반조건, 민원 및 교통, 소음, 대기오염 등의 주변환경과 더불어 사유지 저촉여부, 영구구조물계획, 완공 후 부지활용계획 등을 함께 고려하여야 한다. 또한 TBM의 반입과 현장조립, 발진 및 버력의 반출, 기자재 반입작업 등이 안전하고 용이한 장소이어야 한다.

나. 작업구의 크기 : 작업구에는 공사용 장비나 자재반입, 버력반출 등에 필요한 공간과 시공완료 후 영구시설물을 설치할 수 있는 공간이 확보되어야 한다. 규모가 작을수록 경제적이지만 구조적 안정성과 시공성이 확보되도록 작업구의 형상과 크기를 결정하여야 한다. 발진작업구에서는 TBM 장비의 반입과 설치, 반력벽 및 가지보공설치에 필요한 최소면적과 버력처리 공간, 계단과 승강설비, 집수정, 환기덕트, 동력선 및 기타 배관 등 작업구에 설치되는 제반 부대설비의 설치공간을 고려하여 작업구의 크기를 결정하여야 한다.(〈해설그림 13.9.1〉)

다. 작업구의 형상 : 발진작업구의 형상은 주로 작업구의 깊이, 흙막이벽 및 흙막이지보공 등을 고려하여 결정하지만 일반적으로 직사각형과 원형을 많이 적용한다. 작업구의 기능적인 조건에서 직사각형의 경우 유효면적과 시공성이 유리하고 원형은 안정성과 경제성 및 시공성에서 유리하다.

라. Open TBM의 발진부 : 그리퍼 반력에 의해 추진력을 얻는 open TBM 터널에서는 발진용 pilot 터널이 필요하다.

13.10 발진기지

13.10.1 TBM 터널의 초기 굴진 시 발진부에 대한 사전 지반개량 여부, TBM의 발진반력대의 구조 및 강도, 가설 세그먼트의 해체시기, 후방설비의 배치 및 토사의 반출입방법 등을 계획하여야 한다.

13.10.2 발진 시 TBM의 고정위치는 설계상의 TBM 중심 및 높이를 기본으로 하여 결정하고, 지반이 연약하여 TBM 처짐이 예상되는 경우에는 위치를 상향 보정하도록 계획하여야 한다.

13.10.3 발진터널의 구경은 TBM이 원활히 진입할 수 있는 여유폭을 감안하여 결정하여야 하며, TBM 구경과 여유폭 30cm의 합을 표준으로 함을 원칙으로 한다.

13.10.4 발진터널의 길이는 일반적으로 벽면 지지가 필요한 TBM 본체의 길이와 지반 상태를 감안하여 결정하여야 한다.

13.10.5 발진터널은 양쪽 측면에서 TBM의 벽면 지지가 가능하도록 벽면 지지대를 계획하여야 한다.

13.10.6 쉴드 TBM 발진에 필요한 반력대설비는 주로 가조립 세그먼트 방식과 형강을 주재로 하는 설비 등으로 분류할 수 있으며, 필요한 추력에 대하여 충분히 견딜 수 있어야 하고, 유해한 변형을 발생시키는 일이 없게 필요한 강성을 확보하도록 설계하여야 한다.

13.10.7 고출력 TBM의 경우 소규모 반력대(thrust block)를 설치하여 직접 굴착하는 것도 고려할 수 있다.

:: 해설 ::

가. 발진부 지반보강 및 지반개량

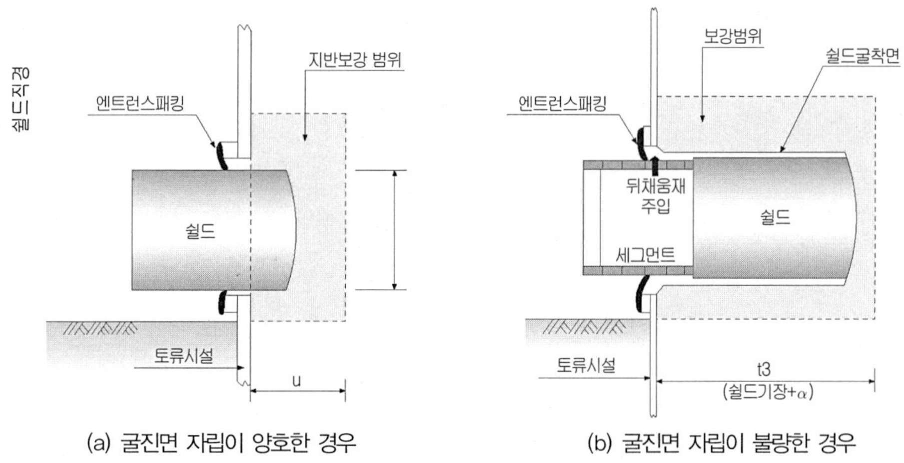

(a) 굴진면 자립이 양호한 경우

(b) 굴진면 자립이 불량한 경우

〈해설그림 13.10.1〉 발진작업구의 지반보강범위

1) Open TBM : 작업구를 이용한 터널에서는 TBM 본체의 후방설비와 버력처리설비의 길이를 비교하여 적절한 발진용 터널의 길이를 확보해야 하며, 측벽의 지지력은 2,000kPa 이상이 되도록 보강하는 것이 적합하

다(日本土木學会, 2006a).

2) 쉴드 TBM : 지하수위가 낮은 사질토나 점성토의 지반보강은 자립할 수 있는 범위로 하는 것이 일반적이고, 지하수위가 높으면 지반을 보강한 구간 내에서 세그먼트의 뒤채움주입을 시행하여 엔터런스 패킹부를 보강할 수 있는 범위가 필요하다(〈해설그림 13.10.1〉). 지반보강공법은 지반 및 지하수위 등의 조건과 안정성, 경제성, 공정 등을 종합적으로 검토하여야 한다. 일반적으로 약액주입공법과 고압분사공법이 주로 적용되며, 특별한 경우에는 동결공법이나 지하수위저하공법을 사용할 수 있다.

나. 발진반력대의 구조와 강도 : 쉴드 TBM의 쉴드잭에 작용하는 추력은 가설 세그먼트, 반력대, 반력벽 또는 흙막이벽체 배면지반 순으로 전달된다. 따라서 쉴드잭의 추력을 견디고 하중을 균등하게 분배할 수 있는 구조라야 한다. 반력대에는 〈해설그림 13.10.2〉와 같이 작업구를 반력으로 하는 반력벽과 초기 굴진 시 사용하는 1차 및 2차 반력대가 있는데, 초기 굴진 시 하중을 충분히 견딜 수 있어야 한다.

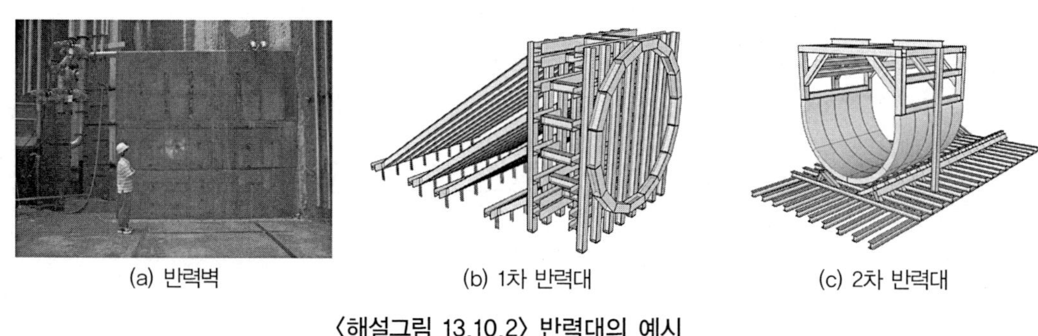

(a) 반력벽　　　　　(b) 1차 반력대　　　　　(c) 2차 반력대

〈해설그림 13.10.2〉 반력대의 예시

다. 후방설비의 배치 : 후방설비는 뒤채움주입설비, 세그먼트 하역 및 운반설비, 변전설비, 사토 반출용 벨트컨베이어, TBM을 가동시키는 유압모터와 쉴드유압설비, 쉴드기의 부속설비 등으로 이루어지며 운반대차의 출입이 용이하도록 문형구조로 구성되어 있다.

라. 버력 및 토사의 반출입 : 작업구 내의 버력처리설비는 터널굴진 및 터널 내 버력처리능력을 검토하여 최대굴진을 기준으로 처리용량이 부족함이 없도록 충분한 여유를 갖도록 계획하여야 한다. 운반대차(rolling stocks)는 버력반출을 위한 버력반출용 대차와 인원 및 자재(세그먼트, 레일, 뒤채움 재료 등) 운반을 위한 자재운반용 대차로 구성된다.

마. 외국에서 활용되고 있는 고성능 TBM은 장비중량이 2,000톤에 달하고 자중이 크고 동력도 3,000~5,000 kW로 강하며, 대형 반력대를 설치하지 않고 소형 반력대를 사용하여도 굴착할 수 있는 경우가 있다.

13.11 터널 내 운반시스템의 설계

13.11.1 버력의 특성, 터널의 단면크기, 연장, 기울기 등을 감안하여 효율적인 버력처리설비를 선정하여야 한다.

13.11.2 TBM 터널은 TBM 버력의 원활한 반출, TBM 가동에 필요한 장비 및 부품의 신속한 반입, 반출과 굴진면에서 이상상황의 발생 시 작업자의 대피 등 즉각적인 대처가 가능하도록 통행로를 항상 확보하여야 하며, 어떠한 이유로도 통행로를 차단하는 일이 없도록 설계하여야 한다.

13.11.3 버력처리를 위한 장비계획은 공사기간, 버력발생량, 터널 내 작업환경, 버력처리장과의 거리 등을 감안하여 수립하여야 한다.

13.11.4 버력운반장비의 계획 시 가급적 굴착과 동시에 굴착량 전부를 터널 외부로 반출할 수 있는 운반체계로 결정하여야 한다.

13.11.5 버력의 외부반출 시 환경문제를 고려하여 사전에 대책을 수립하여야 한다.

13.11.6 트럭, 광차, 벨트컨베이어를 사용하여 버력처리를 할 수 있으며, 3km 이상의 장대터널의 경우 공사 중 환기량, 교행구간의 설치 등을 고려하여 덤프트럭의 사용을 억제하고, 버력적재 및 대기시간을 최소화하고 TBM 굴진능력을 높이기 위하여 가급적 광차나 고속컨베이어시스템을 사용하여야 하며, 광차를 사용하는 경우 2~4km마다 교행가능지점(rail switching point)의 설치를 검토하여야 한다.

13.11.7 벨트컨베이어시스템의 설계 시 다음 사항을 고려하여야 한다.
 (1) 벨트의 폭은 버력의 최대 입자크기, 버력처리 용량 및 운반속도 등을 고려하여 선택하여야 한다.
 (2) 벨트의 기울기는 18~20°를 초과하지 않도록 설계하여 한다.

13.11.8. 굴진면의 안전유지 및 굴착버력의 배출을 위하여 이수를 사용하는 쉴드 TBM의 경우 굴진면의 안정을 유지하기 위한 압력은 수압 및 토압에 대하여 일반적으로 20~50kPa 정도의 여유를 두고 유지하기 때문에 중계펌프를 적정 위치에 설치하여 압력저하를 방지하도록 하여야 한다.

❖ 해설 ❖

가. 버력처리설비

1) 신축 연장가능 벨트컨베이어 : 쉴드 TBM에서는 버력처리작업을 세그먼트 반입·조립작업과 병행해야 하기 때문에 버력 운반차까지의 부분적인 운반에 벨트컨베이어나 스크루컨베이어를 사용한다. 외국에서는 장대터널에서 작업구까지 연속해서 벨트컨베이어로 버력을 반송하는 방식이 채택된 사례도 있다.

2) 버력 및 자재 운반용 레일계획 : 버력처리 및 자재공급용 차량운행을 위한 레일의 계획은 작업구 크기, 갱외버력처리시스템, 버력광차의 용량 및 대수 등을 고려하여 최적이 되도록 하여야 하며 후방보조터널의 연장계획도 고려하여 검토하여야 한다.

3) 기관차와 광차 : 터널단면의 크기, 갱내운반 사이클, 작업구설비 등을 고려하여 버력 운반차의 종류, 크기 및 소요대수를 결정하여야 한다. 갱내운반 기관차(locomotive)의 종류는 갱외로의 반출방법에 따라서 결정되며 디젤, 배터리 및 트롤리 기관차 등이 있고 쉴드 TBM 공사에는 작업환경과 부대설비를 고려하여 배터리 기관차가 주로 사용된다. 또한 터널 종단경사 및 TBM 후속설비(backup system)를 고려하여 시공계획에 부합되는 용량의 기관차를 선정하여야 한다.

4) 트럭과 호퍼.

5) 유체운송 장치 : 이수펌프를 이용하여 지상의 이수처리설비로 보내는 방식으로 이수식 쉴드에 사용된다.

나. 이수식 쉴드 TBM에서는 파이프 압송으로 버력을 처리하고 토압식 쉴드 TBM에서는 광차나 벨트컨베이어 등을 이용한다. 버력처리의 효율을 향상시키기 위하여 큰 광차를 사용하는 것이 유리하며, 대단면터널에서는 벨트컨베이어나 압송형식의 사례가 증가하고 있다.

다. 안전과 작업성을 확보할 수 있도록 다음과 같은 항목을 고려하여 터널단면과 후방대차의 배치계획을 수립하여야 한다.

1) 탑재기기와 장치의 유지관리.

2) 굴착토사의 반출과 세그먼트 반입.

3) 대피공간의 확보.

라. 버력처리능력은 처리방식에 따라 다르므로 공사기간, 버력발생량 등을 고려하여 최대굴진 시에도 버력을 처리할 수 있는 용량으로 계획하여야 한다(박태동 등, 2004).

마. 버력운반장비는 굴착토사의 특성을 고려한 갱내에서의 버력반출 및 운반방법뿐만 아니라 갱내로의 재료반입도 총괄적으로 고려한 능력을 갖도록 계획하여야 한다.

바. 버력의 외부반출 시에 고려해야 할 환경문제

1) 수분이 많이 함유된 반출버력은 침전시키거나 가적치장에서 건조시켜 운반처리하여야 한다.

2) 필요에 따라서 반출버력에 혼화제를 첨가하여 교반·처리하는 방법을 검토한다. 또한 토사 피트(pit) 안에서 백호나 믹서로 교반·처리하는 방법도 있다.

3) 버력인양이나 상차 시에 발생할 수 있는 소음과 비산먼지는 환경오염과 민원발생의 원인이 될 수 있으므로

저감방안에 대한 대책이 필요하다. 수직 버켓 컨베이어시스템은 소음이 문제가 될 수 있으므로 도심지에서는 방음에 대해 검토하여야 한다.

사. 커브구간 코너 등에서 버력이 쏟아지지 않도록 벨트컨베이어의 가동속도와 벨트 폭 및 설치각도 등을 고려하여야 한다.

아. 안정한 굴진을 위해서는 굴진량에 적합한 버력의 반출이 필요하다. 첨가제의 종류나 첨가량 또는 배토방식에 따라 굴착버력의 용량이나 중량이 변화하므로, 배토량의 파악이 쉽지 않다. 따라서 배토량 관리만으로 굴진면 붕괴나 지반침하를 억제하기는 어려우므로 배토량과 압력관리를 병용하여야 한다.

자. 펌프압송인 경우는 굴착버력을 실시간으로 신뢰성 있게 관리하기 위하여 전자유량계와 γ선 밀도계를 이용하는 방법도 시행되고 있다.

13.12 기타 설비

13.12.1 터널의 부속설비는 사용목적이나 유지관리상의 필요성에 따라 배수, 환기, 방재 등의 설비와 맨홀 등을 설계에 포함하여야 한다.

13.12.2 터널 내부의 부속설비는 작업환경성, 안전성, 경제성을 고려하여 계획하여야 한다. 특히 공사 중 터널 내부의 조명설비와 분진 억제 및 제거설비를 검토하여야 한다.

☷ 해설 ☷

가. 터널의 시공설비는 지반조건, 시공환경 및 시공법에 따라 다르지만 일반적으로는 야적장, 굴착토사 반출설비, 재료반송설비, 전력 및 조명설비, 통신설비, 환기설비, 보안 및 방재설비, 급배수설비, 1차 라이닝설비, 뒤채움주입설비, 2차 라이닝설비 등이 있으며 시공법에 따라서 첨가제설비, 이수처리설비, 자갈처리설비, 운전제어설비 등도 설치할 수 있다.

나. 설비계획은 굴진작업의 능력을 감안하여 각 작업이 지연되지 않고 안전하게 시공될 수 있도록 예비설비를 포함하여 합리적인 배치가 되도록 계획하여야 한다.

다. 조명설비 : 터널 내부 작업장의 조도는 70럭스(lx) 이상으로 하고 기타 장소에서도 20럭스를 유지할 필요가 있다(日本土木學会, 2006b). 터널 내부의 정전 시에 작업원이 안전하게 대피할 수 있도록 통로, 출입구, 계단 등의 필요한 장소에는 비상용 조명설비를 갖출 필요가 있다.

13.12.3 환기설비의 설계 시에는 다음 사항을 고려하여야 한다.

(1) TBM 터널에서의 터널 내 환기방법과 설비는 소요 환기량을 계산하고 그 결과에 따라 적합한 설계를 하여야 한다.

(2) 소요 환기량은 터널 내 최대 작업원에 대하여 필요한 소요 환기량, 분진에 의한 소요 환기량, 터널 내 장비운용에 따른 소요 환기량과 기타 소요 환기량 중 가장 큰 환기량으로 산정하여야 한다.

(3) 소요 환기량에 따라 환기팬의 용량과 풍관의 구경을 결정하여야 한다.

(4) 환기방법은 소요 환기량과 풍관의 구경에 따라 터널 내 배치공간을 감안하여 송기식, 배기식, 송배기식 중 적합한 환기방법을 적용하여야 한다.

❈ 해설 ❈

터널작업장의 안전하고 위생적인 작업환경을 조성하기 위하여 적절한 환기설비를 갖추어 필요한 환기량을 터널 내부에 공급하여야 한다.

가. Open TBM 터널은 기계식으로 굴진면을 살수하면서 굴착하므로 분진에 대한 문제는 적지만, 장비 가동 시 발생하는 기계열을 억제하기 위하여 내부를 냉각시켜 갱내 작업환경을 개선할 필요가 있다.

나. 쉴드 TBM 터널에서는 굴착버력, 뒤채움재의 운반 등으로 발생하는 분진을 제거하고 터널 내부 작업자들의 작업환경을 개선하기 위한 환기설비를 갖추어야 한다.

다. 환기방법 : 환기설비의 종류에는 송기식, 배기식, 송배기식 등이 있으나, 쉴드 TBM에서는 쉴드 외부의 커터헤드에서 굴착이 이루어지고 집진설비시스템이 가동되므로 작업장의 분진이 적다. 또한 모든 설비가 전기로 구동되므로 유해가스도 적어 분진 및 가스를 강제적으로 배출시키는 배기식보다 송기식이 유리하다.

13.12.4 수전설비의 설계 시에는 다음 사항을 고려하여야 한다.

(1) 수전설비는 TBM의 전력소요량과 기타 부속설비에 필요한 전력소요량을 합산하여 계획하여야 한다.

(2) TBM 본체용 전력공급은 TBM 굴진에 따라 고압케이블을 100~200m마다 연결하도록 계획하여야 한다.

(3) 후속설비 및 터널 내부의 가시설용 전력공급은 터널의 길이에 따라 발생하는 선로 손실 및 전압강하를 감안하여 800~1,000m마다 변압기를 설치하도록 계획하여야 한다.

❖ 해설 ❖

수전설비는 대용량의 기계설비가 집중되어 있는 발진작업구 주변에 설치되는 것이 바람직하다. 수전설비의 용량은 사용되는 전기기구의 출력 및 종류별 부하율 등을 고려하여 최대 부하용량을 산출하여 결정되어야 한다.

13.12.5 급수 및 배수설비는 다음 사항을 고려하여 설계하여야 한다.

  (1) 급수설비는 소요되는 급수량을 충분히 고려하여 설계하여야 하며, 소요 급수량에 따라 급수 펌프의 동력 및 급수관의 구경을 결정하여야 한다.

  (2) 소요 급수량은 TBM 커터에 필요한 소요 급수량, 지보재설치에 따른 소요 급수량과 기타 소요 급수량을 모두 합하여 산정하여야 한다.

  (3) 급수펌프의 동력과 급수관 구경은 TBM 헤드에서의 소요 압력이 유지될 수 있도록 결정하여야 한다.

  (4) 배수설비는 TBM에 공급된 용수 중 퇴수되는 양과 터널 내의 지하수 용수량을 충분히 배수할 수 있도록 하며, 지하수맥의 존재로 다량의 지하수가 존재할 경우 등의 예측하지 못한 출수에 대비하여 예비 배수설비를 계획하여야 한다.

  (5) 소요 배수량은 자연용수량, TBM 퇴수량, 지보재 설치에 따른 퇴수량과 기타 퇴수량 및 비상시 퇴수량을 모두 합하여 산정하여야 한다.

  (6) 소요 배수량에 따라 급수펌프의 동력과 급수관의 구경을 결정하여야 한다.

  (7) 장대터널에서는 TBM 굴진에 따라 400~500m 간격을 기준으로 펌프를 설치하여 배수시켜야 한다.

❖ 해설 ❖

가. 소요 급수량

  1) Open TBM : 작업용수 등.

  2) 쉴드 TBM : 안정액을 만들기 위한 이수식 쉴드 TBM의 용수, 뒤채움주입 용수, 청소 용수 등.

나. 급수펌프의 동력과 급수관(〈해설그림 13.12.1〉 참조) : 사용수량에 의한 압력손실을 고려하여 고압펌프나 터빈펌프에 의해 갱내 급수가 이루어지며, 통상 직경이 25~50mm인 급수관을 사용한다(日本土木學会, 2006b).

다. 배수설비 (〈해설그림 13.12.1〉 참조)

  1) 갱내배수 : 갱내배수의 대상은 터널의 누수, 작업용수 등이다. TBM 터널의 인버트 배수는 굴진면이 항상 이동하므로 설치 해체가 용이한 설비를 사용하는 것이 좋다.

  2) 작업구 배수 : 터널 내부에서의 배수 이외에 주변의 우수 등도 포함하여 고려하여야 한다.

  3) 예비 배수설비 : 비상화재에 대비하여 자가발전용 수전설비를 확보할 필요가 있다. 예비 배수설비도 충분

한 용량을 갖추도록 하여야 한다.

4) 쉴드 TBM의 굴착기울기가 하향일 경우는 relay 배수를 위한 배수탱크를 설치하여야 하는데, 1개의 배수탱크에 2대의 양수기를 설치하고 배수라인은 2개를 유지하며 각 라인에 연결하여 양수기 고장이 발생해도 전체 배수시스템에 문제가 없도록 병렬로 시공하여야 한다.

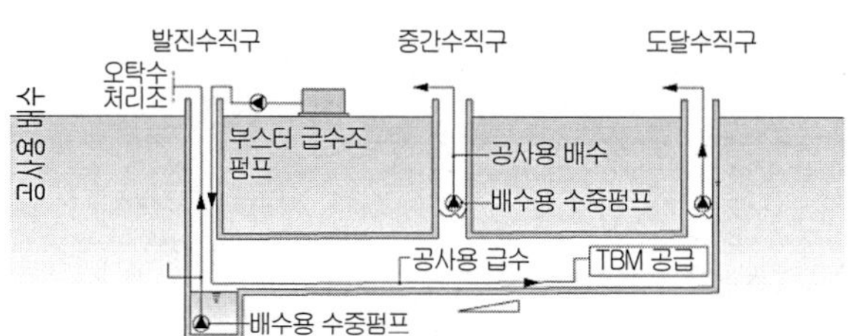

〈해설그림 13.12.1〉 공사 중 급수 및 배수설비 예

> 13.12.6 침전설비는 터널 내의 배수용량에 따라 침전조의 규모 및 형태, 수질 및 환경보호대책을 수립하여야 한다.

❖ 해설 ❖

가. 탁수처리 : 통상 침전조를 통하여 탁수처리를 실시하여 하수도 등으로 배수하는데 이 경우는 수질오염방지법, 하수도법 등의 관련법규에 의한 배수기준을 준수하도록 계획하며, 배수계획 시에는 배수할 지점의 유하능력을 검토할 필요가 있다.

나. 집수정설비 : 작업구 및 갱내에서 발생하는 유입수를 집수하여 갱외로 원활히 배출하기 위하여 설치한다. 집수정의 용량은 유입량, 배수펌프의 규격, 배수 지속시간을 고려하여 설계하고 공사 중 기계설비의 원활한 유지관리가 되도록 계획한다.

다. TBM 공사에 따른 수질오염의 주요 원인은 터널의 용수, 지하수위저하공법에 의한 배수, 장비의 청소용수 등과 같은 오탁수이다. 오탁수는 주로 부유물질(SS)을 제거하면 되지만, 시멘트 또는 약액을 주입한 경우는 수소이온농도(pH)를 조정할 필요가 있다.

라. 하저터널이나 해저터널과 같이 지하수나 해수 등과 같이 침출수가 비교적 많은 경우는 환경관련법규에 적합하도록 터널 외부로 반출해야 하므로 작업구 근처에 집수정과 침전설비를 설치할 필요가 있다.

13.12.7 비상급기설비는 다음 사항을 고려하여 설계하여야 한다.

(1) 비상급기설비는 터널작업 시 낙반사고 등 터널이 매몰될 경우를 대비하여 계획하여야 한다.

(2) 비상급기설비는 터널연장 및 대피인원 8~15명을 기준으로 공기압축기의 용량 및 급기관의 구경을 결정하여야 한다.

❖ 해설 ❖

가. 작업 중인 터널에서 안전한 환경을 유지하기 위해서는 적합한 설비를 마련하여야 한다. 공사의 대형화, 기계화, 고속시공 등에 대응하여 안전한 작업환경을 유지해야 하며 예측하기 어려운 비상상황에 대처할 수 있는 비상급기설비도 이에 준하여 계획하여야 한다.

나. 커터나 비트교환 또는 지중장애물 제거를 위하여 압기공법을 사용하는 경우는 굴진면의 안정과는 별도로 지반조건에 따라 산소가 결핍된 공기나 유해가스가 근처의 우물이나 지하실 또는 지하공사현장으로 누출될 수 있으므로 적절한 대책을 강구하여야 한다. 지반 속에 메탄이나 유화수소의 유해가스가 포함되어 있는 경우는 위험요인이 증가하므로 별도의 대책을 강구할 필요가 있다.

13.12.8 이수식 쉴드 TBM에서 이수처리설비는 다음 사항을 고려하여 설계하여야 한다.

(1) 이수식 쉴드 TBM 적용 시에는 지하수, 지표수, 해수의 오염을 방지하도록 몇 차에 나누어 처리되는 플랜트를 설계하여야 한다. 이 경우 반드시 슬러지와 상급수를 분리하여 슬러지는 사토처리하여야 하며, 상급수는 pH 조정 후 최종 방류하거나 굴진면에 재유입하여 재사용하도록 하여야 한다.

(2) 이수처리 플랜트설계 시에는 쉴드 TBM의 최대 굴진속도를 보장할 수 있는 충분한 처리용량을 확보하여야 하며, 긴급상황에 대처할 수 있게 충분한 예비안정액을 확보하여야 한다.

(3) 이수처리 플랜트에서 배출하는 처리수는 하천수질환경기준에 따른 배출허용기준을 만족하기 위하여 pH, 탁도, 배수량을 측정하고 자동 기록하는 시스템을 갖추도록 하여야 한다.

❖ 해설 ❖

가. 이수처리설비 : 유체로 운반되는 배니수(排泥水)의 토사분과 수분을 분리하는 설비로서, 굴진면에 재순환하는 송니수(送泥水)의 특성을 조절하는 기능도 있다. 또한 이수처리설비는 이수압, 굴진속도, 쉴드 TBM의 운전 시 부하, 이수처리 및 이수순환 상태를 측정하는 계측설비와 측정자료를 토대로 운전관리를 수행하는 제어설비로 구성된다. 통상 운전관리 기능은 중앙제어실에 집중되어 있다.

나. 천연재료인 벤토나이트를 소량 사용하는 경우는 일반적으로 하천에 방류하지만 화학분석 결과, pH 등의 기

준치를 만족하지 않을 때에는 환경기준에 맞도록 침전이나 적절한 처리 후에 방류한다.

13.13 뒤채움주입재의 설계

13.13.1 세그먼트라이닝 배면공극에 주입하는 뒤채움주입 재료는 다음 사항을 고려하여 설계하여야 한다.

(1) 뒤채움주입 재료에는 시멘트 모르터, 발포성 모르터, 경량기포 모르터, 섬유혼합 모르터, 가소성 주입재, 자갈 등 여러 가지가 있으며, 지반조건, 유수의 존재, 쉴드 TBM 형식, 주입재 특성 등을 고려하여 가장 적합한 재료를 선정하여야 한다.

(2) 뒤채움주입 재료는 블리딩(bleeding) 등의 재료분리를 일으키지 않고 유동성을 잃지 않은 재료, 주입 후의 경화현상 등에 따라 용적 감소나 용탈이 적은 재료, 지반강도에 상당하는 균일한 강도를 조기에 얻을 수 있고 설계강도 이상을 발휘할 수 있는 재료, 수밀성이 뛰어난 재료, 주변환경에 영향이 없는 무공해재료로 선정하여야 한다.

해설

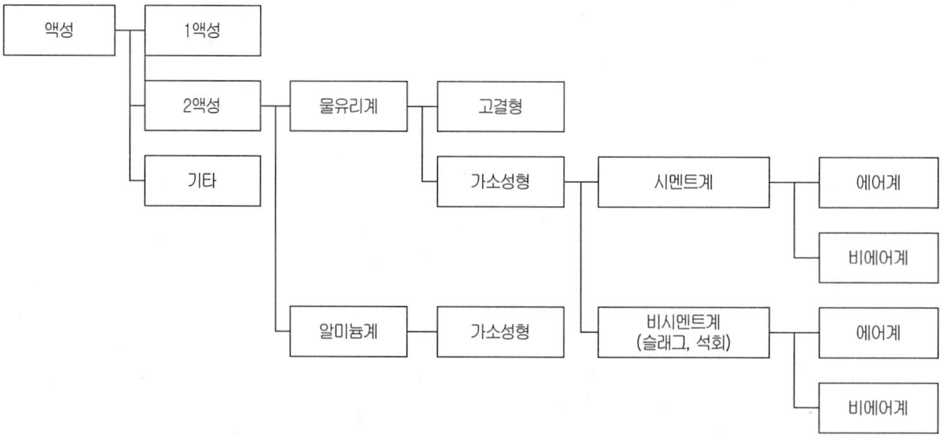

〈해설그림 13.13.1〉 뒤채움주입 재료의 구분 예

가. 뒤채움주입 재료의 분류 : 현재 사용되는 주입재료는 〈해설그림 13.13.1〉과 같이 분류하며 일반적으로 겔 타임(gel time)을 조절할 수 있고 동시주입이 가능한 2액성 재료가 사용된다. 2액성 재료는 주입 시까지 유동성을 가져야 하고 주입 시 또는 주입 후 신속하게 가소성 또는 고결되는 특징이 있다. 1액성 주입재료인 몰탈, 시멘트 벤토나이트 등은 안정된 원지반에 사용하는 경우가 많다. 또한 뒤채움주입 재료는 사용재료의 특성(특히 경화제), 주입 상태(1액성 또는 2액성), 2액성 뒤채움주입 재료의 고결특성(물유리의 농도나 혼합방법) 등으로도 분류될 수 있다(장석부·정두회, 2008).

나. 뒤채움주입 재료의 요구 특성 : 지반의 이완과 침하를 억지함과 동시에 세그먼트의 누수방지, 세그먼트 링의 조기안정 및 터널의 사행방지 등을 위해 실시하는 뒤채움주입 재료에 필요한 성질은 다음과 같다.

1) 블리딩 등 재료분리가 발생하지 않을 것.

2) 유동성이 좋고 충전성이 뛰어나야 할 것.

3) 주입후 체적변화가 적어야 할 것(용탈이 적은 재료).

4) 조기에 원지반 이상의 강도를 발현할 것.

5) 수밀성이 풍부하여야 할 것.

6) 환경에 나쁜 영향을 미치지 않아야 할 것.

13.13.2 뒤채움주입방법은 다음 사항을 고려하여 설계하여야 한다.

(1) 뒤채움주입방법은 쉴드 TBM 측면에서 추진과 동시에 주입하는 동시주입방법, 세그먼트 주입공에서 추진에 맞춰 주입하는 반동시주입방법, 1개 세그먼트 링 설치완료 시마다 주입하는 즉시주입방법이 있으며 쉴드 TBM 종류와 현장지반 조건 등을 고려하여 설계하여야 한다.

(2) 소형단면에서는 쉴드 TBM의 특성과 적용조건에 적합한 뒤채움주입방식을 선정하되, 대형단면에서는 테일 보이드에 의한 지반침하를 억제하기 위하여 동시주입을 원칙으로 한다.

(3) 뒤채움주입압은 세그먼트 배면을 완전히 충전시킬 수 있도록 세그먼트에 작용하는 외압보다 0.1~0.2MPa 정도 큰 압력으로 설계하여야 한다.

(4) 뒤채움주입량은 쉴드 TBM 후미의 공극크기, 주입재의 지반에 대한 침투성, 지반의 투수성, 여굴 등을 고려하여 설계하여야 한다.

∷ 해설 ∷

〈해설표 13.13.1〉 뒤채움주입방식의 비교(장석부·정두회, 2008)

구분	동시주입	반동시주입	즉시주입	후방주입
개요도				
개요	• 테일 보이드 발생과 동시에 뒤채움주입과 충전처리를 시행	• 그라우트홀이 쉴드 테일에서 이탈함과 뒤채움주입과 충전처리를 시행	• 1링 굴진마다 뒤채움주입과 충전 처리를 시행	• 수 링의 후방에서 뒤채움주입과 충전처리를 시행
장단점	• 침하억제에 유리 • 사질지반에서 추진저항이 크고 경제적으로 고가임	• 뒤채움주입 시 쉴드 내부로 유출될 우려 있음	• 시공이 편리 • 주변지반 이완 가능성	• 시공이 간단하고 경제적 • 테일 보이드 확보가 난이

가. 뒤채움주입방법(〈해설표 13.13.1〉 참조)

1) 동시주입방식 : 테일 보이드 발생과 주입 및 충전의 시차가 없는 가장 이상적인 뒤채움주입방식으로서, 주입관은 일반적으로 쉴드의 외측에 설치된다.

2) 반동시주입방식 : 세그먼트에 설치된 그라우트홀이 쉴드 테일(shield tail)에서 이탈함과 동시에 그라우트홀에서 뒤채움주입을 실시하며, 테일 보이드 발생과 충전과의 시차를 가능한 단축하는 것이 목적이다.

3) 즉시주입방식 : 시공실적이 가장 많으며, 1링 굴진마다 뒤채움주입을 실시한다.

4) 후방주입방식 : 수 링 후방의 그라우트홀에서 뒤채움주입을 실시하며, 지반의 자립성이 양호하거나 소형단면인 경우에만 적용된다.

나. 뒤채움 주입압 : 주입압은 지반조건, 세그먼트 강도 및 쉴드 TBM의 형식과 사용재료의 특성을 고려하여 적정치를 결정하여야 한다. 시공실적에 의하면 통상 0.2~0.4MPa의 주입압을 적용한다. 주입압력은 세그먼트에 외력으로 작용하므로 주입압에 따른 세그먼트의 거동에 대한 검토가 필요하다.

다. 뒤채움주입량

1) 주입 및 충전 공극 : 뒤채움주입은 세그먼트가 쉴드 테일에서 이탈할 때 발생하는 테일 보이드를 충전하는 것을 의미한다. 세그먼트 배면에 존재하는 공극은 테일 보이드뿐만 아니라 굴진에 따른 확굴이나 부분붕괴에 따른 공극, 지반이완에 따른 토립자 간극 등이 포함된다. 뒤채움주입의 목적은 지반변형의 방지이므로 굴진 시에 발생하는 세그먼트 배면의 공극이 뒤채움의 주 대상이 된다.

2) 주입량 산정 : 뒤채움 그라우트의 주입량 Q는 다음과 같이 산출될 수 있다.

$$Q = V \times \alpha \tag{13.13.1}$$

여기서, V는 이론 공극(void)량이며, α는 주입률로 실제 설계 시에는 주입압에 의한 압밀계수(α_1), 토질에 다른 계수(α_2), 시공 상의 손실 계수(α_3), 여굴에 의한 계수(α_4)의 계수를 선택하여 그 합에 1을 더하여 결정된다. 위 식은 다음과 같이 표현된다.

$$Q = \frac{\pi}{4}(D_1^2 - D_2^2) \times m \times \alpha \tag{13.13.2}$$

여기서 D_1은 이론 굴삭외경, D_2는 세그먼트 외경, 그리고 m은 쉴드(뒤채움주입) 연장거리이다.

라. 뒤채움주입관리 : 세그먼트나 본체 테일부에 설치된 주입공을 통하여 뒤채움주입을 실시한다. 주입재는 터널 외부에서 그라우트 펌프로 압송하거나 운반대차로 재료를 터널 내부로 운반하여 후방대차에 설치된 그라우트 펌프로 실시한다. 쉴드 TBM 터널 내부로의 주입재나 지하수 유입을 방지하기 위하여 테일 실 사이에 충전재인 그리스(grease) 등을 주입한다. 테일 실이 손상되어 주입재가 테일 내부로 유입하는 경우에 대비하여 테일 실을 교환할 수 있는 구조로 계획할 필요가 있다. 주입 후 주입설비(그라우트 펌프, 주입배관 등)는 다음 주입을 위하여 물로 청소하지 않도록 바이패스 밸브를 설치하여 잔류 주입재를 배출시킨다. 주입방식의 선정 시에는 지반조건을 포함한 주입장치의 보전대책, 시공단면에서의 제약성 혹은 테일 실 구조와의 관계를 충분히 검토하여야 한다. 동시주입방식의 경우 주입재의 종류나 배합에 따라서 주입관의 폐색이 생길 수 있다.

마. 2차 주입 : 뒤채움주입 후에 실시하는 2차 주입의 목적은 다음과 같다.

 1) 뒤채움 주입공의 미충전부 충전.

 2) 주입재료의 체적감소분 충전.

 3) 쉴드 TBM의 추력에 의한 세그먼트, 주입재료, 지반 상호간에 발생하는 박리 상태의 방지.

바. 뒤채움재의 품질관리 : 쉴드 TBM의 뒤채움 주입공의 사용재료는 소정의 품질을 가져야 하므로 교반한 주입재의 품질을 유지하기 위해서 플로우치, 점성, 블리딩, 겔 타임, 압축강도 등을 정기적으로 측정하여야 한다. 세그먼트 주입공으로 주입된 뒤채움주입재의 코아를 채취하고 주입두께, 상황, 강도 등을 확인할 수도 있다. 수압이 높거나 모래지반인 경우는 코아를 채취할 때 지하수 유입에 유의할 필요가 있다.

13.14 방수설계

> 13.14.1 세그먼트라이닝은 지하수압에 견딜 수 있고 방수가 될 수 있도록 반드시 세그먼트 간의 이음부, 뒤채움주입구 등에 방수설계를 하여야 한다.

⁘ 해설 ⁘

가. 세그먼트라이닝은 터널의 구조적 기능과 방수기능을 가져야 한다. 세그먼트 이음부의 방수, 배면 뒤채움 등으로 대표되는 쉴드 TBM 터널의 방수공사는 터널굴진 중 세그먼트의 거치작업과 동시에 이루어진다. 쉴드 TBM 터널의 방수품질은 방수재료의 성능, 방수공정 외에도 굴진정밀도와 세그먼트 조립 상태 등의 모든 공

정에도 관련성이 깊다. 허용오차범위 내에서의 세그먼트 조립은 구조적 측면이나 방수측면에서도 매우 중요하다.

나. 세그먼트라이닝에서 지하수의 침투경로는 뒤채움주입층, 세그먼트, 콘크리트라이닝의 3단계로 구성된다. 뒤채움주입은 효과적인 차수방법이지만 품질관리가 어려워 통상 설계단계에서 차수효과를 고려하지는 않는다. 세그먼트 이음부의 방수기술이 미흡했던 과거에는 2차 라이닝이 적용되었지만, 최근에는 차수목적으로는 거의 적용하지 않는다. 다만, 수로터널인 경우 표면의 조도계수를 향상시키기 위하여 적용되는 사례는 있다.

다. 아직 국내에는 적용사례가 없지만 현장타설 콘크리트라이닝(ECL : Extruded Concrete Lining 공법)의 방수작업은 터널굴진과 보강작업이 완료된 후에 별도로 수행된다.

13.14.2 방수방법의 선정 시에는 쉴드 TBM 터널의 사용목적과 작업환경에 적합한 방법을 선정하여야 한다.

13.14.3 방수는 실(seal), 코킹, 볼트 등이 있으며, 사용목적과 현장여건에 부합하도록 한 가지 또는 여러 가지의 방법을 조합하여 설계할 수 있다.

❖❖ 해설 ❖❖

방수공은 터널의 사용목적에 따라 작업환경에 적합한 방법으로 계획하여야 한다. 터널은 지하수위 하부에 구축되는 경우가 많으므로 세그먼트의 이음면에는 지하수압에 견딜 수 있는 방수공이 필요하다. 터널 내부로의 누수는 완성된 터널의 기능이나 유지관리에 문제를 발생시키므로 주의가 필요하다(日本土木學会, 2005). 쉴드 TBM의 방수공에는 실(seal), 코킹(cocking) 및 볼트(bolt) 등이 있으며, 목적에 따라 실 공만으로 하는 경우와 실 공과 다른 방수공을 조합하여 계획하는 경우가 있다.

가. 실 방수 : 세그먼트 우각부는 실재의 부착에 주의가 필요하며 세그먼트 운반 시에 실재의 손상이 발생하지 않도록 하여야 한다. 고수압 또는 내압이 작용하는 경우에는 실 설치를 확실하게 하기 위하여 실재를 이중으로 한다든지 세그먼트 우각부의 밀착성을 확보하기 위하여 심이 없도록 가공하는 것도 사용되고 있다.

나. 볼트 방수 : 볼트 체결구를 통하여 지하수가 침투되기 쉬우므로 볼트 체결을 풀어 뒤채움주입 작업을 하는 경우에는 작업완료 후 볼트와셔와 볼트공 사이에 플라스틱 마개 등의 패킹재로 누수를 방지하여야 한다. 일반적으로 합성고무나 합성수지성의 링 형상이 이용되며 우레탄계의 수팽창 재료도 있다. 볼트공에 사용되는 패킹재에 필요한 특성은 다음과 같다.

1) 신축성이 좋고 수밀성을 잃지 않아야 한다.

2) 볼트 체결력에 견뎌야 한다.

3) 내구성을 갖추어 열화되지 않아야 한다. 볼트 체결 후 시간이 경과하면 체결력이 감소하는 것도 있는데 패킹재의 크리프 영향도 적지 않다.

> 13.14.4 실(seal)재는 합성고무계, 복합고무계, 수팽창고무계 등이 있으며, 현장조건을 고려하여 수밀성, 내구성, 압착성, 복원성, 시공성 등이 우수한 재료를 선택하여 설계하여야 한다.

❖ 해설 ❖

가. 실(seal)의 재질은 미가황부칠고무계, 합성고무계, 합성수지계, 수팽창계 등이 있다. 수팽창계로는 지하수와 반응하여 체적 팽창하는 흡수성폴리머를 천연고무 또는 우레탄 등을 혼합한 것이 일반적으로 이용되고 있다 (김용일 등, 2003).

나. 실재는 다음과 같은 특성을 가져야 한다.

1) 설계상 허용되는 이음부 오차에 대하여 수밀성을 확보하여야 한다.

2) 설계상 고려되는 작용수압에 대하여 수밀성을 확보하여야 한다.

3) 쉴드잭에 의한 반복 추력이나 세그먼트의 변형에 따라서 수밀성을 잃지 않아야 한다.

4) 쉴드잭의 추력 및 볼트 체결에 내력을 가져야 한다.

5) 세그먼트 조립의 정밀도에 영향을 미치지 않아야 한다.

6) 세그먼트 조립 시 및 완성 후에 세그먼트 자체에 영향을 미치지 않아야 한다.

7) 내후성, 내약품성이 우월한 것이어야 한다.

8) 부착 시의 작업성이 좋아야 한다.

> 13.14.5 코킹재는 에폭시, 치오클계, 요소수지계 등의 재료가 있으며, 현장조건을 고려하여 적합한 재료로 설계하여야 한다.

❖ 해설 ❖

가. 코킹방수 : 실재로는 완전방수가 되지 않고 터널완성 후 누수발생의 가능성이 있는 세그먼트 이음줄 눈에 코킹재를 충전하여 방수한다. 2열 실재 방수가 적용되는 세그먼트에는 코킹방수를 생략할 수도 있다. 코킹방수는 내측 이음부에 폭 3~10mm, 깊이 10~20mm의 홈을 설치하고 방수재를 압입하는 방식이다.

나. 코킹방수재는 에폭시계와 실리콘계가 주로 사용되며 필요한 성질은 다음과 같다.

1) 수밀성은 물론 내약품성, 내후성(耐朽性)이 뛰어나야 한다.

2) 습윤 상태에서도 시공성이 뛰어나야 한다.

3) 신축성과 복원성이 풍부하여야 한다.

4) 경화 시 수분의 영향이 적어야 한다.

5) 시공 후 즉시 경화하여야 한다.

6) 경화 후 신축성이 적어야 한다.

13.15 콘크리트라이닝

13.15.1 콘크리트라이닝을 설치하는 경우에는 지보특성, 지반 및 환경조건, 시공방법 등을 고려하여 그 사용목적에 맞도록 콘크리트라이닝을 설계하여야 하며, 특히 세그먼트를 사용하는 쉴드 TBM에서는 세그먼트의 종류와 특성, 세그먼트와 콘크리트라이닝의 접합상황 등도 콘크리트라이닝의 설계 시 고려하여야 한다.

☷ 해설 ☷

콘크리트라이닝의 설치목적은 다음과 같다.

①세그먼트라이닝의 방수와 방식.

②선형 확보 : 종단면상.

③세그먼트 보강 및 변형대책.

④부상방지.

⑤환경 및 방재 : 방진, 방음, 내화.

⑥내부시설 설치 및 고정.

⑦격벽 설치 등.

13.15.2 콘크리트라이닝의 두께는 터널의 사용목적, 시공성 및 안전성을 고려하여 결정하여야 하나 최소한 15cm 이상이 되도록 하여야 한다.

☷ 해설 ☷

가. 콘크리트라이닝의 두께는 터널단면의 크기와 형상, 지반조건, 작용하중, 수압, 사용재료, 시공법 등을 고려하여 결정하여야 한다. 실제 라이닝의 설계두께는 터널단면적과 지반조건 등 현장여건을 감안하여 증감할 수 있다.

나. 2차 콘크리트라이닝의 두께는 콘크리트 타설 시의 시공성, 사행 수정량 및 내삽관 설치의 시공성 등을 함께

고려하여 결정되어야 한다.

다. 2차 콘크리트라이닝의 두께는 15~30cm의 사례가 많다. 외국에서는 외경이 10m를 넘는 대단면터널에서 콘크리트 세그먼트 내측에 두께 35cm의 현장타설 콘크리트를 설치한 사례도 있다. 일반적으로 2차 콘크리트라이닝의 두께는 1차 라이닝의 사행수정, 곡선부의 형틀 설치, 터널의 선형 등을 고려하고 기존 실적을 참조로 하여 결정하는 경우가 많다.

라. 방식(防蝕)에 대해서는 공용기간 동안의 콘크리트 열화와 마모에 대한 검토를 하고, 내화(耐火)에 대해서는 화재 시의 콘크리트 폭열(爆裂) 심도를 검토하여 터널의 주 구조체인 세그먼트에 영향을 미치지 않도록 2차 콘크리트라이닝의 두께를 결정할 필요가 있다.

> 13.15.3 콘크리트라이닝을 구조체로 이용하는 경우는 콘크리트라이닝에 작용하는 하중 등을 고려하여 단면력 및 응력을 계산하여 안정성을 확보하여야 한다.

∷ 해설 ∷

자립성이 높은 양호한 지반에서도 1차 라이닝을 가설구조로 설치하고, 2차 콘크리트라이닝을 주 구조체로 설계하는 외국 사례도 있다. 쉴드 TBM의 대심도화에 따라 양호한 지반에 터널을 설치하는 경우가 많게 되므로 이 방법이 경제성 측면에서 유리할 수 있다. 2차 콘크리트라이닝의 설계는 단독으로 실시되고 하중이나 지반반력 등의 평가방법이 1차 라이닝과 다른 것이 일반적이다.

> 13.15.4 세그먼트라이닝을 설치하는 쉴드 TBM의 경우는 필요에 따라 방수처리 등 제반조치 후 콘크리트라이닝을 생략할 수 있다.

∷ 해설 ∷

세그먼트라이닝의 고품질화·고강성화·고강도화로 인해 세그먼트라이닝만으로 터널의 장·단기 안정성을 유지하는 사례가 증대되고 있다. 종래의 콘크리트 세그먼트를 대체하는 합성 세그먼트(composite segment)를 대표적인 예로 들 수 있다. 이와 같이 콘크리트라이닝을 생략하고 세그먼트라이닝만으로 터널을 지지하게 되면 터널의 내공단면을 줄일 수 있어, 상대적으로 작은 직경의 TBM을 적용할 수 있고 굴착량이 감소하여 TBM 터널의 경제성이 크게 향상될 수 있다. 하지만 이러한 경우에는 세그먼트의 장기 내구성 확보, 방수처리, 내화 등과 같은 방재대책에 대한 검토가 선행되어야 한다.

■ 참고문헌 ■

1. 건설교통부(1999), 『터널설계기준』, (사)한국터널공학회

2. 건설교통부(2007), 『콘크리트구조설계기준』, (사)한국콘크리트학회

3. 김상환, 백현식, 백영현, 정경환(2006), 「쉴드터널의 원가절감 방안에 대한 고찰」, 제7차 터널기계화시공기술 심포지엄 논문집, pp.49-59

4. 김용일, 조상국, 추석연, 김동현, 박영진, 이두화, 홍석균(2003), 「세그먼트 방수재의 방수성능 평가」, 제4차 터널기계화시공기술 심포지엄 논문집, pp.245-257

5. 박태동, 남장현, 김정근, 신윤섭(2004), 「이수식 마이크로터널링 장비의 배토성능 향상을 위한 기술」, 제5차 터널기계화시공기술 심포지엄 논문집, pp.197-203

6. 배규진(2008), 터널공학시리즈 3 『터널 기계화시공 설계편』, 「제1장 TBM의 현황과 미래 전망」, pp.3-56, 도서출판 씨아이알

7. 장석부, 정두회(2008), 터널공학시리즈 3 『터널 기계화시공 설계편』, 「제9장 세그먼트라이닝 설계」, pp.457-500, 도서출판 씨아이알

8. 장수호, 최순욱, 배규진, 전석원(2007), 「디스크 커터를 장착한 TBM 커터헤드의 최적 설계모델 도출을 위한 영향인자 분석」, 대한토목학회논문집, 제27권 제1C호, pp.87-98

9. 장수호, 최순욱, 박관인, 전석원(2005), 「선형절삭시험에 의한 TBM 디스크 커터의 절삭성능 평가」, 대한토목학회논문집, 제25권 제6C호, pp.429-436

10. 전석원, 장수호(2008), 터널공학시리즈 3 『터널 기계화시공 설계편』, 「제6장 TBM 커터헤드 설계 및 굴진성능 예측」, pp.255-313, 도서출판 씨아이알

11. 정경환, 신민식, 황부성, 김동해(2005), 「쉴드공법의 현황과 향후 방향」, 2005년도 대한토목학회 정기학술대회 논문집, pp.2961-2975

12. 최해준, 이호성(2008), 터널공학시리즈 3 『터널 기계화시공 설계편』, 「제7장 쉴드 TBM 터널의 발진준비 및 초기굴진」, pp.317-381, 도서출판 씨아이알

13. 한국터널공학회(2001), 「쉴드 TBM 지침서」

14. 日本地盤工學會(1997), シールド工法の調査・設計から施工まで, 地盤工學・實務シリーズ.

15. (社)日本トンネル技術協会(2000), TBMハンドブック, p.171

16. 日本土木學會・日本下水道協会(1990), シールド工事用標準セグメントー下水道シールド工事用セグメントー

17. 日本土木學會(2005), トンネルの維持管理(トンネルライブラリー第14号)

18. 日本土木學會(2003), 都市NATMトンネルとシールド工法の境界領域(トンネルライブラリー第13号)

19. 日本土木學會(2006a), トンネル標準示方書[山岳工法編]・同解設

20. 日本土木學會(2006b), トンネル標準示方書[シールド]・同解設

21. AFTES(2005), AFTES Recommendations on TBMs, Shields and Segmental Lining(in French).

22. ITA(2000), Recommendations and Guidelines for Tunnel Boring Machines(TBMs), Working Group No.14 (Mechanized Tunneling)

14 환기, 조명, 방재설비

14 환기, 조명, 방재설비

14.1 설계일반

14.1.1 터널 내의 환기, 조명, 방재설비의 기준은 터널의 용도와 기능에 따라 본 기준에서 정한 바에 따르는 것을 원칙으로 하며, 이외의 세부사항에 대하여는 터널시설물 관리주체에서 정하여 적용할 수 있다.

14.1.2 공사 중의 환기, 조명설비에 대하여는 본 장에서 제시된 내용을 기준으로 하여야 한다.

☵ 해설 ☵

도로터널, 철도터널, 도시철도터널, 전력구, 통신구 등에 대한 환기, 조명, 방재설비의 용도와 기능에 따라 기준을 정하여 따르도록 하며, 주요 관리주체(지방자치단체, 소방방재청, 한국도로공사, 한국철도시설관리공단, 한국주택공사, 한국토지공사, 한국전력공사, 지하철공사, 도시철도시설공단 등)의 세부지침과 기준 등은 아래와 같다.

- 도로터널 방재시설설치 및 유지관리지침(국토해양부).
- 도로설계편람(국토해양부).
- 고속도로 터널환기시설 설계기준(한국도로공사).
- 터널공사표준안전작업지침-NATM공법(노동부2001-16호 2001. 1. 9).
- 도시철도법.
- 도시철도법 시행령(대통령령).
- 도시철도법 시행규칙(국토해양부).
- 도시철도건설규칙(국토해양부 시행규칙 제4호).
- 도시철도설계기준(지하철건설본부).
- 도로터널의 화재안전기준(NFSC 603)-(소방방재청고시제2007-23호).

- 소방시설 설치유지 및 안전관리에 관한 법률시행령(대통령령 18404호).
- 소방시설 설치유지 및 안전관리에 관한 법률시행규칙(소방방재청).
- 철도시설안전기준에 관한 규칙(국토해양부령 제476호).
- 철도설계편람(한국철도시설관리공단).
- 철도설계기준(한국철도시설관리공단).

14.2 환기설비

14.2.1 도로터널의 환기설비계획 시에는 다음 기준을 따라야 한다.

(1) 도로터널에서의 설계소요 환기량은 매연, 일산화탄소, 질소산화물 등의 환기물질을 대상으로 산출하며, 오염물질별 허용농도기준을 만족하여야 한다.

① 환기대상 오염물질에 대한 차종별 기준배출량은 '대기환경보전법 시행규칙'에서 정한 오염물질별 제작차 배출량 허용기준 적용을 원칙으로 한다.

② 터널 내 환기대상오염물질별 허용농도기준은 관리 주체가 정하는 바에 따르는 것을 원칙으로 하며, 이에 대한 기준이 없는 경우에는 PIARC 권고치를 고려하여 정할 수 있다.

③ 환기설계 목표년도는 공용개시 후 20년 후를 원칙으로 하며, 교통량의 급격한 변화가 예상되는 경우 교통량 변동을 고려하여 단계건설을 계획하여야 한다.

(2) 환기방식은 교통조건, 주변 환경조건, 화재 시 안전성, 지반조건, 유지관리, 경제성, 단계건설 등을 종합적으로 검토하여 선정한다.

(3) 환기설비의 용량은 전 주행속도에서 소요 환기량을 만족할 수 있도록 계획하는 것을 원칙으로 한다.

① 기계환기방식에서 환기설비 승압력을 최대로 요구하는 주행속도는 환기설비설계속도로 하여야 한다.

② 지체 시 환기설비용량이 과도하게 증가하는 경우에는 가스상물질(CO, NOx)만을 환기대상물질로 고려할 수 있다.

③ 터널 내를 흐르는 차도 내 풍속은 일방향터널인 경우는 10m/sec 이하로 하고, 양방향 교통터널인 경우는 8m/sec 이하로 하여야 한다.

④ 환기설비는 화재발생 시에는 제연이나 배연설비로 운영되므로 환기방식의 선정단계부터 비상시 안전성에 대하여 고려하여야 하며, 제연을 위한 환기설비용량이 평상시 환기용량을 초과하는 경우에는 제연용량으로 환기설비용량을 결정한다.

❖ 해설 ❖

가. 도로터널의 소요 환기량

도로터널은 차량의 운행으로 인해서 배출되는 가스를 안전운행 및 관리자의 안전을 위해서 신선공기를 공급하여 오염물질을 희석·배기하여 허용농도 이하로 유지하여야 하며, 이에 필요한 급기 또는 배기량을 소요 환기량이라 한다. 환기대상 오염물질은 일반적으로 일산화탄소, 질소산화물, 매연이며 소요 환기량은 대상오염물질 및 차량의 주행속도에 따라서 다르다. 따라서 소요 환기량은 차량의 평균주행속도 및 오염물질별로 계산한다.

1) 환기량 산정에 기본이 되는 차종별 오염물질 기준발생량은 환경부령 '대기환경보전법 시행규칙' 제62조(제작차 배출허용기준) 별표 17에 의해서 정하고 이를 적용한다. 환기량 계산을 위한 차종별 오염물질 기준배출량은 현재 한국도로공사의 '고속도로 터널환기시설 설계기준'에 제시된 값을 적용하고 있다.

2) 허용농도기준은 〈표 14.2.1〉의 '도로설계편람' 및 한국도로공사기준에 제시된 'PIARC 95기준'을 준용할 수 있으며, 한국도로공사의 '고속도로 터널환기시설 설계기준'의 가시도에 대한 허용기준은 〈해설표 14.2.2〉와 같다.

〈해설표 14.2.1〉 허용농도 기준표(PIARC 95)

교통 상태	CO(ppm)		NOx (ppm)	허용소광계수 ($10^{-3}\mathrm{m}^{-1}$)
	1995	2010		
50~100km/h	100	70	25	5(60%)
매일혼잡	100	70	25	7(50%)
극도로 혼잡한 통행	150	100	25	9(40%)
터널유지보수	30	20	25	3(75%)
터널차단	250	200	25	12(30%)

〈해설표 14.2.2〉 허용소광계수 기준표

주행속도	허용소광계수(Klim)			비고
	0.005	0.006	0.007	
40km/h			●	목표년도 서비스 수준이 E이하이거나 지체빈도가 많을 것으로 예상되는 경우
50km/h			●	
60km/h		●		
70km/h		●		
80km/h		●		

3) 교통량은 환기량 및 환기용량 계산 시에 영향을 미치는 인자로 현재 국토해양부의 '도로설계편람' 및 한국도로공사의 '고속도로 터널환기시설 설계기준'에 의하며, 터널의 경우 공용개시 20년 후의 교통량을 적용하도록 하고 있다. 교통량이 급격하게 변하는 경우에는 단계건설계획에 따라서 교통량을 반영하고 있으며,

일반적으로 5년 단위로 환기기 용량을 산정하여 단계건설을 고려하고 있다.

나. 도로터널의 환기방식

환기방식은 종류 환기방식, 횡류 환기방식, 반횡류 환기방식이 있으며, 특히 도로터널의 환기설비는 터널화재 시에 대비하여 제연설비를 겸용으로 하고 있기 때문에 환기설비를 계획하는 경우에는 터널의 특성을 고려하여 제연방식에 대한 검토를 우선적으로 수행한다. 환기방식별 제연설비로서의 적용성은 '도로터널 방재시설 설치지침'을 준용한다.

다. 도로터널의 환기설비 용량

1) 전주행속도 및 환기대상물질에 대해 소요환기량 및 식(14.2.1)에 의해서 환기설비 요구승압력(Δp_{req})을 구하여 승압력이 최대가 되는 주행속도를 환기설비 설계속도로 하며, 이때의 환기기 용량을 환기설비 용량으로 산정한다.

식(14.2.1)은 환기설비 필요승압력을 구하는 식으로 Δp_r 은 터널을 흐르는 기류에 의한 환기저항력, Δp_n 은 자연풍 및 갱구부 기압차에 의한 환기저항력, Δp_t 는 교통환기력을 압력으로 표현한 것이다.

터널 내 풍속은 환기저항과 환기력의 합이 0이 되는 상태에서 결정되게 되며, 소요 환기량을 발생하기 위한 풍속을 유지하기 위해서 필요한 풍속 하에서 환기저항이 교통환기력보다 작은 경우에는 자연환기가 가능하며, 환기저항이 교통환기력보다 큰 경우, 즉 $\Delta p_{req} > 0$ 경우에는 기계환기가 필요하다.

또한 종류환기방식에서는 Δp_{req} 를 젯트팬 1대가 주어진 풍속에서 발생할 수 있는 승압력으로 나누어서 소요 젯트팬 대수를 산정한다.

$$\Delta p_{req} = \Delta p_r + \Delta p_n - \Delta p_t \tag{14.2.1}$$

2) 환기설비 용량은 환기필요 승압력을 가장 크게 요구하는 주행속도에서 결정되며, 환기량이 동일한 경우에는 교통환기력이 작은 저속 시 환기기 용량이 증대하게 된다. 특히 매연을 환기대상으로 하는 경우에 저속에서 환기설비 요구 승압력이 증대하여 환기설비 용량이 과도하게 증대하는 경우가 빈번히 발생하게 된다. 그러므로 저속 시 매연을 환기대상물질로 하여 환기설비용량을 결정하는 것은 환기설비용량의 과도한 증대를 초래할 수 있다. 따라서 저속 시에 매연만이 문제되는 경우에는 가스상 물질만을 환기대상 물질로 고려할 수 있다.

3) 환기수행여부에 관계없이 터널 내 풍속은 유지관리자 및 비상시 하차승객의 안전을 고려하기 위해서 한계풍속 이하로 유지하도록 하고 있으며, 한계풍속은 일방향통행터널에서는 10m/sec, 양방향통행터널에서는 8m/sec로 하고 있다.

라. 도로터널의 환기설비

도로터널에서 환기설비는 화재 시 제연이나 배연설비로 운영되기 때문에 환기방식의 선정 시 지체빈도가 작은 일방향통행터널에서는 일반적으로 종류환기방식을, 화재 시 화재상류 및 하류에 대피자가 존재할 가능성이 높고 정체빈도가 높은 일방향통행터널이나 양방향통행터널은 선택배기방식의 횡류환기방식이나 반횡류환기방식의 적용을 권장한다. 또한, 환기설비의 용량은 환기용량과 제연 또는 배연용량을 비교하여 제연용량보다 환기용량이 작은 경우에는 제연용량으로 환기설비용량을 정한다.

14.2.2 도시철도터널의 환기설비계획 시에는 다음 기준을 따라야 한다.

  (1) 환기계산 시는 열차주행에 의한 발열, 열차제동에 의한 발열, 열차 보조기기에 의한 발열, 열차 냉방기기의 발열, 벽체 흡열량 등을 고려하여 터널 내 온도가 일정온도 이상을 초과하지 않도록 소요 환기량을 산정하여야 한다.

  (2) 환기기 용량은 적합한 배연풍량을 충족시켜야 하며, 화재연기에 직접 노출되는 송풍기 및 댐퍼 등은 내열온도를 고려하여 선정하여야 한다.

  (3) 송풍기 설치 후 환기 및 배연풍량의 설계풍량 확보여부를 확인하도록 설계도서에 명기하여야 한다.

❖ 해설 ❖

도시철도의 본선환기방식은 기계환기와 자연환기방식을 적용할 수 있으며, 소요 환기량은 열차의 열차운행에 따른 발열 및 벽체흡열량을 고려하여 터널 내 발생하는 열부하를 제거, 터널 내 적정온도 유지 및 열축적 방지, 화재 시 배연량을 확보할 수 있도록 산정한다.

가. 환기량 산정 시 터널 내 온도가 일정온도 이상 초과하지 않도록 환기량을 산정하며, 일반적으로 외기온도보다 4℃를 초과하지 않도록 세부설계기준에서 정하고 있으나 터널 내 온도는 열차의 교행위치 등 동적인 특성을 갖기 때문에 시뮬레이션 등을 통해서 검증할 필요가 있다.

나. 배연풍량은 유독가스의 배출방향을 조절할 수 있도록 하여 승객의 대피안전을 확보할 수 있도록 비상시 배출되는 연기의 기류속도가 2.5m/sec 이상이 되도록 산정하여야 한다.

다. 제연설비 중 전동기·배풍기·배출풍도 및 배풍막(배풍기와 배출풍도를 연결하는 막)은 250℃에서 1시간 이상 정상적으로 기능을 유지할 수 있어야 한다.

라. 도시철도터널에 설치되는 송풍기는 일반적으로 급기능력과 배기능력을 갖추고 있어야 하며, 송풍기의 능력은 배연 시 공기의 온도에 영향을 받기 때문에 설계풍량의 확보여부를 TAB(Test Adjust Balancing) 등을 수행하여 확인하여야 한다.

14.2.3 철도터널의 환기설비계획 시에는 다음 기준을 따라야 한다.

  (1) 오염물질 배출차량이 운행되는 경우에는 호흡과 관련된 일산화탄소, 질소산화물, 분진농도를 환기대상 오염물질로 하며, 터널환경을 허용농도 이하로 유지할 수 있도록 환기설비를 계획하여야 한다.

(2) 터널의 환기계획은 교통, 기상, 환경, 지형, 지물 및 관련법규를 바탕으로 소요 환기량을 산정하여 자연환기와 기계환기 중 적합한 방법을 선정하여야 한다.

(3) 환기설비가 설치될 경우에는 비상시 승객이 안전하게 대피할 수 있도록 대피방향으로 신선외기를 공급하고 발생 매연을 신속하게 배출하여 터널 내 환경을 회복할 수 있도록 환기용량을 계획하여야 한다.

(4) 상시 환기요소인자를 검토, 분석하고 열차의 교통환기력에 의한 자연환기량을 산출한 결과와 비교하여 경제적이고 신뢰성이 높은 환기방식 및 기기용량, 규모 등을 결정하여야 한다.

❖ 해설 ❖

가. 철도터널의 환기방식

철도터널은 열차의 운행에 의한 발열에 따른 온도상승과 디젤기관차가 운행되는 경우에는 기관차에서 발생하는 오염물질을 희석하거나 배기하여 허용농도를 유지하여야 하며, 이때 환기대상물질은 일산화탄소, 질소산화물, 분진을 대상으로 한다.

철도터널환기방식은 터널의 특성상 열차가 통과한 후에 오염공기를 신선공기로 교체한다는 개념으로 치환환기(purging)를 적용하고 있다. 다수의 터널에 채택된 방식은 샤칼드(saccardo)방식, 연직갱송배기방식 및 서비스(또는 파이롯트) 터널을 이용한 급배기방식이 있다.

1) 샤칼드방식은 터널의 진출입 갱구에 환기소를 설치하여 노즐에 의해서 신선공기를 터널 내부로 급기하여 오염공기를 신선공기로 교체하는 방식이다.

2) 연직갱송배기방식은 주로 장대터널에서 터널을 다수의 환기구역으로 나누어 환기하는 방식이다.

3) 서비스터널방식은 유로터널, 고타드(Gortthard base)터널, 세이칸터널, 로치버그(Lotschberg)터널 등에 적용한 사례가 있으며, 하나 이상의 연직갱과 서비스터널을 이용해서 신선공기를 유입하여 환기구역을 구분하여 급기하는 방식이다.

나. 철도터널의 오염농도 특성

철도터널에서 오염물질의 농도는 터널 내 풍속과 열차의 상대속도에 의해서 결정되는 확산체적에 의해서 결정하며 다음과 같이 계산한다.

초기오염농도가 C_o일때 속도 V로 열차가 운행하고 내공단면적 A_r인 터널 내 풍속(U)이 일정한 조건에서 〈해설그림 14.2.1〉과 같이 열차가 진입하여 t초 동안 주행하는 경우에 터널 내 오염농도를 계산하면 다음과 같다.

t초 동안 열차의 이동거리 :

$$L_t = V \cdot t \tag{14.2.2}$$

t초 동안 터널 입구에서 신선공기 유입하는 거리 :

$$L_a = U \cdot t \tag{14.2.3}$$

오염공기의 확산 체적 :

$$V_a = |V - U| \cdot A_r \cdot t \qquad (14.2.4)$$

오염농도의 변화량 :

$$\Delta C = \frac{\dot{S} \cdot t}{V_a} = \frac{\dot{S}}{|V - U| \cdot A_r} \qquad (14.2.5)$$

오염농도 :

$$C_t = C_o + \Delta C \qquad (14.2.6)$$

따라서, 열차가 터널을 주행하고 있는 동안에 터널 내 농도는 〈해설그림 14.2.1〉의 (a)와 같이 열차가 통과한 구간에서는 거의 일정한 값을 보이게 되며, 이 값은 터널길이와는 무관하고, 상대속도와 오염물질 배출량에 의해서만 결정된다.

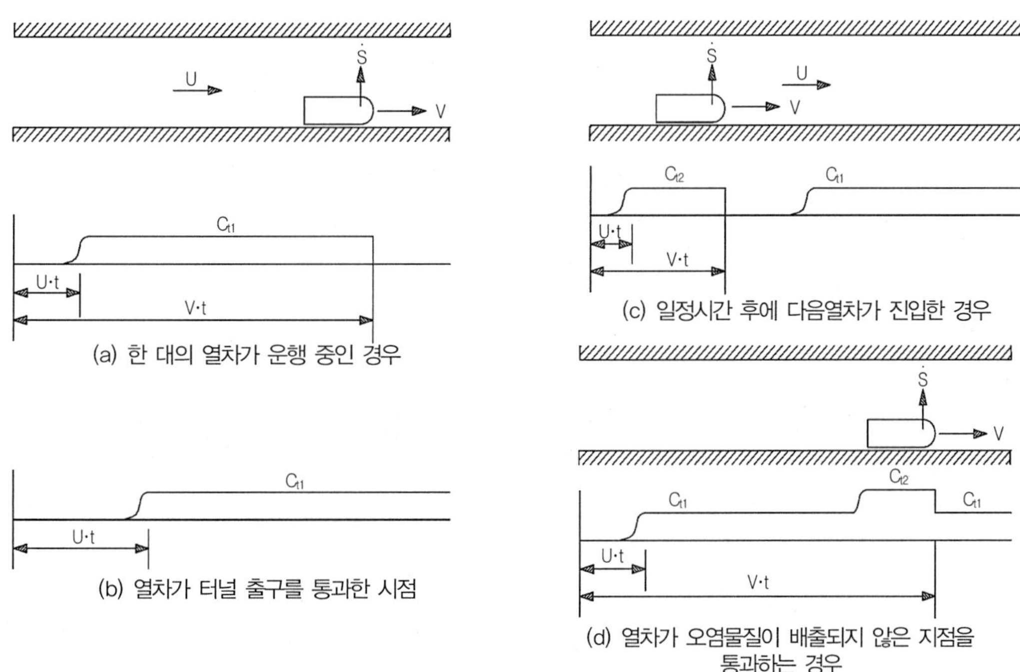

〈해설그림 14.2.1〉 철도터널에 오염농도에 대한 개념도

〈해설그림 14.2.2〉의 (b)는 열차가 완전히 터널을 통과한 후의 터널의 농도분포를 나타낸 것으로 열차의 진행방향으로 열차풍에 의해 기류가 형성되므로 열차가 진입한 갱구를 통해 신선공기가 유입되며, 신선공기가 유입되는 구간은 농도가 0이 된다. 이 상태에서 후행하는 열차가 터널을 진입하면 시간이 경과함에 따라 터널 내 농도는 (c)와 (d)로 나타낼 수 있다. 신선공기가 유입되어 터널 내 농도가 0인 지역을 후행 열차가 통과할 때는 선행

열차가 통과하는 경우와 동일한 농도값을 보이게 되며 선행열차에 의해서 오염된 지역을 지나게 되면 오염물질이 중첩하게 되어 동일한 종류의 열차가 운행한다면 오염물질의 농도는 2배에 달하게 된다. 따라서, 철도터널의 환기에서는 후행열차가 주행하여 오염물질이 누적되어 허용농도를 초과하기 전에 오염공기를 배기하는 것이 중요하다. 그러나, 신속한 배기를 위해서 열차주행방향으로 환기풍의 풍속을 증가시키면 상대속도가 감소하여 터널 내 농도가 증가하게 되므로 허용농도를 초과하지 않는 범위에서 열차운영 스케줄을 고려하여 환기량이 결정되어야 한다. 특히, 양방향단선터널에서는 기류의 방향이 열차주행방향에 따라 급격하게 변하기 때문에 오염물질의 배기가 불리하며, 경우에 따라서는 터널 내 오염공기의 정체로 터널 내 오염농도가 급격하게 증가하게 된다.

철도터널에서 오염농도는 많은 요인에 의해 결정되므로 산술적인 계산에 의한 소요 환기량은 불가능하므로 열차의 운행 스케줄에 따른 수치시뮬레이션을 통해 한계농도의 초과여부를 결정하고 있다. 한계농도를 초과하는 경우에 일부 터널에서 기계환기를 적용하고 있으며 기계환기 용량은 수치시뮬레이션을 통해서 검토되어야 한다. 오염물질 발생량에 대한 기준은 아직까지 정립되지 못하였으며, 설계 시 일반적으로 국제철도연맹(UIC ; International Union of Railways)나 미국환경보호청(EPA ; United States Environmental Protevtion Agency)기준 및 국내 연구결과를 면밀히 검토하여 결정하고 있다. 오염물질별 허용농도기준은 정립되지 못하고 있는 상태로 도로터널과 동일하게 적용하거나 외국의 기준을 인용하여 적용하고 있는 실정이다.

다. 철도터널의 제연설비 용량

환기설비를 설치하는 경우, 비상시에는 환기설비가 제연설비로 사용된다는 점에서 환기설비용량계획 시 제연설비용량을 고려하여 결정하여야 한다.

철도터널에서 제연설비용량은 도로터널과 마찬가지로 연기역류(back layering)를 방지하기 위한 임계풍속 유지에 필요한 승압력을 고려하여 제연용량을 결정한다.

14.2.4 기타 터널(통신구, 전력구, 수로터널 등)의 환기설비계획 시에는 다음 기준을 따라야 한다.

(1) 환기설비의 용량은 가동 후 30분 이내에 환기가 완료될 수 있는 용량이어야 하며, 현장여건에 따라 적정용량을 산정하여야 한다. 전력구의 경우 전력구 내 환기풍속은 2m/sec 이하, 환기구 그레이팅 상부에서의 풍속은 5m/sec 이하로 하여야 한다.

(2) 환기방식은 원칙적으로 종류식을 적용하여야 하며, 현장여건상 환기구가 부득이하게 한쪽에 한정되어 종류식을 적용할 수 없는 경우에는 풍관식 환기방식을 사용할 수 있다. 이때는 장래 종류식이 가능할 때까지만 사용하도록 계획하여야 한다.

∷ 해설 ∷

가. 기타 터널의 환기설비 용량

전력구 등의 설비는 주로 한국전력공사에서 지중송전용으로 적용하는 설비로서 '한국전력공사 설계기준'

1670(부대설비)에서 환기방식은 공기의 자연유통에 의한 자연환기, 환풍기에 의한 강제환기, 자연환기와 강제환기를 병용하는 방식으로 환기방식을 정하였으며 환기구 그레이팅 상부에서의 풍속은 5m/sec 이하, 전력구 내 풍속은 2m/sec 이하로 기준을 정하였다.

나. 환기구 소음기준

'한국전력공사 설계기준' 1670(부대설비)에서는 환기구 그레이팅 상부에서의 소음은 75dB(A)를 기준으로 정하였으며, 주변지역의 소음규제에 대한 기준은 환경부의 '소음진동규제법'에 따라 정한다(9.1.4절 참조).

14.3 조명설비

14.3.1 도로터널의 조명설비는 한국산업규격(KS A 3703) 및 국토해양부의 '도로터널조명시설의 설계기준'에서 정한 바에 만족하여야 하고, 다음의 기준을 따라야 한다.

(1) 터널조명은 기본부조명, 입구부조명 및 출구부조명으로 구분하여 계획하여야 한다. 터널 내부 또는 외부로의 차량주행 시 운전자 시각의 평형 상태를 유지하기 위하여 터널 입구부의 야외휘도 상황에 따른 입구부의 경계부 휘도 설정과 이행부, 완화부의 노면휘도를 터널 입구로부터 진입하는 거리에 따라 감소시켜 기본부의 노면휘도값으로 원활하게 접속하도록 한다.

(2) 100m 이상인 터널에는 설계속도에 따른 기본조명을, 길이가 100m 미만인 터널에는 구조 등 여건에 따라 조명시설을 설치하여야 한다.

(3) 야간에 터널 접속도로에는 터널 입구부 부근의 도로폭 변화를 알기 위하여 입구부에 가로등을 설치하고, 터널 내에서 접속도로의 상황을 파악하도록 출구부에 가로등을 설치하여야 한다.

(4) 터널 내를 주행하는 중 갑자기 정전을 당하면 터널 내부가 갑자기 어두워져 주행하는 자동차가 매우 위험한 상황에 처하게 되므로 이를 방지하기 위하여 비상조명시설을 설치하여야 한다.

(5) 50m 이상의 터널이 둘 이상 연속하여 존재하고 앞에 통과하는 터널의 출구로부터 후속하는 터널 입구까지의 거리가 설계속도에 대응한 시인거리보다 짧은 경우 후속하는 터널 입구부 조명의 설계치를 갱구간거리에 따라서 감소시킬 수 있다.

(6) 터널 내부휘도의 적정화와 조명의 경제적 운영을 목적으로 터널 외부 주광조도(또는 휘도)의 변동과 타이머에 의하여 터널 입구부 완화조명과 기본부조명을 단계별로 자동적으로 변경시켜 터널조명을 제어하여야 한다.

(7) 터널 진출입부에 별도의 조도순응시설을 계획할 경우에는 내부 터널조명과의 조도순응에 대하여 계절별·시간대별로 시설의 적정성을 검토하여야 한다.

❖ 해설 ❖

가. 터널조명의 구분

주간에 도로를 주행하는 자동차 운전자의 눈은 야외 휘도에 순응한 상태로 터널에 접근하기 때문에 운전자로서는 터널 내는 모두 암흑으로 보여 잘 식별이 되지 않는다. 이와 같이 터널진입 시 터널 내부가 암흑으로 보이는 현상을 블랙홀현상이라고 하며, 시각순응의 지연현상으로 진입 후에도 사물인식에 장애를 느끼며 터널 진입 시 불안감을 주는 요인이 된다. 또 터널진입 후 운전자의 눈은 주위 휘도에 대하여 순응이 늦다. 이러한 장애를 경감하기 위하여 터널 입구부에 설치한 조명설비를 입구부 조명이라고 한다.

기본부조명이란 터널 전체에 걸쳐 조명기구를 일정 간격으로 배치하여 조명하는 것으로 터널에 진입한 운전자가 입구부 조명구간을 통과하여 거의 정상적 시각 상태에 도달한 후의 조명을 말한다. 출구부조명은 터널 내부에서 터널 출구를 보았을 때 출구가 대단히 밝은 배경으로 되고 출구부근에 있는 모든 장애물은 검은 실루엣으로 보이므로 앞차의 후면을 적당히 조명하는 것을 말한다. 이와 같이 터널 내부에서 외부로 진출 시 외부의 휘도가 너무 높아 물체를 식별할 수 없는 현상을 화이트홀현상이라고 하며, 대형차량이 출구를 통과할 때 뒤따르는 작은 차량을 인식하기가 곤란하게 된다.

(a) 블랙홀현상   (b) 화이트홀현상

〈해설그림 14.3.1〉 블랙홀현상과 화이트홀현상

나. 터널길이에 따른 조명

터널길이가 100m 미만인 경우에는 일반적으로 터널의 입구부조명과 출구부조명 설치 시 경계부, 기본부조명 등 다른 조명시설을 설치할 수 없으나 터널의 구조 등에 따라 기본부조명을 설치할 수도 있다. 터널길이가 100m 이상인 터널에서는 입구부조명, 출구부조명을 설치하고 그 외 내부구간에 대해서는 기본부조명을 설치한다. 보통 터널 입구에서 약 10m까지와 출구에서 약 40m까지의 터널 내부는 자연광으로 터널 내부가 조명되므로 50m 이상의 터널 입구에는 입구부조명을 설치한다.

다. 터널 입출구부 도로조명

 야간에 차량이 밝은 터널 내를 주행하여 터널 출구에 도달하였을 때 터널 출구에 이어지는 접속도로에 조명이 없으면 터널 출구가 어두운 조명으로 보여 출구접속도로의 선형이나 장해물의 존재를 알지 못하게 된다. 따라서 터널 출구에 접속되는 접속도로에는 터널 내 밝음에 순응된 운전자가 전조등의 밝기만으로 안전하게 운전할 수 있도록 일정한 구간에 조명을 설치해야 한다. 야간에 터널에만 조명이 있고 이것에 접속되는 도로에 조명이 없을 경우 터널 입구부부근의 도로폭 변화를 알기 위하여 입구부 도로에 가로등을 설치하여 터널 입구를 명확하게 볼 수 있도록 조명을 설치해야 한다.

라. 비상조명

 도로터널 내를 주행하는 차량 운전자가 터널 내에서 갑자기 정전을 당하면 터널 내부가 갑자기 어두워져 운전자는 매우 위험한 상황에 처하게 되므로 터널 내에서 갑자기 정전을 당하더라도 운전자가 대응할 수 있도록 비상조명을 설치하여야 한다.

 비상조명에는 축전지에 의하여 무정전 전원장치로 교류전원을 공급하는 방식과 자가 발전설비에 의하여 비상조명을 공급하는 방식이 있다.

마. 연속한 터널의 조명설계

 둘 이상의 터널이 연속하여 존재하는 경우 순응휘도는 선행하는 터널의 출구에 접근함에 따라 상승하여 출구에서 최대로 된 후 후속하는 터널의 입구에 접근함에 따라 서서히 저하한다. 선행하는 터널의 출구로부터 후속하는 터널의 입구까지의 거리, 즉 터널 간 거리가 설계속도에 대응하는 시인거리보다 긴 경우에는 후속하는 터널의 입구부조명의 설계는 단독하는 터널로 취급한다. 그러나 터널 간 거리가 설계속도에 대응한 시인거리보다도 짧은 경우에는 선행하는 터널의 출구에 있어서 운전자의 눈의 순응휘도보다도 낮게 된다. 따라서, 길이가 50m 이상인 연속한 터널 간 거리에 따라 후속하는 터널의 입구부조명의 평균노면휘도의 설계치를 저감할 수 있다.

바. 터널조명의 제어

 터널 내부 휘도의 적정화와 조명의 경제적 운영을 목적으로 터널용 자동조광장치를 설치하며 터널외부 주광조도의 변동이나 타이머에 의하여 터널 입구부 완화조명 및 내부의 기본부조명을 몇 단계로 나누어 자동으로 변경시켜 터널조명 전체를 제어한다.

사. 조도순응시설

 터널 진출입부에 터널조명 외의 방식으로 자연광에 의한 조도를 완화하기 위하여 캐노피 등을 설치하여 조도순응을 계획하는 경우에는 터널 내부의 조명과 캐노피 등의 조도순응에 대하여 계절별, 시간대 별로 시설이 적정하도록 설치하여야 한다.

아. 시인거리 및 터널조명의 구성

 1) 시인거리

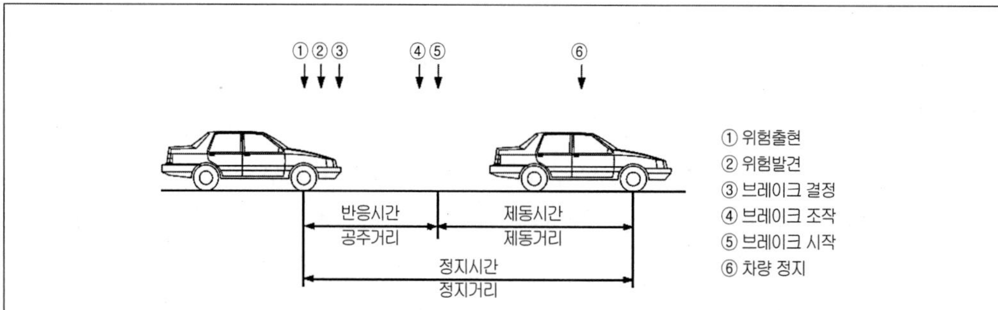

1) 제동거리 : 주행 중인 자동차가 브레이크가 작동하기 시작할 때부터 완전히 정지할 때까지 진행한 거리.
2) 공주거리 : 브레이크가 작동하기 전, 운전자나 보행자가 도로표지를 보고 정지하고자 브레이크를 작동하기까지 자동차가 진행한 거리.
3) 정지거리 : 공주거리 + 제동거리.
4) 시인거리 : 도로표지 따위의 대상물을 쉽게 알아볼 수 있거나 그 내용을 판독할 수 있는 위치에서 대상물까지의 거리.
5) 시거 : 안전운전할 수 있는 최소한의 거리.
6) 정지시거 : 운전자가 설계속도 또는 그와 비슷한 속도로 주행할 때 어떤 물체를 발견하고 그 이전에 정지하기 위해 볼 수 있어야 하는 최소거리.
7) 주시개시점 : 운전자가 터널 입구를 주시하기 시작하는 지점.

〈해설그림 14.3.2〉 시인거리의 정의

2) 터널조명의 구성

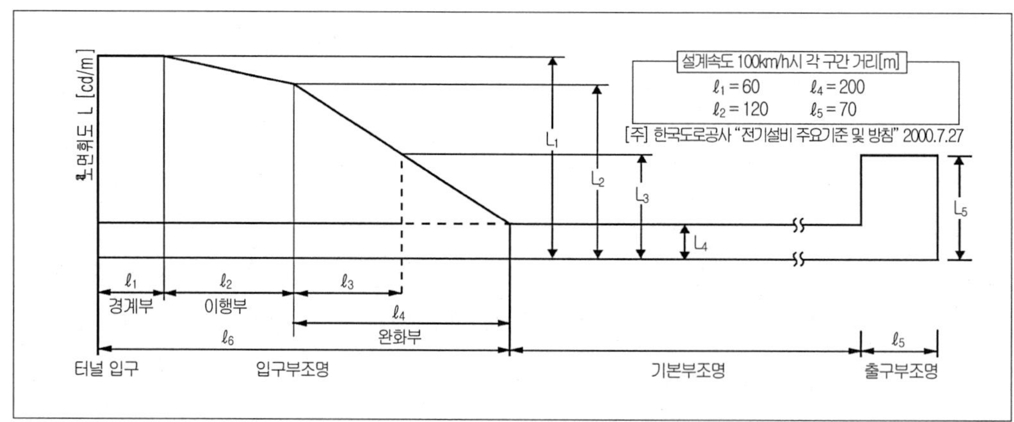

〈해설그림 14.3.3〉 터널조명의 구성

자. 설계기준 관리처별 야외휘도 선정기준

1) KS A 3703, 국토해양부, 한국토지공사기준

〈해설표 14.3.1〉 설정되는 야외휘도

설계속도 (km/h)	20도 시야 내에 점하는 공간의 비율(%)							
	20 이상		20~10		10~5		5 미만	
	주위의 상황(cd/m^2)							
	밝음	보통	밝음	보통	밝음	보통	밝음	보통
100	6,000	5,000	5,000	3,000	4,000	2,500	4,000	2,000
80								
60	5,000	4,000	4,000	2,500	3,000	2,000	3,000	1,500
40								

주1) 이 시야는 터널 입구에서 시거만큼 앞쪽에 있는 운전자가 터널을 볼 경우의 것이다.
주2) 주위상황이 밝다는 것은 터널 입구부근의 지물이 흰색, 회색 등의 반사율이 높은 경우를 말하며 입구부근에 장기간 적설 상태가 계속되는 경우도 여기에 포함된다.
주3) 주위의 상황이 보통이란 상기 이외의 경우를 말한다.

〈해설표 14.3.2〉 설계속도와 안전시인거리와의 관계

설계속도 V	120km/h	100km/h	80km/h	60km/h	40km/h
시인거리 L	210m	160m	110m	75m	40m

2) 한국도로공사기준

① 차량의 진행방향에 따른 야외휘도 선정

남동~남~남서방향으로 진입하는 터널은 2,500cd/m^2, 그 밖의 방향으로 진입하는 터널은 2,000cd/m^2 적용.

② 계산법에 의한 야외휘도 선정

설계속도가 100km/h일 경우 주시개시점은 터널 입구로부터 160m 지점을 기준으로 적용.

14.3.2 도시철도터널의 조명설비계획 시에는 국토해양부의 '도시철도건설규칙'에 따르는 것을 원칙으로 한다.

(1) 터널 중간의 기본부조명은 차량운전자가 전방의 장애물을 확인하는 데 필요한 조명으로 바닥기준 5~10lx를 유지할 수 있도록 조명배치를 하여야 한다.

(2) 터널의 입구 및 출구부는 터널 내부 또는 외부로 이어지는 부분으로 조도의 변화가 극심하며 이로 인한 차량요원의 시각장애를 유발할 수 있다. 따라서 조도의 변화를 완화시킬 수 있도록 조명계획을 하여야 한다.

(3) 터널의 입구 및 출구부 조명의 밝기는 정거장 승강장의 조도가 200~250lx, 터널의 기본조명은 5~10lx이므로 정거장 전방 및 후방 100m 구간은 바닥기준 10lx 정도를 유지할 수 있도록 하여야 한다. 터널의 지상 입출구부는 100lx, 전철기 설치부는 50lx가 되도록 한다.

(4) 터널의 비상조명등은 정전 시 60분 용량의 축전지 내장형의 유도등 기능을 겸한 복합표시등을 50~60m 간격으로 바닥으로부터 1m 이상 1.5m 이하의 높이에 설치하고 바닥의 평균 조도가 1lx 이상이 되도록 한다.

⁕⁕ 해설 ⁕⁕

'도시철도건설규칙'은 국토해양부령으로 제정되었다.

가. 터널 기본부조명

도시철도 터널의 기본부조명은 터널 또는 지상구간의 유지관리를 위한 최소한의 기본적인 조명으로 구간 전체에 걸쳐 조명기구를 일정하게 배치하는 것으로 약 5~10lx를 유지하도록 한다. 단 전철기 등 기기의 점검용으로 필요한 개소에는 추가설비를 한다.

나. 터널 입출구부 조명

터널의 입구부와 출구부는 터널 내부 또는 터널 바깥의 외부로 이어지는 부분으로 태양광과 터널 내부의 어두움으로 인하여 조도의 변화가 매우 크므로 차량요원의 조도순응에 어려움을 주게 되어 시각장애를 유발할 수 있으므로 조도의 변화가 크지 않도록 입출구부의 조도를 향상하여 조명을 계획하여야 한다. 일반적으로 정거장 승강장의 조도는 A급 정거장의 경우 250lx, B급 정거장과 C급 정거장의 조도는 200lx로 하고 있다. 터널의 기본조명은 5~10lx 정도이고 급격한 조도의 변화로 인한 운전원의 피로와 혼란을 방지하기 위해 정거장의 전방 및 후방 100m 구간은 10lx 정도를 유지하도록 한다. 터널의 지상 입출구부는 조도가 매우 높으므로 차량요원의 시각장애를 방지하기 위하여 100lx 이상으로 조도를 상향설계하며 전철기가 설치된 부분은 보수원들의 유지보수의 편리성을 감안하여 50lx가 되도록 한다.

다. 터널 내 비상조명

터널 내 비상조명등은 터널 내 정전 시 비상조명과 유도등 기능을 겸할 수 있도록 60분 용량의 축전지 내장형 복합표시형 비상조명등을 설치한다.

14.3.3 철도터널의 조명설비계획 시에는 국토해양부의 '철도건설규칙'에서 정한 바에 만족하여야 하고, 다음 내용을 따라야 한다.

(1) 다음 〈표 14.3.1〉에 해당하는 터널 내에는 터널조명을 하여야 한다.

〈표 14.3.1〉 터널조명 설치 시의 적용기준

종별	직선	R=600 이상	R=600 미만
단선	120m 이상	100m 이상	80m 이상
복선	150m 이상	130m 이상	110m 이상

(2) 조명기구의 시설위치는 신호기의 투시에 지장을 주지 않는 개소로 다음과 같이 하여야 한다.

　① 단선터널은 대피소가 있는 한쪽에, 복선터널은 양쪽에 지그재그로 설치하여야 한다.

　② 조명기구의 설치높이는 바닥에서 2.5m를 표준으로 하되 형광등기구는 1.8m로 하여야 한다.

　③ 조명기구의 설치간격은 터널의 입출구에서 70m까지는 7m 간격, 70m 이상은 10m 간격으로 하여야 한다.

(3) 전반조명의 소요평균 조도는 궤도수평면에서 10lx가 되도록 하여야 한다.

(4) 전반조명은 백색형광램프 32W, 또는 터널등(나트륨, 메탈할라이드 램프등)을 사용하고, 조명기구는 열차 통과에 의한 진동 및 풍압과 함께 산, 알카리, 수분 등에 충분히 견디는 터널용을 사용하여야 한다.

(5) 대피소의 조명은 전반조명과 같이 백색 형광램프 32W를 사용하여야 하고, 중·소형 대피소는 1등, 대형대피소는 2등으로 하여야 한다. 조명기구에 단독점멸기는 설치하지 않는다.

(7) 터널 안에는 비상시 승객의 안전한 대피를 위하여 비상조명등을 설치하여야 한다.

　① 비상조명등은 항상 켜져 있도록 비상조명등에 전원을 공급하는 장치는 이중으로 설계하여야 한다. 단, 이중전원 확보가 곤란한 단선철도 등에서는 무정전전원장치 또는 축전지 등 적절한 설비를 갖추도록 하여야 한다.

　② 비상조명등은 단선터널의 경우에는 한쪽에, 복선터널의 경우에는 양쪽 벽에 20m 이내의 간격으로 가능한 한 낮게 설치하여야 한다.

❈ 해설 ❈

'철도건설규칙'은 국토해양부령으로 제정되었다.

가. 철도터널 조명설치 적용기준

철도터널의 안전운행 및 비상시 승객의 안전을 위하여 터널의 길이가 터널설계기준의 〈표 14.3.1〉에 해당하는 터널 내에는 조명설비를 설치하여야 한다. 철도터널 조명 적용기준은 선형조건 및 단면규모를 고려하여 결정한다. 즉, 단면이 작고 곡선이 급할수록 조명설치가 필요하다.

나. 철도터널 비상조명등

비상조명등은 터널 내 사고 시 승객이 안전하게 대피할 수 있도록 어떠한 상황에서도 항상 켜져 있도록 비상조명등에 전원을 공급하는 장치는 이중으로 설계하여야 한다. 이중전원 확보가 곤란한 단선철도 등에서는 상용 전원 계통의 정전 시에도 별도의 축전지 전원으로 전원을 공급하는 무정전전원장치 또는 축전지 전원 등의 설비를 갖추도록 하여야 한다. 상용전원으로부터 전력의 공급이 중단된 때에는 자동으로 비상전원으로부터 전력을 공급받을 수 있도록 한다.

1) 비상조명등은 터널이 폭이 작은 단선터널에는 벽의 한쪽에 설치하고 폭이 넓은 복선터널의 경우에는 양쪽

벽에 설치한다. 등기구의 설치간격은 20m 이내의 간격으로 설치하고 등기구의 설치높이는 가능한 한 낮게 설치하여 바닥면의 조도가 적정 수준 이상이 되도록 한다('철도시설안전기준에 관한 규칙').

2) 비상조명등의 밝기는 대피로 바닥면의 평균 조도가 10lx 이상이 되도록 설치하여야 한다.

14.3.4 기타 터널(통신구, 전력구 등)의 조명설비계획 시에는 다음 기준을 따라야 한다.

(1) 일반용 조명설비는 천장 슬래브 하면에 방진·방수구조로 하며 내부식성 20W 형광등기구를 작업 및 보행 등에 지장이 없는 높이에 설치하여야 하고, 작업보도가 2열인 경우에는 조명기구 설치위치를 서로 엇갈리게 설치하여야 하며, 조도는 바닥면에서 평균 15lx 이상이 되도록 하여야 한다. 단, 출입구 계단 등 특수부에서는 현지에 맞게 추가하며 평균조도는 약 40lx로 하여야 한다.

(2) 공동구 내에 정전이 되었을 때 작업자를 안전하고 신속하게 밖으로 유도해낼 수 있도록 최소한의 비상용 조명설비를 설치하여야 한다.

❖ 해설 ❖

'한국전력공사 설계기준' 1670(부대설비)에서는 전력구 내의 등기구는 형광램프를 사용함을 원칙으로 하며 등기구는 KS IEC 60529의 IP67에 해당하는 방진 방수구조로 하며 내부식성 자재를 사용한다. 전력구 내의 조도는 바닥면에서 15lx 이상이 되도록 하며 출입구 계단 등 외부로부터 진입하는 부위에는 갑자기 어두워지지 않도록 평균조도를 40lx로 하여야 한다. 조명등 설치위치는 각종 공사와 설비 점검, 순시 통로를 확보하기 위하여 작업 및 보행에 지장이 없는 높이에 설치하여야 하며 작업보도가 2열인 경우에는 조명기구 설치위치를 서로 지그재그로 설치하여 균일한 조도를 얻을 수 있도록 한다.

14.4 방재설비

14.4.1 터널의 방재설비는 터널의 연장 및 사용목적에 따라 소화설비, 경보설비, 피난설비, 소화활동설비, 비상전원설비, 기타설비 등의 시설을 갖추도록 하여야 한다.

❖ 해설 ❖

터널의 방재설비는 다음과 같은 종류가 있다.

① 소화설비 : 소화기구, 옥내소화전, 물분무설비.

② 경보설비 : 자동화재 탐지설비, 수동발신기, 경보설비, 비상(확성)방송설비, 라디오방송설비, CCTV, 비상전

화, 속도감지기, 정보표지판, LCS, 터널입구차단막설비, 영상유고감지설비.

③ 피난설비 : 비상조명등, 유도표지판, 비상주차대, 피난대피시설(피난연락갱, 피난갱, 피난대피소).

④ 소화활동설비 : 제연설비, 무선통신보조설비, 연결송수관설비, 비상콘센트.

⑤ 비상전원설비 : 비상발전설비, 무정전전원설비.

14.4.2 도로터널의 방재설비계획 시에는 국토해양부의 도로설계기준에 따르는 것을 원칙으로 한다.

(1) 도로터널의 방재시설은 터널연장, 교통량, 통행방식 등의 제반인자를 고려하여 계획하여야 한다.

(2) 방재시설은 소방관련법을 충족하여야 하고, 관할 소방서와 합의한 경우 시설을 가감하여 설치할 수 있다.

(3) 터널 내 화재 등의 비상상황 발생 시 차량진입을 차단할 수 있는 교통차단시설을 터널 입구부에 계획할 수 있다.

❖❖ 해설 ❖❖

도로터널에 대한 방재설비는 도로터널방재시설설치 및 유지관리지침(국토해양부, 2009)으로 규정하고 있다.

가. 도로터널 방재등급

도로터널에 대한 방재시설계획 시 방재시설의 적용설치를 위한 터널등급은 터널연장을 기준으로 하는 연장기준등급과 교통량 등 터널의 위험인자를 고려한 위험도지수 기준등급으로 구분하며, 등급별 범위는 〈해설표 14.4.1〉과 같이 정한다. 터널의 방재등급은 개통 후, 최초 10년, 향후 매 5년 단위로 실측교통량을 조사하여 재평가하며, 이에 따라 방재시설의 조정을 검토할 수 있다. 위험도지수 등급평가를 위한 위험도지수 계산을 위한 평가기준은 〈해설표 14.4.2〉와 같이 정하고 있다.

〈해설표 14.4.1〉 연장에 따른 등급

등급	터널연장(L) 기준등급	위험도지수(X) 기준등급
1	3,000m 이상 (L ≧ 3,000m)	X > 29
2	1,000m 이상, 3,000m 미만 (1,000 ≦ L < 3,000m)	19 < X ≦ 29
3	500m 이상, 1,000m 미만 (500 ≦ L < 1,000m)	14 < X ≦ 19
4	연장 500m 미만 (L < 500)	X ≦ 14

터널위험도지수는 주행거리계(터널연장×교통량), 터널제원(종단경사, 터널높이, 곡선반경), 대형차혼입률, 위험물의 수송에 대한 법적 규제(대형차통과대수, 위험물수송차량에 대한 감시시스템, 위험물수송차량에 대한 유도시스템), 정체 정도(터널 내 합류/분류, 터널전방 교차로/신호등/톨게이트), 통행방식(대면통행, 일방통행)을 잠재적인 위험인자로 하여 산정하며, 산정방법은 다음과 같다.

1) 위험도지수기준등급은 일방통행의 경우, 터널튜브별로 산정하여 상하행 중 등급이 높은 것으로 터널등급을 정한다.

2) 주행거리계는 교통량과 터널연장을 곱한 값이며, 교통량은 목표년도(터널준공 후 20년 후)에 예상되는 연평균일교통량을 기준으로 하며 튜브당 교통량을 구해서 적용한다. 단, 중방향계수는 고려하지 않는다.

3) 표고차는 입출구 표고와 터널의 최저지점과의 높이차로 터널의 구간별 경사도와 연장을 곱하여 이의 총합으로 구한다. 단, V자형 경사터널의 경우에는 위험도지수를 2로 한다.

4) 입구경사도는 터널전방 1,000m 구간에 대해서 거리가중 평균으로 구한다.

5) 터널높이는 도상에서부터 터널 천장의 최대높이로 하며, 횡류환기방식을 적용하는 터널과 같이 터널 천장부에 배연을 위한 유로를 설치하는 경우에는 유로의 높이까지를 터널부 높이로 한다.

6) 대형차혼입률은 도로설계 시 적용하는 대형차혼입률을 적용한다.

7) 대형차 통과대수 산정을 위한 대형차의 기준은 중형트럭, 대형트럭, 특수트럭을 말하며, 연평균일교통량을 기준으로 하여 튜브당 대형차통과 대수를 산정하고 여기에 터널연장을 곱하여 주행거리계로 구한다.

8) 위험물수송차량에 대한 감시시스템 및 유도시스템은 위험물 통과를 규제하거나 선도차량의 유도에 의해서 통과하는 시스템을 말한다.

9) 터널진출부의 교차로/신호등 여부는 터널진출부에서 1,000m 이내의 거리를 기준으로 한다.

10) 길어깨는 최소폭원이 2.0m 이상인 경우에 한하여 길어깨가 있는 것으로 한다.

11) 중앙분리대는 폭원 1m 이상으로 이중가드레일 형식 이상의 안전성을 확보할 수 있는 경우에 한한다.

나. 도로터널 방재시설

터널방재시설은 연장기준등급에 의해서 설치하는 시설과 위험도지수기준 등급에 의해서 설치하는 시설로 구분하며, 방재시설의 설치기준은 〈해설표 14.4.3〉과 같이 정하며, 다음과 같이 설치한다.

1) 소방관련법에 의한 설치대상 방재시설 및 피난연결통로(●로 표시)는 연장기준 등급에 의해서 설치한다.

2) 소방관련법에 의한 설치대상 시설이 아닌 방재시설(○로 표시)은 위험도지수 기준등급에 의해서 설치한다.

3) 도로터널에 대한 소방관련법은 다음과 같다.

   ① 소방시설 설치유지 및 안전관리에 관한 법률.

   ② 소방시설 설치유지 및 안전관리에 관한 법률시행령.

   ③ 소방시설 설치유지 및 안전관리에 관한 법률시행규칙.

   소방관련법에 도로터널은 특정소방대상물로 분류되어 있으며 소방시설에 대해서 설치승인, 검사, 방화관리자의 선임 등의 의무를 가지게 된다.

　또한, 시설별 설치방법, 용량 등 기술기준은 도로터널화재안전기준에 의해서 설치하도록 되어 있다.

다. 이차사고 방지시설

　현행 도로터널방재시설 설치지침에는 터널 내 차량화재 시 2차 사고를 방지하기 위해서 차량의 진입차단을 위한 시설을 설치하도록 규정하고 있다. 이에 2등급 이상 터널에는 가변정보 표지판설비를 설치하고 있으나, 차량진입을 보다 효과적으로 수행하기 위해 일부 터널에 설치하고 있는 터널진입차단막설비나 이와 유사한 교통차단설비를 설치하도록 한다.

〈해설표 14.4.2〉 터널위험도 평가기준

세부평가항목			범위	위험도지수
사고 확률	주행거리계 (교통량×연장) (Veh·km/tube·day)		8,000 미만	1.5
			8,000 이상~16,000 미만	2.5
			16,000 이상~32,000 미만	5.0
			32,000 이상~64,000 미만	7.5
			64,000 이상	10.0
터널 특성	표고차 및 경사도	입출구 표고차(m)	10 미만	0.5
			10 이상~20 미만	1.0
			20 이상~30 미만	1.5
			30 이상	2.0
		진입부 경사도(%)	3.0 미만	0.5
			3.0 이상	1.0
	터널높이(m)		7.5 이상	1.0
			5.0 이상~7.5 미만	2.0
			5.0 미만	3.0
	터널곡선반경(m)		1,800m 이상	0.5
			1,800m 미만	1.0
대형 차량	위험물수송 관련	대형차 혼입률 (%)	10 미만	0.5
			10 이상~17.5 미만	1.0
			17.5 이상~25 미만	1.5
			25 이상	2.0
		대형차 주행거리계 (대.km/tube·day)	500 미만	0.5
			500 이상~1,000 미만	1
			1,000 이상~2,500 미만	2
			2,500 이상~5,000 미만	4
			5,000 이상	6
		감시시스템	있음	0
			없음	1
		유도시스템	있음	0
			없음	1

〈해설표 14.4.2〉 터널위험도 평가기준(계속)

세부평가항목		범위		위험도지수
정체 정도	서비스 수준	LOS A~LOS C		1
		LOS D		2
		LOS E~LOS F		3
		대면통행		3
	터널 내 합류/분류	없음		0
		있음		2
	교차로/신호등/TG 등	없음		0
		있음		2
통행 방식	구분	시설		–
		길어깨	중앙분리대	
	일방통행	○	–	1
		×	–	2
	대면통행	○	○	3
		×	○	4
		○	×	5
		×	×	6

〈해설표 14.4.3〉 등급별 방재시설 설치기준

방재시설		터널등급	1등급	2등급	3등급	4등급	비고
소화 설비		소화기구	●	●	●	●	
		옥내소화전설비	●	●			
		물분무설비	○				
경보 설비		비상경보설비	●	●	●		
		자동화재탐지설비	●	●			
		비상방송설비	○	○	○		
		긴급전화	○	○	○		
		CCTV	○	○	△		
		영상유고감지설비	△	△	△		
		라디오재방송설비	○	○	○	△	△ : 200m 이상 4등급터널
		정보표시판	○	○			
		진입차단설비	○	○			
피난대피 설비		비상조명등	●	●	●	△	△ : 200m 이상 4등급터널
		유도표지등	○	○	○		
	대피 시설	피난연결통로	●	●	●		
		피난대피터널(1)	○	△			

〈해설표 14.4.3〉 등급별 방재시설 설치기준(계속)

방재시설		터널등급	1등급	2등급	3등급	4등급	비고
피난대피설비	대피시설	피난대피소[1]	○	△			
		비상주차대	○	○			
소화활동설비		제연설비	○	○			
		무선통신보조설비	●	●	●	△[2]	
		연결송수관설비	●	●			
		비상콘센트설비	●	●	●		
비상전원설비		무정전전원설비	●	●	●	△[3]	
		비상발전설비	●	●			

● 기본시설 : 연장기준등급에 의함.
○ 기본시설 : 위험도지수기준등급에 의함.
△ 권장시설 : 설치의 필요성 검토에 의함.
(1) 피난연결통로의 설치가 불가능한 터널에 설치.
(2) 4등급 터널의 경우, 라디오재방송설비가 설치되는 경우에 병용하여 설치함.
(3) 4등급 터널은 방재시설이 설치되는 경우에 시설별로 설치함.

14.4.3 철도터널의 방재설비계획 시에는 국토해양부의 '철도시설 안전기준에 관한 규칙'을 따라야
한다.
  (1) 철도터널의 방재시설은 차량, 열차운행 조건 및 기반시설을 고려하여 계획하여야 한다.
  (2) 철도터널의 방재시설은 소방관련법을 충족시켜야 하고 관할 소방서와 합의한 경우, 시설을
      가감하여 설치할 수 있다.

❖ 해설 ❖

철도터널의 방재설비는 국토해양부의 관련법 기준에 의해서 계획하며, 관련법 현황은 〈해설표 14.4.4〉와 같다. '철도시설안전기준에 관한 규칙'에 의하면 철도시설관리자는 철도터널·철도교량·역시설·전차선·신호·궤도시설 등의 철도시설을 신설 또는 개량하기 위하여 당해 철도시설에 대한 설계를 하는 때에는 철도시설의 공사·유지보수 및 운영환경 등에 대하여 안전성분석을 하여야 하는 것으로 규정하고 있다. 따라서 철도터널의 방재시설을 계획하고 설계하는 경우에는 안전성분석을 통해 사고의 원인 및 영향을 분석하여 사고위험을 정량화한 결과를 반영하여야 한다.

〈해설표 14.4.4〉 철도터널 방재시설관련법 현황

법의 종류	명칭	세부내용
법	철도안전법	제4장　철도시설 및 철도차량의 안전관리 제25조 철도시설 안전기준 제26조 철도차량 안전기준
시행령 규칙	철도안전법 시행령 철도안전법 시행규칙 철도안전기준에 관한 규칙	제3장 (터널방재기준) 제6조 (대피로의 설치) 제7조 (안전난간) 제8조 (대피통로) 제9조 (대피통로 접속부 안전기준) 제10조 (제연설비) 제11조 (배연설비) 제12조 (송수관설비) 제13조 (비상조명설비) 제14조 (전기시설물의 보호) 제15조 (터널 안의 표지판) 제16조 (비상통신장비) 제17조 (터널의 출입구) 제18조 (단전 및 접지기구 설치)
기준	철도시설안전세부기준	
	고속철도터널방재기준 (경부고속철도 적용)	

14.4.4 도시철도터널의 방재설비계획 시에는 국토해양부의 '도시철도건설규칙'을 따라야 한다.

　(1) 도시철도터널의 방재시설은 소방 관련법을 충족시켜야 하고, 관할 소방서와 합의한 경우 시설을 가감하여 설치할 수 있다.

❖ 해설 ❖

　도시철도의 방재시설관련법 현황은 〈해설표 14.4.5〉와 같으며, 도시철도의 방재시설을 계획, 설계, 시공, 운영하는 경우에는 이들 관련법에서 정하는 바에 따라야 한다.

〈해설표 14.4.5〉 도시철도관련법 현황

법의 종류	명칭	세부내용
법	도시철도법	
시행령 규칙	도시철도법 시행령 도시철도법 시행규칙	

〈해설표 14.4.5〉 도시철도관련법 현황(계속)

법의 종류	명칭	세부내용
시행령 규칙	도시철도건설규칙	제30조의2 (승강장 안전시설) 제35조의2 (특별피난계단) 제35조의3 (정거장의 구조물 등의 마감재료) 제41조 (예비전원설비) 제44조 (환기설비) 제45조 (배수설비) 제46조 (통신설비) 제63조 (대피시설) 제67조 (제연설비) 제68조 (물을 사용하는 소화설비) 제69조 (유도등) 제70조 (비상조명등) 제71조 (터널안의 연결송수관설비 등) 제72조 (터널로 통하는 진입로) 제73조 (내진설계기준)

> 14.4.5 기타 터널(통신구, 전력구, 수로터널 등)의 방재설비계획 시에는 소방방재청의 '국가화재안전기준'을 따라야 한다.

:: 해설 ::

통신구, 전력구는 '소방시설 설치유지 및 안전관리에 관한 법률 시행령'의 제5조 관련 별표 2의 특성소방대상물의 지하구로서 다음과 같이 정의되어 있다.

"전력·통신용의 전선이나 가스·냉난방용의 배관 또는 이와 비슷한 것을 집합수용하기 위하여 설치한 지하공작물로서 사람이 점검 또는 보수하기 위하여 출입이 가능한 것 중 폭 1.8m 이상이고 높이가 2m 이상이며 길이가 50m 이상(전력 또는 통신사업용인 것은 500미터 이상)인 것."

지하구인 통신구, 전력구에는 소화기, 자동화재탐지설비, 무선통신보조설비(지하구로서 '국토의 계획 및 이용에 관한 법률' 제3조 제9호 1의 규정에 의해서 공동구에 한함), 연소방지설비 및 방화벽(전력 또는 통신사업용에 한함)을 설치하여야 한다.

따라서 신설되는 전력구에는 '소화기구의 화재안전기준(NFSC 101)', '자동화재탐지설비의 화재안전기준(NFSC 203)', '연소방지설비의 화재안전기준(NFSC 506)'에 따라 소화기, 자동화재탐지설비, 연소방지설비, 방화벽 등을 설치해야 한다.

또한 '국토의 계획 및 이용에 관한 법률'에서 규정하는 공동구인 경우에는 '공동구 설치 및 관리지침'(국토해양부, 2006. 7)에 의거 다음과 같은 방재설비가 설치되고 관리되어야 한다.

• 소화설비 : 소화기, 자동확산소화용구.

- 경보설비 : 자동화재탐지설비.

- 이상침수경보설비, 침입감지설비, 피난설비, 유도표지판.

- 소화활동설비, 무선통신보조설비, 연소방지설비.

14.5 공사 중 설비

14.5.1 공사 중 환기설비계획 시에는 다음 기준을 따라야 한다.

(1) 공사 중의 환기량 산정은 터널의 연장을 고려하여 산정하여야 하며, 다음 사항을 고려하여야 한다.

① 터널 내 작업원이 필요로 하는 환기량.

② 발파 후 가스에 대한 필요 환기량.

③ 내연기관을 사용하는 경우의 환기량.

④ 분진에 대한 환기량.

(2) 총소요 환기량은 병행작업이 예상되는 동종의 환기량 합량에 대하여 가장 큰 환기량을 적용하여야 한다.

(3) 터널 내 작업원이 필요로 하는 환기량은 $3m^3$/분/인을 기준으로 하여야 한다.

(4) 폭약 1kg당 환기대상 유해가스 발생량은 일반적인 값을 기준으로 적용할 수 있으나, 해당 터널에서 사용되는 폭약에 대하여 폭약제조업체가 제시한 표준발생량을 적용하는 것을 원칙으로 하여야 한다.

(5) 내연기관의 유해가스 발생량은 일반적인 값을 기준으로 적용할 수 있으나, 해당 터널에서 사용되는 장비에 대하여 장비제조업체가 제시한 표준배출량을 적용하는 것을 원칙으로 한다.

(6) 숏크리트 타설로 인한 분진 발생량은 $25mg/m^3$을 적용하여야 한다.

(7) 터널공사 중의 유해가스 및 분진 허용농도는 근로환경관계법규에 제시된 기준치를 따라야 하며, 유해가스 등에 의한 인명사고가 발생할 수 있으므로 가스측정기를 사용하여 터널 내 지반에서 나오는 가스발생 유무를 측정 감시하여야 한다.

❖ 해설 ❖

가. 공사 중 소요 환기량 산정

공사 중 터널에서 소요 환기량은 굴진면 내 공사인원, 터널길이, 굴착단면적, 화약량, 작업공정, 공사용 기계 및 차량, 시공방법 등에 따라서 차이가 있으며, 고려하여야 할 환기량은 다음과 같다.

1) 터널 내 작업원이 필요로 하는 환기량 : 작업원의 호흡에 의해서 발생하는 CO_2가스를 허용농도로 유지하기

위한 환기량으로 식(14.5.1)로 구하며 최저 환기량을 $3m^3/min/$인으로 한다.

$$Q_p \geq \frac{C}{a-b} \tag{14.5.1}$$

여기서,　Q_p : 소요 환기량　　　　　　　　　(m^3/min)

　　　　　a　: CO_2의 허용농도(관리목표농도)　$(5,000ppm = 5,000 \times 10^{-6})$

　　　　　b　: 대기 중의 CO_2 농도　　　　　$(0.03\% = 0.03 \times 10^{-2})$

　　　　　c　: 작업원이 배출하는 CO_2량　　　(m^3/min)

이다.

2) 발파 후 가스에 대한 필요 환기량 : 발파 후 농도를 일정시간 안에 목표농도까지 저감하기 위해서 필요로 하는 환기량으로 일반적으로 다음 식으로 구한다.

$$Q_2 = K \cdot \frac{P}{a \cdot t} \tag{14.5.2}$$

여기서,　Q_2 : 소요환기량　　　　　　　　　(m^3/min)

　　　　　P　: 1 발파에 의한 유해물질의 발생량　　　(m^3)

　　　　　a　: 일산화탄소(CO)의 관리목표농도($a = 50ppm = 50 \times 10^{-6}$)

　　　　　t　: 환기소요시간　　　　　　　$(15\sim20min)$

　　　　　K　: 환기계수(급기방식)　　　　　$(K = 0.4\sim0.5)$

이다.

3) 내연기관을 사용하는 경우의 환기량 : 공사에 사용되는 각종 기계에서 발생하는 유해가스를 희석, 배기하기 위한 환기량으로 정격출력 및 기계의 가동률을 고려하여 산정한다.

4) 분진에 대한 환기량 : 숏크리트 타설작업 등에서 발생하는 분진에 대해 목표농도를 유지하기 위해서 필요로 하는 환기량이다.

　　이외에 고려하여야 할 환기량은 공사 중 터널에서 가연성가스가 발생하는 경우 가연성가스의 폭발방지를 위한 환기, 산소결핍방지를 위한 환기, 공사 중 터널 내 풍속을 일정풍속(0.2~0.3m/sec) 이상으로 유지하기 위한 환기량이 고려되어야 한다.

나. 기타 공사 중 소요 환기량 산정 시 고려사항

　　총 소요 환기량은 위에 열거한 환기량중 (2)~(4)의 환기량의 최대값을 구하고 작업원이 필요로 하는 환기량을 충족할 수 있도록 산정한다. 터널 내 작업원의 호흡에 필요한 환기량으로 CO_2 농도를 허용농도 이하로 유지하기 위한 환기량으로 일반적으로 허용농도를 5,000ppm으로 하며, 급기되는 신선공기의 CO_2 농도는 300ppm으로 한다. 폭약작업 후 발생하는 CO, NOx를 처리하기 위한 환기량으로 폭약 1kg당 유해가스 발생량, 유해가스별 허용농도, 환기소요시간, 환기계수(환기효율)를 고려하여 산정한다. 공사에 사용되는 셔블, 덤프트럭, 발전기 등에서 발생하는 유해가스를 희석, 배기하기 위한 환기량으로 정격출력 상태에서 장비제조업체가 제시한 표준배출량, 가동률을 고려하여 산정하며, 복수의 장비가 투입되는 경우에는 각각을 구하여 합산한 값을 환기량으로 한다. 숏크리트 타설로 인한 분진 발생량은 $25mg/m^3$을 적용한다.

다. 근로환경 규제기준

근로환경 관계법규의 규제치는 〈해설표 14.5.1〉 및 〈해설표 14.5.2〉와 같다.

〈해설표 14.5.1〉 주요 화학물질의 노출기준

유해물질의 명칭		화학식	노출기준			
			TWA		STEL	
국문표기	영문표기		ppm	mg/m^3	ppm	mg/m^3
이산화질소	Nitrogen dioxide	NO_2/N_2O_4	3	6	5	10
일산화질소	Nitric monoxide	NO	25	30	–	–
이산화탄소	Carbon dioxide	CO_2	5,000	9,000	30,000	54,000
일산화탄소	Carbon monoxide	CO	30	34	200	229

주1) TWA(Time Weighted Average) : 시간가중평균노출기준

$$TWA \ 환산값 = \frac{C_1 \cdot T_1 + C_2 \cdot T_2 + \cdots + C_n \cdot T_n}{8}$$

C : 유해인자의 측정치(단위 : ppm 또는 mg/m^3)
T : 유해인자의 발생시간(단위 : 시간)

주2) STEL(Short Term Exposure Limit) : 단시간 노출기준, 근로자가 1회에 15분간 유해인자에 노출되는 경우의 기준

〈해설표 14.5.2〉 분진의 노출기준

분진의 종류			노출기준
총분진	제1종 분진	○ 유리규산(SiO_2) 30% 이상의 분진	$2mg/m^3$
	제2종 분진	○ 유리규산(SiO_2) 30% 미만의 광물성 분진	$3mg/m^3$
	제3종 분진	○ 기타분진(유리규산 1% 이하)	$10mg/m^3$
	석면 및 기타분진	○ 석면(길이 5μm 이상) • 모든 형태(All forms)	$0.1개/cm^3$
		○ 면분진(Cotton dust)	$0.2mg/m^3$
		○ 소우프스톤(Soap stone)	$6mg/m^3$
호흡성분진		○ 석탄분진(Coal dust)	$1mg/m^3$
		○ 천연흑연(Graphite, natural)	$2mg/m^3$
		○ 합성흑연(Graphite, synthetic)	$2mg/m^3$
		○ 파라쿼트(Paraquat)	$0.1mg/m^3$
		○ 실리카-결정체(Silica-Crystalline) • 크리스토바라이트(Crystobalite) • 석영(Quartz) • 규소(Silica, fused)	$0.05mg/m^3$ $0.05mg/m^3$ $0.1mg/m^3$
		○ 트리디마이트(tridymite)	$0.05mg/m^3$

〈해설표 14.5.2〉 분진의 노출기준(계속)

분진의 종류		노출기준
	○ 트리폴리(Tripoli)	0.1mg/m^3
	○ 소우프스톤(Soap stone)	3mg/m^3
	○ 활석(Talc, 석면비함유)	2mg/m^3
	○ 바나듐 분진 및 흄(Vanadium dust & fume)	0.05mg/m^3
	○ 카드뮴 및 그 화합물(Cadmium and compounds, as Cd)	0.03mg/m^3
	○ 산화아연분진(Zinc oxide)	2mg/m^3
	○ 몰리브덴-불용성화합물(Molybdenum, Insoluble compounds)	5mg/m^3
	○ 내화성세라믹섬유(Refractory ceramic fibers)	0.2개/cm^3
	○ 운모(Mica)	3mg/m^3
	○ 카올린(Kaoline)	2mg/m^3

14.5.2 공사 중 조명설비계획 시에는 다음 기준을 따라야 한다.

(1) 조명은 직접 작업이 이루어지는 작업장에 대한 일시적 및 국소적인 조명과 작업이 이루어지지 않는 통로 등에 대한 장기적 및 광역적인 조명으로 구분하여야 한다.

(2) 굴진면과 같이 직접 작업이 이루어지는 장소에서는 충분한 조도를 확보하여야 하며, 밝고 어두운 차이가 심하지 않도록 70lx 이상의 조도를 확보하여야 한다.

(3) 작업이 이루어지지 않는 터널중간구간은 50lx 이상, 터널 입출구부나 연직갱구간의 조도는 30lx 이상의 조도를 확보하여야 한다.

(4) 터널 내에서 사용되는 조명기구는 습기에 강하고 누전이 발생되지 않는 방수·방습형 보호장치를 부착한 것을 사용하여야 한다.

(5) 터널 내에는 작업 중에 분진, 매연, 안개 등이 발생하여 국부적으로 조도가 떨어지기 때문에 이에 대한 배려를 고려하여야 한다.

(6) 작업에 필요한 수전반, 분기기전 등에는 점멸등을 설치하여 작업차량에 의한 손상이 발생되지 않도록 하여야 한다.

(7) 정전 시에도 필요한 조도를 확보할 수 있도록 필요시 비상용 발전기 등 예비전원 및 축전지 내장형 등기구를 배치하여야 한다.

●● 해설 ●●

가. 작업여건에 따른 조명계획

공사 중인 터널 전체에 대하여 조명설계를 밝게 할 경우 공사기간 중의 조명용 전력요금이 크게 증가하므로 직접 공사를 하는 굴진면에는 공사하기에 충분한 밝기의 조명을 계획하고 작업이 이루어지지 않는 통로 등에는 조명을 적당히 낮추어 설계하되 안전사고가 발생하지 않을 정도의 충분한 조명을 계획한다.

나. 공사 중 조명의 조도기준

노동부 고시 제 2001-16호(2001.1.9) '터널공사 표준안전작업치침-NATM공법, 10장 조명 및 환기 표 4'에서 사업주는 근로자의 안전을 위하여 터널작업면에 대한 조명장치 및 설비를 확인하여야 하며 굴진면구간의 조도는 60lx 이상이 되도록 명시하였다.

굴진면의 조도는 노동부에서 60lx 이상을 요구하고 있으나 현재 대부분의 현장에서 70lx 이상으로 유지하여 작업을 수행하고 있고 굴진면의 작업 상태를 세심히 관찰하면서 작업할 수 있도록 70lx로 기준을 정하였다. 터널중간 부분은 50lx 이상, 터널 입출구부, 연직갱구간은 조명은 30lx 이상이 되도록 명시하였다.

다. 기타 공사 중 조명설비

터널 내에는 분진, 매연, 안개 등에 의하여 어두운 부분이 발생하고 공간이 협소하여 출입하는 작업차량이나 중장비 등의 작업으로 인하여 수전반, 분기기전 등을 손상시킬 우려가 있으므로 이들 수배전반에는 점멸등을 설치하여 손상을 예방하도록 한다. 터널 내 정전 시 터널 내가 암흑 상태가 될 경우 작업자와 작업차량이 큰 불편을 겪게 되며 안전사고의 위험이 있으므로 한전전원 정전 시에도 최소한의 필요한 조도를 확보할 수 있도록 비상용 발전기 등의 예비전원과 축전지 내장형 조명기구 등을 배치하도록 한다.

14.5.3 공사 중 배수설비계획 시에는 다음 기준을 따라야 한다.

(1) 터널 내 용출수는 정상적인 용출수와 집중용출수로 구분할 수 있으며, 정상적인 용출수는 터널이 관통하는 크기, 터널의 심도위치, 누수층의 규모, 투수성을 고려하여 계획하여야 하며, 집중용출수는 설계 시 집중용출수의 가능성을 결정하여 그 규모를 고려하여야 한다(보통의 암반상태에서의 용출수는 1km당 $0.5{\sim}1.5m^3/min$ 정도이다).

(2) 오르막기울기로 계획하는 경우는 가배수를 설치하고 자연유하하는 것을 원칙으로 하며, 내리막기울기로 계획하는 경우는 굴진면부근에 물을 모아 펌프로 배수하여야 한다. 터널연장이 긴 경우에는 중계펌프를 두어 배수하여야 하며, 펌프대수는 용량 및 양정고를 고려하여 결정하여야 한다.

(3) 펌프전원은 정전이 없는 확실한 것으로 하고 펌프는 고장이 적은 것을 선택하며 비상시에 대비하여 자가발전설비와 예비펌프를 고려하여야 한다.

(4) 배수로관의 단면적이나 펌프의 능력은 터널공사 시 공사용출수 이외에 예기치 못한 대용출수 또는 경사터널, 연직터널 및 기타 지선터널에서 물이 유입하는 경우를 고려하여 2배 정도의 여유를 두고 계획하여야 한다.

(5) 배수된 물을 갱내의 급수원으로 사용하는 경우에는 필요에 따라 수질조사를 실시하여야 한다.

> (6) 터널에서 발생된 탁수를 자연방류하는 경우에는 환경법규에 명시된 허용기준 이내로 처리하
> 도록 계획하여야 한다.

●● 해설 ●●

가. 공사 중 터널용출수량 산정

터널굴착공사 중에 발생하는 용출수의 배수계획은 지중에서 유입되는 지하수와 굴착장비에서 발생하는 사용수를 동시에 배수할 수 있도록 충분한 용량으로 선정하여야 한다. 지하수 유입량은 지반조사를 통해 지하수위 및 투수계수 등을 고려하여 선정하는 것을 원칙으로 한다. 지반조사가 곤란한 경우에는 인근의 터널에서 발생하는 지하수 유입량을 터널단면의 주변장 비율로 환산하여 적용할 수 있으며, 충분한 안전율을 고려하여야 한다. 장비의 사용수량은 굴착공사에 사용되는 장비의 규모 및 운전대수에 따라 동시사용 수량으로 선정하여야 한다.

나. 굴착방향에 따른 배수계획

오르막기울기로 굴착하는 경우에는 단면 양쪽에 U자 형태의 가설배수로를 만들고, 횡단기울기 및 종단기울기에 의해 자연유하되어 배수하도록 계획한다. 내리막기울기로 굴착하는 경우에는 굴진면부근에서 유입수를 모아 펌프를 통해 배수하도록 한다. 굴착연장이 길어 한번에 배수할 수 없는 경우에는 중계용 집수정 및 배수펌프를 설치하되, 집수정의 설치간격은 유입수량 및 양정고를 고려하여 집수정 및 배수펌프의 크기가 너무 커지지 않는 범위에서 선정하여야 하며, 집수정의 크기는 동시 유입수량을 최소 10분 이상 저장할 수 있도록 계획한다. 배수펌프는 작업현장의 펌프설치공간이 충분하지 않은 점을 고려하여 유입수량 100% 용량으로 선정하되, 예비펌프를 설치하여 펌프고장 또는 예상치 못한 유입수량 증가에 대비하여야 하며, 한 대의 펌프 크기가 너무 커지는 경우에는 설치공간에 따라 적절한 크기로 분할하여 설치할 수 있다.

다. 배수펌프의 전원 및 형식

펌프의 전원은 침수방지를 위하여 비상전원을 공급하여야 하며, 예비펌프에도 동시 전원공급이 가능하도록 계획하여야 한다. 펌프의 형식은 유입수에 다량의 토사처리가 가능하고, 집수정의 구조를 단순화하여 유지관리가 용이한 수중펌프 형식으로 한다.

라. 기타 고려사항

배수관은 예비펌프가 동시에 가동되는 경우에도 충분한 배수능력을 확보할 수 있는 관경으로 선정하여야 하며, 배관에 걸리는 압력에 적합한 재질로 선정하여야 한다. 배수된 물을 터널 내 작업용수 등으로 재활용하는 경우에는 그 용도에 따라 적절히 정화처리하여 사용하는 것을 원칙으로 한다. 배수된 물은 탁수처리설비를 통해 '수질 및 수생태계 보전에 관한 법률시행규칙'에서 정한 '수질오염물질의 배출허용기준' 이하로 정화처리하여 방류하여야 하며, 1일 처리용량이 200m^3 이상인 경우에는 수질자동측정기기를 설치하여 원격감시가 가능하도록 하여야 한다.

14.6 수방설비

14.6.1 터널의 수방대책시설계획 시에는 공사 중과 공사 후에 대하여 다음 사항을 고려하여야 한다.

 (1) 공사 중 수방대책은 터널이 하상, 해저 및 저수지를 통과하는 경우 인접터널로 유량 유입을 방지하는 비상수문을 설치하거나, 터널구간의 일부를 존치시켜 전구간 수몰을 방지하도록 계획하여야 한다.

 (2) 공사 후 수방대책은 인접구간으로 유량 유입을 방지하기 위하여 비상수문을 계획하여야 하며, 이때 터널 중앙하단의 중앙집수관으로 역류되지 않도록 계획하여야 한다.

 (3) 비상수문은 유입수량의 수압을 고려하여야 하며, 수밀성을 유지하여야 한다.

 (4) 터널과 인접한 개착구간의 출입시설 높이는 최대 홍수위 이상으로 계획하여 수해를 방지하여야 한다.

❖ 해설 ❖

가. 공사 중 수방대책

　터널공사 중 하·해저를 지나는 경우에는 터널의 붕락으로 상부의 물이 터널 내로 무한량 유입되어 해당 공구뿐 아니라 터널 전구간이 침수될 수 있다. 특히, 지하도시철도와 같이 전노선 또는 상당한 연장이 바다 또는 강의 수위 이하에 계획되는 경우에 실제로 발생한 사례가 있다. 이러한 광범위한 사고를 방지하기 위해서는 인접터널구간의 일부를 존치시켜 전구간 침수를 방지하여야 한다.

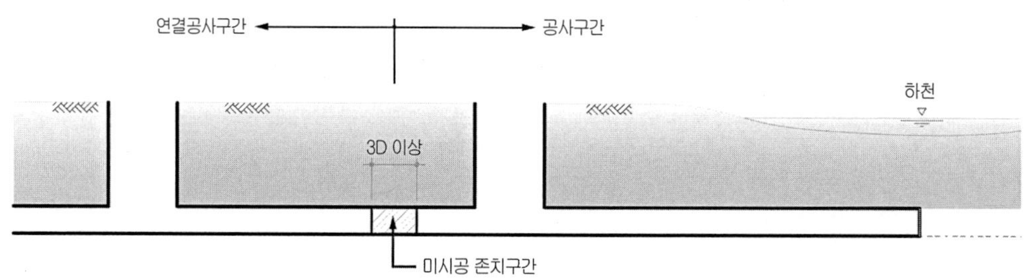

〈해설그림 14.6.1〉 시공 중 미시공 존치구간

나. 공용 중 수방대책

　공사 후 운영 중인 하저터널의 침수에 의한 광범위한 침수사고는 공사 중의 경우보다 더 큰 사회적 피해가 발생하고 무한량의 유입량으로 복구작업에 큰 어려움이 있다. 따라서, 하·해저구간에 대해서는 비상수문을 설치하여 이를 방지하여야 하며 비상수문은 최대수압을 지지할 수 있도록 계획한다.

다. 지표수에 의한 침수방지대책

육상구간에서 운영 중 터널의 침수는 집중강우 시 갱구부나 환기구 등을 통해 유입된 지표수에 의해 발생한다. 따라서, 해당 지역의 지형과 강우량을 고려하여 지표수가 유입되지 않도록 계획하여야 하며, 도시철도 사례를 참조하면 다음과 같다.

1) 지역의 구분

인근하천의 홍수기록을 참조하여 출입구 설치장소의 지반고가 계획 홍수위보다 높은 경우는 일반지역, 낮은 경우는 침수가능지역으로 구분하여 〈해설표 14.6.1〉과 같이 시공한다.

2) 노면 출입구

폭우 시 노면수가 개구부로 유입되지 않도록 주변상황을 고려하여 보도면보다 상향조정한다.

〈해설표 14.6.1〉 지역구분에 따른 지표수 유입방지를 위한 시설물높이

구분	내용
일반지역	• 일반지역의 계단은 기존보도 높이에서 1단(165mm) 높게 시공한다.
침수가능지역	• 침수가능지역의 계단은 기존보도 높이에서 2단(330mm) 높게 시공한다. • 여건변화로 노면배수가 곤란할 때를 대비하여 출입구 전면 개구부에 긴급차단시설을 설치할 수 있는 시설물을 반영한다. • 긴급차단시설의 높이기준은 보도면에서 1m로 한다.

라. 환기구 지상개구부

침수가능지역에서는 환기덕트의 지상 개구부로 우수가 유입되지 않도록 보도면에서 1m 이상의 돌출형으로 계획하거나 돌출형의 설치가 곤란한 경우에는 별도의 차수시설을 설치한다. 일반지역에서는 환기덕트의 지상 개구부 주변의 지상면을 구배 조정하여 우수가 유입되지 않도록 계획한다.

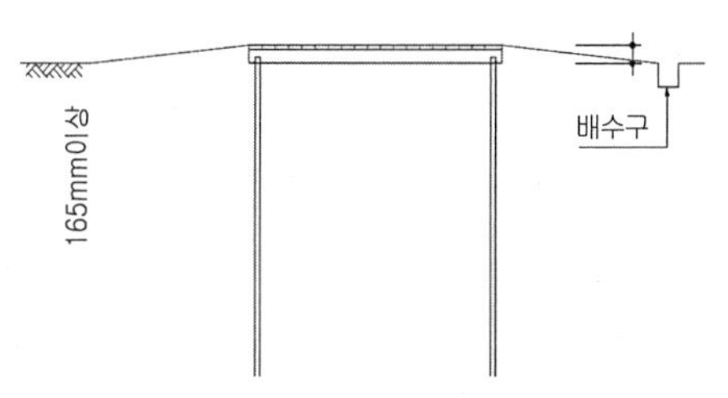

〈해설그림 14.6.2〉 가시설 구간 예

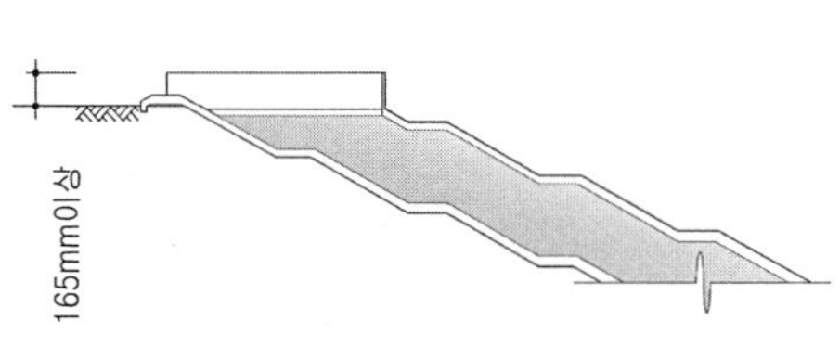

〈해설그림 14.6.3〉 출입시설 설치 예

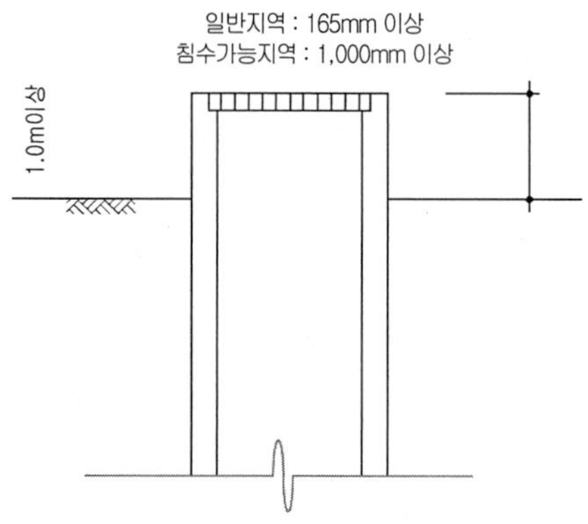

〈해설그림 14.6.4〉 출입시설 및 환기구 예　　　〈해설그림 14.6.5〉 환기구 설치 예

14.7 하·해저터널

14.7.1 하·해저터널계획 시에는 다음 기준을 따라야 한다.

(1) 터널내장재는 화재 시 유독가스를 방출하지 않아야 한다.

(2) 터널에서 가장 낮은 위치에는 터널 내 청소용출수와 화재진압수를 모을 수 있는 집수조가 있어야 한다. 또한 화재 시 상·하행터널의 구분을 위하여 집수조는 각각 설치되어야 하며, 펌프가 설치된 모든 집수조에는 이중전원이 공급되어야 한다.

(3) 모든 금속물질은 부식을 견딜 수 있도록 부식방지 재질로 제작되거나 부식을 방지하기 위하여 표면처리가 되어야 하며, 기상변화에도 견딜 수 있는 재질로 제작되어야 한다.

(4) 하·해저터널에서는 부식을 방지하기 위한 전식방지설비를 갖추어야 한다.

❖❖ 해설 ❖❖

가. 터널내장재

　　도로터널에서 사용하는 타일을 비롯하여 대부분의 토목내장재는 화재 시 유독가스를 발생시키지 않으나 건축마감재의 재질은 매우 다양하므로 이러한 재료가 사용될 시에는 유독가스 발생여부를 확인하여야 한다.

나. 집수조

　　터널의 구조적인 특성상 터널중앙부가 입출구 위치보다 낮으므로 최저점 부근에 터널 내 지하수 및 화재용수 등을 모아서 외부로 배수할 수 있는 집수조를 설치하여야 한다. 집수조를 통해 화재터널에서 반대편 터널로 화재가 전파되는 것을 방지하기 위하여 각 터널별로 집수조를 구분하여 설치하여야 하며, 배수펌프는 비상시를 고려하여 예비펌프를 설치하고, 이중전원을 공급하여 전원공급 차단으로 터널이 침수되지 않도록 하여야 한다.

다. 금속물질의 재질

차량에서 배출되는 배기가스 및 분진과 터널 인근의 해상에서 유입되는 공기의 염분은 터널 내 시설물의 부식을 촉진시키는 요인이 된다. 따라서 시설물에 사용되는 금속류의 자재 및 장비는 내식성이 우수한 재질 또는 방식처리된 피복제품을 사용하거나, 방식도장으로 부식을 최대한 예방할 수 있도록 하여야 한다.

라. 전식방지설비

금속이 물이나 토양과 같은 전해질 속에 놓이거나 서로 다른 금속이 접촉하게 되면 금속표면에 부분별로 전위차가 생기게 되고 그 결과 전위가 높은 곳에서 낮은 곳으로 전류가 흐르게 되는데 이 과정에서 전위가 낮은 곳의 금속이 이온 상태로 용출하여 전해질 속으로 용해되는 반응을 부식이라고 한다.

부식을 방지하기 위한 전식방지방법으로 희생양극법은 방식 대상체보다 낮은 전위의 금속을 직접 또는 도선으로 연결시키면 방식대상체는 상대적으로 높은 전위를 갖게 되어 저전위의 금속에서 용출되는 전자는 고전위의 금속에 흡수되므로 고전위 금속이 보호되는 원리를 이용한 방식이다.

외부전원식은 방식대상체가 놓여 있는 전해질에 전극을 설치하고 여기에 외부에서 별도로 직류전원을 연결하여 강제적으로 전극에서 방식전류를 공급하여 방식대상체의 부식을 방지하는 원리를 이용한 방식이다.

■ 참고문헌 ■

1. 국토해양부, 『공동구설치 및 관리지침』
2. 국토해양부, 『도로설계기준』
3. 국토해양부, 『도로설계편람』
4. 국토해양부, 『도로터널 방재시설설치지침』
5. 국토해양부, 『도로터널 조명시설의 설계기준』
6. 소방방재청, 『국가화재안전기준』
7. 지하철건설본부, 『도시철도설계기준』
8. 한국도로공사, 『고속도로 터널환기시설 설계기준』
9. 한국철도시설관리공단, 『철도설계편람』
10. 한국철도시설관리공단, 『철도설계기준』
11. 국토의 계획 및 이용에 관한 법률 제3조 제9호
12. 국토해양부, 도시철도건설규칙, 시행규칙 제4호
13. 노동부(2001), 터널공사표준안전작업지침-NATM공법 제16호
14. 도시철도법
15. 도시철도법 시행령(대통령령)
16. 소방시설 설치유지 및 안전관리에 관한 법률
17. 소방방재청, 도로터널의 화재안전기준, NFSC 603
18. 소방방재청, 소화기구의 화재안전기준, NFSC 101
19. 소방방재청, 자동화재탐지설비의 화재안전기준, NFSC 203

20. 소방방재청, 소방시설 설치유지 및 안전관리에 관한 법률시행규칙

21. 소방방재청, 연소방지설비의 화재안전기준, NFSC 506

22. 소방시설 설치유지 및 안전관리에 관한 법률시행령(대통령령 18404호)

23. 수질 및 수생태계 보전에 관한 법률시행규칙

24. 영국철도기준

25. 철도건설규칙

26. 철도시설안전기준에 관한 규칙(국토해양부령 제476호)

27. 한국산업규격, KS A 3703

28. 한국토지공사기준

29. 한국전력공사 설계기준, 1670

총괄	위원장	신종호(건국대학교)
	간 사	황제돈(에스코아이에스티)
		장수호(한국건설기술연구원)

제1장	**총칙**	황제돈(에스코아이에스티)
제2장	**계획**	장수호(한국건설기술연구원)
제3장	**조사**	윤운상(넥스지오 대표이사)
제4장	**설계일반**	박인준(한서대학교)
		윤상길(바우컨설턴트)
		허종석(바우컨설턴트)
제5장	**터널지보재**	이성기(태조엔지니어링)
		김낙영(한국도로공사)
제6장	**콘크리트라이닝**	정명근(에스코컨설턴트)
제7장	**터널안정성 해석**	박광준(대정컨설턴트)
		최덕찬(대정컨설턴트)
제8장	**배수 및 방수**	최덕찬(대정컨설턴트)
		문훈기(용마엔지니어링)
제9장	**굴착 및 계측**	추석연(단우기술단)
		장석부(유신코퍼레이션)
		송명규(단우기술단)
제10장	**갱구부**	전덕찬(서영엔지니어링)
제11장	**단면확폭부 및 접속부**	이승훈(태조엔지니어링)
제12장	**연직갱 및 경사갱**	한명식(태조엔지니어링)
		신영완(하경엔지니어링)
제13장	**TBM 터널**	지왕률(평화엔지니어링)
		정경환(동아지질)
제14장	**환기, 조명, 방재설비**	유지오(신흥대학)
		서상진(상진기술엔지니어링)

저자와의
협의하에
인지생략

2009 터널설계기준 해설서

초판인쇄	2009년 6월 19일
초판발행	2009년 6월 25일

지 은 이	(사)한국터널공학회
펴 낸 이	김성배
펴 낸 곳	도서출판 씨·아이·알

편 집 장	염은진
디 자 인	송성용, 나영선, 최숙희
제작책임	윤석진

등록번호	제 2-3285호
등 록 일	2001년 3월 19일
주 소	100-250 서울특별시 중구 예장동 1-151
전화번호	02-2275-8603(대표) 팩스번호 02-2265-9394
홈페이지	www.circom.co.kr

ISBN 978-89-92259-27-9 93530

정가 30,000원